乳肉卵の機能と利用 新版

編著者
玖村 朗人　若松 純一　八田 一

著者
朝隈 貞樹　河原 聡　　太田 能之
荒川 健佑　島田謙一郎　押田 敏雄
上田 靖子　林　利哉　　阪中 専二
大坂 郁夫　　　　　　　設樂 弘之
川井 泰
佐藤 薫
豊田 活
中村 正
平田 昌弘
三浦 孝之
三谷 朋弘
吉岡孝一郎

アイ・ケイ コーポレーション

1 牛脂肪交雑基準（B.M.S.）12段階

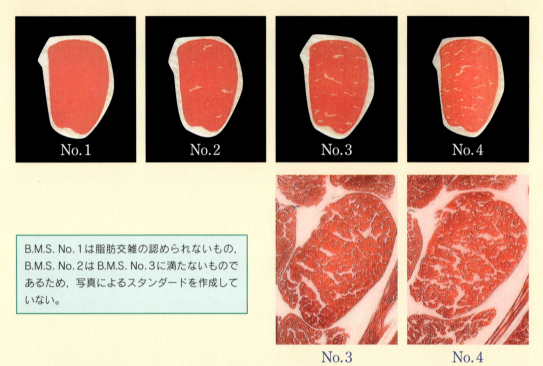

B.M.S. No.1は脂肪交雑の認められないもの，B.M.S. No.2はB.M.S. No.3に満たないものであるため，写真によるスタンダードを作成していない。

実際の枝肉切開面に現れている胸最長筋（ロース芯）断面の脂肪交雑を格付員が肉眼で見比べながら B.M.S.（Beef Marbling Standard）No.1～12の判定を行う。

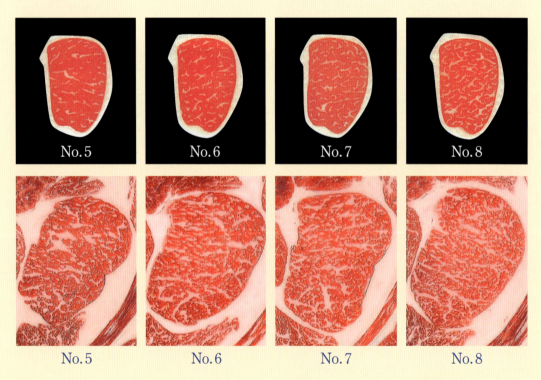

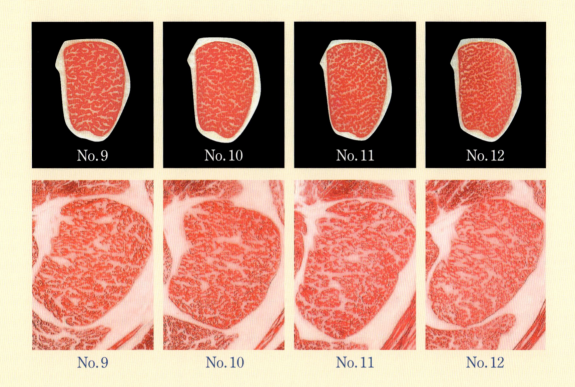

口絵 2 牛肉色基準（B.C.S.）

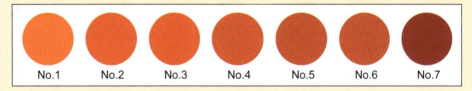

　肉色を格付員が肉眼で見比べながら B.C.S.（Beef Color Standard）No.1～7 の判定を行い，枝肉切開面の肉色を格付する。

 3 牛脂肪色基準（B.F.S.）

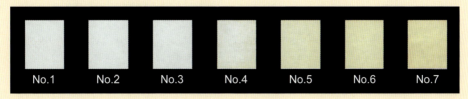

　脂肪色を等分に区分して作られた色模型 B.F.S.（Beef Fat Standard）を基準に No.1～7 に判定される。

口絵 4 食肉における各種ミオグロビン誘導体の特性

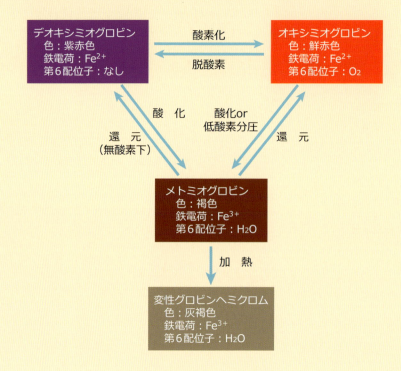

口絵 5 PSE 肉（Pale Soft Exudative meat）の様相

矢印部分が典型的な PSE の様相を示す。

　肉の断面の色が淡く（pale），やわらかく（soft），水っぽい（exudative）状態の豚肉のこと。ふけ肉，むれ肉，ウォータリーポークともよばれている。原因としては遺伝的な形質と，と畜前のストレスなどが考えられており，豚肉のロース肉やもも肉に多発する。

はしがき

　本年(2018年)は時代が明治に歩を進め，西欧の食文化が紹介されるようになってから150年になる。しかし，一般庶民の間で畜産食品が身近になったのはそれから75年以上経った戦後になってからである。その後，畜産物の生産と消費形態が飛躍的に発展した結果，今や「畜産」はわが国の農業産出総額の3分の1以上を占めるに至った。それと共に畜産食品に興味を持つ学徒，研究者が増えることは至極当然の流れであり，時代の要望に応えるべく数々の優れた入門書，専門書が出版されてきた。家畜の育種・繁殖・飼養・栄養学と合わせた畜産学全般を網羅する書物から始まり，畜産物利用学，畜産製造学，畜産加工学といった，より専門的になった刊行物が現れるようになった。その後さらに機能性や安全性にも関心が寄せられるようになったことを踏まえて，ヒトに対する栄養生理学的な側面や食品衛生学的な側面も盛り込まれるようになってきた。そのような変遷の中で，13年前に刊行された「乳肉卵の機能と利用」の旧版は当時の畜産食品科学について，利用学，生化学的な側面に重きを置きつつも大学の学部教育用に2単位15回の講義を充足するために各項目が配分・構成された点において独自性を発揮したものとなった。

　昨今，インターネットの普及によって畜産食品科学に限らず様々な情報が容易に入手できるようになったが，中には文責が明らかにされなかったり，出典が明記されずに投稿者の思い込みや信頼性に欠ける記述が散見されたり，古い知見が未更新のまま掲載されているものがある。このような現状を鑑みると，畜産食品科学に興味を持つ，特に若い世代の諸兄諸姉が正しい理解を得るためには，新たな良書の発刊が必要であると強く感じられた。しかしながら科学の進歩が著しい現在において，乳肉卵に関する最新の情報を単独，あるいはごくわずかな人数で書き上げることは非常に困難であるばかりか，専門から離れた項目に取り組むことになると間違いや古い情報を基にした記述に陥る危険性が高くなる。先人たちが積み上げた乳肉卵の科学の根幹が大きく変わったわけではないものの，考証が進んだり，食品加工技術が発展したりすることによって新たな知見が加わった点も少なくない。そこで3人の編著者を中心として，各項目に詳しい大学，試験場，企業の専門家が，限られた紙面の中で成書と画一的にならないように留意しながら上梓に至ったものが本書である。その結果，この「乳肉卵の機能と利用」新版は旧版のようなスタイルからは距離を置くことになったが，当代この分野で活躍中の方々に健筆をふるって頂いたおかげで，内容が濃くも読みやすい入門書に仕上がったものと考えている。

本書の趣旨にご理解をいただき，日々業務でご多忙中，快く執筆してくださった各分担の執筆者に心よりお礼申し上げます。また著者以外の多くの方々から資料や写真，情報を提供して頂いたことにも感謝申し上げます。

　最後に本書の企画から編集，および出版にわたり(株)アイ・ケイコーポレーションの社長森田富子氏ならびに編集部の信太ユカリ氏に大変お世話になりました。編著者および執筆者を代表して，厚くお礼申し上げます。

2018年9月

編著者　　玖村朗人

目 次

―「乳」分野

1章　乳の利用の歴史と現状　2

Section 1　乳の利用と歴史
平田昌弘／玖村朗人
- ① 家畜化と搾乳のはじまり　2
- ② 乳の保存（加工）法の発達とその技術伝播　3
- ③ わが国における乳利用の歴史　7

2　世界および日本における乳の生産と消費の現状
中村　正
- ① 世界における乳生産と消費の現状　9
- ② 日本における乳生産と消費の現状　10

3　乳用牛の種類と乳生産
大坂郁夫
- ① 乳用牛の種類と特徴　13
- ② ホルスタイン種のライフサイクルと乳腺発達　15
- ③ 生産現場の問題点　17

2章　乳の科学　19

Section 1　乳脂肪の合成と性質，分析法
三谷朋弘
- ① 乳脂肪の科学　19
- ② 乳脂肪の合成　21
- ③ 乳脂肪の分泌　22
- ④ 泌乳牛に給与する飼料が乳中脂肪酸組成に及ぼす影響　23
- ⑤ 乳脂肪の分析　24

2　乳中の糖質の合成と性質，分析法
朝隈貞樹
- ① 乳の糖質の科学　26
- ② 乳糖の合成と生体内での消化吸収　28
- ③ 乳糖の測定方法　30

3　乳タンパク質の性質と分析法
佐藤　薫
- ① 乳タンパク質の科学　32
- ② ホエイタンパク質の物理化学的特性　40
- ③ 乳タンパク質の測定法　42

4　乳中のミネラルとビタミン・微量成分，分析法
上田靖子
- ① 乳中のミネラル　44
- ② 乳中のビタミン　45
- ③ 乳中の風味成分　47

5　乳組成の概要と評価
玖村朗人
- ① 初乳と常乳　50
- ② 正常乳と異常乳およびその判定法　52
- ③ 動物種における乳成分の違い　56

3章　乳・乳製品各論　57

Section 1　殺菌の理論と飲用乳
豊田　活
- (1) 殺菌法の確立　57
- (2) 液状乳の製造とその技術　58
- (3) 賞味期限の設定と品質評価　66

2　乳製品各論 I
三浦孝之
- (1) クリーム　68
- (2) バター　69
- (3) アイスクリーム類　72

3　乳製品各論 II
川井　泰
- (1) 発酵乳の種類と定義　76
- (2) 使用される主な乳酸菌とその代謝　76

4　乳製品各論 III
三浦孝之
- (1) ナチュラルチーズの種類　81
- (2) 代表的なチーズの製法　83
- (3) プロセスチーズの種類と製造法　88

5　乳製品各論 IV
吉岡孝一郎
- (1) 濃縮乳製品の定義，規格，種類　92
- (2) 濃縮乳製品の製造法　92
- (3) 濃縮乳製品に求められる品質　95
- (4) 粉乳製品の定義，規格，種類　96
- (5) 粉乳製品の製造法　98
- (6) 粉乳製品に求められる品質　102

6　乳・乳製品に由来する機能性物質
荒川健佑
- (1) 保健機能食品制度　104
- (2) 特定保健用食品に係る乳・乳製品由来の機能性成分　105
- (3) その他の乳・乳製品由来の機能性物質　108

4章　乳・乳製品に係る法規　110

Section 1　乳および乳製品の種類と関連法規
中村　正

―「乳」分野の一部図表の詳細については，QR コードから確認することができます。

—「肉」分野

1章　食肉の利用の歴史と現状　118

Section 1　肉食の歴史と現状
若松純一

① わが国の肉食の歴史と消費動向　118　　② わが国の食肉の生産と輸入　120
③ 世界の食肉生産と消費　122

── 2　食肉の生産動物
島田謙一郎

① 牛　124　　② 豚　126　　③ 鶏　126
④ 緬羊　128　　⑤ 馬　128　　⑥ その他　129

── 3　生体から枝肉へ
若松純一

① と畜, と鳥　131　　② と畜検査, 食鳥検査　134

── 4　枝肉から精肉へ
島田謙一郎

① 枝肉の品質評価（枝肉取引規格）　136　　② 食肉・食鶏肉の取引と流通　139
③ 海外における格付, 規格と分割方法　141　　④ 各部分肉の特徴（牛・豚・鶏）　142

2章　食肉の科学　148

Section 1　筋肉の構造と構成成分
河原　聡

① 骨格筋の構造　148　　② 心筋の構造　154
③ 平滑筋の構造　155

── 2　筋収縮と死後硬直のメカニズム
若松純一

① 筋収縮と筋弛緩のメカニズム　157　　② 動物の生と死　159
③ 死後硬直　159

── 3　解硬と熟成
島田謙一郎

① 解硬（死後硬直の解除・緩解）　162　　② 風味（フレーバー）の発生　166
③ 熟成促進法　168

3章　食肉のおいしさと栄養　170

Section 1　食肉のおいしさ
林　利哉

① おいしさの要因　170　　② テクスチャー　171
③ 味　173　　④ 香り　174
⑤ 脂肪の融点と口どけ　175

──── 2　食肉の特性　　　　　　　　　　　　　　　　　　　　　　　　　若松純一
- ①　保水性　176
- ②　色　177

──── 3　肉質に及ぼす各種要因と異常肉　　　　　　　　　　　　　若松純一
- ①　と畜前の影響　181
- ②　と畜場での取り扱い　184
- ③　と畜後の影響　185
- ④　異常肉　186

──── 4　食肉の栄養特性と生体調節機能　　　　　　　　　　　　　河原　聡
- ①　食肉類の栄養特性　188
- ②　食肉の生体調節機能　190
- ③　人の健康との関わり　194

──── 5　食肉の高付加価値化　　　　　　　　　　　　　　　　　　　　林　利哉
- ①　ドライエイジングビーフ（乾燥熟成肉）　197
- ②　軟化技術　198
- ③　成型肉　199
- ④　発酵食肉製品　199

──── 6　産肉の生理学　　　　　　　　　　　　　　　　　　　　　　　河原　聡
- ①　筋肉の発生　201
- ②　筋細胞の分化と増殖　202
- ③　筋肥大　204

4章　食肉の保蔵と加工　206

Section 1　食肉の保蔵　　　　　　　　　　　　　　　　　　　　　　　　　島田謙一郎
- ①　変質（腐敗・変敗）　206
- ②　保蔵技術　208

──── 2　食肉加工の歴史と加工法　　　　　　　　　　　　若松純一／島田謙一郎
- ①　食肉加工の歴史　214
- ②　基本的な加工法　217
- ③　食肉製品の副原料　224

──── 3　食肉加工の原理　　　　　　　　　　　　　　　　　　　林　利哉／若松純一
- ①　結着性・保水性の発現　226
- ②　硝酸塩・亜硝酸塩（発色剤）の効能　228

──── 4　食肉製品とその製造法　　　　　　　　　　　　　　　　林　利哉／若松純一
- ①　わが国の食肉製品　231
- ②　ハム類　232
- ③　ベーコン類　235
- ④　ソーセージ類　236
- ⑤　プレスハム　238
- ⑥　その他　238
- ⑦　海外の食肉製品　240

5章　食肉・食肉製品に係る法規と安全管理　247

Section 1　食肉・食肉製品に係る法規　　　　　　　　　　　　　　　　　　　河原　聡

──── 2　食肉・食肉製品に係る安全管理　　　　　　　　　　　　　　　　　河原　聡

—「卵」分野

1章　食用卵利用の歴史と現状　262
八田 一

Section 1　食用卵利用の歴史
- 1　野鶏から家禽へ　262
- 2　鶏卵利用の歴史　263
- 3　採卵養鶏技術の歴史　265
- 4　アニマルウェルフェアへの対応　266

2　食用卵の生産量と消費量
- 1　日本の生産量と消費量　268
- 2　世界の生産量と消費量　269

3　食用卵の種類と生産
- 1　食用卵の種類と特徴　270
- 2　鶏卵の選別包装施設　271
- 3　パック卵と栄養強化卵の種類　272

2章　卵の科学　274
太田能之

Section 1　産卵の機構
- 1　産卵の調節　274
- 2　鶏卵の形成　275

2　鶏卵の構造
- 1　鶏卵の構造　277

3　鶏卵の成分
- 1　卵白タンパク質　280
- 2　卵黄タンパク質　282
- 3　卵黄脂質　283
- 4　炭水化物　285
- 5　ビタミンとミネラル　286

3章　卵の栄養機能と調理機能　287
阪中専二

Section 1　卵のおいしさの科学
- 1　卵殻色および卵黄色　287
- 2　味とにおい　288
- 3　テクスチャー　289

2　卵の栄養機能
- 1　卵のおいしさと栄養学的特徴　291
- 2　卵タンパク質の栄養機能　293
- 3　卵脂質の栄養機能　294
- 4　卵コレステロール問題の現状　295

─── 3　卵の調理機能

- 1 加熱ゲル化性　297
- 2 泡立ち性　299
- 3 乳化性　301

4章　卵の品質と加工　304

設樂弘之

Section 1　卵の鮮度と品質

- 1 鮮度の指標と測定方法　304
- 2 鮮度低下による変化　305
- 3 卵の賞味期限　306

─── 2　加工卵の種類とその製造方法

- 1 一次加工品　307
- 2 二次加工品　312

─── 3　卵の高付加価値利用

- 1 卵白リゾチーム　316
- 2 鶏卵卵黄抗体(IgY)　316
- 3 卵白ペプチドと卵黄ペプチド　316
- 4 卵黄脂質と卵黄リン脂質(レシチン)　317
- 5 卵殻膜, 卵殻　318

5章　卵・卵製品に係る法規と微生物問題　319

押田敏雄

Section 1　鶏卵の取引規格

- 1 化学物質の残留に対する安全性規格　319
- 2 鶏卵の品質規格　319
- 3 加工卵の品質規格　321

─── 2　卵と卵製品由来の微生物問題

- 1 サルモネラ菌　322
- 2 洗卵と微生物　323
- 3 殻付卵を使用する場合の注意点　323
- 4 家庭でできる鶏卵による食中毒の予防法ポイント　324

─── 3　鶏卵の賞味期限表示制度

- 1 賞味期限の改訂　325
- 2 鶏卵を生食できる期限の算出根拠　326

索　引 …… 328

MILK SCIENCE

- ■1章　乳の利用の歴史と現状
- ■2章　乳の科学
- ■3章　乳・乳製品各論
- ■4章　乳・乳製品に係る法規

1章　乳の利用の歴史と現状

Section 1　■乳の利用と歴史　〈平田昌弘／玖村朗人〉

1　家畜化と搾乳のはじまり

（1）　家畜化の開始時期

　　ヒツジ・ヤギの家畜化は紀元前8700～8500年頃に南東アナトリアのタウルス山脈南麓で始まった[1]。Peters *et al.*[2]は，トルコのネバル・チョリ遺跡（先土器新石器時代B期）から出土した動物骨を分析した結果，ヒツジ・ヤギの小型化が顕著になると同時に，幼獣個体の比率が増加していたことから，家畜化が起こっていたと結論づけた。ウシの家畜化は，ヒツジ・ヤギの家畜化よりもやや遅れ，紀元前6400年頃と推定されてきた[3),4)]。しかし，近年の考古学的成果により，ウシも西アジアにおいてヒツジ・ヤギとほぼ同時期に家畜化されたと考えられはじめている[5]。家畜化時期の推定は，新たな分析手法が導入されたり発掘調査が進むたびに，より古い時期に更新されてきた。現在では，農耕の開始も紀元前約8500年頃であること[6]，西アジアでは農耕が開始されてから家畜飼育が展開していくことから，紀元前約8500年という家畜化の開始時期の推定は，ほぼ確定された状況にある。

　　家畜化の当初は，ガゼルなどの野生動物も盛んに狩猟されており，肉として食料に寄与する家畜の貢献度はわずかであったという。家畜ヒツジ・ヤギは，その後，南東アナトリアから西アジア広域に広がっていき，紀元前7500～7300年頃には西アジアの広い地域にわたって本格的に家畜飼養がはじまったと考えられている[1]。

（2）　搾乳の開始時期

　　搾乳の開始時期推定は，視覚的に判断できる図像の解析から進められた。図1-1-1にウバイド遺跡から出土した紀元前3千年紀中期のフリーズ*を示した[7]。フリーズの右方にはウシの後両肢の間から搾乳する風景が明確に示されている。左方には乳加工をしていると考えられる工程が表現されている。チャーニングと思われる壺の振盪，乳製品の分離，貯蔵してある乳製品を壺から取り出す作業であろう工程が表現されている。

図1-1-1　ウバイド遺跡出土のフリーズ

出典：Gouin 1993

*フリーズ：フリーズとは宮殿を支える柱などに絵画や彫刻で装飾された部分のこと。

次に着目されたのが土器分析である。南東アナトリアのチャヨニュ遺跡から紀元前6千年紀後半に製造された土器が発掘された。この土器には無数の小さな穴があけられ、さらに底部には大きな穴が切り込まれていた[8]。この多穴を有する形態は新石器時代にヨーロッパで利用されていたチーズ脱水容器[9]ときわめて類似していることから、南東アナトリアから出土された土器もチーズ加工に利用されていたものと考えられた。この解釈が正しければ土器の形態分析により、搾乳は紀元前6千年紀後半期には西アジアで開始されていたことになる。

近年注目されているのが有機化学的分析である。土器から抽出した有機物を分析し、乳に特有な脂肪酸やタンパク質を含んでいれば、その土器が利用されていた当時には、搾乳が行われていたことが証明できる。イギリスのEvershedらのグループは、イタリア半島、バルカン半島、アナトリア半島、レヴァントにわたって20の遺跡から出土した2,200個もの陶器を対象に、付着した有機物の脂肪酸を抽出し、安定同位体分析を行った[10]。$\delta^{13}C18:0$と$\delta^{13}C16:0$の安定同位体比差を比べると、乳脂肪酸と家畜（反芻動物、単胃動物）の体脂肪酸とを分別できるという。分析の結果、乳利用の開始は紀元前7千年紀には行われていたと報告された。Evershedらの成果により、搾乳・乳利用の開始がついに紀元前7千年紀にまで遡ることとなった。しかし残念ながら西アジアにおいては、土器は紀元前7000年頃に出現し始める[11]。家畜化の時期は紀元前8500年前後であり、紀元前7000年頃には、すでに搾乳が開始されていたことは十分に考えられる。つまり、分析材料が土器に留まるならば、有機化学的分析を適用したとしても、やはり搾乳開始の起源までは迫ることができない。

土器の出現を上回る時期で、搾乳開始の起源推定に関して研究成果を発表したのがVigne and Helmer[12]である。Vigne and Helmerは、家畜を肉目的と乳目的とで飼育する食料生産戦略では、屠殺する年齢構成が異なるとし、搾乳の開始時期を検討した。その結果、家畜の搾乳は紀元前7500年頃には開始されたと報告した。かつて家畜化の開始と乳利用の開始には、数千年の隔たりがあるといわれていたが、数百年レベルにまで縮まってきた。人と家畜の約1万年の歴史において、家畜化と乳利用の開始の時期がほぼ重なってきたといえる。

興味深い論考として紀元前7500～7300年頃には、生活の型として"牧畜民"が出現したと指摘されている[1]。農耕地帯からより乾燥した地域へ、人は家畜を伴って進出していった。人がより自然環境の厳しい地域へと居住環境を広められたのも、家畜を殺さず生かし留め（家畜との共存）、家畜から経常的に乳という食料を生産できる方法を開発できたからこそなのかもしれない。搾乳の発見は、新しい生活様式を誕生させ、居住領域をも広めるといった人類史上における一大革命だったのである。

2　乳の保存（加工）法の発達とその技術伝播

（1）乳加工の本質は保存

西アジアの乾燥地域では今日も牧畜民がヒツジ・ヤギ混成群を飼養し、その乳に大きく依存した生活を送っている。しかし搾乳は1年中行われるわけではない[13]。シリアなどの西アジアではヒツジとヤギには季節繁殖性がある。つまり交尾と出産の時期があり、出産に伴う搾乳にも季節的な偏りが生じる。ヒツジは11月頃から出産しはじめ、春の2月頃にピークをむかえる。

たいてい出生後3日から20日してから母畜から搾乳が開始される。搾乳は1月中旬頃からはじめられ，ヒツジでは8月上旬まで，ヤギでは9月下旬まで続けられる。搾乳量は6月下旬から7月上旬にかけてが最も多い。

このように，ヒツジ・ヤギの搾乳には季節的な偏りが生じている。では，一時期にたくさん生産される生乳をどうするか，乳の非生産時期にはどうするかである。それは，生乳を長期にわたり保存できる形態に加工することである。搾乳期間にわたり，酸乳が作られる。自家消費用に酸乳を摂取し，搾乳量が多くなり，それ以上に酸乳が得られると，酸乳からバターオイルや酸凝固チーズが作られるようになる。レンネット添加によるチーズ作りは，5月下旬から6月にかけての約10日だけ，自家消費用に作られる。このように，牧畜民は生乳から長期保存可能なバターオイルやチーズを加工している。ここに，搾乳に端境期のあるヒツジ・ヤギを飼養する牧畜民が，一年を通じて乳に依存して生業を成り立たせられる本質がある。

チーズやバターオイルなどの乳製品は，嗜好風味をこらした乳製品であると同時に，「保存された食」として位置づけることができる。中尾[14]は，「乳加工の体系は全て貯蔵のためという目的に収れんし，貯蔵を抜きにしては食品の加工体系の中心にある原動力がなくなる」と述べている。本来，保存食とは，季節的に大量生産される食料を腐らせることなく，非生産時期にまでいかに備えておくことができるか，その試行錯誤の繰り返しの過程で生まれてきたものである。搾乳すること，そして，乳を保存するために加工することが，乳に依存する牧畜民にとっての不可欠な生業活動となっていったのである。

（2） 保存を可能とした乳加工技術の誕生：西アジア型発酵乳系列群

搾乳と乳加工は西アジアで開始され，発酵乳系列群とよばれる技術まで発達した段階で，周辺地域へと伝播していったと考えられている[13]。発酵乳系列群とは，中尾[15]が世界の乳加工技術を分類した四類型の一つである。中尾は世界の複雑な乳加工技術を，①発酵乳系列群（生乳をまず酸乳にしてからバターオイルやチーズへと加工が展開する乳加工技術），②クリーム分離系列群（生乳からまずクリームを分離してからバターオイルやチーズへと加工が展開する乳加工技術），③凝固剤使用系列群（生乳に何らかの凝固剤を添加してチーズを得る乳加工技術），④加熱濃縮系列群（生乳を加熱し濃縮することを基本とする乳加工技術）の四つに類型分類した。世界の複雑な乳加工は，この四つのいずれかの技術に属することになる。

西アジアで現在も脈々と受け継がれる発酵乳系列群とは，①生乳を先ず乳酸発酵させて酸乳にする，②酸乳をチャーニングしてバターを加工する，③バターを加熱してバターオイルを加工する，そして④チャーニングした際に生成したバターミルクは加熱して凝固させ，脱水・天日乾燥して非熟成チーズを加工する，といった一連の技術のことである（図1-1-2）。静置，加熱，チャーニング，脱水のみのシンプルな加工ではあるが，生乳から乳脂肪（バターオイル）と乳タンパク質（チーズ）を分画し，長期保存することを成し遂げている。この西アジア型の発酵乳系列群が人類における根源的な乳加工技術なのである。

こうして，ヒツジ・ヤギ牧畜民は，乳を加工・保存する技術を獲得することにより，搾乳の端境期を乗り越え，乳に一年を通じて依存することができるようになった。生業としての牧畜の誕生である。梅棹[16]は，内モンゴルでの遊牧民の現地調査の成果の一つとして，「搾乳と去勢の発明により，ヒトは家畜に生活の多くを依存できるようになり，牧畜という新しい生業がは

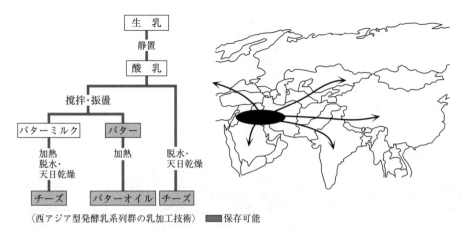

図1-1-2 西アジアからの搾乳・乳加工技術の伝播

出典：平田(2013)より改変

じまった」と仮説を提起する。牧畜とは、「動物の群を管理し、その増殖を手伝い、その乳や肉を直接・間接に利用する生業」のことである[17]。乳を利用する牧畜が西アジアに誕生し、西アジア型発酵乳系列群の乳加工技術を開発することにより、人類は家畜とともに周辺へと拡散していったのである。遺伝的解析の結果からも、家畜ヒツジは西アジアで家畜化され、中央アジア・北アジアや南アジアへと伝播したことが報告されている[18]。

（3） 乳加工技術の一元二極化

　乳文化を大観すれば、ユーラシア大陸には北方乳文化圏と南方乳文化圏が存在し、両者の技術が相互に影響し合った北方・南方乳文化重層圏が存在している（図1-1-3）。乳文化とは、乳加工技術や乳利用など、乳に関連する諸相の総称のことである。東南アジアと東アジアには貴族などの一部の集団を除き、大衆には乳利用がもともとはなかった。

　西アジアの乳加工の特徴は、発酵乳系列群の技術を用いることであった。つまり、生乳を最初に酸乳にし、酸乳からバターオイルや非熟成チーズを加工する。西アジアで、いずれかの時期に反芻動物の子畜の第四胃（レンネット）を生乳に加え、非熟成チーズを加工する技術が用いられるようになる。凝固剤にレンネットを利用したチーズ加工は、やがてヨーロッパで熟成チーズへと開花していくことになる。乾燥・暑熱の自然環境にある西アジアでは、レンネットを用いたチーズ加工は非熟成のまま継承された。

　南アジアでは、凝固剤にライムやレモンなど植物の有機酸が用いられるようになる。また、生乳を強火で加熱する加熱濃縮系列群の乳加工技術も発達するようになる。このように、発酵乳系列群を土台としながら、西アジアでのレンネットによる凝固剤使用系列群、南アジアでの有機酸による凝固剤使用系列群、および加熱濃縮系列群の技術がそれぞれに発達し、南方乳文化圏を形成していった。

　一方、北方乳文化圏の乳加工技術の特徴は ①生乳からクリームを積極的に分画すること、②クリームの加熱によりバターオイルを加工すること、③凝固剤に酸乳を利用して非熟成チーズを加工すること、そして④酸乳酒および蒸留酒を加工することにある。西アジア型の発酵乳系列群の乳加工技術（生乳の最初の加工が酸乳化）は、北アジアにおいては生乳から最初にク

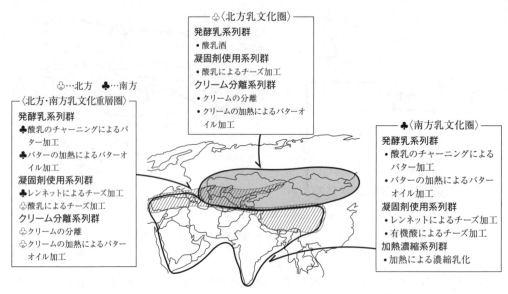

図1-1-3　ユーラシア大陸における乳文化の一元二極化[13)]

出典：平田(2013)より改変

リームを分離する乳加工技術へと変化していく。北アジア地域では冷涼な自然環境にあるため，乳酸発酵の進行が遅く，生乳を静置して酸乳にする間にクリームが浮上するようになる。モンゴルでは最も暑い時期でも月平均最低気温が20℃を下回り，平均気温も20℃を超えるのは夏の1か月ほどしかない。酸乳化の進展がより遅くなるに従って，クリームの浮上はより優勢となる。ユーラシア大陸の冷涼な北方域でクリーム分離系列群が発達するのは，脂肪は比重が小さく，静置しておけばクリームが浮上するという乳の特性上，むしろ必然であったとも考えられる。この発酵乳系列群からクリーム分離系列群への変遷は，チベット高原地域やコーカサス地域などでも認められている。

次に，生乳を時間をかけてチャーニングする過程で，冷涼性ゆえに，バターとともに乳酸発酵とアルコール発酵とが進展し，酸っぱい乳酒が生成されるようになる。夏期でも14～16℃の低中温状態を保つことができれば，酵母が順調に活動し，1日でアルコール含量が約1％の酸乳酒となる[19)]。チャーニングすることにより酸乳酒が生じることが認知されると，クリームを分離した後のスキムミルクからも酸乳酒を積極的につくるように特化していく。チャーニングの目的がバター加工からアルコール発酵へと転化していくのである。酸乳酒が生じると，蒸留の技術を適用させて蒸留酒を加工するようにもなる。また，クリームは加熱するだけでバターオイルになり，クリームをわざわざチャーニングしてバターを加工する必要もなくなる。いずれかの時期に，何らかの理由により，酸乳を生乳に添加すると凝乳が生じることを知り，乳加工体系に取り入れられるようになる。凝固を促進させるために，凝乳を加熱して熱凝固を促し，脱水して非熟成チーズとして保存する技術が確立していく。

乳文化はユーラシア大陸において，約1万年の時をかけて，主にこれらの変遷過程を経て，二極化していったのである。

平田昌弘

3 わが国における乳利用の歴史

日本に牛乳の利用を初めて紹介したのは、百済から帰化した智聡(ちそう)で、その息子の善那(ぜんな)が大化元年の645年に孝徳天皇に牛の乳を搾って献上した[20]。その後、飛鳥時代から平安時代にかけて乳牛院(宮廷内の乳牛飼育舎)や乳の戸(宮中御用の指定酪農家)が設置されると共に、牛乳から造った"蘇(そ)"を奉納する制度「貢蘇の儀」と「延喜式」の「諸国貢蘇番次」制度(諸国輪番制の貢蘇制度)が確立された。貢蘇の儀で奉納された蘇は牛乳を煮詰めて約10分の1にまで濃縮したものとされている。中国南北朝時代に賈思勰(カシキョウ)が著した世界最古の調理書である「斉民要術」には「蘇」の記述はなく、「蘇」は日本固有の乳製品である可能性がある[21]。一方、蘇以外の当時の乳製品には「醍醐(だいご)」、「酪(らく)」等があり、醍醐は牛乳を放置することで浮上した乳脂肪部分を掬い取って、それを加熱しつつさらに浮上する脂肪部分を回収する作業を繰り返したもので、現代でいうバターオイルに近いものであるという。一方、当時の酪は醍醐を拵える際に乳脂肪層を除いた残液を発酵させたものと考えられている。これらは貴族社会における高栄養食品であり、貢蘇の制度は鎌倉幕府が滅亡するまで続いたが[21]、武士の台頭によって牛乳の利用が衰退した。

その後、1727年に徳川吉宗が嶺岡牧(現千葉県南房総市)に白牛を導入し、「白牛酪」を造った。この周辺は幕府管轄の軍馬飼育場であり、馬用の薬(馬の栄養補給)を造らせることが当初の目的であったが、後にヒトにも効能があることが分かり、将軍家の薬用や栄養食品として珍重されるようになった[22]。1792年に幕末の侍医、桃井源寅が著した嶺岡牧場の由来と白牛酪の効能に関する「白牛酪考(はくぎゅうらくこう)」によれば「酪」は発酵乳であることが読み取れるが、19世紀に入る頃になると「酪」は発酵乳のことではなく、バターを表す語として使われ始める。

さらに開国に伴って米国総領事館が設置され、初代総領事に着任したハリスが強く飲用乳を求めたことからも分かるように、外国との交流を通じて酪農に対する関心が高まった。特に前田留吉はオランダ人が経営する牧場で欧米式酪農を学び、横浜で搾乳業を開始する(1863年)と共に、酪農を志す人への技術指導を行った[20]。

明治維新前夜の1867年には、幕府の陸軍軍医総監であった松本良順が「新鮮な牛乳は滋養に優れ、疲労や食事を摂れない病人に与えると身体の回復に効果がある。母乳の出ない母親は子供に牛乳を与えて育てるべきである」旨、幕府に建白した。また、1873年には近藤芳樹が「牛乳考・屠蓄考」において天皇陛下でも牛乳を召し上がっており、偏見を持たずに飲むべきであることを記した[21]ことからも、牛乳の摂取が推奨されていることが伺われる。

明治時代に入るとバターやチーズ、練乳などが試作されるようになり、1869年に町田房蔵は横浜の馬車道通りでアイスクリームの製造販売を開始した[23]。明治時代に量産化された品目はバターと加糖練乳であり、アイスクリームやチーズ、粉乳の量産化は大正時代になってからである。

さらに大正期に入るとノーベル生理学・医学賞を受賞したメチニコフが発酵乳の効能を説いたことから、ケフィアやヨーグルト、発酵乳酸菌飲料が製造されるようになり[22]、戦前の昭和期には代田稔博士によって健康保健効果に着目した発酵乳飲料がわが国独自に開発された。

戦後になると、冷蔵設備や輸送形態、乳加工技術の発達や法令の整備、学校給食への導入等

によって量的・質的に大きな進展が得られ，乳・乳製品の消費が広く一般市民に浸透するようになった．

玖村朗人

〈参考文献〉　＊　＊　＊　＊　＊

1) マシュクール・マルジャンら：「西アジアにおける動物の家畜化とその発展」西秋良宏編「遺丘と女神―メソポタミア原始農村の黎明」p.80-93，東京大学出版会(2008)
2) Peters, J., et al.：The upper Euphrates-Tigris basin:cradle of agropastoralism? In : J.-D. Bigne, J. Peters and D. Helmer (eds)：The First Steps of Animal Domestication, Oxbow Books, Oxford, p. 96-124(2005)
3) 藤井純夫：「ムギとヒツジの考古学」同成社(2001)
4) 田中和明，万年英之：「ウシ－多源的家畜化－」在来家畜研究会編「アジアの在来家畜」p.117-159，名古屋大学出版会(2009)
5) Hongo, H., et al.：The process of Ungulate Domestication at Çayönü, Southeastern Turkey: Amultidisciplinary Approach focusing on Bos sp. and Cervus elaphus, ANTROPOZOOLOGICA 44(1), p.63-78(2009)
6) 丹野研一：「西アジア先史時代の植物利用」西秋良宏編「遺丘と女神―メソポタミア原始農村の黎明」p.64-73，東京大学出版会(2008)
7) Gouin, P. P.：Bovins et laitages en Mesopotamie meridionale au 3eme millenaire; quelques commentaires sur la "fries a la laiterie"de El-'Obeid, Iraq 55, p.135-145(1993)
8) Bogucki, P.：Ceramic Sieves of the Linear Pottery Culture and their Economic Implications, Oxford Journal of Archaeology 3(1), p.15-39(1984)
9) Salque, M., et al.：Earliest evidence for cheese making in the sith millennium BC innorthern Europe. Nature 493, p.522-525(2013)
10) Evershed, R. P., et al.：Earliest date for milk use in the Near East and southeastern Europe linked to cattle herding, Nature 455, p.528-531(2008)
11) ルミエール・マリー：「西アジアにおける土器の起源と展開」西秋良宏編「遺丘と女神―メソポタミア原始農村の黎明」p.121-234，東京大学出版会(2008)
12) Vigne, J.-D. and Helmer, D.：Was milka "secondary product" in the Old World Neo lithisationprocesses? Its role in the domestication of cattle, sheep and goats, ANTHROPOZOOLOGICA 42(2), p.9-40(2007)
13) 平田昌弘：「ユーラシア乳文化論」岩波書店(2013)
14) 中尾佐助：「乳食文化の系譜」雪印乳業株式会社健康生活研究所編「乳利用の民族誌」p.267-293，中央法規出版株式会社(1992)
15) 中尾佐助：「料理の起源」日本放送出版協会(1972)
16) 梅棹忠夫：「狩猟と遊牧の世界」講談社(1976)
17) 福井勝義：「牧畜社会へのアプローチと課題」福井勝義，谷泰編「牧畜文化の原像―生態・社会・歴史」p.3-60，日本放送出版協会(1987)
18) 角田健司：「ヒツジ―アジア在来羊の系統―」「アジアの在来家畜」p.253-279，名古屋大学出版会(2009)
19) 中野政弘ら：「アルコール発酵乳の製法」中野政弘編「発酵食品」p.134-135，光琳(1967)
20) 林弘通：「20世紀　乳加工技術史」幸書房(2001)
21) 細野明義：「日本における乳文化の導入とその後の変遷史」日本乳業協会 http://www.nyukyou.jp/council/20151203.html (2015)
22) 吉田豊：「牛乳と日本人」新宿書房(2000)
23) 上野川修一ら編：「ミルクの事典」朝倉書店(2009)

Section 2 ■世界および日本における乳の生産と消費の現状

〈中村　正〉

 1　世界における乳生産と消費の現状

　食品として世界各地で加工・利用されている乳には，牛乳のほか，水牛乳，馬乳，羊乳，山羊乳，ラクダ乳などがある。現在，世界で最も多く生産されている乳は牛乳で，その生産量は約6.5億トンであり，次いで水牛乳が約1.1億トン生産されている。〈QRコード　1章❶〉[1]に示したようにいずれの乳もこの50年間に生産量が2倍以上に増加しているが，特に水牛乳は，インドやパキスタンなどアジアでの生産が盛んで5倍以上の増加を示している。

　表1-2-1に2014年の世界の牛乳(生乳)生産上位10か国とバター，チーズの生産量を示した。世界で最も牛乳生産量の多い国はアメリカで，約9,300万トンが生産されており，それを原料とするバターやチーズなどの乳製品が多く生産されている。次いで牛乳生産量の多い国はインドで約6,600万トンが生産されているが，インドは水牛乳の世界最大の生産国であり，その生産量は約7,500万トンであることから，全生乳生産量としてはインドがアメリカを上回り世界最大の生産国となっている。また，上位8か国では年間2,000万トン以上が生産されているが，日本の生産量は，カナダに次ぐ21位で，その量はアメリカの生産量の10％に満たない。

　乳製品であるバターおよびチーズの年間1人当たりの供給量(消費量)を表1-2-2に示した。バターの消費量1位は，主要酪農国の一つであるニュージーランドであるものの，その他はヨーロッパ圏の国々で占められており，その消費量は日本の10倍近い量となっている。また，チーズの消費量もヨーロッパ圏の国々で高く，特にアイスランドでは日本の10倍以上に当たる30kgが消費されている。

表1-2-1　世界の牛乳(生乳)生産上位10か国と乳製品生産量(2014年)[1]　(単位：千t)

順位	国　名	生　乳	バター	チーズ*1
1	アメリカ	93,461	842	5,585
2	インド	66,423	−	2
3	中　国	37,246	88	123
4	ブラジル	35,124	104	47
5	ドイツ	32,395	441	2,736
6	ロシア	30,511	253	664
7	フランス	25,333	405	1,779
8	ニュージーランド	21,317	472	325
9	トルコ	16,999	184	164
10	イギリス	15,050	143	410
21	日　本	7,334	61	132

*1 チーズ生産量は全乳および脱脂乳を原料として製造されたチーズの総量

表1-2-2　バターおよびチーズの年間1人当たり供給量(2013年)[1]　(単位：kg/人/年)

順位	バター*1		順位	チーズ	
1	ニュージーランド	9.25	1	アイスランド	30.82
2	フランス	7.98	2	ギリシャ	25.47
3	ベルギー	7.00	3	フランス	23.66
4	アイスランド	6.14	4	オーストリア	23.29
5	スイス	5.60	5	イタリア	23.11
6	オーストリア	5.54	6	フィンランド	23.10
7	ドイツ	5.16	7	ドイツ	21.69
8	チェコ	5.15	8	デンマーク	19.83
9	フィンランド	5.00	9	スウェーデン	19.82
10	フィジー	4.52	10	スイス	19.79
89	日　本	0.57	74	日　本	2.89

*1 ギーを含む

2　日本における乳生産と消費の現状

　日本で市場に流通し，消費されている乳のほとんどは「牛乳」である。日本の生乳生産は，図1-2-1に示すように戦後から平成に至るまで経済発展とともに増加してきた。平成以降は生乳需給の不均衡などを背景とした生産調整もあり，生乳生産量は1996年の866万トンをピークに減少傾向にある。図1-2-2に近年の全国，北海道および都府県の生乳生産量の推移を示した。2015年度の生乳生産量は，2000年度から12％減少し，738万トンとなっている。この減少は主に都府県における生乳生産量の減少によるもので，都府県の生乳生産量は2000年度から2015年度までの間に100万トン以上減少している。一方，北海道における生乳生産量は2003年度まで微増し，2003年度以降390万トン程度で推移している。このため，2010年度以降，北海道の生乳生産量は都府県のそれを上回り，2015年度の時点では北海道における生乳生産量が全生乳生産量の52％以上を占めている。

図1-2-1　日本の生乳生産量の推移[2],[3]

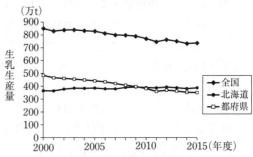

図1-2-2　北海道および都府県における生乳生産量[3]の推移

　生乳の用途別処理量の推移を図1-2-3に示した。国内で生産されている生乳のほとんどは，酪農家からホクレン農業協同組合連合会など全国10か所の指定団体に販売委託され，当該指定団体から乳業メーカーが製造する各製品（用途）向けに販売されている。これを「用途別取引」という。用途別にはさまざまな分類があるが，大きく分類すると，牛乳，加工乳などの飲用乳，発酵乳および乳酸菌飲料を主に生産するための「牛乳等向け」と，クリーム，チーズなどを製造するための「乳製品向け」の2つに分けられる。2000年度には生乳生産量841万トンのうち，59.5％が牛乳等向け，39.3％が乳製品向け，1.2％がその他向けであったが，2015年度

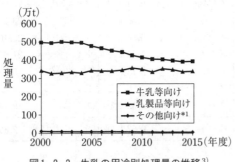

図1-2-3　生乳の用途別処理量の推移[3]

＊1　自家飲用およびほ乳用などで処理したものや，輸送および牛乳乳製品の製造工程で減耗したものなど。

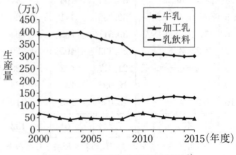

図1-2-4　飲用乳生産量の推移[3]

では生乳生産量741万トンのうち，53.4％が飲用乳向け，45.9％が乳製品向け，0.7％がその他向けとなっており，生乳の用途別処理量は牛乳等向けの割合が減少し，乳製品向けの割合が増加する傾向にある。

牛乳等向けに処理された生乳から生産された飲用乳の生産量の推移を図1-2-4に，また日本国内における乳製品生産量の推移を表1-2-3に示した。牛乳等向け処理量のうち75～80％が牛乳の生産に当てられており，その生産量は2000年度以降減少傾向にあったが，2010年度以降は約300万トンで推移している。一方，加工乳および乳飲料は，年度により多少の増減はあるものの，それぞれ50万トンおよび120万トン程度で推移している。また，発酵乳の生産量は2000年度から2015年までに約60％増加しているが，これはプロバイオティクスを用いた機能性製品などの需要の増加によるところが大きい。

多くの乳製品の生産量は減少傾向にあるものの，発酵乳と同様に増加傾向を示す製品もあり，2000年から2015年までに，クリームは約3.5万トン，チーズでは約2万トンの生産量の増加がみられる。しかしながら，ここで示したチーズ生産量には，海外から輸入したナチュラルチーズを原料として製造されたプロセスチーズの生産量が含まれているため，国内で生産された生乳を原料として製造されたチーズを示しているわけではない。表1-2-4に示したように日本には国内で生産されるナチュラルチーズの5倍以上のナチュラルチーズが輸入されている。ナチュラルチーズは，用途別にプロセスチーズ原料用とそれ以外の直接消費用に分類される

表1-2-3　日本国内における主要乳製品生産量の推移[4],[5]

(単位：千t，アイスクリームはkL，発酵乳，乳酸菌飲料は千kL)

年度	全粉乳	脱脂粉乳	調製粉乳	バター	クリーム	チーズ	加糖練乳	無糖練乳	脱脂加糖練乳	アイスクリーム	発酵乳	乳酸菌飲料
2000	18.0	184.6	34.6	79.9	80.0	120.6	34.3	1.7	4.9	98.4	820.7	547.6
2005	14.5	189.7	31.2	85.5	92.1	123.2	32.3	1.3	6.7	119.8	917.5	501.4
2010	14.2	148.8	32.0	70.1	108.0	127.0	36.3	0.9	4.6	131.9	952.1	485.9
2011	13.2	134.9	24.8	63.1	114.2	134.3	38.1	0.8	4.9	139.4	1037.8	491.5
2012	12.3	141.4	24.7	70.1	112.9	132.3	36.1	0.7	4.6	138.7	1165.2	489.7
2013	11.0	128.8	24.3	64.3	114.5	134.4	35.7	0.7	3.9	144.9	1204.4	498.7
2014	11.6	120.9	25.6	61.7	116.2	133.1	33.7	0.7	3.9	143.1	1206.8	497.4
2015	12.5	130.2	27.1	66.3	113.1	141.4	34.6	0.6	3.8	135.7	1302.2	495.8

注〕　発酵乳および乳酸菌飲料の生産量は，乳業メーカーおよび非乳業メーカーにより生産された量の合計

表1-2-4　日本のチーズの需給量の推移[6],[7]

(単位：千t)

年度	国産ナチュラルチーズ 総量	国産ナチュラルチーズ プロセスチーズ原料	国産ナチュラルチーズ 直接消費用	輸入ナチュラルチーズ 総量	輸入ナチュラルチーズ プロセスチーズ原料	輸入ナチュラルチーズ 直接消費用	国内プロセスチーズ生産量
2000	33.7	19.0	14.6	202.3	70.7	146.2	105.9
2005	38.6	24.6	13.9	197.6	67.9	143.6	109.2
2010	46.2	26.4	19.9	189.5	64.4	144.9	107.2
2011	45.4	24.7	20.7	211.7	71.5	160.8	113.6
2012	46.5	25.1	21.5	228.8	68.8	181.4	110.8
2013	48.5	25.6	22.9	220.7	68.8	174.8	111.5
2014	46.9	24.4	22.5	227.7	70.9	179.2	110.5
2015	46.0	24.2	21.8	248.1	77.2	192.7	119.6

が，直接消費用にはカマンベールチーズなどのように主として生食に供されるものだけでなく，ピザなどに用いられるシュレッドチーズなども含まれる。国産ナチュラルチーズ生産量は，プロセスチーズ原料および直接消費用ともに2000年度以降増加傾向にあり，2015年度の総生産量は4.6万トンとなっている。一方，輸入ナチュラルチーズの総量も増加傾向にあるが，これは主に直接消費用の輸入量の増加によるものである。

　一方，日本には海外からさまざまな乳製品が輸入されている。これら輸入品の多くは加工食品や製菓などの原料として使用されている。日本の主な乳製品の輸入量の推移を表1-2-5に示した。品目別の輸入量の推移を見ると，粉乳類やバターなどでは，年度によってその量が大きく変動している。このような変動を理解するためには，生乳の特徴として，①他の農産物とは異なり毎日生産される，②栄養的に優れている反面，腐敗しやすく，貯蔵性がわるい，③泌乳期や給与される飼料，気候などさまざまな要因が泌乳牛に影響を与え，その結果，生産量や成分値が変動する，などがあることを把握しておかなければならない。これらの特徴を踏まえ，国内の乳製品の需給を満たし，かつ，生乳を無駄なく処理するためには，まず初めに生乳を需要に応じて保存性のわるい飲用牛乳等向けに処理する。そして，その量に応じて保存性の高い乳製品向けの処理量を変動させ，その結果生じる国内乳製品の在庫数量の増減を基に，不足分を輸入品によって調整するなど緻密な需給調整が必要となる。現在は，前述の指定団体制度による用途別取引や国の生産調整などによって，ある程度の需給調整がなされている[9]。しかしながら，大きな生乳生産量の変動や需給バランスの変化には対応しきれない面もあり，年度によって輸入量の増減が起きる結果となっている。

表1-2-5　日本の主要乳製品の輸入量の推移[8]　　　　　（単位：千t）

年度	粉乳類	練乳類	バター	調製食用脂(PEF)	ナチュラルチーズ	プロセスチーズ	乳糖	カゼイン	ココア調製品	アイスクリーム
2000	102.0	1.5	0.5	28.6	202.3	6.9	95.4	18.4	46.0	23.8
2005	85.1	1.7	4.7	31.3	197.6	9.0	85.6	17.7	46.6	19.3
2010	80.6	1.6	4.0	17.4	189.5	9.4	72.9	14.2	36.9	7.3
2011	83.3	1.7	16.3	19.0	211.7	9.9	65.5	13.7	39.9	7.4
2012	82.1	1.7	10.8	21.1	228.8	9.3	66.3	13.0	36.9	9.0
2013	82.9	1.7	4.4	21.0	220.7	9.1	68.2	12.8	38.5	8.0
2014	102.7	1.9	14.2	22.4	227.7	8.5	69.3	14.4	40.8	8.3
2015	97.1	1.9	13.9	23.3	248.1	8.2	71.7	13.5	38.2	7.4

注］　粉乳類には，全粉乳，脱脂粉乳，調製ホエイ，ホエイパウダーを含む。

〈参考文献〉　　＊　　＊　　＊　　＊　　＊

1) FAOSTAT
2) 総務省統計局：「日本の長期統計系列」
3) 農林水産省：「牛乳乳製品統計調査」
4) 農林水産省：「牛乳乳製品の生産動向」
5) （一社）Jミルク：「牛乳及び牛乳製品関連の基礎的データ」
6) 農林水産省：「チーズの需給表」
7) （一社）Jミルク：「日本のチーズの需給動向」
8) （一社）Jミルク：「酪農乳業参考データ」
9) 農林水産省：「平成27年，28年度食料・農業・農村白書」

Section 3　■乳用牛の種類と乳生産　　〈大坂郁夫〉

　乳用牛の種類と特徴

　本来，牛乳は出生してから2か月間程度までの子牛の栄養源である。しかし，人間が牛乳を利用するために，子牛が必要な何十倍もの量を，ウシ本来の泌乳期間の5倍ほど長く生産し続けるよう遺伝的に改良したのが乳用牛である。乳用牛の品種は，在来種や地方種を併せると，世界で200種類以上になるが，代表的な乳用牛は以下の5種類である。

（1）ホルスタイン種

　ホルスタインは，古くからオランダ北部（フリースラント州）からドイツ西北部（シュレースヴィヒ＝ホルシュタイン州）地方で飼養されていたが，品種として成立したのがオランダのフリースラントであることからオランダが原産地とされる。正式名称はホルスタイン・フリーシアン種であるが，日本では略してホルスタイン種とよばれている。体型は国により異なる。ヨーロッパ系と比較して米国やカナダで改良されたホルスタイン種は大型で，日本で飼養されているのもこの系統である。毛色は全黒に近い黒白斑から全白に近い白黒斑まで多様である（図1-3-1）。19世紀中頃に体型と肉質向上を図る目的でショートホーン種を交雑したため，赤白斑が現れることがある。耐寒性には比較的優れているが耐暑性に劣る。泌乳量が多く，泌乳期間も長いため，多くの国で乳用牛の主要品種となっている。わが国において，全乳用牛のうちホルスタインの割合は99％以上を占める。泌乳能力の遺伝的改良とともに飼養技術も高度化され，2016年現在の一乳期（305日間）の平均乳量は9,600 kg程度である。

図1-3-1　ホルスタイン種
写真提供：西道由紀子

（2）ジャージー種

　フランスとイギリスの間にあるイギリス海峡諸島のなかで最大の島ジャージー島が原産地である。フランスブルターニュ地方のブルトン種やノルマン種を基礎に改良された（図1-3-2）。気候風土の変化に対応しやすく，耐暑性に優れているため，熱帯地方で在来種の品種改良に利用されている。泌乳量はホルスタインと比較して少なく，一乳期6,500 kg程度であるが，乳脂率が高いうえに，脂肪球が大きくクリームを分離しやすいため，バター・クリームの製造に適している。乳用牛5種のなかで最も早く，1874（明治7）年に日本へ導入された。

　ホルスタインに次いで飼養頭数は多いが，乳用牛全体の1％にも満たず，岡山県，北海道，熊本県を中心

図1-3-2　ジャージー種
写真提供：宿澤光世

に1万頭前後飼養されている。

(3) ブラウン・スイス種

図1-3-3 ブラウン・スイス種
写真提供：戸苅哲朗

スイスが原産地で，乳・肉・使役の三用途兼用のスイス・ブラウン種がアメリカで乳専用として改良された品種である（図1-3-3）。泌乳能力は，国や地域により大きな差がみられる。日本への導入は，ここで示す5大品種のなかで最も遅く，1901（明治34）年に小岩井農場がスイスから雄2頭，雌23頭を輸入したことから始まった。泌乳量が少ないなどの理由から特徴が生かせず，1960年代には，ほとんどいなくなったが，平成に入る頃から再び頭数が増え始め，2010年の統計情報では約1,800頭となり，日本の乳用牛では，ホルスタイン，ジャージーについて3番目に多い品種となっている。近年の急激な増頭の理由は，粗飼料の利用性が高く放牧や牧草の給与を中心とした土地利用型に向いているので，消費者から求められる「安全，安心」のニーズに合う品種として注目されたためである。また，遺伝的改良により一乳期乳量が7,000 kg程度に向上したことに加えて，乳タンパク質の割合およびチーズの歩留まりも高いこと，脂肪球が小さく脂っこさを感じさせないことから，米国ではチーズ作りに最適の乳質と評されている。主に北海道や九州で飼養されている。

(4) エアシャー種

イギリスのスコットランド地方エア州が原産。体格は乳用牛としては中型である（図1-3-4）。乳量は年間4,000～5,000 kg程度と少ないが，乳成分含量（乳タンパク質）が高いことからチーズ用に適している。乳用種としては増体能力や産肉性に優れており，黒毛和種の改良にも用いられた。耐寒性に優れており，粗放な飼養管理にも耐えるため，原産地の他にイギリスイングランド北部やフィンランド，スウェーデンなど北欧諸国で多く飼養されている。日本には1878（明治11）年，イギリスから札幌農学校（現北海道大学）に初めて導入された。その後，1885（明治18）年 導入された乳量の多いホルスタイン種に置き換えられた。現在，わが国ではほとんど飼養されていない。

図1-3-4 エアシャー種
写真提供：近藤誠司

(5) ガーンジー種

フランスとイギリスの間にあるイギリス海峡諸島のガーンジー島が原産地である。ジャージー種と同様に，ブルトン種やノルマン種を基礎に改良された品種

図1-3-5 ガーンジー種
写真提供：柴田正貴

である。しかし，ジャージー種がブルトン種の影響が強いのに対して，ガーンジー種はノルマン種の影響を強く受けている。体型はジャージー種よりひと回り大型，骨太である（図1-3-5）。性質はジャージーほど神経質ではなく環境適応性も優れている。乳量・乳質はジャージー種と同様である。日本では，いくつかの農場で飼養されているのみできわめて稀少である。

2　ホルスタイン種のライフサイクルと乳腺発達

　初乳から十分な抗体を早期に摂取させるため，子牛（calf）が出生してから6時間以内を目標に初乳を給与する。その後一定の哺乳期間を設ける。哺乳期間は，栄養源を乳から子牛用配合飼料（starter）や乾草へ移行させる準備期間でもあるので，生後2～3日程度の時点から，乳の他にこれらの飼料を併給する。子牛は6～8週齢程度で子牛用配合飼料を1日に1kg程度摂取できるようになり，この時点で離乳が可能になる。3か月齢程度から育成牛（heifer）として群飼養される。体格が一定水準に達した時点（約13か月齢）で交配を開始し15か月齢までに受胎することを目標とする。受胎すると約280日間の妊娠期間を経て，おおよそ生後2年（23か月齢前後）で初産分娩をむかえる。分娩後，泌乳を継続しながら人工授精を行う。搾乳は次の分娩に備えて分娩予定約60日前に終了する。この搾乳しない期間を乾乳期（dry period）という。1年1産の場合，受胎は分娩後85日，妊娠期間は280日なので泌乳期間は305日，60日間の乾乳期間を経て，次の分娩をむかえる。すなわち，泌乳期間の200日以上は，妊娠期間でもある。成牛（cow）は，分娩→泌乳しながら受胎→乾乳→分娩を繰り返す。

　このライフサイクルを達成するために，乳腺は，出生後から泌乳期まで長い期間をかけて発達していく。以下，出生前～春機発動期，妊娠期，泌乳期に分けて概説する。

①　出生～春機発動期

　乳腺の発達は，妊娠30日齢頃の胎子期から変化が見られ，出生前には，すでに乳房を腹壁からつり下げる中央提靱帯（median suspensory ligament）が形成されている。また，出生直後には，10mm程度の乳頭（teat），乳房内の脂組織（fat pad）が確認できる（図1-3-6）。

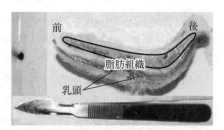

図1-3-6　出生直後の乳房（ホルスタイン）
写真提供：大坂郁夫

　遅くとも3か月齢（体重が90～100kg）から胎子期に形成された乳管（mammary duct）の原基が脂肪層に向かって交差することなく樹状に伸長するとともに乳腺実質（parenchyma）が優勢になるように置き換わりはじめ，脂肪組織は乳房の支持組織となる（図1-3-7）。

　春機発動（puberty）が見られる，おおよそ9か月齢以降，12か月齢程度までの乳腺発達は，緩慢となり，繰り返される発情に合わせて，乳管の伸長や分枝が継続される。

　良好に発育すると，初回発情が早まるとともに早期に授精可能な体格になるため，初産分娩月齢の短縮が期待できる。しかし，1970～1980年代には，この時期の成長促進は乳房に脂肪が蓄積することで乳腺発達を阻害[1),2),3)]して，将来的に乳生産を低下させる[4),5)]ことが多く報告され，3か月齢程度から授精するまでの期間は，平均日増体量（1日当たりの平均体重増加量）を0.7kg/日程度に制限するように指導されてきた。しかしその後，1990年代になり，タン

Section 3　■乳用牛の種類と乳生産　15

パク質に対して過剰エネルギーの飼料を給与すると，余分なエネルギーが乳脂肪組織に脂肪として蓄積し，乳腺の発達阻害を引き起こすことが指摘された[6]。図1-3-8は，牛の品種は異なるが，指摘された報告と類似した飼料を給与したときの乳房である。

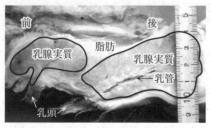

図1-3-7　6か月齢の乳房（ホルスタイン）
写真提供：大坂郁夫

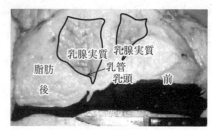

図1-3-8　濃厚飼料多給時の乳房（黒毛和種）
写真提供：大坂郁夫

　外観は乳房が大きくなり発達したように見えるが，図1-3-7と比較すると乳腺実質の割合が少なく，乳脂肪細胞が脂肪蓄積により肥大化（hypertrophy）していることがわかる。成長速度を速める場合，タンパク質要求量の増加割合はエネルギー要求量よりも大きくなる[7]ことを基本にして，エネルギーとタンパク質バランスを考慮した飼料の給与で，乳腺発達を阻害することなく日増体量を高められることが確認された[8),9)]が，その上限については，なお検討が必要[10]であり，現段階では，安全を見込んで0.9kg/日程度[11]を上限としている。

② 妊娠期

　妊娠前期には，実質の増加や乳管の伸長が脂肪層全域に広がるとともに，乳管の先には終蕾（end bud）が形成される。妊娠後期になると終蕾が乳の合成・分泌を行う乳腺上皮細胞（mammary epithelial cell）が一列に袋状に並んだ乳腺胞（alveolus）を形成するまでに発達する。乳腺胞が集合したのが乳腺小葉（lobulus），乳腺小葉の集合体を乳腺葉（lobus）という。このように乳腺の大きな変化により急激に乳房の体積が増加して分娩をむかえる（図1-3-9）。

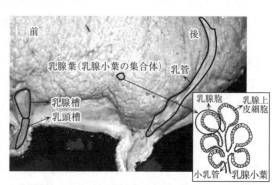

図1-3-9　分娩時の乳房（ホルスタイン）
写真提供：大坂郁夫

　乳の合成開始はかなり遅く，分娩予定30日前（妊娠250日）以降といわれている[12]。この時期の乳腺発達は，妊娠前と異なり飼料中の栄養水準による影響を受けない。

③ 泌乳期

　一乳期でみると，分娩してから数十日は乳腺細胞が増殖し，その後は徐々に減少していく。それに応じて乳生産量も変化する。平均的乳量（一乳期9,500kg）では，分娩後40～50日頃に日乳量はピークに達し（40kg/日），乾乳をむかえる分娩後305日には20kg/日程度まで減少する（図1-3-10）。

　産次間でみると，2産次では前産次と比較して13％，同様に3産次では9％，4産次では5％，5産次では3％増加する[13]。このように，5産次程度まで産次が進むにつれて乳量が増加するのは，体格が大きくなるとともに乳房の容積や細胞数が増加するためである。2産次まで増加割

合が高いのは，この時期まで自身が成長しつつ乳を生産していることにも関係がある。すなわち，摂取した栄養分はからだの維持，乳生産の他に成長にも分配されるので，産次が少ない（若い）ほど，成長に配分される割合が多く，乳生産に配分される割合が少なくなるためである。

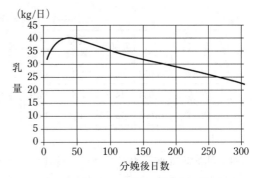

(社)北海道酪農検定検査協会(2011)
図1-3-10　ホルスタインの泌乳曲線

このほかに，搾乳回数を多くすると乳量は増加する。朝夕12時間の間隔で一日2回の搾乳を行うのが通常であるが，この考え方を利用して一日3回搾乳も一部の牧場で取り入れられている。逆に，搾乳回数を減らすと乳量の減少や乳腺組織の退化がみられる。妊娠することで妊娠に関与するホルモンの影響により乳量の減少割合が大きくなる[14]。十分な乾乳期間（分娩予定前40～60日間）を確保するために搾乳を停止すると，搾乳刺激がなくなるとともにホルモンの影響で乳量は速やかに減少する。

3　生産現場の問題点

（1）　酪農家の飼養戸数および乳用牛の減少

これまでわが国の酪農は，「飼養規模拡大」と「1頭当たりの乳生産の向上」の方向に進んできた。また離農した酪農家が飼養していた乳牛は，他の酪農家が飼養の規模を拡大して受け入れることで，わが国の飼養頭数は維持されてきた。しかし，近年では労働力の確保が困難なことや施設改修のコストが嵩むため，離農した酪農家が飼養していたすべての乳牛を他の酪農家が受け入れるには至っておらず，毎年前年比1～2％の割合で乳牛飼養頭数は減少している。その結果，1頭当たりの乳量はわずかながら向上しているものの，全体の乳量は横ばいか微減となっている[15]。

（2）　若齢子牛の死亡率

乳用雌牛の死亡頭数は，哺乳・育成牛では出生～3か月齢，特に出生時に多い。これは，分娩事故との関係だけでなく，分娩時の環境（分娩房の消毒，敷料の量），子牛の管理（不適切な初乳給与や哺乳量，寒冷および暑熱暴露に対する不十分な対策）など，人為的要因の影響も大きいと指摘されている[16]。

（3）　平均除籍産次の低下

平均除籍産次は，2002年に4.2産だったのに対し，2015年は3.4産まで低下した。特に，乳牛の一生のなかで乳量がピークをむかえる産次に達する前の，初産から3産で除籍されてしまう場合が多い[15]。淘汰理由として最も多いのが，死亡，次いで乳房炎および乳器障害，繁殖障害，肢蹄病で，初産では死亡と繁殖障害，2産以上では乳房炎の割合が多い（表1-3-1）。

上記の現状を踏まえると，全体の乳量の底上げには1頭当たりの乳量向上に加えて，産次を延長させる管理が必要である。前述した p.16 ③泌乳期のように，5産次までは産次が増加する

表1-3-1 2016年度除籍理由別乳牛の割合[17]　　（単位：%）

産次	頭数(頭)	乳房炎	乳器障害	繁殖障害	肢蹄病	消化器病	起立不能	低能力	死亡	その他	計
初産	15,057	8.5	4.1	17.7	10.5	2.4	4.2	4.6	23.4	24.7	100
2産以上	79,034	14.5	5.1	14.9	10.6	1.8	4.4	4.1	19.4	25.2	100
全体	94,091	13.6	4.9	15.4	10.6	1.9	4.4	4.2	20.0	25.2	100

ほど乳量が増加するので，産次の延長により牛群全体の乳量向上がする。特に初産牛を淘汰する割合が減少すればその効果は大きい。また，周産期は分娩時の事故（難産，起立不能）に加えて，代謝疾病も多く発症する時期でもある。代謝病の場合は死亡に至らなくても，治療費よる出費に加えて，治療期間も搾乳はしなければならないのでその労賃も加算される。また，その期間の牛乳は当然廃棄処分となるため，何重もの損失となるだけでなく，結果的に繁殖にも負の影響が大きい。

〈参考文献〉　＊　＊　＊　＊　＊

1) Sejrsen K, Huber JT, Tucker HA, Akers RM.: Journal of Dairy Science, p.65, 793-800 (1982)
5) Harrison RD, Reynolds IP, Little.W.: Journal of Dairy Research, 50, p.405-412 (1983)
3) Foldager J, Serjsen K.: Research in Cattle Production Danish Status and Perspectives. Landhusholdningsselskabets Folag (1987)
4) Gardner RW, Shum JD, Vargus LG: Journal of Dairy Science, 60, p.1941-1948 (1977)
5) Little W, Kay RM: Animal Production, 29, p.131-142 (1979)
6) Daccarette MG, Bortone EJ, ISBELL DE, Morrill JL.: Journal of Dairy Science, 76, p.606-614 (1993)
7) Preston RL.: Journal of Nutrition, 90, p.157-160 (1966)
8) Van Amburgh ME, Galton DM, Fox DG, Holtz C.: Animal Science Mimeo Series, p.158, Cornell University (1993)
9) Lammers BP, Heinrichs AJ.: Journal of Dairy Science 83, p.977-983 (2000)
10) Van Amburgh ME, Galton DM, Bouman DE, Everett RW, Fox DG, Chase LE, Erb HN.: Journal of Dairy Science, 81, p.527-538 (1998)
11) 独立行政法人 農業・食品産業技術総合研究機構編：日本飼養標準乳用牛（2006年度版）p.48，中央畜産会，東京 (2006)
12) Cowie AT, Forsyth IA, Hrat IC.: Hormonal control of lactation Chapter 3.Growth and Development of the mammary gland, p.74 Springer-Verlag (1980)
13) Andeason., RR.: Lactation.1.Mammary gland, p.3-38 (1985)
14) Delbecchi L., Miller N, Prud'homme C., D. Petitclerc D., Wagner G.F, Lacasse P.: Livestock Production Science, 98, p.57-66 (2005)
15) 農林水産省：「畜産の動向」2. 飼養及び経営動向 p.3 (2016)
16) 乳用牛ベストパフォーマンス実現会議：「乳用牛ベストパフォーマンス実現するために」p.1-30 (2015)
17) 公益社団法人 北海道酪農検定検査協会 年間検定成績 (2016)

2章 乳の科学

Section 1　■乳脂肪の合成と性質，分析法　〈三谷朋弘〉

 乳脂肪の科学

　乳脂肪は直径0.2〜10μmの球（脂肪球）の状態で乳汁中に分散している[1]。脂肪球の内部はトリグリセリドから構成され，乳脂肪全体の95〜98％はトリグリセリドから構成されている。脂肪球は外側を乳腺細胞や細胞質成分を由来とする10〜50nm厚の脂肪球膜で覆われている。脂肪球膜は，糖タンパク質（20〜60％），トリグリセリド，グリセロリン脂質（33％），スフィンゴ脂質（主にスフィンゴミエリン），糖脂質，コレステロール，酵素および他の微量物質などの両親媒性の物質で構成される3層構造からなる（図2-1-1）。この脂肪球膜が存在することで各脂肪球同士は融合することなく乳汁中で適度な分散状態を保つことができており，さらには乳汁中に存在する脂肪分解酵素などから乳脂肪が保護されている。

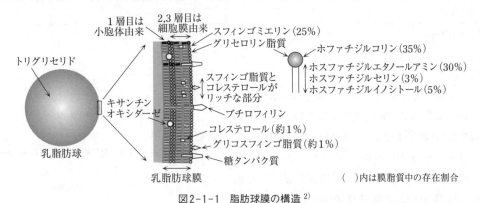

図2-1-1　脂肪球膜の構造[2]

　トリグリセリドはグリセロールを骨格に3分子の脂肪酸が結合したものであるが，乳脂肪中にはC4〜C24までの脂肪酸が存在し，その脂肪酸の組成が乳脂肪の物理特性（やわらかさや口溶け）に強く影響する。乳脂肪に含まれる脂肪酸は基本的にC4以上の偶数鎖脂肪酸で，不飽和脂肪酸も含まれる。パルミチン酸（C18：0）やステアリン酸（C18：0）の割合が高ければ融けづらい乳脂肪になり，オレイン酸（C18：1）やリノール酸（C18：2）の割合が高ければ融けやすい乳脂肪になる。

　乳脂肪を構成するトリグリセリドの脂肪酸組成は，哺乳動物の種によって大きく異なる（表2-1-1）。ヒトやウサギ，ラットなど単胃動物の乳には，短鎖脂肪酸はほとんど存在しない。これに対して反芻動物の場合，酪酸を始めとする短鎖脂肪酸が多く存在している。短鎖脂肪酸は重量比では10％以下であるが，モル比（分子数比）に換算すると15％程度にもなる。短鎖脂肪酸は揮発性が高いため，脂肪分解酵素によりトリグリセリドから遊離すると風味に影響を与える。特に，C4，C6およびC8などの脂肪酸が遊離した場合，ランシッドやヤギ臭の原因と

表2-1-1 乳中に含まれる主な脂肪酸の融点および各種哺乳動物の乳脂肪中脂肪酸組成[3]

脂肪酸 （炭素：二重結合数）	融点 (℃)	ヒト (重量%)	ヒト (モル比)	ウサギ (重量%)	ウサギ (モル比)	ラット (重量%)	ラット (モル比)	ウシ (重量%)	ウシ (モル比)	ヤギ (重量%)	ヤギ (モル比)
酪酸　　　　(4:0)	-7.3							3.3	9.0	2.6	6.7
カプロン酸　 (6:0)	-3.4	T	T	T	T			1.6	3.3	2.9	5.7
カプリル酸　 (8:0)	16.7	T	T	22.4	32.1	1.1	1.9	1.3	2.2	2.7	4.2
カプリン酸　 (10:0)	31.6	1.3	2.0	20.1	24.1	7.0	10.2	3.0	4.2	8.4	11.1
ラウリン酸　 (12:0)	44.2	3.1	4.0	2.9	3.0	7.5	9.4	3.1	3.7	3.3	3.7
ミリスチン酸 (14:0)	53.9	5.1	5.8	1.7	1.5	8.2	9.0	9.5	10.0	10.3	10.2
パルミチン酸 (16:0)	63.1	20.2	20.6	14.2	11.4	22.6	22.1	26.3	24.7	24.6	21.8
パルミトレイン酸 (16:1)	-0.1	5.7	5.9	2.0	1.6	1.9	1.9	2.3	2.2	2.2	2.0
ステアリン酸 (18:0)	69.6	5.9	5.4	3.8	2.8	6.5	5.7	14.6	12.4	12.5	10.0
オレイン酸　 (18:1)	13.4	46.4	42.9	13.6	9.9	26.7	23.7	29.8	25.4	28.5	22.9
リノール酸　 (18:2)	-5.2	13.0	12.1	14.0	10.3	16.3	14.6	2.4	2.1	2.2	1.8
リノレン酸　 (18:2)	-11.3	1.4	1.3	4.4	3.3	0.8	0.7	0.8	0.7		
その他		T	T	T	T	1.1		T	T		

T：ごく少量

なる。

　トリグリセリドは，グリセロールの3つのアルコールすべてが脂肪酸とエステル結合した構造をもつ（図2-1-2）。グリセロールの両端のアルコールはα位，中間のアルコールはβ位と区別される。異なる3種の脂肪酸が結合した場合，両端のα位の脂肪酸をsn-1位，sn-3位，β位の脂肪酸をsn-2位と区別する。α位は鏡像異性体となるが，トリグリセリドが合成される際，最初にsn-1位に脂肪酸が結合し，次いでsn-2位に，最後にsn-3位に脂肪酸が結合する。生体は，sn-1位とsn-3位を区別しており，膵液リパーゼにより分解される際にもsn-3位，次いでsn-1位の脂肪酸が優先的に遊離する。脂肪酸はグリセロール骨格にランダムに結合するわけではなく，ある程度の法則がみられる。短鎖脂肪酸はトリグリセリドのsn-3位に位置することが多く，逆にC12～C16はsn-2位に認められることが多い〈QRコード 2章❶〉[3]。また，オレイン酸のような長鎖不飽和脂肪酸はsn-1やsn-3位に存在する頻度が高い。このように融点が低い脂肪酸がα位に位置する傾向はヒトやラットの乳脂肪においても同様であり，乳を摂取した場合の消化吸収効率に影響している可能性が示唆されている。

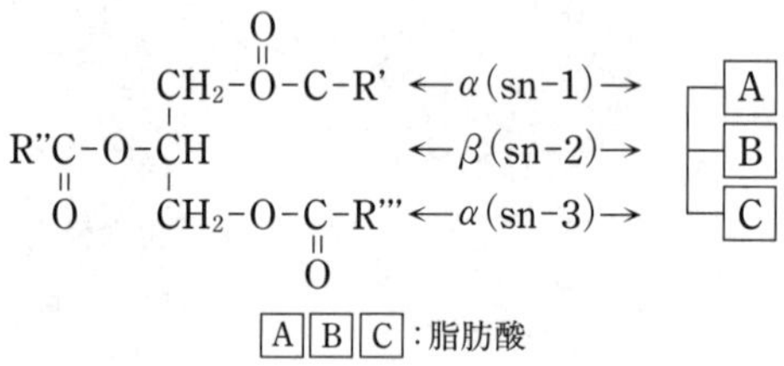

$$\begin{array}{l} \overset{O}{} \\ CH_2-O-C-R' \leftarrow \alpha(sn\text{-}1) \rightarrow \boxed{A} \\ R''C-O-CH \leftarrow \beta(sn\text{-}2) \rightarrow \boxed{B} \\ \overset{\|}{O}CH_2-O-C-R''' \leftarrow \alpha(sn\text{-}3) \rightarrow \boxed{C} \\ \underset{\|}{O} \end{array}$$

$\boxed{A}\boxed{B}\boxed{C}$：脂肪酸

図2-1-2　トリグリセリドの構造

2　乳脂肪の合成

(1)　乳脂肪中の脂肪酸合成経路

　乳脂肪の主要成分であるトリグリセリドを構成する脂肪酸の由来は，大きく2つに分けることができる。一つは乳腺細胞で合成される脂肪酸(*de novo* 脂肪酸)，もう一つは摂取した飼料中の脂肪酸がそのまま移行する脂肪酸(Pre-Formed 脂肪酸)である〈QRコード 2章 ❷〉[4]。

　前者は，牛の反芻胃で飼料中の炭水化物が分解される際に生成される揮発性脂肪酸(VFA)である酢酸や酪酸が基質となる。酢酸は反芻胃壁から吸収され，そのまま乳腺に運ばれた後，乳腺細胞内においてアセチル CoA に活性化され，脂肪酸合成に利用される。酪酸は反芻胃壁から吸収される際に β-ヒドロキシ酪酸に変換され，乳腺細胞内で脂肪酸合成経路に取り込まれる。乳腺細胞では，脂肪酸合成酵素によりメチレン基(CH_2-)が2個ずつ付加されることによって酪酸(C4:0)からパルミチン酸(C16:0)までのさまざまな脂肪酸が合成される。乳中に存在するパルミチン酸の約半分はこの経路から合成される。ちなみに，反芻胃で酢酸や酪酸とともに生成されるプロピオン酸は，反芻胃から吸収されたのち，肝臓においてグルコースに転換され，乳腺細胞においてトリグリセリドの骨格であるグリセロールの材料として利用される。

　一方，Pre-Formed 脂肪酸であるパルミチン酸の一部と炭素数18以上の脂肪酸は，飼料に含まれる脂質由来である。乳牛には，牧草から穀類，油実までさまざまな飼料が給与されるが，飼料によってその脂肪酸組成は大きく異なる(表2-1-2)。牧草類はオレイン酸やリノール酸と比較して，リノレン酸(C18:3)の含有量が多く，穀類や油実類はオレイン酸(C18:1)やリノール酸(C18:2)が多く，リノレン酸(C18:3)の含有量は少ない。これら飼料中の脂肪酸組成の違いは乳脂肪の脂肪酸組成に影響するものの，次節でのべるようにこれらの脂肪酸がそのまま反映されるわけではない。

表2-1-2　飼料中の脂肪酸組成(重量%)[5),6)]

飼　料	C14:0	C16:0	C16:1	C18:0	C18:1	C18:2	C18:3
粗飼料							
トウモロコシサイレージ	−	19.0	2.2	−	21.4	50.3	7.1
イネ科牧草	1.1	16.0	2.5	2.0	3.4	13.2	61.3
イネ科牧草(ペレニアルライグラス)	−	20.4	2.8	−	3.7	17.1	56.0
シロクローバ	1.1	6.5	2.5	0.5	6.6	18.5	60.7
アルファルファ	0.7	28.5	2.4	3.8	6.5	18.4	39.0
穀　類							
トウモロコシ	−	16.3	−	2.6	30.9	47.8	2.3
大　麦	−	27.6	0.9	1.5	20.5	42.3	4.3
油実類							
大豆油	−	10.7	−	3.9	22.8	50.8	6.8
菜種油	−	3.8	2.5	−	80.6	10.2	2.8
綿実油	0.8	25.3	−	2.8	17.1	53.2	−

（2） 乳脂肪中脂肪酸の位置および構造異性体の生成

　反芻動物の特徴は，反芻胃という貯留槽をもち，そのなかに微生物を飼う（共生する）ことにより，ヒトが利用できない構造性炭水化物（繊維）を消化吸収できることである．牛の場合，その容量は約150Lにも達する．飼料中の脂質は，反芻胃を通過する際に反芻胃内微生物の影響を受ける．その際，反芻胃内では基本的に飽和化（水素添加）の方向に進むため，リノール酸（C18：2）はオレイン酸（C18：1）を経て，最終的にはステアリン酸（C18：0）にまで不飽和化され，十二指腸において吸収される[4]．したがって，反芻動物の乳脂肪は飽和脂肪酸が多くなる．一方で，反芻胃内で脂肪酸は単に不飽和化されるだけではなく，同時に多くの位置および構造異性体が生成される．自然界に存在する脂肪酸の二重結合はほぼ*cis*-型であるが，反芻胃では*trans*-型二重結合の脂肪酸も多く生成される．オレイン酸（*cis*-9 C18：1）は炭素数が18で，カルボキシ基（COOH基）から数えて9位の位置に*cis*-型の二重結合をもつ脂肪酸であるが，11位に*trans*-型の二重結合をもつトランス-バクセン酸（*trans*-11 C18：1）も牛乳中に多くみられる．さらに，反芻動物特有の脂肪酸として，共役リノール酸をあげることができる．リノール酸（*cis*-9, 12 C18：2）は9位と12位の位置に二重結合をもつ炭素数18の脂肪酸であるが，共役リノール酸とは二重結合が共役結合（二重結合間の炭素が一つしかない）した脂肪酸で，反芻動物の脂肪には9位が*cis*-型，11位が*trans*-型の共役リノール酸（*cis*-9, *trans*-11 C18：2）が多く含まれ，ルメニン酸ともよばれている．乳腺には9位を不飽和化する酵素（Δ9-不飽和化酵素）が存在するので，トランス-バクセン酸（*trans*-11 C18：1）を基質として9位を不飽和化し，ルメニン酸を生成するといわれている．ちなみに，オレイン酸（*cis*-9 C18：1）やパルミトレイン酸（*cis*-9 C16：1）の多くも，このΔ9-不飽和化酵素の作用でステアリン酸（C18：0）やパルミチン酸（C16：0）から生成されている．

　トランス型の二重結合をもつ脂肪酸の多くは，健康にわるいとされているが，トランス-バクセン酸やルメニン酸は抗動脈硬化作用や抗がん作用をもつとされている[7]．そのため，これらの含有量を増加させるための飼養学的研究も多くなされている[8]．リノール酸やリノレン酸の摂取量が極端に多い，もしくは穀物多給などで反芻胃内pHが低下することによって反芻胃微生物の活性が低下した場合，水素添加が不完全な状態で異性化された脂肪酸が反芻胃から流出し，十二指腸で吸収される．上記のトランス-バクセン酸もその一部ではあるが，特に10位にトランス型の結合を有する脂肪酸（*trans*-10 C18：1，*trans*-10, 12 C18：2）が生成されて乳腺にまで運搬されると，乳腺における*de novo*合成を強力に抑制するために，脂肪酸組成を変えるだけでなく乳脂肪率も低下させる[9]．

3　乳脂肪の分泌

　乳腺細胞内の小胞体で合成された微小脂肪滴は小胞体由来のタンパク質や被覆極性物質を伴って細胞質へ放出され，その後，微小脂肪滴同士が融合して，次第にサイズを増大させながら細胞質油滴が形成される〈QRコード 2章❸〉[2]．これが乳腺細胞の頂端部側へ到達すると，油滴は生体膜によって覆われ，引きちぎられる形（ピンチオフ）で乳汁中に放出される．したがって，乳脂肪球膜の主成分は生体膜とほぼ同様となる．

　脂肪球は，乳汁1mL当たり約1.5×10^{10}個存在し，数的には1μm以下のものが80％を占め

る。しかし，体積的には1μm以下の脂肪球は10%程度であり，1～8μmの範囲の脂肪球が全体の90%以上を占め，その中央値は約4μmである[10]。脂肪球の大きさはウシに給与する飼料の種類や搾乳回数により変化するとされているが[2),11]，その詳細なメカニズムは解明されていない。ただし，搾乳回数の増加（例えば，2回から4回）により，脂肪球が大きくなることは古くから知られている。生乳を静置した際に認められる脂肪層の形成は，脂肪球の大きさや不均一性によりもたらされ，脂肪球の浮上速度は以下のストークスの法則に従うとされている。

$$v = \frac{d^2(a_1 - a_2)}{b} \times g$$

d：脂肪球の半径，a_1：脱脂乳の密度，a_2：脂肪の密度，
b：脱脂乳の粘性率，g：重力加速度

乳製品の製造において適用される均質化（ホモジナイズ）処理は物理的に脂肪球を剪断し，微小にすることにより浮上速度を激減させる目的で行われている。

4 泌乳牛に給与する飼料が乳中脂肪酸組成に及ぼす影響

表2-1-3は，北海道各地の酪農家のバルク乳を季節ごとに採集し，各農家の各飼料給与割合と乳中の脂肪酸組成を調査した結果である。都市近郊型酪農（道央）地域の酪農家は放牧を採用

表2-1-3　北海道各地の酪農家の給与飼料および乳中脂肪酸組成[12]　（%）

	種　類	都市近郊型酪農地域	草地型酪農地域 舎飼時期	草地型酪農地域 放牧時期
給与飼料	粗飼料			
	放牧草	−	−	47.7
	トウモロコシサイレージ	29.2	0.4	0.3
	グラスサイレージ	3.7	20.1	4.5
	乾　草	18.6	37.0	11.9
	濃厚飼料			
	穀物飼料	35.3	32.7	26.4
	ビートパルプ	8.4	9.7	9.0
	その他（副産物など）	4.8	0.1	0.2
	乳脂肪率（%）	3.95	4.23	3.80
乳中脂肪酸組成	炭素数の違い			
	<C16	19.9	19.3	18.5
	C16	33.3	36.1	29.4
	>C18	38.5	36.3	43.3
	飽和度の違い			
	飽和脂肪酸	64.2	66.2	60.9
	一価不飽和脂肪酸	25.9	24.8	28.3
	多価不飽和脂肪酸	3.1	2.4	3.3
	C18の脂肪酸の違い			
	ステアリン酸（C18:0）	11.2	10.9	12.9
	オレイン酸（*cis*-9 C18:1）	21.9	20.5	22.8
	トランス-バクセン酸（*trans*-11 C18:1）	1.4	1.4	3.1
	リノール酸（*cis*-9,12 C18:2）	2.3	1.5	1.7
	ルメニン酸（*cis*-9, *trans*-11 C18:2）	0.5	0.5	1.1
	α-リノレン酸（*cis*-9,12,15 C18:3）	0.3	0.4	0.6

注）乳中脂肪酸組成は総脂肪酸における割合を示す。

しておらず，粗飼料としてはトウモロコシサイレージが中心，濃厚飼料中の「その他の飼料（副産物など）」割合がやや高かった。草地型酪農（道北および根釧）地域の酪農家では，粗飼料の多くが牧草飼料（放牧草，グラスサイレージおよび乾草）であった。乳中脂肪酸組成の結果をみると de novo 脂肪酸である C16 脂肪酸および Pre-Formed 脂肪酸である C18 以上の脂肪酸，また脂肪酸の飽和度も地域および時期によって違いがみられた。特に，都市近郊型酪農地域ではリノール酸割合が高いことが特徴であった。一方，草地型酪農地域の舎飼時期では放牧時期に比べてパルミチン酸割合が高いため，いずれの C18 脂肪酸割合も低くなり，放牧時期ではトランス-バクセン酸，ルメニン酸およびα-リノレン酸割合が高いことが特徴であった。これらの原因については省略するが，乳中脂肪酸組成は，牛が摂取した飼料の影響を受けることがわかる。都市近郊型酪農地域では，トウモロコシサイレージおよび穀物飼料摂取量，草地型酪農地域では，舎飼時期の牧草飼料（グラスサイレージおよび乾草），放牧時期の放牧草摂取量が影響している。

　乳脂肪は，そのもととなる基質や合成経路が複雑であり，乳タンパク質率や乳糖率と比較して，その成分率は大きく変動する。上記の実例が示すように，全体の含量（乳脂肪率）のみではなく，脂肪酸組成も外部環境，特に牛が摂取する飼料の影響を受ける。

5　乳脂肪の分析

（1）　乳脂肪率の分析

　乳脂肪率の分析方法としては，公定法としてゲルベル（Gerber）法が用いられている。ゲルベル法は，乳に濃硫酸を加えて脂肪分以外の成分を融解，エマルジョンを破壊した後，硫酸液中に浮遊する脂肪の小滴を遠心分離し，その量を読みとり，類似した方法にバブコック法がある。この方法の場合，専用のテストボトルを使用することにより，脱脂乳やクリームの脂肪率測定も可能である。

　標準法として，レーゼ・ゴットリーブ（Röse-Gottlieb）法がある。ゲルベル法は通常濃度の脂肪の牛乳および加工乳に適用可能で，レーゼ・ゴットリーブ法は，その他の乳製品についても適用が可能である。レーゼ・ゴットリーブ法では，試料を脂肪抽出管（レーリッヒ管またはマジョニア管）にとり，これにアンモニア水（脂肪球の破壊）およびエタノールを加え，次に有機溶媒（エーテルおよび石油エーテル）を加えて，この有機溶媒に脂質を抽出する。抽出した脂質を恒量化したビーカーに移し，乾燥させ，その重量より算出する。

　以上の方法は非常に煩雑な分析手順が必要となるため，現在は公的機関において迅速法が採用されている。迅速法は赤外線吸収スペクトルを利用した分析機器を用いた方法が一般的で，乳脂肪，乳タンパク質，乳糖やその他の項目も同時に測定可能な分析手法であり，国際規格 ISO 9622（IDF 141）に定められている。フーリエ変換型の測定器と PLS 回帰分析などの多変量解析（ケモメトリクス）の発達により可能になったもので，原理的には，水と牛乳の赤外差スペクトルから固有の吸収スペクトルを指標に，検量線を作成し求める方法である。脂肪測定はトリグリセリドのエステル結合に基づく 5.73 nm，タンパク質ではペプチド結合に基づく 6.46 nm，乳糖ではヒドロキシ基に基づく 9.6 nm の波長を用いる。その最大の特徴は，短時間

で非破壊的に生乳のまま測定できることにあり，近年は乳業などの生産現場で生乳や牛乳の取引き，標準化，品質管理などに本法が採用されている。正確性を維持するためには機器の校正や洗浄といったメンテナンスが必須である。代表的な機器にFOSS社の「ミルコスキャン」がある。

（2） 乳中脂肪酸組成の分析

各脂肪酸の濃度や含有割合を測定するためには，ガスクロマトグラフィー（Gas Chromatography; GC）や高速液体クロマトグラフィー（High Performance Liquid Chromatography; HPLC）による分析・同定が必要となる。ここではGCによる分析例を示す。まず，上記のレーゼ・ゴットリーブ法やクロロホルム・メタノール法を用いて，脂質を抽出する。抽出した脂質を水酸化カリウム-メタノール溶液などを用い，脂肪酸をメチルエステル化する。この脂肪酸メチルエステルを適当な溶媒に溶解し，カラムを装着したGCに注入する。検出器には，水素炎イオン化検出器（FID）や熱伝導度検出器（TCD），質量分析検出器（MS）が用いられるが，現在はFIDが一般的で面積比から割合や濃度を計算する。詳しくは成書を参考されたい[13]。

〈参考文献〉　＊　＊　＊　＊　＊

1) Heid, H. W. and T. W. Keenan.：Intracellular origin and secretion of milk fat globules, p.245-258 European Journal of Cell Biology（2005）
2) Lopez, C., V. Briard-Bion, O. Menard, F. Rousseau, P. Pradel, and J. M. Besle.：Phospholipid, sphingolipid, and fatty acid compositions of the milk fat globule membrane are modified by diet, p.5226-5236 Journal of Agricultural and Food Chemistry（2008）
3) Christie, W. W.：「Advanced Dairy Chemistry-2. Lipid」p.1-36 Chapman & Hall（1995）
4) Salter, A. M., A. L. Lock, P. C. Garnsworthy, and D. E. Bauman.：Milk fatty acids：implications for human health, P.1-18 Recent Advances in Animal Nutrition. Nottingham University Press（2006）
5) 上田宏一郎：「乳牛栄養学の基礎と応用」p.64-78，デーリィ・ジャパン社（2010）
6) Walker, G. P., F. R. Dunshea, and P. T. Doyle.：Effects of nutrition and management on the production and composition of milk fat and protein：a review, p.1009-1028 Australian Journal of Agricultural Research（2004）
7) Clancy, K.：Greener Pastures How grass-fed beef and milk contribute to healthy eating, UCS Publications（2006）
8) Chilliard, Y., A. Ferlay, and M. Doreau.：Effect of different types of forages, animal fat or marine oils in cow's diet on milk fat secretion and composition, especially conjugated linoleic acid（CLA）and polyunsaturated fatty acids, p.31-48 Livestock Production Science（2001）
9) Bauman, D. E. and J. M. Griinari.：Nutritional regulation of milk fat synthesis, p.203-227 Annual Review of Nutrition（2003）
10) 伊藤敞敏：「ミルクの先端機能」p.5-26，弘学出版（1998）
11) Wiking, L., J. H. Nielsen, A. K. Bavius, A. Edvardsson, and K. Svennersten-Sjaunja.：Impact of milking frequencies on the level of free fatty acids in milk, fat globule size, and fatty acid composition, p.1004-1009 Journal of Dairy Science（2006）
12) Mitani, T., K. Kobayashi, K. Ueda, and S. Kondo.：Discrimination of "grazing milk" using milk fatty acid profile in the grassland dairy area in Hokkaido, p.233-241 Animal Science Journal（2016）
13) 乳製品試験法・注解「改訂第2版」金原出版（1999）

Section 2 ■乳中の糖質の合成と性質，分析法 〈朝隈貞樹〉

1 乳の糖質の科学

牛乳中に含まれる炭水化物の99.8%が乳糖(ラクトース)であり，乳成分全体の約4.8%を占める。これは脂質の約3.7%，タンパク質の約3.1%と比べても多い。また，人乳中には80%の乳糖と20%のミルクオリゴ糖を合わせた約7%の糖質が含まれている。馬乳では乳糖は約6.1%と牛乳よりも多く含まれる[1),2)](表2-5-4, p.56)。

糖質は，その分子の数(重合度)により単糖類，二糖類，そして単糖類が3～10程度重合したオリゴ糖，さらにそれ以上の重合度をもつ多糖類に分類される。乳糖は，単糖のD-グルコースの4位の水酸基とD-ガラクトースの1位の水酸基から水1分子の脱水縮合によるβ-1,4グリコシド結合している二糖類である(図2-2-1)。その合成経路の特徴から，自然界では哺乳類の乳にのみ存在する特殊な糖質である。

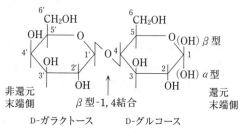

図2-2-1　乳糖の構造

乳糖のグルコース残基の1位の炭素は，可逆的にアルデヒド基を形成し得ることから，乳糖およびこれを還元末端とするミルクオリゴ糖の多くは還元性を示す。この還元末端残基の1位の可逆的なOHとHの位置変換によってα型とβ型の2種類の立体異性体が存在する。この乳糖の2つの異性体の存在は，種々の物理的(融点，旋光度など)，生理的(甘み)性質の違いとなり，その利用性にも影響を及ぼす(表2-2-1)。両者は溶液中では互いに転換し，平衡状態になる。例えば，α型を水に溶かすと一部はβ型に，逆にβ型を溶かすと同じようにα型も存在する状態となり，溶解直後からの旋光度に変化が生じる。これを変旋光という。α型とβ型の平衡状態は水溶液の温度に影響を受け，例えば，乳糖の平衡状態は温度が20℃のとき旋光度が55.3°で，存在比はα型：β型＝1：1.7となるが，温度が上昇するにつれてα型の存在比が増加する。このように乳中での乳糖は，α型とβ型の異性体が平衡に達した状態で存在する

表2-2-1　乳糖位置異体における物理的特性[1)]

	α-ラクトース一水和物	β-ラクトース無水物	α：β混合 5：3	α：β混合 4：1	D-グルコース[*2]	スクロース
分子式(分子量)	$C_{12}H_{22}O_{12}$ (342.30)					
融点[*1]（℃）	201.6	229.5, 252.2(結晶融点)			150	186
比重	1.54	1.59			1.56	
比旋光度 $[α]^{20}_D$	＋85	＋35	＋67.9	＋78.0	＋52.6〜＋53.2	＋66.3〜＋66.7
溶解度　20℃	8	55			49	201.9
100℃	70	95				476

[*1] β型乳糖の融点はGillsの報告による252.2℃と融点測定の定法に従った伊藤らの報告による229.5℃を併記した。
[*2] β-D-グルコースについて記載

が，乳糖を結晶化させた場合は，α型もしくはβ型が単独で結晶化する場合が普通である。

乳糖の分離を工業的に行う場合，牛乳からチーズを製造する際に排出されるチーズホエイを限外ろ過液に供し，水酸化カルシウムを加えて加熱し，カルシウム塩を除去した後に，濃縮・結晶化することで乳糖（粗糖）を得る。乳糖の水溶液を濃縮し結晶化させる際に，93.5℃を境にそれ以下ではα型に1分子の水を含んだ形態（α-ラクトース1水和物），93.5℃以上に保つと無水のβ型のみが析出する。これは，濃縮されて飽和状態になる時に2つの異性体の飽和到達点が異なっているために引き起こされる。これらの理由から純粋なβ型ラクトースの結晶を得ることは難しく，いくつかの精製方法が考案されている。

乳糖の溶解度は，水に溶けると同時に還元末端1位のアノマー水酸基位置が相互変換をはじめるため，飽和溶液となる前にα型またはβ型の一部が他の形態に変化する。このため正確に測定するのは困難であるが，一般的にα-ラクトース1水和物よりもβ-ラクトース無水物のほうが溶解度は高い。

糖質といえば「甘味」が連想され，これはいわば生理的な「機能」でもあるが，乳糖の相対甘味度は砂糖（スクロース）を100とした場合，15～48％程度とされ，牛乳特有の「ほのかな甘さ」の由来とされる。α型とβ型の異性体ではそれぞれの相対甘味度は異なり，β型無水物のほうが甘くなる（表2-2-2）。

牛乳中の糖質のほとんどは乳糖であるが，D-グルコース，D-ガラクトース，N-アセチルグルコサミンなどの遊離した単糖が微量ながらも存在している。さらに常乳中には，ほとんど認められないが，初乳中には多くのオリゴ糖（遊離のミルクオリゴ糖）が見い出されている。ミルクオリゴ糖の化学構造は，哺乳動物それぞれにおいて特徴的であり，種間での相同性とともに不均一性も散見される。基本的には乳糖を構造骨格（コア構造）にもち，非還元末端側にさまざまな単糖がグルコシドでつながった構造をもつ（表2-2-3）。このため種類が最も多いとされる人乳中で160種類以上のミルクオリゴ糖の化学構造が報告されており，量的には初乳では20 g/L程度，常乳でも12～14 g/L存在する[4),5)]。オリゴ糖を含む糖鎖は，核

表2-2-2 乳糖とその他の糖類の相対甘味度[1)]

糖 質	甘味度
ショ糖（スクロース）	100
α-ラクトース1水和物	16～38
β-ラクトース無水物	48
フラクトース（果糖）	115～175
グルコース（ブドウ糖）	60
トレハロース	45
β-マルトース	32～46

出典：「乳の科学」表3.9より作成

表2-2-3 家畜の主要なミルクオリゴ糖[1),3)]　（上から存在比の大きい順に記載）

	中性オリゴ糖	酸性オリゴ糖
ウ　シ	Gal（α1-3）Gal（β1-4）Glc GalNAc（α1-3）Gal（β1-4）Glc Gal（β1-3）Gal（β1-4）Glc	Neu5Ac（α2-3）Gal（β1-4）Glc Neu5Ac（α2-6）Gal（β1-4）Glc Neu5Ac（α2-8）Neu5Ac（α2-3）Gal（β1-4）Glc
ヤ　ギ	Gal（β1-3）Gal（β1-4）Glc Gal（β1-6）Gal（β1-4）Glc Gal（α1-3）Gal（β1-4）Glc	Neu5Gc（α2-3）Gal（β1-4）Glc Neu5Gc（α2-6）Gal（β1-4）Glc Neu5Ac（α2-6）Gal（β1-4）Glc Neu5Ac（α2-3）Gal（β1-4）Glc
ヒツジ	Gal（β1-3）Gal（β1-4）Glc Gal（β1-6）Gal（β1-4）Glc Gal（β1-4）GalNAc（β1-3）Gal（β1-4）Glc	Neu5Gc（α2-3）Gal（β1-4）Glc Neu5Gc（α2-6）Gal（β1-4）Glc Neu5Ac（α2-3）Gal（β1-4）Glc

注〕Gal：ガラクトース，Glc：グルコース，GalNAc：N-アセチルガラクトサミン，GlcNAc：N-アセチルグルコサミン，Neu5Ac：N-アセチルノイラミン酸，Neu5Gc：N-グリコリルノイラミン酸

酸，タンパク質に次ぐ第三の生命鎖とよばれ，例えば3つのヌクレオチド塩基やアミノ酸からは6通りの構造しかとることができないのに対して，3つの6炭糖からは（条件にもよるが）1,056〜27,648種類の三糖オリゴ糖の形成が可能である[6]。

反芻動物の乳汁中にも，人と同様に初乳中（分娩後48時間程度）で2.5 g/L 程度のオリゴ糖が存在するが，その種類は人乳に比べて少なく，常乳になると痕跡程度の量にまで減少する。ウシをはじめヒツジ，ヤギなど反芻家畜の乳中オリゴ糖としては，酸性単糖であるシアル酸（N-アセチルノイラミン酸，N-グリコリルノイラミン酸）が，乳糖に α2-6および α2-3結合した酸性オリゴ糖（シアリルオリゴ糖）が多い。牛乳中の酸性オリゴ糖の多くは人乳にも含まれているが，人乳の場合は中性オリゴ糖のほうが優先的である。また同じ反芻動物でも主となるシアル酸の種類が異なり，ウシの場合はヒトと同じ N-アセチルノイラミン酸で構成されるのに対して，ヒツジでは N-グリコリルノイラミン酸が主体で構成される。ヤギはその両方で構成されるオリゴ糖が存在するなど，それぞれに違いがある。

ヒトミルクオリゴ糖には，ビフィズス菌の腸内定着というプレバイオティクスとしての役割と腸管における病原菌の接着阻害による感染防御作用がある。これらの育児用調製粉乳への添加は，乳児の健康を考えるうえで有益であるが，ヒトミルクオリゴ糖の多くは調製することが技術的に困難である。そこでガラクトオリゴ糖やフルクトオリゴ糖をその代替品として添加している。ウシ初乳に含まれるシアリルオリゴ糖にもプレバイオティクス，および感染防御作用などの機能性が認められている。しかしながら，わが国では乳等省令による初乳の使用制限があるため，現実的にはその応用が難しい。

2 乳糖の合成と生体内での消化吸収

ウシの場合，乳糖を構成する単糖は，第一胃内のルーメン微生物が生成するプロピオン酸が肝臓でグルコースに変換されたものと，糖輸送担体UDP-ガラクトースとなって供給されたものの2つに由来する。いずれも体内の至る所に存在しているが，この2つの単糖から乳糖を合成する系は乳腺細胞のみに存在するため，乳糖は自然界では乳以外には見いだされない特異な炭水化物となる。

乳糖合成系における主な酵素はガラクトシルトランスフェラーゼⅠであるが，これは乳腺細胞独特のものではなく，上皮細胞などのトランスゴルジ体の膜に結合している転移酵素である（図2-2-2）。ガラクトースは，UDP-ガラクトースという糖輸送担体に形を変えて初めて他の糖質に転移されるが，通常ガラクトシルトランスフェラーゼⅠはUDP-ガラクトースからガラクトースを N-アセチルグルコサミンに転移し，N-アセチルラクトサミンを生成する。しかし，ホエイタンパク質の一つであるα-ラクトアルブミンが，ガラクトシルトランスフェラーゼⅠと会合することによって酵素の高次構造が変化し，N-アセチルグルコサミンではなくグルコースへの基質特異性が高くなる。その結果，乳腺細胞内のグルコース濃度が低い場合でも，乳糖合成が最優先に行われるようになる。合成された乳糖は，乳タンパク質とともに分泌小胞としてゴルジ体から分離される。この分泌小胞の内部は乳糖による高い浸透圧によって，周囲から水分を吸収して膨れ上がりながら細胞上端へと移動し，乳腺胞腔中に分泌される。牛乳の水分のほとんどは，このようにして分泌小胞内に蓄積された水分に由来する。

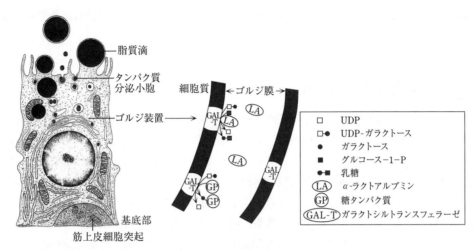

図2-2-2 乳腺上皮細胞内ゴルジ体における乳糖合成[7),8)]

　乳糖は多くの動物の乳において主要なエネルギー源になっているが，カモノハシ（単孔類）やワラビー（有袋類）の乳糖含量は非常に少なく，ミルクオリゴ糖のほうがむしろ多い。また，アザラシやアシカなどの海獣類では，主要なエネルギー源が脂質であるため，乳糖の含量は非常に少ない。

　一般的に糖質は，単糖類であるフルクトースおよびグルコース以外はそのままの形では吸収されず，その前にまず単糖にまで分解されることで消化に至る。糖質の消化は口腔内消化，胃内消化および小腸内消化に大きく分けられる。

　次に，分解された単糖を腸管吸収上皮より取り込み，門脈あるいはリンパ管に送り込むことを吸収という。ラクターゼ（β-ガラクトシダーゼ）は，乳糖をグルコースとガラクトースに加水分解する酵素で，ヒト胎生期に検出され，授乳期に最大活性を示し，以後次第に減少する。腸管から吸収されたグルコースは解糖系で代謝されてエネルギー源となり，ガラクトースは肝臓でグルコース1-リン酸に変換され，解糖系で利用される。

　牛乳を飲むと腹部の不調を招く場合がある。これはラクターゼ活性の低下により，乳糖が未分解のまま消化管下部に留まり，腸内の浸透圧を高めるためで，このような症状を低ラクターゼ症，あるいは乳糖不耐症とよぶ。腸内のラクターゼ活性は人種によって異なり，欧米の白人，アフリカと中近東の遊牧民，インド人やパキスタン人は成人しても高い活性を維持しているのに対して，日本人を含む黄色人種，黒人などは活性が低く，低ラクターゼ症の比率が高い。しかし，乳糖は乳にしか含まれず，大人になっても乳を飲むのはヒトだけであることから，成人してラクターゼ活性が低下するのはむしろ自然なことである。永年にわたって乳を食習慣に取り入れてきた人たちには，ゲノムの中でラクターゼの上流にあるエンハンサーといわれる位置の1残基の塩基の変異によって，離乳後もラクターゼ活性を高く維持する形質が備わってきたものと考えられている。

　低ラクターゼ症の診断法として，50gの乳糖を摂取して摂取後の血糖の濃度上昇を診断する方法がある。これは欧米人の基準に沿ったもので1Lの牛乳中に含まれる乳糖の量に相当する。しかしながら，わが国の食習慣においては，このように大量の牛乳を1日で摂取する状況は稀であり，ほとんどの日本人において低ラクターゼ症と診断されることになってしまう。

現在では，牛乳中のラクトースを微生物の生産したラクターゼにより分解した製品も市販されている。

乳糖の測定方法

乳糖の測定方法には，大きく分けて衛生行政機関が用いる公定法，民間企業などが採用する規格・基準の検査に用いられる標準法，品質管理や生乳取引の目的で行われる迅速法がある。

糖類に関するいずれの測定法においてもいえることだが，目的とする糖類(例えば，乳糖)に対して他の糖類が含まれるような状態の試料を測定する場合は，注意が必要となる。なぜならば，抗原抗体反応のように，それぞれの糖，または糖鎖に対して特異的な反応となるような測定方法は限られており，多くの場合は糖類全般に対して当てはまる方法だからである。測定方法を検討する場合は，目的に応じて測定方法が大きく変わってくることを念頭に置くべきであり，公定法を選んだからといって，必ずしも目的にあった方法ではない可能性もある。したがって，対象が全糖量であるのか，還元糖のみであるのかなどを明確にする必要がある。

乳糖の公定法(食品衛生法または乳等省令に定められる方法)は，銅塩還元法であるレイン・エイノン(Lane-Eynon)法である[9]。一定量のフェーリング溶液にメチレンブルーを加えて加熱し，そこに希釈した試料乳をビュレットにより滴下する。フェーリング溶液に乳糖などの還元糖が加えられると硫酸銅($CuSO_4$)が還元され，酸化第一銅(Cu_2O)が析出する。この反応により $CuSO_4$ がすべて還元されると次にメチレンブルーも還元され始め，青色が消失する。乳糖量はこの点を終点としてレイン・エイノン乳糖定量表により求める。一般に糖の還元力は化学量論的ではなく，濃度が薄くなるほど1分子当たりの還元力は増大するので，実験的に求めた換算表を用い，滴定値から乳糖量を求める。牛乳には乳糖以外の糖も少量含まれ，さらに糖以外の還元性物質も存在するが，量的には少ないので通常は問題とならない。しかし，グルコースやフルクトースなどの還元糖が添加された乳製品の場合，乳糖だけをこの方法で定量することはできない。この場合は，後述の高速液体クロマトグラフィー，または酵素法を利用した測定キットなどを用いる。

乳糖測定の標準法としては，国際規格 ISO 22622 (IDF 198) が定める高速液体クロマトグラフィー(HPLC)法をあげることができる[10]。高速液体クロマトグラフィー法による糖類の分析は，カラム，検出器，移動相の種類などを適切に選択することによりさまざまな対応が可能になっているが，乳サンプルの場合，遠心分離による脱脂，酸や有機溶媒を用

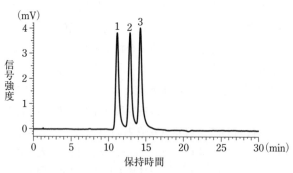

1.乳糖(ラクトース1水和物)，2.グルコース，3.ガラクトース 各0.5mg/mL
<分析条件>
カラム ：固定相はCa型スルホン基(内径4.6mm, 長さ300mm)
カラム温度：80℃
移動相 ：蒸留水(高速液体クロマトグラフィー用)
流速 ：0.6mL/分
検出器 ：示唆屈折率検出器(40℃)

注] IDF198ではCa型ではなくPb型を使用する[10]

図2-2-3 牛乳に含まれる糖質のクロマトグラム

いた除タンパクといった前処理が必要となる。前処理したサンプルを，配位子交換モードとサイズ排除モードの組み合わせられたカラムにより，水を主体とする移動相を用いて分離する。これを示差屈折率検出器(RI)で分析することによって，乳糖だけでなくグルコースやガラクトースなどの単糖も同時に検出，定量ができる(図2-2-3)。カラムの温度が低温であると還元末端がα型とβ型の位置異性体2つのピークが出現し，わかりにくくなる場合があるので，一般的には80℃以上の高温にして分析する。このことは順相系のカラムを利用した分析方法にも当てはまる。また，2-アミノピリジンや2-アミノベンズアミドなどによる誘導体化も，単に乳糖のみの測定に利用されることは少ないが，還元末端をもつオリゴ糖を含むサンプルの分析には有効である。還元末端側のグルコースを開環してここに誘導体を導入すると，位置異性体を考慮する必要がなくなり，さらには誘導体の種類に応じて分離に優れた逆相カラムの使用も可能となるなどの長所がある。しかしながら，スクロースやフルクトオリゴ糖，トレハロースなど食品添加物として考えられる非還元糖の誘導体化は難しく，これらの定量には向かないという短所もある。

　迅速法は，赤外線吸収スペクトルを利用した分析機器を用いた方法が一般的であり，乳脂肪，乳タンパク質と合わせて乳糖やその他の項目も同時に測定可能な分析手法であり，国際規格 ISO 9622(IDF 141)に定められている[11]。

〈参考文献〉　＊　＊　＊　＊　＊
1) 伊藤 敏敏：「乳の科学」p.27-34, 朝倉書店(1996)
2) P. L. H McSweeney and P. F. Fox Springer.：Advanced Dairy Chemistry Volume 3 ed 3, p. 3, Springer (2009)
3) Tadashi Nakamura and Tadasu Urashima.：The Milk Oligosaccharides of Domestic Farm Animals, Vol. 16 No. 88, p. 135-142, Trends in Glycoscience and Glycotechnology (2004)
4) 浦島匡：「動物資源利用学」p. 35-45, 文永堂出版(1998)
5) Tadasu Urashima, Jun Hirabayashi, Sachiko Sato and Akira Kobata.：Human Milk Oligosaccharides as Essential Tools for Basic and Application Studies on Galectins, Vol. 30 No. 172. p. SE 51-SE 65,Trends in Glycoscience and Glycotechnology (2018)
6) 鈴木康夫監訳：「糖鎖生物学」p. 4, 丸善(2003)
7) 山田英智，市川厚，黒住一昌：「ブルームフォーセット組織学〔Ⅱ〕第10版」p.959, 廣川書店(1982)
8) 河本馨：「乳の科学」p. 62, 朝倉書店(1996)
9) 日本薬学会編：「乳製品試験法・注解(改訂第2版)」p. 115-117, 金原出版(1999)
10) ISO 22622(IDF 198)：Milk and milk products-Determination of lactose content by high-performance liquid chromatography (Reference method) (2007)
11) ISO 9622(IDF 141)：Milk and liquid milk products-Guidelines for the application of mid-infrared spectrometry (2013)

Section 3 ■乳タンパク質の性質と分析法 〈佐藤 薫〉

1 乳タンパク質の科学

通常，牛乳には3.0～3.5%のタンパク質が含まれている。脱脂乳を20～30℃に保ち，酸を加えてpHを4.6に調整すると，等電点沈殿によってタンパク質が沈殿する。このタンパク質がカゼインであり，牛乳タンパク質の約80%を占める主要成分である。一方，得られる上澄みをホエイといい，このなかに含まれるタンパク質をホエイタンパク質という。カゼインが乳腺上皮細胞で合成されるのに対し，ホエイタンパク質には乳腺上皮細胞で合成されるものの他に，血液から移行したタンパク質や乳腺に浸潤したリンパ球に由来するものも含まれる。さらにチーズ製造の際に，チーズカードと分離される上澄みもホエイとよばれるが，牛乳を酸性化して得られるホエイとは成分的に異なるため，前者を甘性ホエイ，後者を酸ホエイと区別することがある。

(1) カゼインの種類と特徴

カゼインは単一のタンパク質ではなくα_{s1}-カゼイン，α_{s2}-カゼイン，β-カゼインおよびκ-カゼインから構成されている。それぞれのカゼインが単独で溶解しているのではなく，カゼインミセルとよばれる会合体を形成して分散している。

各カゼインの一次構造の特徴を理解するために，これらの概念図を図2-3-1に示した。ホスホセリン残基を多くもつカゼインは，Ca^{2+}との共存によって沈殿する性質があり，Ca感受性カゼインとよばれている。κ-カゼインだけは，ホスホセリン残基を一つしかもたず，Ca^{2+}が存在しても沈殿しないことから，Ca非感受性カゼインともよばれている。

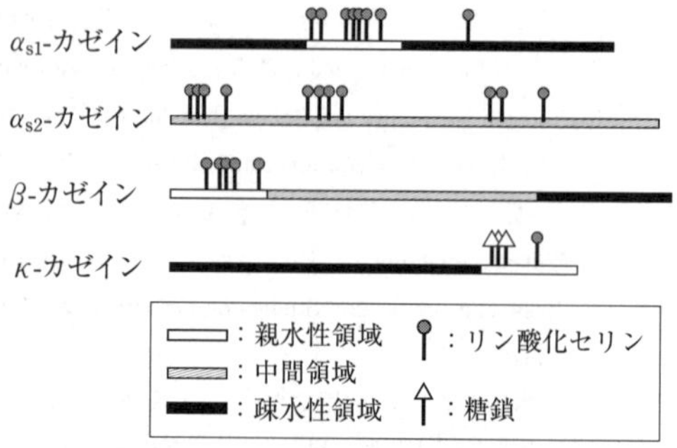

図2-3-1 各カゼインの一次構造の概念図

乳タンパク質のアミノ酸配列は遺伝子レベルで決定され，塩基配列のごく限られた部分が置換，あるいは削除されることで同じタンパク質でもアミノ酸配列が異なる場合が生じる。これを遺伝的変異体とよび，アルファベットをつけて区別している。例えばα_{s1}-カゼインの場合，5種類の遺伝的変異体があり，α_{s1}-カゼインA, B, C, D, Eと区別されている[1),2)]。

① α_{s1}-カゼイン

α_{s1}-カゼインは1.2～1.5 g/100 mLの濃度で含まれ，199個のアミノ酸からなる分子量約23.6 kDaのタンパク質で，等電点はpI 4.44～4.76である。システイン残基をまったく含まず，8～9個のセリン残基がリン酸化されてホスホセリン残基となっている。また，ホスホセリンとともにアスパラギン酸，グルタミン酸などの酸性アミノ酸がN末端(アミノ末端)から40～80番目に集中しており，親水性領域を形成している。C末端(カルボキシ末端)側に疎水性アミノ酸が比較的多く存在し，親水性領域と疎水性領域が同一分子内に局在する両親媒性構造と

なっている。

また，α_{s1}-カゼイン，α_{s2}-カゼインは人乳中に含まれていないことから牛乳アレルギーの主要因子と考えられている。

② α_{s2}-カゼイン

α_{s2}-カゼインは，牛乳中に0.3〜0.4 g/100 mLの濃度で含まれている。アミノ酸207個からなる分子量約25.2 kDaのタンパク質で，11〜13個のセリン残基がリン酸化されている。

③ β-カゼイン

β-カゼインは，牛乳中に0.9〜1.1 g/100 mLの濃度で存在している。アミノ酸209個からなる分子量約24 kDaのタンパク質であり，等電点はpI 4.83〜5.07で，システイン残基をまったく含まないCa感受性カゼインである。N末端から50番目までに5個のホスホセリン残基の集中域が存在するとともに親水性アミノ酸が多くなっており，それ以降は疎水性アミノ酸に富む典型的な両親媒性構造となっている。疎水性アミノ酸含量はカゼインのなかで最も多い。

β-カゼインの最も特徴的な性質は，温度上昇とともにβ-カゼイン同士の会合が促進されることである。逆に低温にするとカゼインミセルから一部遊離してくる。これはC末端側の疎水性領域が関与していると考えられている。

人乳カゼインの場合，その大半がβ-カゼインである。しかし，牛乳と人乳のβ-カゼインの免疫化学的類似性は1/3程度であるため，牛乳アレルギーの原因物質となっている。

④ κ-カゼイン

κ-カゼインは，牛乳中に0.2〜0.4 g/100 mLの濃度で存在している。アミノ酸169個からなる分子量約19 kDaのタンパク質で，等電点はpI 5.45〜5.77である。κ-カゼインにはシステイン残基が2個含まれ，ホスホセリン残基が1個しか含まれていない。さらにκ-カゼインのうちの約40%はC末端側のスレオニンにN-アセチルガラクトサミン，ガラクトース，およびシアル酸からなる3糖あるいは4糖より構成される糖鎖を付加している[3]。アミノ酸配列については，N末端は疎水性アミノ酸に富み，C末端側は糖鎖やホスホセリン残基などの親水性アミノ酸に富んだ両親媒性構造となっている。κ-カゼインはCa結合性が低く，Ca感受性カゼインと共存することでCa感受性カゼインの沈殿を阻止することが知られている。このことは後述するようにカゼインミセルの構造を安定化するうえで重要である。中性pH領域において凝乳酵素であるキモシンはκ-カゼインの105番目のフェニルアラニンと106番目のメチオニン間のペプチド結合を特異的に加水分解する。これによって生じるκ-カゼインのN末端から105番目のフェニルアラニンまでをパラ-κ-カゼイン，106番目のメチオニンからC末端までをカゼインマクロペプチド(CMP)とよんでいる。

(2) カゼインミセルの組成と構造

カゼインミセルは，直径約50〜500 nmの球状と考えられ，平均約120 nmと報告されている。カゼインミセルの直径が大きいものほどカゼインに対する無機質の占める割合が多く，逆にκ-カゼインの占める割合は少なくなる傾向がある。カゼインミセルは光を乱反射させるため，牛乳は白濁を呈している。しかし，カゼインミセル中のコロイド状リン酸カルシウム(CCP)を可溶化したり，pHを9以上のアルカリ条件にしたり，尿素，SDSあるいはエタノール(70%)を加えて加熱するとカゼインミセルは崩壊して透明になる。

カゼインミセルの構造は長年多くの研究が行われ，さまざまなモデルが提唱されているものの，現時点においては結論に至っていない。それでもカゼインミセルのモデルを推定するうえで次のような点は共通している。

1) 電子顕微鏡観察では球状になっているが電子密度が均一になっていない。
2) 小さいカゼインミセルほどκ-カゼインの占める割合が多い。
3) 脱脂乳を水に対して透析したり，クエン酸塩などのキレート剤でミネラルを除去するとカゼインミセルからCCPが遊離し，直径20 nm程度の小粒子になる。CCPはカゼインミセルの構造を維持する主要な因子と考えられており，CCPを除いたカゼインは，低い濃度のCa^{2+}で沈殿し，キモシンを加えても凝固しない。
4) キモシンや類似のプロテアーゼは，κ-カゼインのペプチド結合を特異的に切断し，カゼインミセルを沈殿させる。
5) カゼインの約12%を占めるκ-カゼインは，α_{s1}-カゼイン，α_{s2}-カゼイン，β-カゼインというCa感受性カゼインを安定化している。
6) 牛乳を80〜130℃で加熱するとκ-カゼインとβ-ラクトグロブリンが複合体を形成する。
7) 温度の低下，例えば0〜5℃に冷却すると特にβ-カゼインがカゼインミセルから解離してくる。

ここではこれまで提唱された3つのモデルについて概要を述べる。

① サブミセルモデル(図2-3-2)

カゼインは分子量約10^6 Daの直径約20 nmの会合体(サブミセル)を形成し，サブミセル間をCCPが架橋してミセルを形成していると考えるモデルである。ミセル内部のサブミセルが主にCa感受性カゼインから構成され，外側のサブミセルはCa非感受性のκ-カゼインを多く含むサブミセルから構成されると考えた[4),5)]。

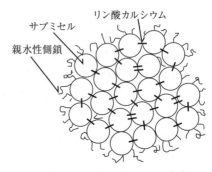

図2-3-2 サブミセルモデル[4),5)]

CCPとサブミセル間の結合は共有結合ではなく，静電的相互作用によるもので，κ-カゼインの親水性部分は水溶液側にヘアのように突き出して柔軟な構造をとっている。このヘア部分がカゼインミセルの安定化に関与しており，κ-カゼインの分解によってカゼインミセルの凝固が引き起こされるとするモデルである。

② ナノクラスターモデル(図2-3-3)

リン酸Caのナノクラスターが，ある程度均一にカゼインミセル中に分布し，κ-カゼインの親水性部分は表面に突き出ているモデルで[6)]，リン酸Caナノクラスター形成がカゼインミセルを形成させる点に特徴がある。電子顕微鏡で観察されるカゼインミセルの電子密度の不均一な像は，試料の固定や脱水，コーティング(包埋)処理によって生じるアーティファクトであること，脱Ca処理したカゼインミセルのサイズが濃度依存的であること，カゼイン組

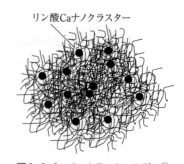

図2-3-3 ナノクラスターモデル[6)]

成の異なるサブミセルが合成されるというのは合理的ではないなどの理由からこのモデルは，サブミセルの存在を否定する見解に立っている。

③ デュアルバインディングモデル（図2-3-4）

ナノクラスターモデルの改良型であり，CCPのサイズはナノクラスターモデルにおけるそれよりも小さく，2つの結合，すなわち，疎水的な相互作用と，CCPの分子架橋によってカゼインミセルが形成されていると考えている[7]。カゼインミセルは疎水性領域を介して会合し，親水性領域の静電的反発力で阻害される。これらのバランスによってカゼインミセルが形成されていると考えるモデルになっている。

現在，この3つのモデルのなかでは国際的にナノクラスターモデルが支持されている。乳加工において乳酸菌などでpHを下げていくと徐々にCCPは可溶化し，カゼインミセルから失われていく（図2-3-5）[8]。pH5.1付近で17%程度のCaはカゼインミセル中に残存しているが，ほとんどの無機リン酸が可溶化していることから，CCPはpH5.1付近でほぼ完全に可溶化していると考えられる。さらにpHが等電点に近づくとカゼインが凝集し，カードを形成するが，この凝集物は元のカゼインミセルの大きさと同程度であること

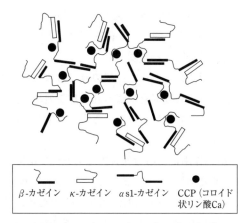

図2-3-4　デュアルバインディングモデル[7]

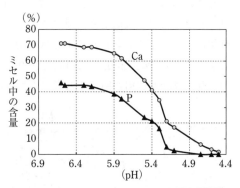

図2-3-5　カゼインミセル中のCCP含量に及ぼすpHの影響[8]

が知られている。こうした現象は，サブミセルモデルでは説明がつかず，むしろナノクラスターモデルの説明が妥当であると考えられている。また，電子顕微鏡で観察される像がナノクラスターモデルに近いことも支持される理由となっている[9]。

（3）　カゼインの物理化学的特性

① 酸による凝固

牛乳の酸性化によってもたらされるゲル化の代表的な例は，ヨーグルト製造を考えてみるとよい。乳酸菌の添加によって乳のpHが低下すると，pH5.5付近からゲルが形成しはじめる。さらにpH4.6以下にまで低下するとカゼインの等電点沈殿によって，しっかりとした安定なゲルが形成される。pH低下によってカゼインミセルの表面にあるκ-カゼインのマイナス電荷が減少し，カゼインミセル間における電気的反発力が低下する。さらにpH5.5～5.0になると，カゼインミセル中のCCPが可溶化する。その結果CCPの架橋が失われ，ミセル内のカゼイン同士の結合に変化が生じ，疎水性相互作用などの引き合う力が優位となり，ゲルを形成するようになる。

酸性化によるカゼインミセルのゲル化は，酸性化する速度，温度，ホエイタンパク質の変性度，タンパク質濃度，他成分，特に安定剤などの影響を受ける。

酸性ゲルの調製は乳に乳酸菌を添加し，その発育に伴って乳酸を生産させる方法のほかに酸やCO_2ガスなどを加えたり，グルコノ-δ-ラクトン（GDL）を添加することによって生じる分解産物であるグルコン酸を用いる方法でも可能である。

② 酵素による凝固

カゼインミセルは，酸のみならずタンパク質分解酵素処理でも不安定化し，凝乳が引き起こされる。凝乳酵素による乳の加工処理は，チーズ製造の際の重要な工程の一つである。ここではチーズ製造に用いられる凝乳酵素を中心にその作用メカニズムについて解説する。

〈酵素作用による凝乳メカニズムについて〉

凝乳過程は，凝乳酵素による加水分解（第一段階）とカゼインミセル同士の凝集（第二段階）に分けられる。第一段階では，κ-カゼインの105番目のフェニルアラニンと106番目のメチオニン間のペプチド結合が加水分解され，パラ-κ-カゼインとCMPに分かれ，CMPはカゼインミセルから遊離する。第二段階では，CMPの遊離によってカゼインミセル表面の疎水性が増加するとともに，表面電荷の減少によって電気的反発力が低下し，乳は凝固する。キモシンの作用によって不安定化したミセルはCa^{2+}との感受性が高まり，3次元のネットワークを形成するようになる（図2-3-6）。この凝集メカニズムは，Ca^{2+}による架橋形成とファンデルワールス力，疎水性相互作用が関わると考えられている。

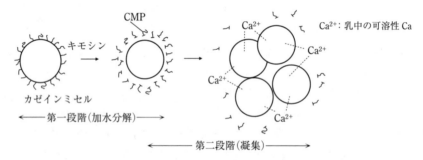

図2-3-6　キモシンによるカゼインミセルの凝集メカニズム

しかしながら，κ-カゼインが加水分解されても15℃以下の低温下であれば凝集が阻害される。このことは，カゼインミセルの凝集が疎水性相互作用に基づくものであることを意味している。また，牛乳を60℃以上で加熱することで，ホエイタンパク質の変性が引き起こされはじめると，ホエイタンパク質間で可溶性の凝集体が形成されたり，ホエイタンパク質とカゼインミセルとの間で凝集体が形成されたりする。これらの凝集体が形成されることによって，凝乳の遅延やゲルの脆弱化が引き起こされ，チーズが有する延伸性や熱溶融性にも影響が及ぶ。

③ 熱安定性

新鮮な牛乳は非常に熱安定性が高く，140℃で15分以上加熱しても凝固あるいは沈殿することはない。しかし，pHが変化したり，牛乳を濃縮していくと熱安定性は低下する。一般に牛乳の熱安定性は140℃で加熱した牛乳に凝固物を生じるまでの時間（Heat Coagulation Time；HCT）を測定することで評価される。牛乳の場合pHと熱安定性（HCT）との関係は，図2-3-7

に示したように，pH6.4からpHが高くなるに従いHCTは増加し，pH6.7付近で極大となる。このpHは通常の牛乳のpHに相当する。さらにpHが高くなると，HCTは低下し始め，pH6.9付近で極小となる。さらにpHが高くなると再びHCTは上昇し，熱安定性が高くなる曲線を描く[10]。実際，pHが6.7より高くなるとカゼインミセルからκ-カゼインの一部が遊離し，不安定な状態となる。これを加熱すると，チーズ製造時の凝乳酵素処理と同様のメカニズムによってカゼインミセルの不安定化をもたらし，凝集が引き起こされるようになる。

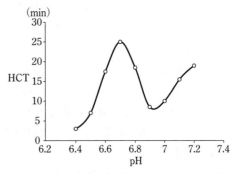

図2-3-7　140℃で加熱した牛乳のpH-HCT曲線

一方，pHが6.7より低くなった場合に認められる熱安定性の低下には，熱変性したホエイタンパク質とカゼインミセルとの会合が関わっている。この相互作用はpHが低いほど促進される。加熱時のpHを低くするだけでなく，加熱処理を行った後で乳を酸性化する場合においても，ゲル形成がより一層促進され，硬さが向上する。ヨーグルト製造の際に乳酸菌を添加する前に行われる加熱処理工程は，こうした酸性化ゲル形成を促進することを意図したものである。

(4) ホエイタンパク質の種類と特徴

① β-ラクトグロブリン

β-ラクトグロブリンは，0.2〜0.4g/100mLの濃度で存在し，ホエイタンパク質の約半分，乳タンパク質全体で7〜12％を占めている。人乳中には含まれていないことから乳アレルゲンの主要因子になっている。

アミノ酸162個からなる分子量約18kDaのポリペプチドで等電点はpH5.13である。牛乳中では二量体を形成し，pH3.5〜5.2で8量体，pH3.0以下やpH7.0以上で単量体で存在している。アミノ酸組成で特徴的なのは，システイン残基を5個有していることで，そのうち分子内で2組のSS結合を形成し，121番目のシステインのみ，SH基が遊離の状態になっている。加熱によるβ-ラクトグロブリンとκ-カゼインの結合やホエイタンパク質のゲル形成，加熱臭の生成において，これらのSH基とSS結合が重要な役割を果たしている。

② α-ラクトアルブミン

α-ラクトアルブミンは，牛乳中に0.06〜0.17g/100mL含まれており，ホエイタンパク質の約20％を占めている。アミノ酸123個からなり，分子量は約14kDa，等電点がpH4.2〜4.5である。システイン残基を8個有し，すべて分子内で4組のSS結合を形成している。一次構造では卵白リゾチームとの相同性が高く，両者は同一起源のタンパク質と考えられるが，α-ラクトアルブミンには，リゾチームのような溶菌活性はない。

α-ラクトアルブミンは，乳腺細胞内で糖転移酵素ガラクトシルトランスフェラーゼと共同で乳糖合成に関わることが知られている。

③ 血清アルブミン

乳中の血清アルブミンは肝臓で合成され，血中から移行したものである。牛乳中には0.04g/100mL程度含まれ，582個のアミノ酸からなる分子量約66.4kDaのタンパク質である。

血清アルブミンは血液の浸透圧の維持に重要であるとともに、脂肪酸などの運搬や酸化還元緩衝作用、テストステロン合成促進作用が知られている。しかし乳中での生理的意義は明らかにされていない。

④ 免疫グロブリン

免疫グロブリンは、IgG, IgM, IgA, IgE, IgD の5つのクラスに分類され、乳中では新生動物を感染から守るために多量に含まれている。常乳には0.06〜0.1 g/100 mL、初乳には1.6〜7.5 g/100 mL もの免疫グロブリンが含まれている。詳しくは2章 Section 5, p.50を参照されたい。

⑤ ラクトフェリン

ラクトフェリンは、トランスフェリンファミリーに属する糖タンパク質で1分子当たり2分子の鉄イオン(Fe^{3+})をキレートすることができる。Fe^{3+}をキレートすることでラクトフェリンは赤色を呈する。牛乳中の含有量は、泌乳期によって異なり、初乳では0.2〜0.5 g/100 mL、常乳で0.002〜0.01 g/100 mL である。アミノ酸689個からなっており、分子量は約76 kDa である。

⑥ 乳塩基性タンパク質

乳塩基性タンパク質(Milk Basic Protein; MBP)は脱脂乳またはホエイを陽イオン交換樹脂に吸着させて得られるタンパク質成分であり、破骨細胞の骨吸収抑制因子としてミルクシスタインとアンジオジェニンが、骨芽細胞の骨形成促進因子として高分子キニノーゲンフラグメント1, 2と HMG 様タンパク質が同定されている。ヒト介入試験でも骨のリモデリングのバランスを保ちながら骨の形成を促進し、骨吸収を抑制する効果が確かめられている[11]。

⑦ プロテオースペプトン

ホエイを95〜100℃で20分間加熱し、生成する凝固物を除去し、その上澄みに12%となるようにトリクロロ酢酸を加えることで沈殿してくるペプチドの総称である。ホエイタンパク質の18〜25%を占める。電気泳動の移動度を基にコンポーネント3, 5, 8-fast, 8-slow の4種に分けられるが、この分類は系統だったものではない。コンポーネント3は分子量17 kDa〜67 kDaの7つのポリペプチドからなり、乳脂肪球被膜(MFGM)由来の成分と考えられている。コンポーネント3以外はβ-カゼインがプラスミンによって分解されたものであり(図2-3-8)、コンポーネント5はβ-カゼインの1〜105および1〜107のフラグメント、コンポーネント8-fastは1〜28、コンポーネント8-slow は29〜105および29〜107である。分解したC末端側のフラグメントはγ-カゼイン(γ_1-カゼイン：β-カゼインフラグメント29-209、γ_2-カゼイン：β-カゼインフラグメント106-209、γ_3-カゼイン：β-カゼインフラグメント108-209)とよばれている。

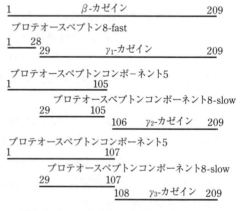

図2-3-8 β-カゼインから生じるプロテオースペプトンとγ-カゼインの関係

⑧ 酵素類

● ラクトパーオキシダーゼ(E. C. 1. 11. 1. 7)

ラクトパーオキシダーゼはウシの生乳中に30〜100 mg/L 含まれており、至適pH 6.8、等電点 pI 9.8、分子量約77.5 kDa、1分子当たり1個の鉄(ヘム鉄)を含む糖タンパク質である。過酸

化水素を分解し，生成した活性酸素が乳中に存在するチオシアン酸イオン（SCN⁻）を酸化してヒポチオシアン酸イオン（OSCN⁻）を生成する。OSCN⁻は不安定であり，大腸菌などのグラム陰性菌の細胞膜を破壊し，菌体のスルフヒドリル酵素（SH酵素）を失活させることで抗菌作用を示す。グラム陽性菌の場合，OSCN⁻を還元するシステムを有しているため，一時的に静菌状態になるが，死滅せず再び増殖することができる。この抗菌作用はLPOシステムとよばれている。

本酵素は80℃ 2秒の加熱によって失活することから高温加熱乳の殺菌の目安として利用されている。国際酪農連盟は技術的，または経済的理由で冷蔵設備のないところでの抗菌を目的とした生乳へのラクトパーオキシダーゼの添加を許可している。

また，発酵乳にラクトパーオキシダーゼを添加すると，乳酸菌が産生した過酸化水素が分解され，乳中のSCN⁻からOSCN⁻を生成する。これが乳酸菌に作用してラクトース代謝を抑制すると発酵乳の保存中の酸度上昇（Afteracidification）が抑制され，発酵乳の風味を維持することができる。この技術は既に実用化されている。

● リパーゼ（E. C. 3. 1. 1. 34）

リパーゼは脂質の加水分解酵素であり，脂肪酸エステルを脂肪酸とグリセロールに分解する。ウシの生乳中には約2 mg/L含まれており，至適pH 8.5〜9.0，至適温度は37℃である。牛乳の脂肪は脂肪球に覆われているためリパーゼの作用を受けにくいが，過度の撹拌によって脂肪球被膜が破壊されることで脂肪分解を生じ，ランシッドを呈するようになる。

● ホスファターゼ

ホスファターゼはリン酸エステルを加水分解する酵素で，アルカリ性ホスファターゼ（E. C. 3. 1. 3. 1）と酸性ホスファターゼ（E. C. 3. 1. 3. 2）に分けられる。アルカリ性ホスファターゼは，初乳，末期乳および乳房炎乳で高い活性を示し，至適pH 9.65であり，62.8℃，30分あるいは71〜75℃，15〜30秒の加熱処理で失活する。この性質を利用して殺菌の判定，すなわち，乳等省令で示されている低温保持殺菌法の63〜65℃，30分間以上の条件で加熱されたかどうかの検査に利用することができる。一方，酸性ホスファターゼは，至適pH 4.0であり，耐熱性があることから，完全に失活させるためには100℃ 1分の加熱が必要となる。

● プロテアーゼ

乳中にはエンドペプチダーゼであるアルカリ性ミルクプロテアーゼ（E.C.3.4.21.7）と酸性ミルクプロテアーゼ（E. C. 3. 4）がある。アルカリ性ミルクプロテアーゼは血液中のプラスミンと同一の酵素であり，血液から移行したものと考えられている。至適pH 6.5〜9.0であり，牛乳中ではカゼインと結合している。プラスミンはチーズの熟成にも関わっており，β-カゼインの分解によってプロテオースペプトンとγ-カゼインを生成する。酸性ミルクプロテアーゼは，至適pH 4.0であり，白血球由来カテプシンDと類似の性質を示し，α_{s1}-カゼインの23番目のフェニルアラニンと24番目のフェニルアラニン間のペプチド結合を切断し，α_{s1}-カゼイン（f1-23）とα_{s1}-Iカゼイン（α_{s1}-カゼイン（f24-199））を生成する。本酵素はスイスチーズやクッキング温度の高いチーズの熟成に関わる重要なプロテアーゼの一つと考えられている。

2　ホエイタンパク質の物理化学的特性[12]

(1) ホエイタンパク質の変性

　カゼインは140℃以上の加熱処理でも凝固しにくい耐熱性のタンパク質であるが，ホエイタンパク質は60℃以上で変性し，凝集あるいはゲルを形成する特徴がある。これは食品のゲル形成においてきわめて重要である。加熱によるホエイタンパク質の凝集メカニズムは，いくつかのモデルが提唱されているが[13]，初めにホエイタンパク質の変性が生じ，次にこの変性タンパク質が凝集体を形成しはじめる。ここに変性タンパク質が付加していくことによって，網目状に広がりながら伝播していくものと考えられている。

　主要ホエイタンパク質のβ-ラクトグロブリンは78℃付近から二量体から単量体に解離する（図2-3-9）。これによって分子内のSH基が露出し，分子間SS結合によりオリゴマーを形成するようになる。さらに，タンパク質分子内部の疎水性領域もまた表面に露出し，疎水性相互作用が増加して，SH/SS交換反応を伴いながらオリゴマーが可溶性凝集体を形成するに至る[14]。α-ラクトアルブミンの場合は，62℃で，牛血清アルブミンは64℃で変性が開始するとされている。

図2-3-9　加熱時のホエイタンパク質の凝集体形成モデル

　ホエイタンパク質の凝集体形成は，塩濃度，pH，加熱温度，加熱時間の影響を受ける。また他のタンパク質が存在することでも凝集体は異なってくる。前述のように，牛乳を加熱した場合，変性したβ-ラクトグロブリンはカゼインミセルの表面に存在するκ-カゼインのシステイン残基と分子間SS結合を形成し，カゼインミセルとの複合体を生成する。

(2) ホエイタンパク質のゲル化

① 加熱誘導ゲル

　一般にタンパク質のゲルは，ネットワークを形成するタンパク質同士の相互作用とタンパク質と液相（分散媒）間の相互作用のバランスが重要である。タンパク質同士の相互作用が強すぎるとネットワークが壊れやすく，ゲルからの離水（シネレシス）を生じるようになる。タンパク質と分散媒間の相互作用が優勢になるとソフトなゲルになるか，あるいはゲル形成自体が低下する。タンパク質濃度が低いと沈殿または可溶性の凝集体となる。タンパク質濃度が高くなるとゲル強度も増加する。α-ラクトアルブミンのみでは容易にゲルを形成しないが，β-ラクトグロブリンと共存すると固いゲルを形成するようになる。タンパク質溶液のpHは，タンパク質表面の電気的特性を変化させるため，静電的反発力が変化してゲル化に影響を及ぼす。β-ラクトグロブリンや血清アルブミンは，pH6.5で加熱するとゲル強度が最も高くなり，このpH

よりも低かったり，高くなったりするとゲル強度は低下する。また，タンパク質の等電点に近いほど静電的反発力は低下し，凝集体は形成されやすくなるが，得られるゲルは白濁し，スポンジ様の組織となる。等電点より離れたpHでは静電的反発力が優勢となり，図2-3-10に示したようにナノメーターサイズのストランド(strand)という凝集体からなるゲルを形成する。一方，等電点付近で加熱した場合には，マイクロメーターサイズの微粒子(particulate)からなるゲルを形成する。塩類の添加は，pHの低下と同じように塩類イオンがタンパク質表面の電気的性質を中和し，静電的反発力を低下させるため，ゲル形成を促進する。得られるゲルの特性は，1価のNa^+と2価のCa^{2+}で異なり，例えばβ-ラクトグロブリン溶液(タンパク質濃度10%，pH 8.0)の場合，$CaCl_2$は10 mMで，NaClは200 mMの濃度で最も高いゲル強度が得られる[15]。

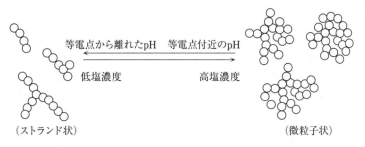

図2-3-10　加熱時のpHとイオン強度によるホエイタンパク質凝集体の変化

② 塩類および酸添加によるゲル

塩類および酸添加によるゲル化は，二つのステップで説明されている。まず第一ステップでは，タンパク質溶液を加熱によって変性させ，可溶性凝集体を形成させる。これは低イオン強度で等電点から離れたpH域でホエイタンパク質溶液を調製し，加熱後も溶液の状態を維持している必要がある。第二ステップとしてこのホエイタンパク質溶液に塩類を添加したり，酸性化することでゲル化を誘導することができる。ほかに酵素によるタンパク質分解処理や凍結・解凍処理でもゲル化を誘導することができるが，ここでは塩誘導ゲルと酸誘導ゲルについて解説する。

塩誘導ゲルは，主にNaClと$CaCl_2$添加によるホエイタンパク質ゲルについての報告が多い[16],[17]。第一ステップでの加熱処理条件と第二ステップでの添加する塩の種類と量によってゲル特性をコントロールすることができる。すなわち，加熱処理温度が高いほど，または添加する塩類の濃度が高いほどゲル強度は高くなる。加熱処理温度は70℃以上とすることで可溶性凝集体が形成される。塩誘導ゲルの大きな特徴は，先に述べた加熱誘導ゲルと比べて同じ濃度の塩を含む場合において，より緻密で透明なゲルとなり，保水性が向上することである(図2-3-11)。

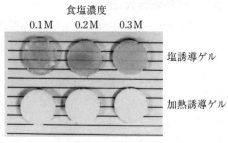

図2-3-11　ホエイタンパク質の塩誘導ゲルと加熱誘導ゲル

注] 10%(w/w)濃度のホエイタンパク質溶液(pH 7.0)をあらかじめ80℃ 30分間加熱した後，室温で食塩を添加して塩誘導ゲルを調製した。
　加熱誘導ゲルは，同濃度のホエイタンパク質溶液に食塩を添加して80℃ 30分間加熱して調製した。

添加する塩類の濃度は$CaCl_2$で10〜20 mM，NaClで50〜200 mMとすることで良好なゲルが得

られる。

酸誘導ゲルは第一ステップでの加熱でホエイタンパク質を変性させた後，等電点に近づけることで電気的反発力が低下するため，緻密なゲルネットワークが形成される。酸性化にはGDL（glucono-δ-lactone）を使用した報告（p.36参照）があるが，乳酸菌を利用し，その増殖に伴って生成する乳酸でもゲルを形成させることができる。

3 乳タンパク質の測定法

タンパク質の定量は，牛乳・乳製品の品質管理や製品特性のコントロールなどにおいて重要で基本的な測定項目である。一般的には改良ケルダール（Kjeldahl）法や燃焼法，分光学的方法，赤外分光法などがある。

（1） ケルダール法

試料中の窒素量から「窒素-タンパク質換算係数」を乗じてタンパク質を求める方法で，日本食品標準成分表の多くの食品中のタンパク質量の公定法として行われている。乳類の換算係数は，6.38である。詳細は成書を参照されたい。

（2） 燃焼法（デュマ法）

改良ケルダール法に加えて燃焼法も食品表示基準のタンパク質定量の公定法として採用された。改良ケルダール法と比べて分析に供する試料量が少なくてすみ，分析時間も10分以内であるため，多数の試料の分析に適している。装置のコスト，燃焼ガス（酸素）やキャリアガス，試料ボードなどのランニングコストが高くなるものの，廃液処理，ドラフトのメインテナンスコスト，作業時間を考えるとメリットは大きい。

燃焼法は酸素ガス中でサンプルを900℃で燃焼し，CO_2，H_2O，N_2に分解する。CO_2はKOHに吸収させ，N_2の濃度を検出器で測定する。

（3） 赤外線分光法

本法に関してはSection 1, p.24を参照されたい。

〈参考文献〉　　＊　　＊　　＊　　＊　　＊

1) Fox, P. F., Uniacke-Lowe, T., McSweeney, P. L. H. and O'Mahony, J. A. (Eds.)：*Dairy Chemistry and Biochemistry* second edition, Springer, New York (2015)
2) Farrell, Jr., H. M., Jimenez-Flores, R., Bleck, g. T., Brown, E. M., Butler, J. E., Creamer, L. K., Hicks, C. L., Hollar, C. M., Ng-Kwai-Hang, K. F. and Swaisgood, H. E.：Nomenclature of the proteins of cows'milk-sixth revision. *Journal of Dairy Science,* 87, p.1641-1674 (2004)
3) Bijl, E., de Vries, R., van Valenberg, H., Huppertz, T. and van Hooijdonk, T.：Factors influencing casein micelle size in milk of individual cows: genetic variants and glycosylation of κ-casein. *International Dairy Journal*, 34, p.135-141 (2014)
4) Morr, C.V.：Effect of oxalate and urea upon ultracentrifugation properties of raw and heated skimmilk casein micelles. *Journal of Dairy Science,* 50, p.1744-1751 (1967)
5) Schmidt D.G.：Association of casein and casein micelle structure, In P.F. Fox ed., *Developments in Dairy Chemistry* (Proteins, volume 1), p.61-86, Applied Science Publishers, London (1982)
6) Holt, C.：Structure and stability of bovine casein micelles. *Advances in Protein Chemistry*, 43, p.63-151 (1992)
7) Horne, D.S.：Casein interactions: casting light on black boxes, the structure in dairy products. *International Dairy Journal*, 8, p.171-177 (1998)
8) Gastaldi, E., Lagaude, A. and Tarodo de La Fuente, B.：Micellar transition state in casein between pH 5.5 and 5.0. *Journal of Food Science*, 61(1), p.59-64, 68 (1996)
9) Aoki, T., Mizuno, R., Kimura, T. and Dosako, S.：Models of the structure of casein micelle and its changes during processing of milk. *Milk Science*, 66(2), p.125-143 (2017)
10) Singh, H.：Heat stability of milk. *International Journal of Dairy Technology*, 57(2/3), p.111-119 (2004)
11) Kawakami, H.：Biological significance of milk basic protein (MBP) for bone health. *Food Science and Technology Research*, 11(1), p.1-8 (2005)
12) McSweeney, P. L. H. and O'Mahony, J. A. (Eds.)：*Advanced Dairy Chemistry*, Volume 1B, Proteins, Applied Aspects, fourth edition, Springer, New York (2016)
13) Wijayanti, H. B., Bansal, N. and Deeth, H. C.：Stability of whey proteins during thermal processing: A review. *Comprehensive Reviews in Food Science and Food Safety,* 13, p.1235-1251 (2014)
14) Ryan, K. N., Zhong, Q. and Foegeding, E. A.：Use of whey protein soluble aggregates for thermal stability- A hypothesis paper. *Journal of Food Science*, 78(8), R1105-R1114 (2013)
15) Mulvihill, D. M. and Kinsella, J. E.：gelation of β-lactoglobulin: effects of sodium chloride and calcium chloride on the rheological and structural properties of gels. *Journal of Food Science,* 53, p.231-236 (1988)
16) Sato, K.：Advance in processing technology of whey protein. *Japanese Journal of Dairy and Food Science*, 43(5), A159-A165 (1994)
17) Barbut, S. and Foegeding, E. A.：Ca^{2+}-induced gelation of pre-heated whey protein isolate. *Journal of Food Science*, 58(4), p.867-871 (1993)

Section 4 ■乳中のミネラルとビタミン・微量成分，分析法

〈上田靖子〉

1 乳中のミネラル

（1） 乳中ミネラルの種類と濃度

牛乳中には約0.7％の無機質が含まれる。主要ミネラルにはナトリウム，カリウム，カルシウム，マグネシウム，リン，塩素などがあり，そのほかに微量ミネラルがある（表2-4-1）。これらのミネラルは体内で骨格や歯の主要成分となるほか，体液のpH維持，浸透圧調整，神経や筋肉の興奮作用などに重要な役割を果たす。牛乳中のカルシウムの約2/3，無機リン酸の1/2はカゼインミセルとよばれるコロイド粒子の相に，残りは溶解相に存在し，両者は平衡状態にある[4),5)]。コロイド相のカルシウムとリンの大部分はミセル性リン酸カルシウムとして存在し，カゼインのリン酸基を介してカゼイン分子間に架橋を形成することによって，カゼインミセル構造を維持していると考えられている[4)]。コロイド相に存在するカルシウムやリンは溶解度を超えて存在し，カゼインと結合することによって可溶性となっており，牛乳中のカルシウムは体内での吸収率が高い[6)]。カリウム，ナトリウムおよび塩素も可溶性であり，吸収されやすい栄養素である[7)]。〈QRコード 2章❹〉[1)~4)]

表2-4-1 牛乳中の主なミネラル含量[1)~4)]

ミネラル	mg/100g	含有量（％）			mM
Na	41	100	イオン化（可溶性）		24.2
K	150	100	イオン化（可溶性）		34.7
Ca	110	26.6	カゼイン結合性	コロイド（カゼインミセル）相	20.2
		42.2	MCP*		
		31.2	溶解相（可溶性）		9.2
Mg	10	30	カゼイン結合性	コロイド（カゼインミセル）相	1.8
		45	クエン酸塩		
		25	イオン化（可溶性）		3.3
P	93	22.6	カゼイン結合性	コロイド（カゼインミセル）相	9.7
		30.9	MCP		
		35.3	溶解相（可溶性）		11.2
		11.2	リン酸エステル（リン脂質など）		9.2

＊ミセル性リン酸カルシウム

このほか，微量ミネラルとして鉄，銅，マンガン，亜鉛などがあり，乳中では大部分がカゼインミセルに結合して存在する。鉄はラクトフェリン，亜鉛は免疫グロブリンにも結合している。また，コバルトはビタミンB_{12}の構成要素となる。

（2） 乳中ミネラルの測定法

カルシウム，リン，鉄，マグネシウム，亜鉛，銅については，乾式灰化あるいは湿式灰化によって有機物を分解除去したうえで塩酸抽出後，誘導結合プラズマ（ICP）発光分析法を用いて測定する。ナトリウムおよびカリウムは，同様に乾式灰化，塩酸抽出後，原子吸光光度法によって吸光度を測定する。詳細な分析方法は成書[8)]を参照されたい。

（3） 飼料および生理的条件が乳中ミネラルに及ぼす影響

飼料中のカルシウムは小腸で吸収された後，ほとんどがリン酸カルシウムとして骨に貯蔵さ

れ，余剰のカルシウムは腎臓から排泄される。これらは副甲状腺ホルモンによる骨からのカルシウム動員やビタミンDによる小腸からのカルシウム吸収促進のはたらきによって調節されるため，通常は飼料摂取量や排泄量の増減に関係なく，血中の濃度（9～10 mg/dL）[9),10)]，乳中の濃度（115～130 mg/dL）[11)]ともに一定に保たれている。リン（90～93 mg/dL）[10)]およびマグネシウム（9.7～10.4 mg/dL）[11)]など他の主要ミネラルも同様に，飼料や季節の影響を受けにくい。しかし，分娩直後の初乳中にはカルシウム（191～265 mg/dL），リン（160～218 mg/dL）およびマグネシウム（28.1～38.6 mg/dL）が通常の2倍以上含まれ，泌乳末期にも再びその含量は高くなる[12)]。特にカルシウムは分娩後，急激に乳中に大量に分泌されるため，消化管からの吸収量のみでは補充できずに骨に貯蔵しているカルシウムを動員する。

微量ミネラルのうち亜鉛，マンガン，セレン，ヨウ素などは牧草に含まれる量，また牧草中の含量に影響を与える土壌や肥料成分からも影響を受け，乳中の含量やミネラル間のバランスが変動する。

2　乳中のビタミン

（1）乳中ビタミンの種類と濃度

牛乳および人乳中のビタミン類含量を表2-4-2に示す。乳中には脂溶性のビタミンとして，ビタミンA，D，E，Kが脂肪球内に，水溶性ビタミンとしてビタミンB群，Cなどが乳の水溶性画分中に存在する。反芻動物の場合，ビタミンB群とビタミンCおよびKは第一胃内で微生物により合成される。

脂溶性ビタミンのうち，ビタミンAは主にレチノールとプロビタミンAであるβ-カロテンとして存在する。植物中にはキサントフィルやカロテンといった10種類以上のカロテノイドが含まれ，β-カロテンはビタミンAとしての生理活性が最も高い。粗飼料を摂取することによって，β-カロテンが体内に取り込まれると，一部は第一胃内で分解を受ける[13)]ものの，第一胃を通過したβ-カロテンは脂質とともに主に小腸上皮細胞に吸収され，一部は酵素のはたらきによってレチノールに転換される。レチノールに転換されなかったβ-カロテンは，リンパ管や血中に移行し，各組織内で代謝される。β-カロテンやレチノールの体蓄積には脂肪組織が関与しており，肝臓はそれらの貯蔵と乳中への分泌を制御している。泌乳牛にβ-カロテンを経口投与すると，血中のβ-カロテン濃度は高まるものの，レチノール濃度は変化しない一方で，乳中のβ-カロテンおよびレチノール含量は高まったことから，β-カロテンからレチノールへの転換は，乳腺においても起こると考えられる[13)]。反芻動物は単胃動物よりもβ-カロテンからレチノールへの転換効率が低く，牛の場合は山羊や羊よりもさらに低い。このため，植物飼料を摂取した牛では，β-カロテンのまま乳脂肪に移行する

表2-4-2　牛乳および人乳中のビタミン含量[1)]

ビタミン類	牛乳 μg/100 g	人乳 μg/100 g
脂溶性ビタミン		
A（レチノール）	38	45
β-カロテン	6	12
D	0.3	0.3
E（α-トコフェロール）	100	400
K	2	1
水溶性ビタミン		
B_1	40	10
B_2	150	30
ニコチン酸（ナイアシン）	100	200
B_6	30	−
B_{12}	0.3	−
葉酸	5	−
パントテン酸	550	500
ビオチン	1.8	0.5
C	1000	5000

比率が高くなり，牛乳や乳製品の色調を黄色くする[13]。ビタミンAは熱に対しては安定であるが，紫外線によって破壊される。

牛乳中のビタミンD含量は低いものの，カルシウムの吸収を促進する効果がある。ビタミンDには植物に含まれるビタミンD_2と日光によって動物の皮膚で合成されるビタミンD_3があり，乳中では約85％がビタミンD_3として存在している。

牛乳中のビタミンEは約95％がα-トコフェロールからなり，脂肪球膜に多く存在する。β-カロテンと同様に植物性飼料の摂取によって体内に取り込まれ，強い抗酸化作用をもつ。

水溶性ビタミンのうち，ビタミンB群にはビタミンB_1，B_2，B_6，B_{12}，ニコチン酸などがある。このうち，B_2は人乳の約5倍含まれ，加熱に対しては安定であるため，牛乳はB_2の優れた供給源となるが，光によって分解される。一方，ビタミンB_1およびB_{12}は加熱処理によって一部破壊される。葉酸はホエイタンパク質の一部と結合した形で存在するが，殺菌処理によりほとんど破壊される。ビタミンCは熱や光に不安定で，UHT処理によりほぼ100％失われる[2]。

（2） 乳中ビタミンの測定法

いずれも前処理によって夾雑物質をある程度除去した後，高速液体クロマトグラフィー（HPLC）を用いて測定するのが一般的である。目的物質によって，前処理法や分離用カラムの選択，移動相の溶媒組成，検出方法などが異なる。詳細は成書を参照されたい[8),14),15]。

（3） 飼養および生理的条件が乳中ビタミンに及ぼす影響

乳中のβ-カロテン，ビタミンE含量は，飼料をはじめとする飼養条件の影響を大きく受ける。β-カロテンの含量は同じ牧草でも生草で最も高く，サイレージ，乾草に調製すると2分の1から3分の1に減少することから，乳中のβ-カロテンやレチノール含量も摂取牧草の調製法による影響を受ける[13),16]（表2-4-3）。また季節や牧草の品種・成長期なども影響を与える要因となる。一方，トウモロコシなどの濃厚飼料には，ルテインやゼアスタキサンチンが含まれるが，牧草に比べるとβ-カロテンの含量は低い。

表2-4-3　飼養形態による乳中および血中のβ-カロテンおよびレチノール濃度[13]

給与粗飼料	β-カロテン 牛乳中 ($\mu g/g\ fat$)	β-カロテン 血中 ($\mu g/mL$)	レチノール 牛乳中 ($\mu g/g\ fat$)	レチノール 血中 ($\mu g/mL$)
放牧	4.52～13.9	8.2	11.3	
（放牧前期(春季)）	5.39～13.9		5.67～7.9	
（放牧後期(秋季)）	4.52～8.90		4.07～5.6	0.48
牧草サイレージ	3.64～14.20	4.39～4.72	4.78～5.18	0.48～0.59
乾草	1.50～2.75	1.4～2.89	3.21～4.47	0.44～0.51
トウモロコシサイレージ	2.43～4.70	1.26	2.84	0.5
濃厚飼料主体	0.98～2.90	1.74	3.75～5.19	0.52

飼料中の濃厚飼料の割合が減ってエネルギー不足が引き起こされると，これに伴い血中のβ-カロテン，レチノールの含量はほとんど変化しないものの，乳中におけるそれらの濃度は高くなり，特にレチノールにおいて著しい。これは，エネルギー不足によって単に乳量が減少した結果，その含量が高まることの他に，第一胃内におけるβ-カロテンやレチノールの分解性が減少する，あるいは体脂肪動員によって脂肪組織に貯蔵されていたレチノールやβ-カロテンが放出される，といった原因が考えられる[17]。

α-トコフェロールもβ-カロテンと同様に生草に多く含まれるため,乳中ビタミンE含量も放牧飼養で高く,乾草や濃厚飼料多給で低くなる。乳中のビタミンDは,飼料による給与の他,日光浴など紫外線に当てることによって高まる。血中の脂溶性ビタミン濃度は,分娩前後に急激に減少し,初乳中に大量に分泌される。

　ウシの品種では,ホルスタイン種よりも乳脂肪率が高く,β-カロテンのビタミンAへの転換効率が低いジャージー種は,乳中のβ-カロテン含量が高く,それを原料とするクリームやバター,チーズなどの乳製品に特徴ある色調をもたらす。一般的に,乳量が低いほど乳中のβ-カロテン含量は高く,泌乳期によっても影響を受ける。

 乳中の風味成分

(1) 乳中揮発性成分の種類と濃度

　牛乳のおいしさに関与する風味成分は「香気」「呈味」「口あたり(コク)」の3つに分けられ,それぞれ揮発性成分,乳糖や無機成分(マグネシウムや塩化物など),乳脂肪や乳タンパク質などが関与している[18]。食品中の揮発性成分としては6,000以上の化合物が報告されているが,牛乳に関する主な揮発性成分としては,ケトン類,アルコールおよびアルデヒド類,エステル

表2-4-4　生乳および超高温殺菌乳中の揮発性成分構成と香りの種類および強さ[20),21)]

成　分	香りの説明	生　乳	超高温殺菌乳
ケトン			
2-ペンタノン	腐敗臭,チーズ様	+	+++
2-ヘプタノン	ブルーチーズ,カビ臭	−	+++
2-ノナノン	アセトン様,ワニス	+	+++
2-ウンデカノン	油っぽいロウ	+	+++
2-トリデカノン		+	++
2-ペンタデカノン		−	++
アルデヒド			
ペンタナール	草	+++	+++
ヘキサナール	新鮮な,牧草,グリーン	+	++
ヘプタナール	草,グリーン,油臭	++	++
ベンズアルデヒド	アーモンド様,ナッツ	+	++
オクタナール	グリーン,フルーツ	+	+
ノナナール	グリーン,草様,脂肪臭	++	++
デカナール	草,オレンジピール様	+	+
窒素化合物			
インドール	古い,ジャスミン,	+	+
スカトール	カビ臭,腐敗臭		
(3-メチルインドール)		+	+
硫黄化合物			
ジメチルスルホン	硫黄臭,ミルクの焦げ臭	+++	++
芳香族炭化水素			
リモネン		+	+
β-カリオフィレン		+	+
ラクトン			
δ-デカラクトン	クリーム様,ココナツ様	+	+++
γ-ドデカラクトン		+	+++
δ-ドデカラクトン	ココナツ様	+	++
δ-テトラデカラクトン		−	++

全体の香りへの貢献度(−;なし,+;低,++;中,+++;高)

類，窒素化合物，硫黄化合物，ラクトン類，テルペノイド類などこれまで約100種類ほどの報告がある[19]。生乳およびUHT殺菌乳中の揮発性成分の代表例を表2-4-4に示す。飼養条件や殺菌温度によっても検出される成分の種類や量が異なるが，これら多数の揮発性成分のバランスによって牛乳の香りが決定されている。また，それぞれの構成成分は固有の閾値（Aroma Dilution Factor）をもっており，単純に量が多いことが香りの官能評価への寄与率を高くするわけではないことに留意する必要がある[22]。〈QRコード2章❺〉[20],[21]

（2） 乳中揮発性成分の測定法

通常は牛乳から揮発性成分を抽出し，そのままあるいは濃縮物をガスクロマトグラフ（GC）またはGC質量分析計（GC-MS）を用いて分析する[23]。以下に主な抽出方法を示すが，それぞれ長所と短所があり，抽出されやすい成分には大きな違いがあるため，目的に合った抽出法を選択する。

ヘッドスペース法：溶媒などを用いずに対象物から出る気体状物質をそのまま捕集する方法で，通常はガラスバイアル瓶などに試料を密封して入れ，空間の空気をシリンジで採取し（図2-4-1），GC装置に導入する。バイアル瓶に気体を流通させて出てきた香気成分を吸着剤に通過させ，その後有機溶媒や熱によって離脱させて濃縮香気成分を得る方法はダイナミックヘッドスペース法という。低沸点成分の分析に有効である。

図2-4-1 ヘッドスペース法

水蒸気蒸留法：香気成分の多くは水に不溶であるため，試料に水蒸気を吹き込むことにより，沸点の高い物質の蒸気圧と水の蒸気圧の和が全圧となって，水蒸気圧が沸点の高い物質の蒸気圧を下げるため，香気成分固有の沸点よりも低い温度で抽出することができる。閉鎖された蒸留装置に有機溶媒を循環させることにより，連続して香気成分を抽出する方法を連続水蒸気蒸留法（Steam Distillation Extraction；SDE）という（図2-4-2）。低沸点成分の分析には向かないが，加熱による香気成分の変化を抑えるために減圧下で行う減圧SDE法がある。

マイクロ固相抽出法：近年，揮発性成分の構造変化を最小限にしつつ，抽出の煩雑さを大幅に減少させる方法として，マイクロ固相抽出法が使われている。バイアル内に入れた試料のヘッドスペースあるいは直接液相に，吸着相が塗布されたフューズドシリカファイバーを一定時間露出させることによって揮発性成分を吸着させ，直接GC装置に注入することができる（図2-4-3）。

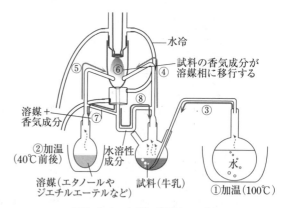

図2-4-2 水蒸気蒸留法の一例

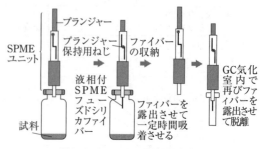

図2-4-3 マイクロ固相抽出法

（3）飼料が乳中揮発性成分に及ぼす影響

　植物に含まれる成分に由来する揮発性成分として，モノテルペン（α-，β-ピネンやリモネンなど）およびセスキテルペンなどのテルペノイド類があげられる。これらはヨーロッパの山岳地域で放牧された牛の乳中に多く含まれ，チーズに特徴のある風味を付与する。テルペノイド類は，体内でほとんど分解を受けず，生草を摂取後数時間後には乳中に分泌されることが報告されている[24]。また，植物中のα-リノレン酸に由来するヘキサナールやヘキサノール，カロテノイド分解物なども放牧飼養で高くなる。一方で，第一胃内微生物によって生合成される成分としては，飼料のγ-ヒドロキシ酪酸を由来とするγ-ラクトン類があげられ，トウモロコシなどデンプン質飼料の給与によって増加することが報告されている[25]。

〈参考文献〉　＊　＊　＊　＊　＊

1) 医歯薬出版編：「日本食品成分表2017七訂」p.152-153，医歯薬出版（2017）
2) 青江誠一郎：「ミルクの事典」p.37-39，朝倉書店（2009）
3) F. Gaucheron：The minerals of milk, p.473-483，Reproduction Nutrition Development（2005）
4) 青木孝良：「牛乳ミセル性リン酸カルシウムの構造と機能」p.9-16，日暖畜報（2010）
5) 青木孝良：「カゼインミセル中のミセル性リン酸カルシウム架橋」p.A-1-7，酪農科学・食品の研究（1995）
6) 青木孝良：「コロイド状リン酸カルシウムの研究の歩みとカゼインミセル」p.1-22，乳業技術（2015）
7) 小川貴代：「次代はミルク」p.28，デーリィマン社（1995）
8) 安井明美，渡邊智子，中里孝史，渕上賢一 編：「文部科学省科学技術・学術政策局政策課資源室（監修）日本食品標準成分表2015年版（七訂）分析マニュアル・解説」建帛社（2016）
9) 増子孝義：「乳牛管理の基礎と応用」p.169-170，デーリィ・ジャパン社（2006）
10) 木田克弥：「乳牛管理の基礎と応用」p.345，デーリィ・ジャパン社（2006）
11) S.Kume., et al．：Effect of parity on mineral concentration in milk and plasma of Holstein cows during early lactation, p.133-138, Asian-Australasian Journal of Animal Science（1998）
12) S.Kume., et al．：Effect of parity on colostral mineral concentrations of Holstein cows and value of colostrum as a mineral source for newborn calves. p.1654-1660, Journal of Dairy Science（1993）
13) P. Noizier., et al．：Carotenoids for ruminants：From forages to dairy products, p.418-450, Animal Feed Science and Technology（2006）
14) 医歯薬出版編：「日本食品成分表2017七訂」p.13-16，医歯薬出版（2017）
15) 自給飼料利用研究会編：「粗飼料の品質評価ガイドブック」p.35-38，社団法人日本草地畜産種子協会（2009）
16) CR. Reynoso., et al．：Beta-carotene andLutein in forage and bovine adipose tissue in two tropical regions of Mexico, p.183-190, Animal Feed Science and Technology（2004）
17) P. Noizier., et al．：Variation in carotenoids, fat-soluble micronutrients, and color in cow's plasma and milk following changes in forage and feeding leve, p.2634-2648, Journal of Dairy Science（2006）
18) 日本香料協会編：「［食べ物］香り百科事典」p.585-586，朝倉書店（2006）
19) 竹内幸成：「ミルクの事典」p.65-66，朝倉書店（2009）
20) L. Moio., et al．：Neutral volatile compounds in the raw milks from different species, p.199-213, Journal of Dairy Research（1993）
21) L. Moio., et al．：Detection of powerful odorants in heated milk by use of extract dilution sniffing analysis, p.385-394, Journal of Dairy Research（1994）
22) 高島靖弘：「香りと官能評価」p.10-17，日本官能評価学会誌（1997）
23) 特許庁編：「標準技術集」p.353-356，特許庁（2007）
24) C. Viallon．：Transfer of monoterpenes and sesquiterpenes from forages into milk fat, p.635-641, Lait（2000）
25) AR. Keen．：Flavour compounds and their origin in dairy products, p.5-13, Chemistry in New Zealand September/October（1998）

Section 5　■乳組成の概要と評価　〈玖村朗人〉

1　初乳と常乳

　分娩直後の乳汁を初乳（colostrum）といい、飲用・加工の対象となる乳汁を常乳（normal milk, matured milk）とよぶ。初乳から常乳に至る期間に得られる乳汁については移行乳と称することがある。初乳と常乳の成分は下記に述べるように大きく異なる。原料乳および乳製品の定義や規制は厚生労働省の食品衛生法の中にある「乳及び乳製品の成分規格等に関する省令（乳等省令）」に詳しく定められており、わが国の場合、分娩後5日以内の乳汁は出荷できないことになっている。

　表2-5-1にウシの泌乳初期における乳汁中の各成分の濃度変化を示す[1]。初乳の場合、糖質以外の固形分含量が高く、特にタンパク質における免疫グロブリン含量が高い（後述）。さらに主要な乳タンパク質成分であるカゼイン含量も免疫グロブリン程ではないが通常よりも高くなる。カゼインは2章 Section 3, p.33で詳述されているように乳中においてはミセルの状態で存在し、その形態を維持するためにはミセル中にリン酸やカルシウムを必要とする。従って、初乳中でのカゼイン含量が増加することは必然的にこれらのミネラル含量も高くなることを意味する。乳汁を合成する乳腺細胞は細胞内の浸透圧を維持するためにミネラルや糖質の濃度をコントロールしており、ミネラル含量の上昇に伴い、糖質含量は相反して低下することになる。またカロテンが多いため肌色〜黄色い色調を呈している。

表2-5-1　初乳から常乳への移行時における乳汁成分の変化[1]

移行時	脂質(%)	タンパク質(%)	乳糖(%)	灰分(%)	pH	滴定酸度(%)	エタノール(%)	カゼインミセル直径(nm)
泌乳1日目	3.55	16.12	2.69	1.18	6.17	0.46	53	227
泌乳2日目	3.49	5.43	3.04	1.00	6.28	0.28	52	189
泌乳3日目	4.50	4.54	3.52	0.93	6.28	0.25	52	198
泌乳4日目	4.26	4.41	3.82	0.92	6.38	0.23	59	198
泌乳5日目	3.89	4.23	4.15	0.87	6.49	0.20	70	188
泌乳15日目	3.66	4.01	4.32	0.83	6.58	0.19	76	194

注］表に示した濃度よりも高いエタノール濃度の水溶液を乳汁と等量混合する（20℃）と凝固が生じる。

　分娩後、数回の搾乳を経ると乳汁中の各成分濃度は急激に常乳のそれに近づき、色調も白色となる。その理由は、カゼインミセルや脂肪球といった粒子群による光の乱反射であるといわれているが、常乳中にも乳脂肪の色調に関わるカロテンやホエイの蛍光性黄緑色に関わるリボフラビン（ビタミンB_2）等、白色とは異なる因子も存在する。これらは主に飼料に由来するが、ガーンジーやジャージーといった品種はホルスタインに比べるとカロテンからビタミンAへの変換が弱いために乳の色は黄色味が濃くなる[2]といった乳牛の特性も反映される。

　乳中の免疫グロブリン（Immunoglobulin；Ig）は新生動物の一時的な疾病・感染に対する抵抗性を与えるうえで重要である。Igは常乳中にも含まれるが、前述のように初乳中に際立って多く存在する（表2-5-2）。乳中の主なIgはIgA, IgG, IgMであり、それらの濃度は動物種や泌乳期によって異なるだけでなく、同一種においても個体間の濃度差が大きい。

IgAは涙，唾液，鼻汁，消化管粘液などの分泌液中に多く含まれ，外界からウィルスや細菌が眼の粘膜，咽，気管支，消化管等の粘膜を通り抜けて体内に侵入することを阻止している．実際，母乳中に最も多く含まれる抗体分子はIgAである．一方，IgGは血中に多く，ヒトの場合，妊娠中に母体の胎盤を経由して胎児へIgGが供給される．従って，新生児の体内には既に母体から譲渡されたIgGが存在しており，ここに母乳を介して供給されるIgAが加わることによって周辺環境に存在する異物の侵入に対抗する．一方，ウシやブタは胎盤を介したIgG移行システムを備えておらず，母体が産生したIgGやIgAの授受は初乳を介して新生動物の消化管から吸収されることによって行

表2-5-2 各動物の血清および乳汁中の免疫グロブリン[3]

動物種	免疫グロブリン	血清	初乳	常乳
ヒト	IgG	12.1	0.43	0.04
	IgA	2.5	17.35	1.00
	IgM	0.93	1.59	0.10
ウシ	IgG	25.0	32〜212	0.72
	IgA	0.4	3.5	0.13
	IgM	3.1	8.7	0.04
ブタ	IgG	21.5	58.7	3.0
	IgA	1.8	10.7	7.7
	IgM	1.1	3.2	0.3

濃度はすべてmg/mL

われる．このように乳汁中のIgの腸管からの吸収様式は動物種によって異なり，表2-5-3に示すような3つのグループに区別される．ヒトの場合，乳中のIgAが新生児の小腸から吸収されることはない．さらに動物種によっては，新生動物の消化管における初乳中の抗体分子の吸収が生後の僅かな時間に限られる場合がある．抗体のような巨大分子の消化管からの吸収経路が閉鎖されることは異物の体内への侵入を阻止するうえで重要であり，生後認められるこのような現象をgut closureと称している．新生動物の受乳による免疫獲得を確実なものとするためには，このgut closureが発動する前に新生動物に充分量の初乳を与える必要がある．

表2-5-3 動物種毎の新生動物への免疫グロブリン吸収様式の違い[3]〜[7]

吸収様式	動物種	新生動物へのIgG移行経路	初乳中の抗体 IgG	初乳中の抗体 IgA	腸管からの抗体分子の吸収	gut closure (h)
グループI	ヒト	胎盤	△	◎	×	
	ウサギ		△	◎	×	
グループII	ラット	胎盤と乳汁	○	△	○	
	ネコ		◎	○	○	16
	イヌ		○	○	○	16
グループIII	ウシ	乳汁	◎	○	○	26
	ブタ		◎	○	○	24〜36
	ヤギ		◎	○	○	36〜96
	ウマ		◎	○	○	24〜36

IgGが初乳に多く含まれる理由を知るためには，血中のIgGが乳汁を合成する乳腺上皮細胞によってどのように取り込まれて分泌されるに至るかを理解する必要がある（図2-5-1）．乳腺上皮細胞が液相飲作用によってIgGを取り込むと，エンドソーム内の受容体(FcRn)と結合する．FcRnはエンドソームに局在しており，IgGがリソソームに移行して分解を受けないように作用する．この後，IgGは細胞内を横断し，乳腺胞の管腔側へ運ばれる(トランスサイトーシス)か，血流中に戻される(リサイクル)．これを決定付けているのはGTPアーゼとよばれる酵素群で，特にRab25, Rab11a, Rab11bが重要である．Rab25がトランスサイトーシスに，他の2つはリサイクルへと方向づける．トランスサイトーシスによってIgGが管腔側に放出され

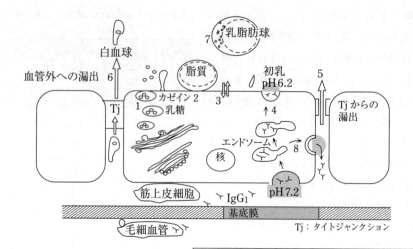

1：カゼインと乳糖にみられる開口分泌
2：乳脂肪にみられる離出分泌
3：水，4：IgG₁において認められるトランスサイトーシス
5, 6：細胞間を通過(白血球など)
7：乳腺細胞中のリボソームや酵素がランダムに脂肪球膜に埋込まれる。
8：一旦は乳腺細胞に取り込まれた後，血中に回収(リサイクル)され，乳成分に反映しない。

図2-5-1　乳腺細胞から管腔側への各種成分の移動様式[8]

る際に，エンドソーム内の酸性pH環境が反映されるために初乳のpHは常乳におけるそれよりも低くなる(表2-5-1)。

　泌乳初期の段階に見られるような乳汁成分濃度の著しい変化は，その後の長い泌乳期間中には認められなくなり，各成分ともにほぼ一定の水準を保つようになる。しかしながら高温多湿な日本において，夏場は食欲の減退からタンパク質や脂肪率が低下する[3]。牛乳成分の中で最も変動が大きいのは脂肪率で，濃厚飼料が過給され粗飼料が不足した場合にも脂肪率が低下する。

2　正常乳と異常乳およびその判定法

　分娩後6日以上経過した乳でも，得られる生乳に異常が認められた場合は出荷することができない。しかし，極端に異常な場合でない限り，正常乳と異常乳の違いを明確に区別することは難しい。そのため異常乳とは規格基準に適合しない生乳を指すと考えるのが一般的である。

(1)　正常乳の指標

　分娩後，泌乳の経過と共にpHが上昇し，常乳のpHは6.6〜6.7となる。比重は1.028以上で水より軽い脂肪と水より重い無脂乳固形分のバランスによって決定される。牛乳に加水すると比重が小さくなる。牛乳の氷点は−0.53〜−0.55℃だが，加水に伴い低分子量成分(糖質・ミネラル)のモル濃度が影響を受け，降下度が下がる(すなわち氷点温度が上がる)。

（2） 代表的な異常乳
① 生理的異常乳

乳腺に異常をきたした場合に生じる異常乳であり，主に乳房炎乳と血乳が挙げられる。

乳房炎は過度の搾乳による乳頭の摩耗やミルカーの不適切な使用，乳房の創傷などによって乳房が微生物感染し，炎症に至る疾病である。代表的な原因菌は *Staphylococcus aureus* で，症状によって臨床型（clinical mastitis：外観からして明らかな炎症）と潜在型（subclinical mastitis：外観はわからないが体細胞数が顕著に増加する）とに分けられる。乳房炎の兆候が見え始めると乳腺に白血球が動員されるために，乳汁中の体細胞数が多くなる。また炎症によって乳腺細胞の機能が低下すると血中から Na^+ や Cl^- が流入するため，乳汁中におけるこれらの濃度が上昇すると共に pH も血液のそれに近づくためにアルカリ側に傾く。この他，乳房炎乳中で増加する成分としてはカタラーゼがある。逆に減少する成分としては K^+, Ca^{2+}, Mg^{2+}, P 等がある。

乳房炎の診断方法としては，以下の2つが挙げられる。

1） CMT-テスト（California-mastitis-test）

乳汁試料と CMT 試薬を混合して判定する方法である。CMT 試薬とは pH 指示薬であるブロモチモールブルーと界面活性剤（アルキルアリルスルホネート等）の混合物で，常乳の pH では黄色であるが，乳房炎によって pH がアルカリ側に傾くと，僅かに緑色を呈するようになる。また，界面活性剤によって体細胞が破壊されて細胞質物質が漏出するので，生じた粘性物質の外観から炎症の程度を推測できる。

2） 体細胞数

試料とエチジウムブロマイドを混合し，体細胞の細胞核を蛍光染色したものを Fossomatic とよばれる蛍光光学式体細胞測定機を用いて測定し，染色強度と体細胞数の相関から体細胞数を算出する方法である[9]。わが国では体細胞数が30万/mL 以下を正常の目安としているが，産次を重ねた乳牛は健康でも体細胞が多くなる場合があるので判定には注意を要する。

ウシの場合，体細胞の内訳は泌乳初期には好中球が50％前後を占めるが，次第に割合が低下する。泌乳最盛期では文献によって値は異なるものの，大まかにいってマクロファージ，好中球，リンパ球ともほぼ同程度で，体細胞の90％を占める。どちらの時期においても上皮細胞の占める割合は少ない（10％程度）。

一方，乳房内に出血が生じ，乳汁が血様または微紅色を呈する疾病がある。このような血乳が生じる原因としては乳房炎，乳房打撲の他に，分娩前後の乳腺において生じる酸化ストレスが挙げられている。ここでいう酸化ストレスは，分娩前に急激に開始される乳汁合成の際に莫大なエネルギーが必要となり，これが乳腺組織全体に代謝負荷を与えることで活性酸素が増加することによってもたらされる。この結果，活性酸素が乳腺上皮細胞を取囲む毛細血管にダメージを与えると共に，乳汁合成のために乳腺組織への血流・血圧が増加する生理的変化が重なり合うことで毛細血管に損傷が生じ，そこから血液が漏出して乳汁に混入すると考えられている。この対処法としては活性酸素の消去に関わる酵素群の活性化に寄与する銅，亜鉛，マンガン，セレン，鉄といったミネラルや抗酸化作用を有するビタミン C やビタミン E，β-カロテンを充分量給与することが挙げられる。

② 異物混入乳

乳房炎などの疾病を治療する場合は，抗生物質を静脈や筋肉，あるいは感染乳房に直接投与することが一般的である。最終投与後，しばらくの間は乳汁から投与した抗生物質が検出されることになるが，もしこの抗生物質残留乳が誤って出荷され，加工された場合，ヒトに対する影響としてペニシリンショック等のアレルギー反応，腸内細菌叢不適化が，乳製品加工に対する影響として発酵乳に用いる乳酸菌の発育阻害が考えられるため，他の正常乳と混合しないように除外する必要がある。

乳中の抗生物質の検出法としては，図2-5-2に示すようなキットを用いることで10分程度の時間で判定可能である(チャームテスト)。従来はβ-ラクタム系(ペニシリン)抗生物質の検査キットが採用されていたが，近年はテトラサイクリン系の薬剤混入の有無も同時に検出可能なキットが導入されつつある[10]。

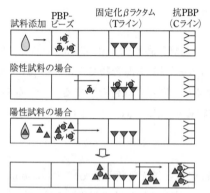

試料($300\mu l$)をテストストリップ(幅4mm, 長さ81mm)の一端に添加し，55℃で8分間保温する。その間に試料は他端に向かって浸透する。どのラインで赤いビーズが停止したかによって陽性，陰性が判定できる。
なお，●はペニシリン結合タンパク質を表面に固定化したビーズ，▲はβラクタムを表す。
陰性試料の場合，PBP-ビーズは試料と共に移動し，固定化βラクタム層で補足され停止する。
陽性試料の場合，PBP-ビーズは試料中のβラクタムを結合しながら移動し，固定化βラクタム層を通過，最終ラインの抗PBP層(Cライン)にまで達する。

図2-5-2 抗生物質検出のためのチャームテスト

③ 異常風味乳

近年の異常風味の代表はランシッドと酸化臭で，何れも脂肪酸が原因となっている。

生乳中には本来，筋細胞や脂肪細胞といった実質細胞で合成されたリポプロテインリパーゼが存在している[11]。乳脂肪はトリグリセリドが脂肪球膜に覆われた形で存在するが，生乳に物理的な衝撃が加わり脂肪球膜の一部が破壊されたり，生乳の加温冷却が繰返されたりすると乳脂肪がリパーゼの作用を受けやすくなる[12]。反芻動物の乳脂肪を構成する脂肪酸の中には揮発性を有する短鎖脂肪酸が存在するために，リパーゼの作用に伴ってこのような脂肪酸が遊離すると風味に異常を感じるようになる。従って，搾乳直後の温かい生乳をバルククーラーに送り，直ちに冷却しようとする際には撹拌が過度にならないよう留意する必要がある。

一方，酸化臭は酸素と乳脂肪球膜側にある不飽和脂肪酸との間で生じる反応によって引き起こされるもので，その風味は「ボール紙様」と表現される[10]。特にリノール酸が酸化されて生じるヘキサナールが原因物質で，これを引き起こす要因はルーメン環境にあると考えられている。すなわち，通常はルーメン内の繊維分解菌が不飽和脂肪酸に水素添加を行い，飽和脂肪酸であるステアリン酸に変換しているが，飼料条件によってルーメン内の微生物の活性が低下したり，植物性脂肪含有量が多い粕類(醤油粕，ビール粕，豆腐粕など)を多給することでステアリン酸への変換が間に合わず，ルーメン内のリノール酸含量が高いまま維持される状況に陥ったりすると，酸化されやすいリノール酸が乳中に多く存在することになり，結果的に酸化臭の

リスクを高めることになる。

④ 低酸度二等乳

　低酸度二等乳とは，以下に示す測定において，規定範囲内の酸度（滴定酸度）を示す一方でアルコールテスト陽性反応が認められるものである。古くから知られた低品質乳であるが，未だに根絶していない。この原因として乳牛へのリンやマグネシウムの供給不足が挙げられている。

1） 滴定酸度

　新鮮乳中には乳酸は殆ど存在しないが，乳等省令ではフェノールフタレンを指示薬として0.1 M NaOHを用いて乳・乳製品を滴定し，中和に要したアルカリ量を乳酸で換算した酸度として示すことになっている。牛乳中のリン酸塩やクエン酸塩，タンパク質などが緩衝作用を示すため，酸やアルカリを添加しても通常の牛乳のpH領域におけるpH変化は比較的緩慢で，滴定の終点に至るまで多少の水酸化ナトリウムが滴下されることになる。乳等省令における規定では酸度は0.18％以下（ただし，ジャージー種の牛から搾取したものはタンパク質含量が高いために0.20％以下）である。

2） アルコールテスト

　日本においては生乳試料と70％エタノールを等量混合し，凝集が認められた場合を異常乳として判定するアルコールテストが行われている。生乳のpHが6.5付近まで低下したり，何らかの理由によってカゼインミセルの水和安定性が低下したりすると，アルコールの脱水作用によって不安定化したカゼインミセル同士が凝集し，陽性反応が認められるようになる。

⑤ 微生物汚染乳

　乳等省令の規定では生乳の場合，直接個体鏡検法（ブリード氏法）で400万/mL以下であるが，現状では殆んどの生乳は標準寒天培地を用いる平板培養法で測定しても生菌レベルで10^4 cfu/mL以下である。対象とする試料中の菌数レベルがこれだけ低くなると，直接個体鏡検法では検出限界の観点から高い精度の結果を得ることができない。しかしながら平板培養法は培養に48時間を要するため，現在では生菌に蛍光標識を行い，BactoScanを用いて，迅速な測定が行われている。

　微生物汚染を減らすためには，搾乳器具・バルククーラーの正しい洗浄と殺菌の実施，搾乳後の乳温管理，細菌を混入させない搾乳環境（牛舎内環境，搾乳時の乳頭清拭）等の徹底といった酪農家サイドの努力と，バルク乳温の確認，タンクローリーの洗浄，殺菌の徹底等，生乳集荷担当者サイド双方の努力が必要である。

3 動物種における乳成分の違い

牛乳の主要成分の組成とその割合を〈QRコード2章❻〉[13)]に示す。さらに他の哺乳動物の乳組成にまで視野を広げて比較してみると（表2-5-4），水棲動物の場合，乳固形分が全体の半分近くを占め，このうち脂肪含量が顕著に高い。これは体温を奪われやすい水中では高エネルギーが要求されるためと考えられる。一方，陸生動物の場合，乳糖含量と灰分含量は負の相関を示す。さらに無機質やタンパク質含量の高いものほど発育速度（出生時の体重が2倍になる日数）が速い傾向がある（図2-5-3）。このように各動物の生育環境により，その母親から分泌される乳汁の成分は大きく異なり新生動物の成長速度に影響を与える。

表2-5-4 主な哺乳動物の乳組成（%）[14)]

	全固形分	脂肪	タンパク質	乳糖	灰分
イルカ	54.2	41.5	10.9	1.1	0.7
クジラ	51.2	34.8	13.6	1.8	1.6
アシカ	49.1	34.9	13.6	0	0.6
シカ	34.1	19.7	10.4	2.6	1.4
ラット	31.8	14.8	11.3	2.9	1.5
ウサギ	26.4	12.2	10.4	1.8	2.0
マウス	25.8	12.1	9.0	3.2	1.5
イヌ	20.7	8.3	9.5	3.7	1.2
ネコ	21.9	7.1	10.1	4.2	0.5
ヤギ	12.1	3.5	3.1	4.6	0.8
ヒツジ	16.3	5.3	5.5	4.6	0.9
ウシ	12.2	3.5	3.1	4.9	0.7
ブタ	19.6	7.9	5.9	4.9	0.9
サル	12.3	3.9	2.1	5.9	0.3
ウマ	11.0	1.6	2.7	6.1	0.5
ヒト	12.6	4.5	1.1	6.8	0.2

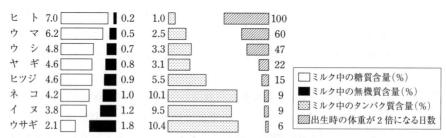

図2-5-3 乳中成分含量と新生動物の成長速度との関係[14)〜16)]

〈参考文献〉　＊　＊　＊　＊　＊

1) Tsioulpas A., et al.：J. Dairy Sci. 90：p.5012-5017 (2007)
2) Akers R. M.：Biochemical properties of Mammary Secretions In：Lactation and the mammary gland, p. 209 Blackwell Publishing (2002)
3) Larson B. L.：Advanced Dairy Chemistry-1 Proteins (ed.) Fox P. F. Immunoglobulins of the mammary secretions, p. 231-254 (1992)
4) Chastant-Maillard S.：Reprod. Dom. Anim. 47 (Suppl.), p.190-193 Timing of the intestinal barrier closure in puppies. (2012)
5) Day M. J. J. Comp. Path. 37：S10-S15 Immune system development in the dog and cat (2007)
6) Korosue K., et al.：J. Vet. Med. Sci. 74, p.1387-1395 (2012)
7) Nordi W. M., et al.：Livest. Sci. 144, p.205-210 (2012)
8) Craig R., et al.：J. Mammary Gland Biol. Neoplasia 19, p.103-117 (2014)
9) 笹野 貢：「消費者に安全・安心を約束する生乳の品質管理」酪農総合研究所 (1998)
10) 内田 雅之，熊野 康隆：乳業技術 p.18-34 (2016)
11) Olivecrona T., et al.：Advanced Dairy Chemistry vol. 1 Proteins 3rd ed. Lipases in milk, p. 473-494
12) 今 洋史，齋藤 善一：北畜会報 p.31-33 (1997)
13) 伊藤敏敏：「ミルク 至高の食品がわかる」ヒューマンウィングス LLP (2007)
14) Park Y. W and Haenlein G. F. W.：Handbook of milk of non-bovine mammals. Blackwell Publishing
15) 大谷 元，吉川 正明ら編：「ミルクの先端機能」弘学出版 (1998)
16) 全国牛乳普及協会：牛乳と健康 (2004)

3章 乳・乳製品各論

Section 1 ■殺菌の理論と飲用乳 〈豊田 活〉

  殺菌法の確立

(1) 生乳中の微生物

　農家で搾乳された生乳は牧場のクーラー(バルククーラー)に貯乳された後，タンクローリーで集められて乳業工場に輸送される。搾乳直後の生乳は，ほぼ無菌状態であるが，農場の環境，搾乳機器類，タンクローリーなどから微生物が混入し，それらの微生物はバルククーラーやタンクローリーで貯乳，輸送される間に増殖する。このため乳業工場に到着した生乳中には乳酸菌，大腸菌群，シュードモナス属に代表される低温細菌，耐熱性を有する芽胞菌などとともに，食中毒原因菌などさまざまな微生物が存在することになる。牛乳・乳製品の消費期限・賞味期限内の微生物学的品質を保証し，消費者に衛生的で安全な製品を提供するためには，十分な殺菌効果が得られる条件で加熱処理が行われる必要がある。

(2) 乳及び乳製品の成分規格等に関する省令(乳等省令)における殺菌基準

　1951(昭和26)年に制定された乳等省令における牛乳の製造基準では，「摂氏62度から摂氏65度までの間で30分間加熱殺菌するか，又はこれと同等以上の殺菌効果を有する方法で加熱殺菌すること。」と規定されていた。これは人獣共通感染症の原因菌のなかでも耐熱性が高いとされた結核菌を指標とし，その耐熱性に関するデータから設定されたものであった。しかし，厚生科学研究で「生乳及び市販乳中のQ熱病原体(リケッチア：*Coxiella burnetii*)の汚染実態及び死滅温度に関する研究」(現在Q熱病原体はリケッチアではなく，コクシエラ科コクシエラ属として分類されている[1])が実施され，63℃，30分間の加熱処理では一部が生残するが，63℃に達するまでに20分間以上時間をかけると死滅することが明らかとなった[2]。このQ熱病原体の死滅温度の検討結果から，2002(平成14)年に「保持方式により摂氏63度で30分間加熱殺菌するか，またはこれと同等以上の殺菌効果を有する方法で加熱殺菌すること。」と製造基準が改正された[3]。

(3) 牛乳の殺菌方法

　乳等省令に規定された殺菌基準を満たす方法として，表3-1-1に示した殺菌方法が実用化されている。このうち，保持殺菌とはタンク内で生乳を所定の殺菌温度まで加熱して保持する方法(バッチ式殺菌)を指す。現在の主流は連続式の超高温瞬間殺菌(UHT殺菌)で，120〜150℃で数秒間殺菌後，急速に冷却する方法である。日本国内では生乳の殺菌方法の90％以上がこの方法である。耐熱性の細菌芽胞の死滅を可能とする方法はUHT殺菌のみで，低温保持殺菌に比べ1万倍もの非常に高い殺菌効果がある。

常温保存が可能なLL(Long Life)牛乳は，130〜150℃，1〜3秒間殺菌し，無菌的に充填する方法で製造されている。

表3-1-1 牛乳類の殺菌方法[4]

温　度	保持時間	殺菌方法	
63〜65℃	30分間	低温保持殺菌	LTLT : Low Temperature Long Time
72℃以上	15秒間以上	高温短時間殺菌	HTST : High Temperature Short Time
120〜150℃	1〜3秒間以上	超高温瞬間殺菌	UHT　 : Ultra High Temperature

2　液状乳の製造とその技術

図3-1-1に液状乳の代表的な製造流れ図を示した。以下にこの流れに従って各工程について説明する。

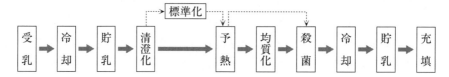

図3-1-1　液状乳の代表的な製造工程

(1) 受　入

タンクローリーで乳業工場に輸送された生乳に対して，工場でさまざまな受入検査が行われる。一般的には官能検査(色や風味)，比重，アルコールテスト，成分検査(乳脂肪，全固形分)，酸度測定(鮮度の目安)，さらには細菌検査，体細胞数，抗生物質検査である。これらの検査に合格した生乳のみが工場に受け入れられる。受け入れられた生乳は，製造に供されるまでの間，サイロタンク内で5℃以下の温度で保持される。また，含まれる脂肪球の浮上を抑制するため，サイロタンク内は連続的，または間欠的に撹拌される。

(2) 清澄化

清澄化とは，生乳中に混入した夾雑物を除去するための操作であり，清澄化機(クラリファイヤー)を用いる。クラリファイヤーは遠心分離機であり，複数のディスクが装着された円筒体(ボウル)を高速で回転(4,000〜8,000 rpm)させることにより発生する遠心力を利用して夾雑物を除く。図3-1-2にクラリファイヤーの模式図を示した。クラリファイヤーに供給された生乳は重ねられたディスクの外側からディスクの間隙(チャネル)に分流され，回転軸方向に向かってディスクの間隙を通過する際に夾雑物が外側に向かって分離される。分離された夾雑物はボウルの外周にある沈殿室へと運ばれる。沈殿室内には夾雑物が堆積するが，これを定期的に排出するための動作が自動的に行われるのが一般的である。

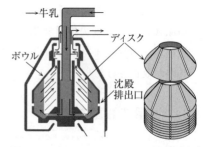

図3-1-2　クラリファイヤーの模式図[5),6)]

（3） 標準化

　標準化とは，目的の脂肪率となるように生乳の成分を一定に調整する操作である。標準化は主に成分調整牛乳などの製造で使用されており，具体的には図3-1-3に示した自動標準化システムが用いられる。このシステムは主に脂肪（クリーム）分離のための遠心分離機，クリーム濃度計，流量調節弁，流量計などから成る。遠心分離機は前述のクラリファイヤーと，ほぼ同じ構造であり，高速で回転する複数のディスクにより生乳に遠心力を与えて，密度の高い重液（脱脂乳）と密度の低い軽液（クリーム）に分離する。分離されたクリームの脂肪率はクリーム濃度計で連続的に測定され，この測定値と目標とする脂肪率および流量から脱脂乳に添加するクリームの流量を計算し，流量調節弁により添加するクリームの流量を連続的に制御する。なお，成分無調整牛乳を製造する場合は標準化の工程は省略される。

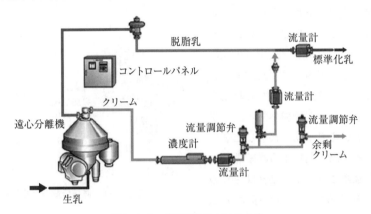

図3-1-3　自動標準化システム[7]

（4） 均質化

　生乳中の脂肪球は直径0.1～10μm程度の大きさであり，生乳を静置すると脂肪球が浮上して液上部の脂肪率が上昇する。これを避けるためには，脂肪球が均一に分散した状態を保持する必要がある。このため，脂肪球を微細化する均質化が行われる。均質化には図3-1-4に示したような均質機（ホモジナイザー）が用いられる。均質機の均質部を図3-1-5に模式的に示した。ホモバルブとホモバルブシート間の狭窄な間隙に生乳を高圧で通液させ，その際に発生する剪断力により脂肪球を微細化する。なお，生乳に高圧を加えるために一般的にはプランジャー式ポンプなどが用いられ，その圧力は通常は15～20MPa程度である。また，温度が高

図3-1-4　均質機外観[4]

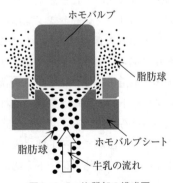

図3-1-5　均質部の模式図

い程，乳脂肪が液化して均質化の効果が高まるため，60〜70℃に加熱してから均質化する。均質化後の脂肪球径は，均質圧力などの条件により大きく変化するが，およそ 0.1〜5μm 以下である。なお，ノンホモ牛乳を製造する場合は均質化の工程は省略される。

（5） 殺 菌
① 加熱殺菌

前述のように牛乳の製造においては加熱による殺菌が義務づけられており，加熱のためにさまざまな形式の熱交換器が用いられる。熱交換器は処理液（牛乳）と熱媒の接触方式により直接接触方式と間接接触方式に大別される。直接接触方式としては蒸気インジェクション式，蒸気インフュージョン式が，間接接触方式としてはプレート式，チューブ式が代表的である。

直接接触方式は加熱媒である蒸気と処理液を直接接触させて加熱する方式である。蒸気インジェクション式では牛乳に蒸気を吹き込んで混合し，蒸気インフュージョン式では蒸気が満たされた容器内に牛乳を吹き込んで加熱する。いずれの方式においても牛乳と接触した蒸気が凝縮し，その際に発生する凝縮潜熱により牛乳が加熱されるが，凝縮はきわめて短時間に起きるため，加熱速度（昇温速度）は非常に速い。図3-1-6に直接接触方式の殺菌機の構造図を示した。蒸気インジェクション式は小型で設置面積が小さいが，蒸気吹き込み部において処理液の焦げつきが発生する場合がある。一方，蒸気インフュージョン式では牛乳が金属面に接触することがないため，焦げつきの発生がない。しかし，図には示してないが，蒸気が満たされた容器から牛乳を払い出すポンプなど，加熱後に牛乳が金属面と接触する箇所においては焦げが発生する場合がある。

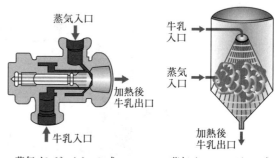

図3-1-6　直接接触方式殺菌機の構造[7]

なお，直接接触方式では牛乳中に蒸気の凝縮水が混入し，牛乳が希釈される。この牛乳と蒸気の混合物を，蒸気投入前の牛乳の温度と平衡な圧力（負圧）に保った容器内に投入することで，加えた蒸気と同量の蒸気が蒸発し，牛乳の濃度，温度ともに蒸気投入前の状態にまでほぼ瞬時に戻る（フラッシュ冷却）。

間接接触方式は牛乳と蒸気，温水などの加熱媒を金属壁（伝熱面）を介して接触させて加熱する方式であり，プレート式では伝熱面の形状が板状，チューブ式では管状である。

プレート式殺菌機は複数の伝熱プレートを数 mm の間隙で配列し，その間隙に牛乳と加熱媒を互い違いに通液して熱交換させる構造である。図3-1-7に伝熱プレート，プレート式殺菌機全体の構造およびプレート式殺菌機内の牛乳と熱媒の流れを示した。図3-1-7(a)のように，伝熱プレートの表面には牛乳の流れを乱して伝熱を促進するためのさまざまに工夫された凹凸形状が設けられている。プレート式殺菌機は比較的小さな設置面積でも伝熱面積が大きく効率的であるが，伝熱プレート間にガスケットが組み込まれており，この交換などの保守に手間を要する。また，伝熱プレート全面に均一に液体が流れるよう工夫されているが，流れに偏りが生ずると流れの遅い箇所において焦げが発生しやすくなる。

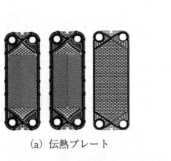
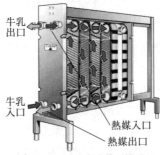

(a) 伝熱プレート　　　(b) プレート式殺菌機の構造

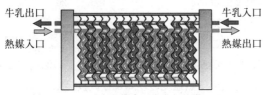

(c) プレート式殺菌機内の牛乳と熱媒の流れ

図3-1-7　プレート式殺菌機[7]

チューブ式殺菌機は配管の内側と外側にそれぞれ牛乳と熱媒を通液して熱交換させる仕組みである。図3-1-8(a)は複数の内管が1つの外管内に組み込まれた多管式の構造図であり、通常は内管に牛乳を外管に熱媒を通液する。このほかに、図には示してないが、同心円状に複数の管を配列する多重管式のものある。このような多管または多重管を組み合わせてユニット化したチューブ式殺菌機の概観は図3-1-8(b)に示した通りである。

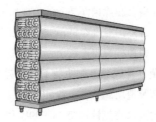

(a) チューブの構造模式図　　　(b) チューブ式殺菌機の概観

図3-1-8　チューブ式殺菌機[7]

なお、直接接触方式、間接接触方式のいずれにおいても殺菌前の低温の牛乳と殺菌後の高温の牛乳を熱交換させて、予備加熱と冷却を行うことが一般的である。

表3-1-2に各種殺菌機の基本特性の比較を示した。

表3-1-2　各種加熱殺菌機の特性比較[8]

特性		直接接触方式		間接接触方式	
		蒸気インジェクション式	蒸気インフュージョン式	プレート式	チューブ式
昇温速度	(℃/s)	300	600	1.5	1.5～4.0
冷却速度	(℃/s)	600	600	4～8	4～8
熱媒との接触時間	(s)	3～6	2～4	100	50
熱媒との温度差	(℃)	20～25	1～2	2	4～6
熱回収率	(%)	50	50	85～86	85～86

Section 1　■殺菌の理論と飲用乳　61

プレート式，チューブ式などの間接接触方式での伝熱は，①熱媒から金属壁への対流伝熱，②金属壁内の伝導伝熱，③金属壁から牛乳への対流伝熱からなり，その伝熱速度は直接接触方式と比較すると遅い。また，直接接触方式では前述したフラッシュ冷却が用いられるため，冷却速度も速い。図3-1-9に直接接触方式および間接接触方式の殺菌機全体の温度履歴の典型的な例を示した。直接接触方式においても85℃程度までは間接接触方式で予熱されることが

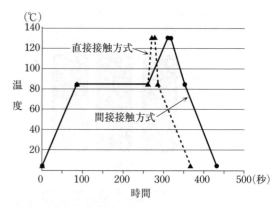

図3-1-9　直接接触方式と間接接触方式を用いた場合の典型的な温度履歴

一般的であり，低い温度域では同じ温度履歴となるが，それ以上の温度域において昇温，冷却の速度が異なる。このような両方式の伝熱速度の差および直接接触方式におけるフラッシュ冷却が牛乳の製品としての品質に影響を与える[9]。両方式で殺菌した牛乳の風味の官能評価では，Cooked flavour や Milk flavour などのにおいに関する項目で顕著な差が見られる。すなわち，直接接触方式では Cooked flavour などに影響する成分の生成が抑制されてスッキリとした風味を呈する反面，Milk flavour などが消失してやや味気ないものと評価される傾向にある。これは負圧を利用したフラッシュ冷却によって，香気成分が散逸するためである。

② 除　菌

加熱殺菌は熱により微生物を死滅させるが，加熱によらない方法で微生物を除去する方法として遠心除菌と膜除菌がある。いずれも殺菌効果を高めるために加熱殺菌と組み合わせる場合が多いが，加熱の程度を低減することが可能なため，通常の加熱殺菌乳とは異なる風味などの特徴をもつ殺菌乳を得ることができる。

遠心除菌は乳成分と微生物の比重差を利用して遠心分離により微生物を除去する方法であり，チーズ製造用調整乳，粉乳，飲用牛乳類，クリームなどの製造工程で使用される場合がある。除去効率は嫌気性菌で96～99％程度であり，除菌セパレーターを2段直列に配置することで，*Clostridium* 属や *Bacillus cereus* などの芽胞の除去効率が99％以上に高まるとの報告[10]がある。なお，除菌セパレーターは図3-1-2に示したクラリファイヤーとほぼ同じ構造である。

一方，膜除菌は孔径1.4μm程度の精密ろ過（Micro Filtration；MF）膜を用いて牛乳から微生物を除去する方法である[11]。牛乳は微生物と同等もしくはそれ以上の大きさの脂肪球を含むことから，脂肪球と微生物を膜で分離することは難しい。このため図3-1-10に示したように，まず生乳をクリーム分離（遠心分離）して得られた脱脂乳に対して膜除菌を行う。微生物は膜の保持液側に濃縮されることから，これと先のクリーム分離で得られるクリームとを混合し

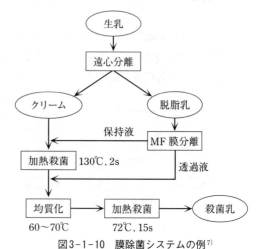

図3-1-10　膜除菌システムの例[7]

て130℃，2秒間程度の加熱殺菌を行う。これと微生物を含まない膜透過液を混合して均質化し，さらに殺菌効果を高めるために72℃，15秒間程度の加熱殺菌を施して殺菌乳を得る。

（6）充填と包装

牛乳の包装に関しては，内容物の保護，取り扱いの利便性，情報の伝達などの基本的な機能に加えて，近年では開封しやすさや注ぎやすさ，再封性など使用者の視点に立った使いやすい包装容器が求められている。また，近年の世界的な潮流である環境問題に関しても，容器包装設計において3R（Reuse, Reduce, Recycle）の推進やフードロスの削減に向けた対応（小分け包装，再封機能，賞味期限の延長など）が求められ，それに対応した包装技術が進展している。

① 包材

乳等省令では，牛乳類の容器としてガラスびん，合成樹脂製容器，合成樹脂加工紙製容器が認可されている。ガラスびんは再利用性に優れていることから宅配用に広く用いられている。合成樹脂製容器，合成樹脂加工紙製容器は軽量なため，持ち運びが容易で安価であることから，量販店やコンビニエンスストアなどの店頭販売用の商品に広く用いられている。2002（平成14）年に合成樹脂製容器包装の容器材質としてポリエチレンテレフタレート（PET）が認可されたが，コストや遮光性（牛乳は光により風味が劣化する）の低さなどの課題があり，充分に普及していない。

図3-1-11に合成樹脂加工紙製包材（紙パック）の構成を示した。紙を合成樹脂で挟み込んで密封シール性を確保する構成となっている。常温保存可能品（ロングライフ牛乳）については乳等省令で「遮光性を有し気体透過性がない容器」と規定されており，このためアルミ箔を組み込んだ構成となっている。

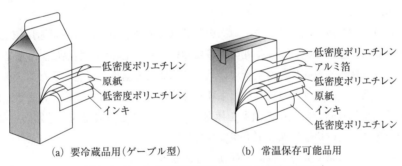

(a) 要冷蔵品用（ゲーブル型）　　(b) 常温保存可能品用

図3-1-11　合成樹脂加工紙製包材の牛乳容器の例[14]

② 紙パックの充填機

ゲーブル型紙パック充填機の構造模式図を図3-1-12に示した。①マンドレルとよばれる放射状の型にスリーブ状の紙パックを挿入，ヒーターで加熱して底部を加熱し，折り込みながら圧着する。次に②キャリアチェーンとよばれる搬送部に移載して，③牛乳を充填する。その後，④紙パック上部をヒーターで加熱して折り込みながら圧着シールする。この一連の工程を衛生的に行うため，充填機内を陽圧化して外気の流入を防ぐとともに，充填機へ送風する空気をHEPAフィルターでろ過して清浄度（クラス1,000レベル：1ft^{3}中に0.5μm以上の粒子が1,000個以下）を維持する。また，充填機内を泡洗浄可能な機構やアルコール自動噴霧による機器の局所殺菌を行える機構を備えた機種もある。

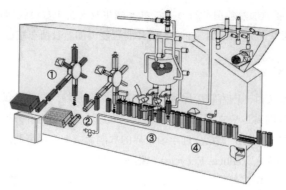

図3-1-12 ゲーブル型紙パック充填機の構造模式図[12]

③ 新しい包装形態

近年，紙パックの製品は，使いやすさの向上を目的とした新しい包装形態が開発されている。その代表例としてテトラトップとテトラブリックエッジを図3-1-13に示した。いずれもスクリューキャップのついた再封可能な容器である。スクリューキャップ内側のプルリングを引っ張ることで開封可能であり，その開封性は従来のゲーブル型紙パックより向上している。いずれの容器も充填機内で開封口とプルリングを射出成型して作成し，高い生産性を維持したまま，衛生的に牛乳を充填できるシステムとなっている。

テトラトップ　　テトラブリックエッジ

図3-1-13 紙パックの新しい包装形態[12]

④ ESLについて

前述の通り，環境負荷低減やフードロスの削減などの観点から賞味期限延長（Extended Shelf Life；ESL）が求められているが，牛乳の製造においても，生乳から製品に至る製造工程において，より高度な技術と徹底した衛生管理の下で賞味期限の延長を可能としたシステムが普及している。充填機については，殺菌された牛乳が細菌に汚染されることのないよう，陽圧化のために充填機内に送り込む空気中の菌数を極力減少させることや機器内の結露防止などにより，充填機内を無菌に近い状態に保つ工夫がなされている。

一方，紙パックは充填機内で殺菌を行うようになっている。その殺菌方法はUV照射または過酸化水素水を噴霧する方法が一般的であり，要求される無菌レベルにより，レベル1：UV照射，レベル2：UV照射＋過酸化水素水(0.1％)，レベル3：過酸化水素水(5～35％)とレベル分けされている。より高度な無菌レベルを達成するには高濃度の過酸化水素水による包材殺菌が必要であるが，過酸化水素水の残留リスクも高くなる。そのため近年では過酸化水素水に代わる新しい殺菌方法として，電子線照射による殺菌が実用化されている。

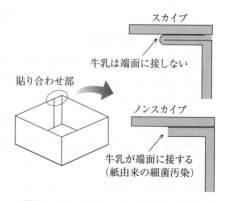

図3-1-14 スカイブカルトンの構造模式図

ESL製品対応の紙パックとしてスカイブカルトンが使用されている。スカイブカルトンとは，図3-1-14に示したように紙パック側面の貼り合せ部において，紙の端面が牛乳に接しないよう端面を折り曲げて貼り合わせる処理(スカイブ加工)をした紙パックである。スカイブカルトンは，長期保存および広域流通に耐える強度を有し，紙端部からの細菌汚染の防止に加えて，包材殺菌のための過酸化水素水の残留防止も可能である。

(7) 機器の洗浄

牛乳製造設備の洗浄は定置洗浄(Cleaning In Place：CIP)で行われる。CIPは設備を分解することなく，設備内に水や薬液を通液して洗浄する方法である。牛乳製造終了後，まず，温水すすぎを行い，その後，アルカリ，温水，酸，温水の順番に通液して洗浄するのが一般的である。牛乳製造設備の中で最も汚れが発生するのは殺菌機である。牛乳の温度が85℃程度以下の部分では主にホエイタンパク質の凝集物が，85〜130℃程度の部分は主にカルシウムなどの灰分とタンパク質が伝熱面に付着するが，これらを完全に除去する条件で洗浄する必要がある。アルカリ(水酸化ナトリウム水溶液など)および酸(硝酸など)をいずれも2〜5%程度の濃度で60〜85℃，それぞれ30分間程度循環して通液するのが代表的な条件である。洗浄の程度には洗剤の種類，洗剤の濃度，流速，温度，時間などが影響するが，汚れの程度や付着状態は牛乳の品質や殺菌温度条件などに影響されるため，洗浄の条件は設備ごとに経験的に最適化して設定する。

(8) HACCPシステムをベースとした乳業の微生物管理

HACCP (Hazard Analysis and Critical Control Point：危害分析重要管理点)システムは1960年代にアメリカ航空宇宙局(NASA)で考案された食品衛生管理システムである。従来は最終製品の抜き取り検査などで食品の安全性を担保していたが，HACCPシステムでは製造工程中の重要な監視点を連続的に監視することによって，最終製品の安全性を担保する。このシステムを効果的に機能させるためには，食品を製造加工するために守るべき要件(製造環境の衛生管理，従業員の衛生管理，従業員の教育・訓練など)，つまり一般的衛生管理プログラムを整備して汚染の要因を小さくすることがきわめて重要となる。

日本国内で流通している牛乳のほとんどがUHT殺菌牛乳であり，生乳由来の汚染菌(一次汚染菌)は殺菌処理によりほぼ死滅する。そのためUHT殺菌牛乳では，殺菌後に充填機などの設備内で汚染する菌(二次汚染菌)の管理が重要である。二次汚染菌で特に重要なのは低温でも増殖するシュードモナス属に代表される低温細菌であり，殺菌後に汚染させない体系的な管理が必要である。乳業工場では中間製品や最終製品の微生物検査を行っているが，大腸菌群やシュードモナス属などのグラム陰性桿菌，または乳酸菌などの芽胞を形成しない細菌が検出された場合は，殺菌工程後の二次汚染が疑われるため，汚染経路を解明するために速やかに殺菌機以降の設備の点検を行う必要がある。

3 賞味期限の設定と品質評価

(1) 「牛乳等の期限表示設定ガイドライン」に基づいた賞味期限の設定

牛乳類については，乳等省令およびJAS法で消費期限（定められた保存方法を守っていれば，安全に食べられる期限）または賞味期限（定められた保存方法を守っていれば，品質が変わらずおいしく食べられる期限）を表示することが義務づけられている。また期限の設定については，製造者などが食品の特性に応じて，微生物試験，理化学試験および官能検査結果などに基づいて科学的・合理的に行うことが規定されている。そのため一般社団法人日本乳業協会と全国飲用牛乳公正取引協議会は，牛乳製造者等が適正な期限表示を設定するために，「牛乳等の期限表示設定ガイドライン」（平成19年8月17日改訂）を制定した。

このガイドラインに示された期限設定のための保存試験方法を図3-1-15に示した。同一条件で生産された製品を1ロットとし，3ロット以上のサンプルの必要本数を10±1℃（常温保存可能品は常温）で保存する。各ロットについて，予想される期限日数を上回らない保存日（経過日）から所定の試験を開始し，以後，予想される期限日数を考慮して保存試料を検査に供する。保存試験はロット毎に実施し，判定基準に適合していることが確認できた期間内を期限表示設定基準とする。この保存試験における試験項目と判定基準などを表3-1-3に示した。消費期限の設定は，試験に供したロットのうち，最も短い期限表示設定基準の範囲内で，製品のバラツキなども考慮して製造者等が定める期日とする。一方，賞味期限の設定は最も短い期限表示設定基準に安全率0.7（賞味期限が2か月間を超えるものは0.8）を乗じた日数の範囲内で，製品のバラツキなども考慮して製造者等が品質保持可能として定める期日とする。

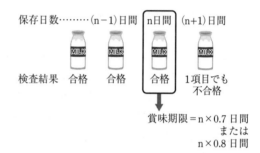

図3-1-15　牛乳等の期限表示設定のための保存試験の概念図

表3-1-3　牛乳等の期限表示設定に関わる保存試験の試験項目と判定基準など

試験項目	判定基準	試験方法
細菌数	5万/mL 以下[*1]	乳等省令に定められた方法
大腸菌群	陰性	乳等省令に定められた方法
外観，風味等[*2]	正常	IDF[*3] STANDARD 99Cを参考に客観的に判断すること

[*1] 特別牛乳および乳飲料は3万/mL 以下
[*2] 常温保存可能品は外観，風味のみ検査
[*3] 国際酪農連盟

(2) 品質評価のための迅速検査法

牛乳などの飲用乳は，乳等省令により成分規格が定められており，その項目の一つに「大腸菌群陰性」と規定されている。大腸菌群の試験法はBGLB法と決められているが，結果が得られるまでには最短で48時間を要する。一方，消費者の鮮度志向を背景に，スーパーマーケットやコンビニエンスストアなどの流通業者はより短時間での納品を求める傾向にある。そのためBGLB法とは別に，20時間で検査結果が得られるデソキシコーレイト寒天培養法による自

主管理が広く行われてきた(BGLB法およびデソキシコーレイト寒天培養法の詳細は成書[13]を参照)。そのような状況のなか、2000(平成12)年に低脂肪乳などを原因とする食中毒事件が発生し、その後も成分規格違反事例などの散発により生じた消費者の不信を回復するため、社団法人日本乳業協会と財団法人食品産業センターは「飲用乳における出荷前自主検査ガイドライン」(平成13年3月)を制定した。このガイドラインには、成分規格検査とは別に大腸菌群推定試験が陰性であることを出荷ルールとし、その試験法は「デソキシコーレイト寒天培養法もしくはそれに準ずる方法」としている。また、デソキシコーレイト寒天培養法より検出時間が短い4つの迅速検査法(①フィルム培地法、②メンブレンフィルター法と染色法を組み合わせた方法、③大腸菌群迅速検査用培地法、④バイオルミネッセンス法)が収載されている。

その後も乳業会社は、種々の大腸菌群迅速検査法を開発して検査時間の短縮に努め[14]~[16]、消費者が求める衛生的で安全な牛乳を供給していく体制を整備している。

〈参考文献〉　*　*　*　*　*

1) 東京都感染症情報センターホームページ,「Q熱」(2017)
2) 乳及び乳製品の規格基準の改正に関する薬事・食品衛生審議会:「食品衛生部会乳肉水産食品部会報告について」(平成14年8月13日　薬食審第0813001号)
3) 乳及び乳製品の成分規格などに関する省令及び食品,添加物などの規格基準の一部改正について(平成14年12月20日　食発第1220004号)
4) 日本乳業協会 Q&A:「日本の殺菌条件」
5) GEA ウエストファリア セパレーター ジャパン㈱資料(2017)
6) 青木裕:食品と開発, 49(4) p.71(2014)
7) Bylund, G.: Dairy processing handbook, Tetra Pak Processing Systems AB (1995)
8) 日本APV㈱資料(1998)
9) 岩附慧二, 今野隆道, 溝田泰達, 外山一吉, 冨田守, 住正宏:日本食品科学工学会誌, 47(11), p.344(2000)
10) GEA ウエストファリア セパレーター ジャパン㈱資料(2011)
11) 渡辺敦夫, 鍋谷浩志:膜, 32(4), p.190(2007)
12) 日本テトラパック㈱資料(2017)
13) (公社)日本食品衛生協会:食品衛生検査指針　微生物編(2015)
14) 角田有希子, 栗城均, 元島英雄:日本食品微生物学会雑誌, 20(1), p.17(2003)
15) 田中孝, 土方智典, 上門英明:防菌防黴, 39(2), p.71(2011)
16) 髙橋尚美, 守屋佑佳, 辻本義憲:第36回日本食品微生物学会学術総会講演要旨集, p.126(2015)

Section 2　■乳製品各論 Ⅰ　　〈三浦孝之〉

1　クリーム

(1) 定義

クリームは牛乳から分離された乳脂肪に富む水中油滴型(O/W)のエマルジョンである。

乳等省令によるクリームの定義は「生乳，牛乳，特別牛乳又は生水牛乳から乳脂肪以外の成分を除去したもので(表4-1-3(A), p.113)，乳脂肪18％以上かつ一切の添加物を含まないもののみをクリームとよぶ」となっているため，乳脂肪以外に植物性脂肪や乳化・安定剤を加えた製品の場合は「○○クリーム」と表示することはできず，「乳等を主原料とする食品」に分類される。

クリーム類は乳脂肪のみで作られる「クリーム」のほか，乳脂肪に乳化剤と安定剤を加えた「純乳脂肪タイプ」，植物性脂肪と乳化剤と安定剤からなる「純植物性タイプ」ならびに乳脂肪に植物性脂肪，乳化剤と安定剤を加えた「混脂タイプ」に分類される。添加物(乳化剤，安定剤)を含まないクリームは輸送中の振動で脂肪球が凝集し，粘性増加や半固形化することがあるため，流通には注意が必要である。

(2) 製造方法

均質化処理を受けていない乳脂肪は脂肪球膜に包まれた球状(直径0.1〜17μm，平均直径3〜4μm)で存在している。乳脂肪の比重は0.93，脱脂乳の比重は1.03なので，牛乳を静置しておくと脂肪分は上部に浮かびクリーム層を形成する。伝統的な製法では牛乳を静置し上部に浮いた乳脂肪をすくい取っていたが，工業的には遠心分離の原理を用いたクリームセパレーター用いて連続的にクリームと脱脂乳に分離している。クリームセパレーターの仕組みは1890年，Lavalによって開発され，その分離技術の基本は現在に至るまで大きく変化していない。

クリームセパレーターは密閉式と開放式に大別され，前者はパイプラインを用いて圧力で牛乳を供給するため大量処理に向いており，泡立ちがなく，空気との接触もない。開放式は重力で牛乳を供給するため，処理能力が低く小規模工場でのみ採用されている。図3-2-1，3-2-2に開放式セパレーターの外観と断面図を示す。クリームセパレーターは円錐形をしており，複

図3-2-1　開放式クリームセパレーターの外観
a　正面外観
　①生乳受け，②クリーム排出ノズル，③脱脂乳排出ノズル
　④分離ローター格納部
b　内部分離ローター外観
c　内部分離ローター内部　①上昇孔，②ディスク

数枚のディスクが均等の隙間を保ちつつ重ねて収納されている。高速で回転するセパレーターに牛乳が入ると，遠心力によって比重が大きい脱脂乳はセパレーターの外側に移動しながら上昇し，脱脂乳排出用のノズルから排出される。比重が小さいクリームは中心に集まりながら上昇し，クリーム用のノズルから排出される仕組みである。

クリームの製造工程を図3-2-3に示す。受け入れた生乳は粘性を下げることによって分離能を高めるため55〜65℃程度に加温してから分離機に供給する。連続式の分離システムを導入している工場では脂肪率の調整(標準化)をパイプラインで同時に行うことができ

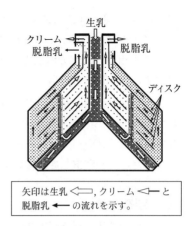

図3-2-2　開放式セパレーターの断面図

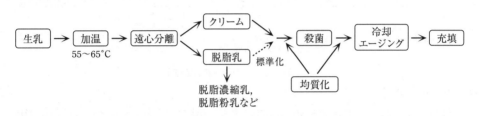

図3-2-3　クリームの製造工程

る。小規模生産の場合はセパレーターで分離後，クリームに生乳や脱脂乳を混ぜて目的に応じた濃度に標準化する。殺菌は高温短時間殺菌法(HTST)または超高温処理法(UHT)で行われる[1]。特に UHT 処理の場合，殺菌後に均質化を行うことによって脂肪球の大きさを揃えた後，冷却と共にタンク内でエージングを行うことで乳脂肪の結晶化を促して安定化させる。この工程によって保存中にクリームが浮上する問題を防ぎ，良好なホイップ特性も保つことができる。

2　バター

(1) 定　義

バターは乳等省令で「生乳，牛乳，特別牛乳又は生水牛乳から得られた脂肪粒を練圧したもの」と定められている。また，製品規格としては乳脂肪分80％以上，水分17％以下，大腸菌群陰性と定められている。バターの色は牧草に含まれるカロテノイドが乳に移行する影響で僅かに黄色味を帯びている。その為，乳牛の飼育状況や季節によってバターの色調は微妙に変化し，放牧により牧草を摂取した牛の乳で造られたバターは黄色味が強くなる。

(2) 種　類

バターは製法によって，発酵バターと非発酵(甘性)バターに大別される。発酵バターは乳酸発酵させたクリームあるいは乳酸菌培養液を添加したクリームを用いて製造したもので，独特の芳香を有している。また近年，非発酵バターに直接乳酸菌を添加する製造方法も採用されている[2]。非発酵・発酵バターともに食塩の有無で，食塩不使用バター(無塩バター)と有塩バ

ター(加塩バター)に区別できる。

発酵・非発酵バターに関わらず，有塩タイプは1～1.5%程度の塩分を含んでいるが，バターの水相部分は塩分濃度が10%程度となるため，微生物の繁殖を抑制し，賞味期限を長く設定することができる。

ヨーロッパでは，発酵バターのほうが食習慣として根づいており，現在でも発酵・食塩不使用のバターが主流である。一方，日本では明治18年から本格的にバター生産が始まり，現在では有塩タイプのバターが主流となった。これは高温多湿の日本でも保存性が高まるように加塩されたことが理由とされている。

（3） 製造方法

バターの製造工程を図3-2-4に示した。

図3-2-4　バターの製造工程

① クリーム分離

原料のクリームは脂肪分30～40%に調整する。脂肪分が低過ぎるとバター粒の形成に時間がかかるため効率が低下し，高過ぎるとバターミルクに脂肪分が流出するため回収量が減少する。殺菌後のクリームを冷却し一定時間保持(エージング)することによって脂肪球を十分結晶化させる。これによりチャーニングに要する時間が安定するとともにバター粒の組織が硬くなり，バターと水分の分離も容易になる。

エージングの温度は諸説あるが，おおよそ5℃前後で行う。夏季は不飽和脂肪酸が増え脂肪の融点が下がるため，やや低温で，冬季は脂肪の融点が上がるため，やや高めの温度でエージングを行う。

② チャーニング(バッチ式)

クリーム中の油分は脂肪球皮膜に包まれ，互いに融合せずに水中油滴(O/W)の状態で存在している。この油滴を包んでいる脂肪球膜を物理的な衝撃で壊し，油滴を集合させてバター粒とバターミルクに分離する工程をチャーニングとよぶ。チャーンとよばれる撹拌器は古くは木製であったが，現在では衛生面からほとんどステンレス製に替わった。チャーンの形も円筒形，円錐形あるいは四角形などさまざまである。いずれのチャーンもバッチ式である。

図3-2-5　円筒形バターチャーン
(写真提供：EGLI AG 社)

図3-2-5に示した円筒形のモデルは内部にワーキング用のロールを備えたロール型チャーンで，このほかにクリームの自重落下を利用したロールレスチャーンというモデルもある[3]（図3-2-6）。

脂肪分を調整したクリームをチャーン全容量の1/3程度入れ，縦方向に回転させると，チャーン下部に溜まったクリームが上部に持ち上がった後，自重で落下する。このときの衝撃

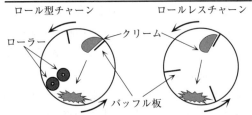

図3-2-6 ロール型チャーンおよびロールレスチャーンの原理

を利用して脂肪球膜を破壊し、脂肪球同士を融合させて、バター粒とする。バター粒の大きさが小豆大になったら、チャーン本体からバターミルクを除去する。バター粒に残存するバターミルクの洗浄と冷却による硬さ調整のため、冷却水をクリームと同量程度加えて再度チャーニングして、洗浄水を排出する。この工程を数回繰り返した後、水を切ったバター粒を得る。

③ 加塩とワーキング

引き続きチャーンを回転させながらバター粒を自重落下させて練り合わせることで、バター粒に含まれる余分な水分を絞り出しながら脂肪組織を均一にする。この工程をワーキングとよぶ。チャーンサイズが小さいとバター粒の重量が少なく、自重落下によるワーキングができないため、ロール型チャーンが選択されることが多い。②で示したようなワーキング機能がないチャーンの場合は、ワーキング台の上でバターを練り上げる（図3-2-7）。有塩バターの場合、ワーキング時にクリームの脂肪量に対して2.5～3％の食塩を添加する。これにより仕上がりのバター塩分は1.5～2％になる。

図3-2-7 ワーキング台

④ 連続式バター製造機

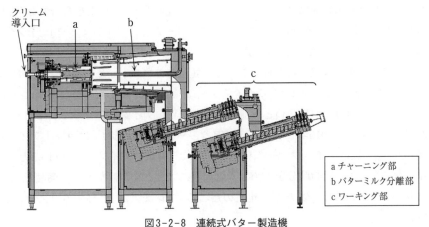

a チャーニング部
b バターミルク分離部
c ワーキング部

図3-2-8 連続式バター製造機

イラスト提供：EGLI AG 社

前述のバッチ式に対して大規模な工場で採用されている連続式のバター製造法は，バッチ式と同様に脂肪分30％前後のクリームを用い，高速な撹拌によって短時間で脂肪球膜を破壊しバター粒を得る方法である。このタイプの機械は，フランスのコンテマブ（Contimab Simon社）がよく知られており，日本でも同様の機械が広く普及している。図3-2-8に連続式バター製造機の全体図と各部の役割を示した。チャーニング部（図3-2-8-a），バターミルク分離部（図3-2-8-b），ワーキング部（図3-2-8-c）を行う装置が組み合わさっており一連の工程を連続的かつ短時間に行えるため処理能力が高い。バッチ式および連続式で製造されたバターの成分上の違いはほとんどないが，連続式の製法では組織が硬く，展延性が劣るといわれている。

⑤ 包 装

酸化を防ぐため，ワーキング後のバターは，ただちに遮光性，およびガスバリア性が高い包装材で密封包装し冷蔵保存される。この特性を満たせば，さまざまな包装材が利用可能であるが，今でも業務・家庭用ともに硫酸紙やアルミ箔パーチによる密着包装が主流である。各種包装材はバター表面に密着させることでバターの酸化を抑えるはたらきがある。また，家庭用向けの商品ではプラスチック性のカップやガラスの小瓶に充填したタイプがあり，スプーンなどでバターをすくって使用できるため食卓で使いやすいが，内容物の減少とともに容器内に空間が生じるため，酸化されやすくなる。そのため，脱酸素剤を容器の内蓋に設置したり，硫酸紙をバター表面に密着させたりする工夫がなされている。

保存は乾燥した暗所で10℃以下を基本とし，賞味期限は有塩・無塩バターともに6か月程度を設定している製品が多いが，無塩バターの場合，有塩バターよりも1か月ほど短い賞味期限を設定している製品もある。長期保存の場合は，バターの水相が凍結する−17℃以下で冷凍することができる。

3　アイスクリーム類

（1） 種類と定義

わが国において戦後しばらくは乳脂肪3％以上の製品をアイスクリーム類としていたが，昭和46年に改正された乳等省令では「乳またはこれらを原料として製造した食品を加工し，または主要原料としたものを凍結させたものであって，乳固形分3％以上を含むもの」を「アイスクリーム類」として定義し，成分に応じて「アイスクリーム」，「アイスミルク」と「ラクトアイス」の3つに分類した（表4-1-3(A)，p.113）。

アイスクリーム類を構成する素材のなかでは乳脂肪のコストが最も高い。そのため，乳脂肪の含有率が8％以上に定められた「アイスクリーム」は他の分類に比べると高価となる。一般的にアイスクリームの方がおいしいと評価されがちだが，アイスミルクやラクトアイスの風味は軽やかで食べやすい。2016年におけるアイスクリーム類の販売物量はラクトアイス（33.5万トン）が最も多く，次にアイスクリーム（18.1万トン），最後にアイスミルク（15.5万トン）となっている。なお，近年，乳脂肪分を高めたり副原料にコストをかけたりした商品をプレミアムアイスクリームとよぶことがあるが，現在のところ「プレミアム」と称するうえでの明確な定義はない。

アイスクリーム類に使用する原材料の種類と主な役割を示す。

① 脂　肪

　大別して乳脂肪と植物性脂肪に分類される。脂肪は組織を滑らかにし，ナイスなボディ感を与える。乳脂肪の主な供給源はバターやクリームで，植物性脂肪にはヤシ硬化油，パーム油や綿実油などが使われる。植物性油脂はどれも高度に精製されており，融点は25～32℃程度，白色かつ無味，無臭のものが使用される。

② 無脂乳固形分

　乳から脂肪を除いた固形分で，供給源は全乳，脱脂乳，脱脂粉乳，脱脂濃縮乳，練乳，ホエイパウダーやバターミルクなどである。ミルクの風味を与え，組織を滑らかにするとともに，固形分が多いとオーバーランが高くなる傾向がある。

③ 糖　類

　アイスクリームに甘さを付与すると同時に全固形分の増加に役立つ。砂糖は精製度の高いグラニュー糖や上白糖が主に用いられる。デンプンを酸や酵素で分解したデンプン糖（ブドウ糖，水飴，異性化糖）もよく用いられる。特に水飴はブドウ糖よりも甘味度が低く，甘みを増やさずに固形分を増やすことができる。また，水飴は多糖類（デキストリン）を多く含むため，アイスクリームの組織改善にも役立つ。

④ 乳化剤

　乳化剤は分子内に親水基と親油基を有しているため，水と油のように通常混じり合わない成分同士の界面張力を弱めてどちらか一方の成分を微粒子化することで安定に分散，懸濁させる作用をもつ。伝統的には卵黄がその役割を担っていたが，コスト増や細菌汚染のリスク，さらに高品質な乳化剤が開発されたことから，現在では大半のアイスクリーム製造において合成された乳化剤が用いられている。

　乳化剤の安定度は親水性と親油性のバランスを指標としたHLB（Hydrophilic Lipophilic Balance）値で表されている。HLB値は0～20の数値で表されており，0に近いほど親油性を示し，数字が高くなるほど親水性が高くなる。アイスクリームに使用される乳化剤は比較的親水性のタイプ（HLB値5～18）が使用されており，主な種類はグリセリン脂肪酸エステル，ポリグリセリンエステル，レシチンなどがあげられる。アイスクリームにおける乳化剤の役割は水分と油分を乳化させるはたらきの他，タンパク質などのあらゆる粒子をより安定的に分散させることで気泡性を高め，アイスクリームの保型性と貯蔵性も高めている。

⑤ 安定剤

　アイスクリームミックス中の遊離水分と水和し，粘性を示す素材が用いられる。アイスクリームに使用される安定剤の種類は多種に及ぶが，大別すると植物種子由来の「タマリンドガム」，「グァーガム」及び「ローカストビーンガム」，海藻由来の「カラギーナン」，「アルギン酸」，「寒天」，果実由来の「ペクチン」，動物由来の「ゼラチン」，合成品の「カルボキシメチルセルロース（CMC）」などがあげられる。

　安定剤の作用によってミックスに適度な粘性が付与され，気泡や氷結晶が細かく均一に分散した滑らかな組織を得ることができる。また，貯蔵中の温度変化に伴う氷結晶の増大を防ぐことができる。現在のようにコールドチェーンが発達する以前は，流通間に温度差が生じたり，小売店の冷凍設備が充実していなかったりしたため，安定剤は温度変化による品質劣化を抑制するうえで重要な役割を担っていた。しかし，近年では，流通環境が改善されたことや消費者

のニーズから安定剤や乳化剤を極力減らした製品，あるいは，まったく使わない製品も市販されるようになっている。

（2） 製造方法

アイスクリーム製造で重要な工程を以下に記した。また製造工程を図3-2-9に示した。

ミックス調製 → 均質化 → 殺菌・冷却 → エージング → フリージング → 充　填 → 硬　化

図3-2-9　アイスクリームの製造工程

① アイスクリームミックスの調製

　アイスクリームを構成する成分を完全に溶解させてアイスクリームミックスを調製する。素材が速やかに溶けるように50〜70℃で溶解する。

② 均質化

　均質機(ホモジナイザー)で脂肪を細分化することで乳化状態を安定させる。水分，脂肪，タンパク質および糖分の各成分を緻密に分散させることできめが細かく滑らかな組織になる。

③ 殺菌，冷却

　原料由来の雑菌を死滅，および酵素を失活させるために行う。殺菌はバッチ方式によるLTLT殺菌(68℃，30分間)，または同等の殺菌効果を有した方法で行う。生産量が多い工場では連続式の殺菌装置を用いたHTST殺菌およびUHT殺菌が主流である。殺菌後は直ちに5℃程度まで冷却する。

④ エージング

　冷却したミックスを冷蔵庫で4〜12時間程度静置する。この工程で脂肪分の結晶化を促し，組織をより安定化させる。さらに，この工程でミックスの気泡性が増しオーバーランが改善される。しかし，低温下のエージングでも細菌の増加が懸念されるため，エージングを行わずに次のフリージング工程に移る製法もある。

⑤ フリージング

　高品質なアイスクリームの組織においては，微細な氷結晶，脂肪および空気の泡が均一に分散した状態となっている。アイスクリームの氷結晶は−1〜−5℃で急速に生成するため，凍結温度の微妙な違いは氷結晶の大きさにも影響する。フリージングの工程では，アイスクリームミックスを撹拌しながら急速に凍結させることで空気の泡がミックス内に取り込まれて体積が増加する。空気の混入によって体積が増加した分をオーバーランとよび，百分率で表す。単位容積あたりのアイスクリーム重量は混入した空気の重量に反比例するため，以下の式を用いてオーバーランを求めることができる。

$$\text{オーバーラン}(\%) = \frac{\text{アイスクリームミックスの重量} - \text{アイスクリームミックスと同容量のアイスクリームの重量}}{\text{アイスクリームミックスと同容量のアイスクリームの重量}} \times 100$$

　オーバーラン100％の状態とは，アイスクリームとミックスが同重量の場合にアイスクリームのほうが2倍の体積となることを意味する。オーバーランは食感に大きな影響を与える要素で，製品の特徴に応じておよそ50〜80％の幅がある。オーバーランの数値が高いほど口当たりは軽くなり，過度の冷たさや甘味を和らげる働きがある。一方，オーバーランが低いと重厚

感が増し，素材の風味が強調されやすい。そのためプレミアムアイスクリームとよばれる類のアイスクリームは低オーバーラン（0〜30％）で製造されることが多い。オーバーランは一般的に水分が多いと減少し，固形分が多いと増加する。増粘剤などの添加物もオーバーランを増加させるはたらきがある。

⑥ 充　填

フリージング直後のアイスクリームは，ソフトアイスクリームとよばれ，温度は－3〜－5℃程度で，このときの氷結晶率は30〜40％である。この状態のアイスクリームは粘性をもった流動体であるため，連続的に用途に応じた容器に充填することができる。なおカップ入りのものは容量（mLなど），それ以外のものは重量（gなど）または個数で表示することができる。

⑦ 硬　化

出来たてのソフトアイスクリームの組織は氷結晶が小さく均一に分散している状態であるが，そのまま急速冷凍せずに放置しておくと次第に氷結晶が大きくなり組織が粗雑になる。そのため，充填後は直ちに－20℃〜－40℃になるように急速に凍結させ，組織を硬化させる。これによって氷結晶率は90％前後に達する。

⑧ 貯蔵・流通

貯蔵・流通時の温度変化によってアイスクリームの氷結晶が溶解・凍結を繰り返すと氷結晶のサイズが次第に大きくなり，製品の品質が著しく劣化する。そのため，硬化後のアイスクリームは必ず－20℃以下で貯蔵し，なるべく温度変化が少ない状態を維持することが重要である。なお，アイスクリームの貯蔵温度帯では細菌が増殖しないため，アイスクリーム類の賞味期限や保存方法についての表示は省略することができる。

〈参考文献〉　＊　＊　＊　＊　＊

1) 山内邦男：「ミルク総合辞典」p.168-170, 朝倉書店（1992）
2) 杉田忠彦：「食品加工における微生物・酵素の利用」p.82, 日本食糧新聞社（2009）
3) 曾根敏麿：「乳製品製造 I」p.41, 朝倉書店（1963）

Section 3　■乳製品各論　Ⅱ　〈川井　泰〉

1　発酵乳の種類と定義

　発酵乳は，乳が存在する各地域で造られており，その種類は400を優に超えるといわれている[1]。発酵乳の歴史などについては，他に譲るとして，人類は古来より乳成分の組成や微生物の存在を知らぬままに発酵乳を造り続けてきた。チーズと比べると発酵乳の製造工程は単純といえるが，搾乳の対象となる畜種，搾乳後の成分調整や加熱処理，使用する乳酸菌種と菌株，発酵時間，発酵温度が異なることにより，多種多様な発酵乳が得られることになる。

　最も代表的な発酵乳であるヨーグルトの国際規格は，国連食料農業機構（Food and Agriculture Organization；FAO）と世界保健機構（World Health Organization；WHO）により設立されたコーデックス委員会（Codex Alimentarius Commission；CAC）において「ヨーグルトと称される製品は，*Lactobacillus delbrueckii* subsp. *bulgaricus*（ブルガリクス菌），*Streptococcus thermophilus*（サーモフィラス菌）両乳酸菌の乳酸発酵作用により，乳および脱脂粉乳などの乳製品から造られるもので，最終製品中には両菌が多量に生存しているもの」と定義されている（1977年）。前述のように世界には多数の発酵乳が存在し，各国で規格が異なっているため，それらの詳細については成書・報告書などを参照いただきたい[1]。

　わが国における乳等省令のなかでは，「ヨーグルト」という名称は使用しておらず，「発酵乳とは乳又はこれと同等以上の無脂乳固形分を含む乳等を乳酸菌又は酵母で発酵させ，糊状又は液状にしたもの又はこれらを凍結したもの」であり，成分としては8％以上の無脂乳固形分を含み，生きた乳酸菌又は酵母（わが国ではほとんど使用されていない）を1,000万/mL以上かつ大腸菌群を検出しないとしている[2]。2014年12月から発酵乳の定義が拡大され，発酵後に殺菌した製品も「発酵乳」として認可されるようになった（表4-1-4，p.115）。

　ヨーグルトの製造方法については割愛するが，原料乳に乳酸菌を添加して発酵後に充填する前発酵タイプと，原料乳もしくは果汁，糖分，ゼラチンなどを添加した原料乳に乳酸菌を添加して充填後に発酵させる後発酵タイプがあり，製品によって使い分けがなされている。

　ヨーグルトは，発酵により生じた乳酸と乳中のカルシウムが結合して乳酸カルシウムとなり，カルシウムがより一層吸収されやすくなる。小腸の乳糖分解酵素（ラクターゼ）が欠損もしくは微弱な人は，乳に含まれる乳糖を十分に分解できず，腸に残った乳糖が腸壁を刺激して下痢などの症状を起こす（乳糖不耐症）が，乳が発酵しヨーグルトになる過程で，乳酸菌により乳糖が通常20～30％程度分解されて減少するため，乳糖不耐症が改善することも知られている。

2　使用される主な乳酸菌とその代謝

　発酵乳製造に使用される乳酸菌は，ブルガリクス菌やサーモフィラス菌などの発酵に使用されるスターター乳酸菌と，*Lb. gasseri*（ガセリ菌）などのプロバイオティクス（probiotics：腸内フローラのバランスを改善することにより，ヒトなどの宿主に有益な作用をもたらす生きた微

生物)として添加される乳酸菌に大きく分けられる(表3-3-1)。なお,プロバイオティクスとして近年,発酵乳製造に使用されているビフィズス菌は,乳酸よりも酢酸を多く生成するため,分類学上,乳酸菌とは異なっている。

　国際規格のヨーグルトで使用されているブルガリクス菌とサーモフィラス菌には,共生(相利)関係(Symbiosis, Proto-cooperation)が成立しており,両菌を混合することで発酵時間が短縮するだけでなく風味向上にも寄与するが,菌株によっては共生が認められない場合もあるため,菌株の組合せが重要となる。一般的には,サーモフィラス菌から生成されたギ酸がブルガリクス菌の生育を,ブルガリクス菌の菌体外プロテアーゼにより生成したペプチド・アミノ酸がサーモフィラス菌の生育を促進するとされているが,最近ではサーモフィラス菌により生成されたピルビン酸,二酸化炭素,葉酸,オルニチン,長鎖脂肪酸もブルガリクス菌の生育促進に寄与していることが明らかにされている。なお,サーモフィラス菌単独で乳を発酵させた場合,乳タンパク質が分解されにくいことから牛乳に近い風味を有する組織の滑らかな発酵乳となり,高評価を得る場合も多い。一方,ブルガリクス菌を単独で使用した場合は,香気成分に富む(条件によってはトマトに似た風味)ものの,組織の滑らかさという点ではサーモフィラス菌単独使用の発酵乳に劣る傾向がある[3]。

　発酵乳製造に関わるビフィズス菌としては *Bifidobacterium animalis* subsp. *lactis*,*B. bifidum*,*B. breve*,*B. longum* subsp. *infantis*,*B. longum* subsp. *longum* などがあり,すべてプロバイオティクス(整腸作用,免疫賦活作用など)として添加されている。また,これらビフィズス菌は酸や溶存酸素により菌数が低減することから,菌体をカプセル化したり,光や酸素の遮断が可能な素材を容器に使用したりするなどの工夫が施されている例が多い。

表3-3-1　発酵乳製造に使用・添加される乳酸菌とビフィズス菌

菌　種	発酵形式	機能特性等
スターター乳酸菌(ヨーグルト国際規格)		
Lactobacillus delbrueckii subsp. *bulgaricus*	ホモ	菌体外プロテアーゼ,多糖生産
Streptococcus thermophilus	ホモ	ギ酸生産,皮膚改善用
プロバイオティクス(乳酸菌・ビフィズス菌)		
Lactobacillus brevis	ヘテロ	免疫調節能,NK細胞活性化
Lactobacillus gasseri	ホモ	抗ピロリ菌,抗肥満,免疫賦活
Lactobacillus johnsonii	ホモ	抗ピロリ菌,胃酸・ガストリン産生抑制
Lactobacillus paracasei	ヘテロ	抗アレルギー,免疫賦活
Lactobacillus reuteri	ヘテロ	口腔内フローラ改善,ロイテリン生産
Lactobacillus rhamnosus	ヘテロ	アトピー低減,風邪予防
Bifidobacterium 属	ヘテロ*	多種に多様な免疫賦活

ホモ発酵:グルコース→乳酸+2ATP
ヘテロ発酵:グルコース→乳酸+二酸化炭素+エタノール+ATP
＊ビフィダム経路:2グルコース→2乳酸+3酢酸+5ATP

〈QRコード　3章❶〉

(1)　糖質代謝

　乳酸菌の発酵には,取り込んだ糖質(グルコース)をすべて乳酸に変換するホモ発酵形式と,乳酸(50%以上)に加えて二酸化炭素やエタノールなどに変換するヘテロ発酵形式の2種類があ

る(表3-3-1)。発酵乳用乳酸菌が乳中で生育する際の主な炭素源は乳糖であり，その代表的な代謝経路(①，②，および③)について図3-3-1に示した。

①ブルガリクス菌とサーモフィラス菌を代表とするホモ型発酵菌は，細胞膜に存在するパーミアーゼ(Permease)によりプロトン共輸送(一部の細菌は細胞内ガラクトースとの対向輸送)にて乳糖を取り込み，β-ガラクトシダーゼ(β-galactosidase)によりグルコースとガラクトースに分解後，グルコースは解糖系(EMP経路：Emdem-Meyerhof-Parnas pathway)により，ガラクトースは対向輸送によってそのまま排出(ブルガリクス菌とサーモフィラス菌など)，もしくはルロワール経路(Leloir pathway)からEMP経路により乳酸まで代謝され，1モルの乳糖から計2もしくは4モルのATPを獲得する。

②ヘテロ型発酵菌である Lb. brevis, Lb. reutei, Leuconostoc 属細菌などは，パーミアーゼで取り込んだラクトースを同様に分解後，グルコースからペントースリン酸経路(HMP経路：Hexose Monophosphate Pathway，別名ホスホケトラーゼ経路)に入り，二酸化炭素とエタノールに代謝され，HMP経路中のキシルロース-5-リン酸はホスホケトラーゼによりグリセルアルデヒド-3-リン酸となりEMP経路で乳酸に代謝され，1モルの乳糖から計1もしくは2モルのATPを獲得する。なお，ガラクトースは対向輸送によって排出されるか，ルロワール経路で代謝される(図3-3-1)。

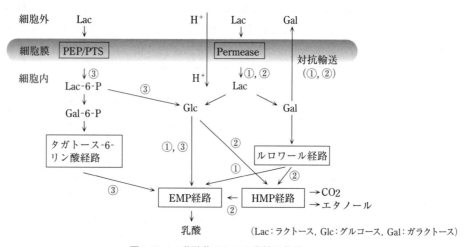

図3-3-1 乳酸菌における乳糖の代謝

一方，③乳糖をパーミアーゼとは異なるホスホエノールピルビン酸(Phosphoenolpyruvic acid；PEP)依存性ホスホトランスフェラーゼ(Phosphotransferase；PTS)系で取り込み代謝する乳酸菌には，Lb. casei, Lb. gasseri, Lc. lactis などが知られており，細胞膜でリン酸化された乳糖(ラクトース-6-リン酸)は，ホスホβ-ガラクトシダーゼ(Phospho-β-galactosidase)により分解後，生成したグルコースは解糖系(EMP経路)に入る。一方，ガラクトース-6-リン酸はタガトース-6-リン酸経路(Tagatose-6-phosphate pathway)からEMP経路に入り，代謝される(図3-3-1)。

また，ビフィズス菌は乳糖(1モル)を菌体外または取り込み後の菌体内でβ-ガラクトシダーゼによりガラクトースとグルコースに分解し，それぞれルロワール経路とヘキソキナーゼ(Hexokinase)を通じて，グルコース-6-リン酸に変換後，独自の解糖系であるビフィダム経路(Bifidum pathway, Bifid shunt)により，2モルの乳酸と3モルの酢酸を生成し，計5モルのATP

を獲得する。
　以上，上記の各解糖系代謝マップについては成書に広く記載されており，各構造，関連酵素，ATPの消費・生産なども併せて参照してほしい[4),5)]。

(2)　タンパク質代謝

　牛乳中は遊離アミノ酸に乏しいため，乳酸菌における窒素源の確保は乳タンパク質（主としてカゼイン）の分解に依存することになる。まず，乳酸菌の細胞壁に結合した菌体外プロテアーゼ（Cell-Envelope Proteinase；CEP）によりカゼインが加水分解された後，生成したペプチドのサイズに応じてペプチダーゼが作用してさらに細分化される。次いで生成したオリゴペプチド，トリペプチド・ジペプチド，アミノ酸が細胞膜に存在している各輸送体システム（Permease，ATP binding cassette transporter）で菌体内に取り込まれ，最終的には菌体内でエンドペプチダーゼ，アミノペプチダーゼ，およびジ・トリペプチダーゼによりアミノ酸まで分解，利用される[1),4)]。これらのタンパク質分解システムで最も研究が進んでいる乳酸菌はチーズ製造用の *Lc. lactis* で，CEP（PrtP）を含む複数のプロテアーゼやペプチダーゼのみならず，それに関わる輸送体と各機能が明らかにされている。発酵乳用乳酸菌のブルガリクス菌とサーモフィラス菌については，ゲノム解析の結果から複数のプロテアーゼやペプチダーゼの存在が推定されているが，サーモフィラス菌はブルガリクス菌と比較して，タンパク質分解に関わる遺伝子数が少なく，ブルガリクス菌に見出されるような特徴的なペプチダーゼが確認されていない。これはブルガリクス菌により生成したペプチド・アミノ酸がサーモフィラス菌の生育を促進するという相利関係（既述）の一要因と考えられる。

(3)　芳香性成分の生産

　ヨーグルト中には乳由来および乳酸菌によって生産された複数の香気成分が含まれている。なかでもヨーグルトの風味を決定している代表成分はアセトアルデヒド（通常10～40 μg/mL）であり，ブルガリクス菌やサーモフィラス菌を含む多数の乳酸菌より，EMP経路やクエン酸回路におけるピルビン酸の脱炭酸から生成される。HMP経路を介する場合ではアセチル-CoAを経て生成され，さらにはスレオニンからグリシン解離に至る経路からもアセトアルデヒドが生成される（図3-3-2）[1),4)]。特にブルガリクス菌においてはエタノールとアセトアルデヒドの変換に関与するアルコールデヒドロゲナーゼ活性の低下・欠失により，アセトアルデヒド生産・蓄積量が特に多いことが知られている。

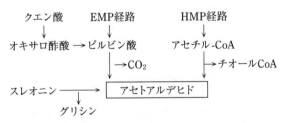

図3-3-2　乳酸菌におけるアセトアルデヒドの生合成経路

　サワークリーム，発酵バターやチーズに特徴的な香気成分であるジアセチルは，主として乳中のクエン酸を由来とするピルビン酸から活性アセトアルデヒド・アセチル-CoAを介し，またはα-アセト乳酸からの脱二酸化炭素・脱水素により生成される。

（4） 菌体外多糖の生産

　　ブルガリクス菌やサーモフィラス菌を含む乳酸菌には，菌体外多糖（Exopolysaccharide；EPS）を生産する株があり，グルコースやフルクトースなどの単一の糖から構成されるホモ多糖よりは，グルコース，ガラクトース，ラムノースを主体とした複数の糖から構成されるヘテロ多糖であることが多い。菌体外多糖生産菌で製造されたヨーグルト中には，通常50～600 μg/mL程度が含まれているとされる。菌体外多糖が粘性付与による官能性・嗜好性の向上や，離水防止，安定剤添加の低減などのみならず，さまざまな機能性，特に抗インフルエンザなどの免疫賦活作用を有しているという点は，きわめて興味深い。

（5） 抗菌性物質の生産

　　発酵乳用乳酸菌は，乳酸や酢酸などの有機酸から，エタノール，過酸化水素，アセトアルデヒド，ジアセチル，ロイテリン，ロイテリサイクリン，バクテリオシン（抗菌ペプチド・タンパク質）などの多数の抗菌性物質を生産することが知られている。近年，細胞膜を標的として作用するバクテリオシンが深刻な耐性菌を生じるリスクが低いとのことで注目されており，表3-3-1に示した各菌株からも有用なバクテリオシンが複数見出されている[1]。また，上述した香気成分のアセトアルデヒド（市販ヨーグルト中に17 μg/mL前後存在）は，10～100 μg/mLで大腸菌や黄色ブドウ球菌に対して抗菌効果があるとされ，ヨーグルトの防腐効果に貢献していると考えられる。一方，ジアセチルは有効濃度が数百 μg/mLであるため，ジアセチルが13 μg/mL前後しか含まれていない市販のヨーグルトにおいては，抗菌効果を期待することができない。

（6） ビタミン類の生産

　　発酵乳用乳酸菌およびビフィズス菌には，乳中のビタミン類を生育に必要とする菌種・菌株が多数存在している一方で，各種ビタミンを生産するものが知られている。ヨーグルト製造用の *Lb. delbrueckii* subsp. *bulgaricus* CRL 863，*S. thermophiles* CRL 803，およびCRL 415の各菌株単独発酵（37℃）でビタミンB_9（葉酸）含量が乳中（約50 μg/L）と比較して30～40％上昇したことや[6]，ある供試ヨーグルト中のビタミンB_2，B_3，B_5，B_6，およびB_9含量は最大で約2倍増加していたこと[7]が報告されている。またビフィズス菌はビタミンB_1，B_2，B_6，B_9，B_{12}，ニコチン酸，およびビオチンを生産することが知られており，ビタミン類高生産株の発見が期待されている。

〈参考文献〉　　＊　　＊　　＊　　＊　　＊
1) 齋藤忠夫ら編：「ヨーグルトの事典」朝倉書店（2016）
2) 足立達，伊藤敞敏：「乳とその加工」建帛社（1987）
3) 川井泰，川井礼子，山崎和幸，齋藤忠夫：「オランダにおける乳製品事情～チーズ・ヨーグルトを中心として（2）～」New Food Industry, 47(6), p.39-48（2005）
4) 森地俊樹：「"乳酸菌"って，どんな菌」全国はっ酵乳乳酸菌飲料協会（2007）
5) 日本乳酸菌学会編：「乳酸菌とビフィズス菌のサイエンス」京都大学学術出版会（2010）
6) J. E. Laiño., *et al.*：Can. J. Microbiol., 58(5), p.581-588（2012）
7) J.G. LeBlanc., *et al.*：J. Appl. Microbiol., 111(6), p.1297-1309（2011）

Section 4 ■乳製品各論 Ⅲ　　〈三浦孝之〉

1　ナチュラルチーズの種類

日本におけるチーズの分類は食品衛生法に基づいた乳等省令の規格基準および公正取引委員会による公正競争規約に従っている（表3-4-1）。ナチュラルチーズは日本独自の呼称で，世界的にはチーズとよぶのが一般的である。

表3-4-1　公正競争規約におけるチーズ類の定義

	定義と成分規格
「種類別」ナチュラルチーズ	[定　義] (1) 乳，バターミルク（バターを製造する際に生じた脂肪粒以外の部分をいう。以下同じ。），クリーム又はこれらを混合したもののほとんどすべて又は一部のタンパク質を酵素その他の凝固剤により凝固させた凝乳から乳清の一部を除去したもの又はこれらを熟成したもの (2) 前号に掲げるもののほか，乳等を原料として，タンパク質の凝固作用を含む製造技術を用いて製造したものであって，同号に掲げるものと同様の化学的，物理的及び官能的特性を有するもの [成分規格] ナチュラルチーズ，（ソフト及びセミハードに限る），リステリア・モノサイトゲネス100以下/g。ただし，包装容器に入れた後，加熱殺菌したもの又は飲食に供する際に加熱するものは，この限りではない。
「種類別」プロセスチーズ	[定　義] ナチュラルチーズを粉砕し，加熱溶融し，乳化したもの [成分規格] 乳固形分（乳脂肪量と乳蛋白量との和）：40.0％以上，大腸菌群：陰性
「名　称」チーズフード	一種以上のナチュラルチーズまたはプロセスチーズを粉砕し，混合し，加熱溶融し，乳化してつくられるもので，製品中のチーズ分の重量が51％以上のもの。なお，当該「チーズフード」には食品添加物及び製品重量1/6以内の食品素材が添加できる。また乳以外の脂肪，タンパク質及び炭水化物も10％以内で添加できる。

　チーズの種類は世界で数千種類以上といわれ，各国で独自の分類法が存在しているが，2000年に発足したNPO法人チーズプロフェッショナル（CPA）協会では外観の特徴と製造上の特徴を合わせた6種類の分類法[1]を提案しているので以下に紹介する。

① フレッシュタイプ

　凝乳酵素または酸によって凝固させ，水分を除いたチーズで，基本的に熟成はせず，軟質で塩分が少ないチーズが多く，ミルクの風味と軽やかな後味が特徴である。

　ウシ，ヤギ，ヒツジ，水牛の乳を単独または混合して用いる。ホエイを原料とする場合もあり，水分含有率，脂肪含有率はそれぞれ60〜80％，0〜75％である。例としては，カッテージ（イギリス，オランダなど諸説あり），マスカルポーネ，リコッタ（イタリア）などがある。

② パスタフィラータタイプ

　凝乳酵素または酸によって凝固させたカードを加温し練って丸型や紐で縛ったものなど，さまざまな形に成型したチーズで，加熱により伸びやすい性質がある。

　ウシ，ヒツジ，または水牛の乳を原料とし，水分，脂肪含有率はそれぞれ40〜80％，40〜

60%である．例としては，モッツアレラ，カチョカバロ(イタリア)などがある．

③　ソフトタイプ

　チーズ表面に白カビ(*Penicillium camemberti*)を繁殖させたり，チーズの表面を塩水や酒類で拭きながら熟成させたりする軟質なチーズで，木炭または葉などで包んだチーズを含むこともある．

　ウシ，ヤギ，ヒツジ，水牛の乳を単独または混合して用いる．水分，脂肪含有率はそれぞれ50～60%，40～75%である．

　白カビが繁殖したチーズは，白カビのプロテアーゼ類によってチーズの表層から中心に向かって熟成していく．熟成が進んだチーズをカットすると内部のカードが流れ出るほど軟化する．白カビチーズの例として，カマンベール，ブリー，サン・タンドレ，バラカ(フランス)がある．

　チーズ表面を拭きながら熟成させるチーズは，チーズ表面にリネンス菌を主体とした微生物が増殖することによって独特な風味が生じる．ブランデー，ワインやビールなど産地のお酒で表面を拭くことで独特の個性が生まれる．においは強いものが多い．表面を拭いたチーズの例として，タレジッオ(イタリア)，ポンレベック，マンステール(フランス)がある．

④　青カビタイプ

　チーズ内に青カビ(*Penicillium galaucum*, *Penicillium roqueforti*)を混ぜ込み，熟成させる．塩分が高く，青カビの風味が特徴で，熟成により刺激的な風味となる．

　ウシ，ヤギ，ヒツジの乳を単独または混合して用い，水分，脂肪含有率はそれぞれ35～60%，45～75%である．

　例としては，ロックフォール(フランス)，ゴルゴンゾーラ(イタリア)，スティルトン(イギリス)などがある．

⑤　圧搾タイプ

　カッティング後のカードを40℃以上に加熱しないチーズで，適度な弾力性と硬さを有して保存性が高い．数か月間熟成をさせるものが多く，熟成によって醸された風味が特徴である．

　ウシ，ヤギ，ヒツジの乳を単独，または混合して用い，水分・脂肪含有率はそれぞれ40～50%，35～50%である．

　例としては，ゴーダ，エダム(オランダ)，ラクレット(スイス)，チェダー(イギリス)などがある．

⑥　加熱圧搾タイプ

　カッティング後のカードを40℃以上に加熱するチーズで，一般的に圧搾タイプよりも水分が少なく，長期熟成に耐えられる．熟成による滋味深い独特な風味が特徴で，料理のコクを出すためにも使われる．また，イタリアのパルメジャーノ等は，1年以上の熟成によって強い風味を示す．グルタミン酸量が他のチーズよりも多いため，料理の調味料としても使われる．

　ウシまたはヒツジの乳を原料とし，水分・脂肪含有率はそれぞれ40%以下，30～45%である．

　例としては，パルメジャーノレッジャーノ(イタリア)，エメンタール(スイス)，コンテ(フランス)などがある．

2 代表的なチーズの製法

ナチュラルチーズの製法はその種類によって独自の方法が適用されているが，製造に用いる主要な材料は乳，凝乳剤（レンネット，または有機酸），スターター（乳酸菌，カビや酵母）と塩のみでチーズ製造の基本工程は概ね共通している。圧搾タイプ（ゴーダ）チーズの製造工程を図3-4-1に示す。

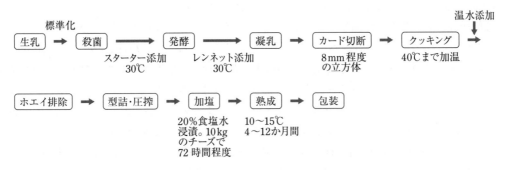

図3-4-1　圧搾タイプ（ゴーダ）チーズの製造工程

そのほか，3章❷圧搾タイプ（チェダー）チーズの製造工程
　　　　　　❸加熱圧搾および青カビタイプチーズの製造工程
　　　　　　❹フレッシュおよび白カビタイプチーズの製造工程
〈QRコード 3章❷〜❹〉

（1）原料乳

原料乳は最終的なチーズの品質に大きく影響するため，細菌数が少なく新鮮な乳を用いることが重要である。また，脂肪とタンパク質の量および比率はチーズの収量と品質を左右するため，一部のチーズでは，あらかじめ原料乳の乳脂肪とタンパク質の比率を調整する（標準化）。例えば，ゴーダやチェダータイプチーズの場合，遠心分離機などでクリームと脱脂乳に分離した後，両者を混合して脂肪分2.7〜2.8％に調整するとチーズ中の脂肪が約45〜47％になる。

（2）殺　菌

チーズ製造用の原料乳は63℃で30分（LTLT）または72〜75℃，15秒（HTST）の殺菌を行う。これ以上の加熱条件で殺菌すると凝乳しにくくなり，水分の切れがわるく，弾力が乏しいカードになる。この原因として，乳中のβ-ラクトグロブリンが75℃以上で熱変性し，カゼインミセル表層のκ-カゼインに結合することで，凝乳酵素のはたらきが阻害されると考えられている。殺菌により原料乳中のカルシウムは不溶化し，遊離のカルシウムイオンが減少すると凝乳が遅延するため，塩化カルシウムを添加して乳中のカルシウムイオンを補強する。また，上述の殺菌温度では酪酸菌の胞子がチーズに残存する可能性があり，長期熟成チーズの熟成中に酪酸菌による異常発酵を防止するため，硝酸塩を添加する場合もある[2]。なお，塩化カルシウムと硝酸塩は加工助剤となり，一括表示の記載は不要である。

(3) スターター添加

　乳酸菌スターターはチーズの品質に及ぼす影響が大きいため，これまでチーズ製造者にとって質の高いスターターを維持管理することは非常に重要であった。現在では製造コストの増加，ファージ感染ならびに品質変動のリスクを避けるため，自社でスターターを管理するよりもスターター会社が調製した種菌（ストックカルチャー）を購入して使用することが多い。

　市販のチーズ用スターターは中温性の Lactococcus 属と Leuconostoc 属および高温性の Lactobacillus 属と Streptcoccus 属を主体として構成されている。例えば，中温性のスターターは製造時に40℃程度まで加熱するタイプの「チェダー」，「ゴーダ」，「エダム」チーズ，あるいはソフトタイプのブリーやカマンベールチーズなどに使用される。また Lactococcus 属と Leuconostoc 属の一部は乳中のクエン酸を資化して発酵乳製品の特徴的な香りであるジアセチルを生成する。一方，高温性のスターターは製造時に50℃程度まで加熱するタイプの「エメンタール」，「グリュイエール」，「グラナチーズ・パルメジャーノチーズ」などに使用されている[3),4)]（表3-4-2）。以上のように菌種が同定されているスターターは「確定(defined)カルチャー」とよばれている。一方，伝統的製法で自家培養しているチーズスターターから分取した未同定の微生物を含むスターターは「未確定(undefined)カルチャー」とよばれている。

表3-4-2　ナチュラルチーズ製造に用いられるスターター乳酸菌[3),4)]

スターターの種類	名　称	40℃における成長性	クエン酸の代謝性	製　品
Mesophilic（中温性）25～37℃	Lactococcus lactis ssp. cremoris	−	−	フレッシュタイプ 圧搾タイプ
	Lactococcus lactis ssp. lactis	+	+	
	Lactococcus lactis ssp. lactis biovar diacetylactis	+	+	
	Leuconostoc mesenteroides ssp. cremoris	−	+	
Thermophilic（高温性）37～43℃	Streptococcus salivarius ssp. thermophilus	+	−	加熱圧搾タイプ パスタフィラータ
	Lactobacillus delbrueckii ssp. bulgaricus	+	−	
	Lactobacillus delbrueckii ssp. lactis	+	−	
	Lactobacillus helveticus	+	−	

　未殺菌乳や「未確定カルチャー」を用いたチーズの独特な風味形成には「非スターター乳酸菌(NSLAB)」が関与している。NSLABは熟成初期に占有していた菌叢が減少するとともに熟成後期にかけて増殖してくる微生物の総称で，乳酸生成にはほとんど関わらない[5)]（図3-4-2）。近年，さまざまな伝統的チーズからNSLABの同定が進んでおり，ホモ発酵型の Lb. casei / paracasei, Lb. plantarum, Lb.rhamnosus や Lb. curvatus といった Lactobacillus 属が分離・同定され，その特性が研究されている。

　基本的に市販ストックカルチャーは粉末として流通しており，製造数日前からスキムミルク培地などで3回ほど継代培養することでバルクアップおよび乳糖分解活性を高めてチーズ製造に用いる。そのため，複数の単独菌株を組み合わせた市販の複合スターターは各乳酸菌の最適生育温度を考慮し設計されている。例えば，中温性の乳酸菌を主体とした複合スターターは製造時の加温工程（クッキング）温度が40℃程度まで，高温性の乳酸菌を主体としたスターター

は50℃程度まで加温するチーズに用いる。このストックカルチャーを用いた方法は，継代培養ができるためスターターそのものにかかるコストは抑えられるが，清浄な培養設備と熟練の技術が必要であり，ファージ汚染のリスクも伴う。そのため，近年では，あらかじめスターター製造会社でスターターを濃縮し，凍結または凍結乾燥したスターター（Direct Vat Set Starter；DVS）を直接原料乳に添加する製法が広く行われるようになっている。この方法は，スターターの購入コストが

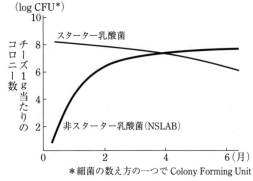

図3-4-2　チーズ熟成中におけるスターター乳酸菌と非スターター乳酸菌（NSLAB）の菌叢変化[5]

増加するが，作業の簡略化や継代によるリスクを大幅に排除でき，品質がより一層，安定化する。また，乳酸発酵には関わらないがチーズの品質を改善する微生物あるいは *Bifidobacterium* 属などのように保健機能の付与が期待できる菌種を任意に組み合わせることも可能である。すでに大手スターターメーカーでは保健機能の強化を目的とした複合スターターも販売している。

（4）　酸による凝乳

　凝乳は主に有機酸または酵素を用いる方法に大別でき，酸による凝乳はカゼインの等電点を利用した凝乳方法である。乳酸発酵によって乳のpHが4.6付近に達するとカゼインミセル同士の電気的反発が無くなり凝乳する。酸によって得られた凝乳物（カード）は水分を保持しやすいため，比較的水分量が多いフレッシュタイプのチーズ製造に適している。

（5）　レンネットによる凝乳

　現在，凝乳に用いる酵素はレンネットと総称されているが，本来レンネットとよばれる凝乳酵素は生後数週間の反芻動物の第4胃から抽出されたアスパルティックプロテアーゼ類を指している。その主体となる成分はキモシンで，わずかにペプシンも含んでいる。授乳期中の仔ウシの胃ではキモシンが90％以上を占めているが，離乳とともにペプシンの割合が増加するため，一般的には約5週齢までの仔ウシの胃から抽出された酵素（カーフレンネット）が動物性レンネットとして使われている。

　キモシンによる凝乳のメカニズムは酵素的な一次反応と非酵素的な二次反応に区別される[6]。

　第一次反応：キモシンの最適pHは4.0付近であるが，チーズ製造では原料乳のpHが中性域の時に凝乳させる。中性pH域において，キモシンは　カゼインミセルの表面に存在しているκ-カゼインを特異的に切断（Phe 105 - Met 106）し，パラ-κ-カゼインとよばれる疎水性部位と（Glu 1 - Phe 105）カゼインマクロペプチド（CMP）とよばれる親水性の部位（Met 106 - Val 169）に分けるはたらきをもつ。なお，原料乳やカードのpHが酸性になるとα_{s1}-，α_{s2}-，β-カゼインもキモシンによって分解されるようになるため，熟成チーズではカードに残存したキモシンもチーズの品質に影響を及ぼすことになる。

　第二次反応：CMPがカゼインミセルから遊離すると，カゼインミセル表面の疎水性が増加し，かつ電気的な反発力が減少して安定性が失われ，ミセル同士が凝集するようになる。凝集

しはじめたカゼインミセルはカルシウムイオンに対する感受性が高まり，ミセル同士が遊離のカルシウムイオンを介して三次元のネットワーク構造を形成するため，酸凝固のカードよりも水分が排除されて硬くしっかりした組織になる。そのため，酵素による凝乳は特に低水分で熟成が必要なセミハードやハードチーズで必須の凝乳方法となる。

動物性レンネットは仔ウシを屠殺しなければならないため，供給量が制限され価格も高い。そこで，キモシンとほぼ同様の仕組みで凝乳することが可能な代替レンネットとして微生物由来のレンネットと遺伝子組み換えレンネットが開発された。2000年初頭に生じたBSE問題以来，動物性レンネットの輸入量が減少しており，コストの面からも国内のチーズ製造では微生物由来および遺伝子組み換えレンネットの使用割合のほうが多くなっている。

① 微生物由来レンネット

カビ(*Rhizomucor pusillus*, *Rhizomucor miehei*, *Cryphonetria parasitica*)が産生する酸性プロテアーゼに凝乳作用があることがわかり実用化されている。開発初期の微生物レンネットは基質特異性が低く，タンパク質の分解により熟成中に苦味を生じやすいなどの問題点も多かったが，現在では改良が進み，熟成タイプのチーズにも利用できる製品が販売されている。

② 遺伝子組み換えレンネット

仔ウシプロキモシンの遺伝子をクローン化し，カビ(*Aspergillus niger*)，酵母(*Kluyveromyces lactis*)および大腸菌(*Escherichia coli*)などの微生物を宿主として生合成させたもの。国際酪農連盟(International Dairy Federation；IDF)ではこれらの微生物を宿主とした発酵法で産生させたキモシンを Fermentation Produced Chymosin；FPC とよぶことを提案している。

③ 植物性レンネット

植物に含まれるプロテアーゼを利用したレンネット。キウイフルーツのアクチニジンやパイナップルのブロメラインなど，植物には凝乳活性を示す酵素が存在する。これら植物由来の酵素は切断部位が非特異的で苦味を生じやすく実用的ではないが，チョウセンアザミ属の植物から抽出されるアスパルティックプロテアーゼはキモシンと同じように作用するため[7]スペインやポルトガルなどの地域で羊乳や山羊乳のチーズ製造に用いられている。ただし，牛乳で作ったチーズは苦味を生じ易く，キモシンと同じようには使用できないため，植物性レンネットの商業的シェアはごく少ない。

(6) カード切断と加温(クッキング)

レンネットによって凝固した凝乳物をコアギュラム(coagulum)またはジャンケット(junket)とよび，ナイフなどで切断した凝乳物をカード(curd)とよび分ける。しかし，一般的にはどちらの状態もカードとよんで差し支えはない。

温度の上昇及び乳酸によるpH低下の影響を受けてカードが収縮し(シネレシス)，カード中のホエイが排出される。カードナイフでカードを細かく切断することでカードの表面積が増え，ホエイ排出が促進されるので，切断サイズに応じてチーズの水分調節が可能となる。切断サイズはゴーダタイプで5～10 mm，グラナタイプで3～6 mm程度の立方体が目安とされる。

切断後のカードを徐々に加温しながらゆっくりと撹拌し，カードからホエイを排出させる工程をクッキングとよぶ。これは圧搾・加熱圧搾タイプチーズでは必須の工程で，中温性スターターを用いたチーズの場合は38～40℃程度，高温性スターターを用いた場合は48～50℃程度

まで加温する。温度が高いほどシネレシスが進み，より低水分のチーズになる。グラナチーズのように，56℃程度まで加温するチーズもある。これには，高い温度によってカード同士の結着性を高め，さらに残存する微生物をコントロールする目的がある。

　加温方法は蒸気または温水をチーズバット(温度調節ジャケット付きチーズ製造槽)の内部に循環させて間接的にチーズカードとホエイを加温する「間接加温」法と60～80℃の温水を原料に直接添加する「直接加温」法があげられる。加温速度はチーズの種類によって異なるが，過度に早く加温するとカード表面だけが収縮硬化するため，ホエイの排出を妨げ，その後の圧搾時にカード同士が結着しづらくなる。

(7)　ホエイ排除

　カードが水分を排出し，十分に収縮したら，カードとホエイを分離する。このタイミングはチーズによって異なるため，ホエイの酸度やカードのpHを測定して判断する。

　カードとホエイの分離方法もさまざまで，細かいカード粒をザルですくい上げるようにカードを取り出す方法や，あらかじめホエイのなかでカードをマット状に堆積させてから，型詰に使うチーズモールドのサイズに切り分ける方法がある。

(8)　型詰・圧搾

　カードはそれぞれのチーズに適した形の型(モールド)に詰め，圧搾機(チーズプレス)で圧搾して成型する。圧搾の目的はカード同士をしっかりと融着させ，緻密な組織を作ることである。チーズの水分は前述の「カード切断と加温」の工程でほぼ決定するため，圧搾で最終的な水分量をコントロールすることは難しい。

　モールドの主な素材は樹脂，木製や金属などで，形は円筒形，太鼓型，フープ状とさまざまである。また独特な形状は意匠的な意味も有している。一方，ゴーダやチェダータイプチーズのように自動化された製造ラインで作られたチーズは，ブロックフォーマとよばれる機械で20kg程度のブロック状に成型される。これらのチーズはプロセスチーズの原料になることが多く，この形状は保管スペースを削減する上で有効である。

　ソフトタイプのチーズの場合，圧搾機を使わず，カードの自重で余分な水分を除く。例えばカマンベールチーズ場合，完成時の高さよりも高い円筒形の型(直径12cm，高さ12cm)にまだ柔らかいカードを流し込むように入れ，数時間毎に反転させながら水分を抜くことで，完成時の高さは2～3cmに仕上がる。

(9)　加　塩

　チーズに塩分を取り込ませる工程で，食塩濃度は一般的な熟成タイプチーズの場合1.5～2％程度，高いもので4～6％程度になるように仕上げる。加塩の方法は主に飽和食塩水にチーズを漬け込む方法(Brine salting)，乾塩を圧搾前のカード小片にまぶす方法(Dry salting)とチーズ表面に直接擦り込む方法がある(Surface dry salting)。加塩は食味性の改善と有害菌の生育を抑制して保存性を高める役割を果たしている。また乳酸菌スターターの生育や酵素活性のコントロールにも寄与するため，熟成タイプのチーズにおいて必須な工程である。

(10) 熟　成

　加塩直後のチーズはグリーンチーズとよばれ，ほとんど無味である。このグリーンチーズを各チーズの品目に応じて適切な温度と湿度環境で静置すると，添加したレンネットやスターター由来の酵素ならびに乳内在性酵素のはたらきにより一部のタンパク質と脂肪が分解されてチーズ独特の香り，味やテクスチャーを得るに至る。特にタンパク質分解酵素（プロテアーゼ）による反応が進行すると組織は軟化し，遊離したペプチドやアミノ酸がチーズの苦味やうま味を示すようになる。また，脂肪の一部は脂肪分解酵素（リパーゼ）によって分解され，遊離した脂肪酸はケトン，メチルケトンに変化し，チーズの香りに大きく影響する。リパーゼは生乳にも存在しているが，殺菌によって失活してしまうので，スターターおよび非スターター乳酸菌由来のリパーゼの影響が大きいと考えられている。特に青カビ由来のリパーゼは活性が高いため，ブルーチーズの遊離脂肪酸量は他のチーズに比べると有意に高い。

　一般的に熟成に伴って，チーズの風味は強くなる。例えば2年間熟成したパルメジャーノレッジャーノの遊離アミノ酸量は2〜3か月間熟成させたゴーダチーズよりも約4倍多く，またうま味を呈するグルタミン酸量もパルメジャーノレッジャーノのほうが多い。同様に遊離脂肪酸量も熟成期間が長いタイプのチーズのほうが多く，これらのチーズは味や香りが強いものが多い。

　圧搾タイプチーズの多くは熟成中に表皮が乾燥してリンドとよばれる膜状の外皮を形成する。リンド部分は雑菌が付きやすく食味性がよくないため，基本的には廃棄する。リンド部分の廃棄を減らすため，表面をワックスでコーティングしてリンド部分の厚みを減らすなど工夫がなされてきたが，現在ではプラスチックフィルムで真空包装してリンドを形成させないチーズ（リンドレスチーズ）が開発され，ゴーダやチェダーチーズなどに採用されている。

(11) 包　装

　熟成後のチーズは消費者のニーズに合わせたサイズにカットし，プラスチックフィルムで真空包装する方法が一般的である。また最近では脱酸素剤とともにガスバリア性が高いフィルムで含気したまま包装する方法も採用されている。脱酸素剤のコストはかかるが，製品の形が特徴的なチーズを真空包装に供すると形が歪んでしまう場合があるため，それを回避するうえで有効である。小型のソフトタイプチーズはカットせず，それぞれチーズの特性に合わせて紙やアルミニウム，あるいは食塩水やオイルに浸漬して個別包装する。ナチュラルチーズは包装後も熟成が進むため，なるべく低い温度で流通させることが肝心である。また，白カビ熟成タイプチーズは熟成の進行が早いため，包装後に加熱殺菌して熟成を止めたチーズ（ロングライフチーズ）も一般的になっている。

3　プロセスチーズの種類と製造法

　プロセスチーズは，乳等省令の規格基準および公正取引委員会による公正競争規約によって「ナチュラルチーズを粉砕し，加熱溶融し，乳化したもの」と定義されている。

　プロセスチーズの開発は冷蔵設備が乏しい19世紀末に，チーズの保存性を高める技術の研究から始まった。工業的には20世紀の初めにアメリカのクラフト社によってプロセスチーズ

の製法が確立され，日本では1934年に「北海道製酪販売組合連合会」で販売され始めた。チーズ文化が確立されているヨーロッパとは異なり，チーズそのものに慣れていなかった日本では，保存性が高く，風味がマイルドなプロセスチーズは受け入れられやすく，日本のチーズ普及に重要な役割を果たしてきた。そして，国民の嗜好に合うように日本独自に開発・進歩を続けている。

（1）　プロセスチーズの種類

プロセスチーズは溶融塩の種類や製造方法によって「熱溶融性」，「耐熱性」，「糸曳き性」および「剥離性」とよばれる性質をコントロールできる。これらの性質を利用したチーズの種類を以下に示した[8]。

①　加熱によって融けるチーズ

なるべく熟成したナチュラルチーズを用い，溶融塩はカルシウム置換作用が中程度，解膠作用が低いものを用いて，「熱溶融性」を高めたチーズ。この性質を強化したチーズはメルトタイプチーズともよばれる。

②　加熱されても融けにくく，形が崩れないチーズ

熟成が浅いチーズをベースに，溶融塩はカルシウム置換作用と解膠作用が強い溶融塩を用いてしっかりと乳化を行い「耐熱性」を高めたチーズ。この性質を強化したチーズはノンメルトタイプチーズとよばれる。

③　加熱によって引き延ばすことができるチーズ

パスタフィラータ系の糸曳き性が強いチーズを用い，その性質を残すように，カルシウム置換作用および解膠作用が低いものを用いたチーズである。

④　スライスしたチーズ同士が密着せず剥がれやすいチーズ

熟成が浅いチーズをベースにして，カルシウム置換作用が高く，解膠作用が低い溶融塩を用いて，チーズ同士の「剥離性」を高めたチーズである。

（2）　プロセスチーズの製造法

図3-4-3にプロセスチーズの製造工程を記した。

原料混合 → 加熱溶融（乳化工程） → クリーミング → 充填・包装 → 冷却 → 貯蔵

図3-4-3　プロセスチーズの製造工程

①　原材料の選択および混合

プロセスチーズの物性や風味は原料のナチュラルチーズが大きく影響するため，チーズの品種や産地，チーズの熟成具合を把握し，常に安定した原料の調達を心がける必要がある。

一般的に熟成があまり進んでいないチーズは，伸展性はよいが風味が乏しい。熟成が進んだチーズは風味が強いが組織がもろくなる。このように目標とする製品特性に適合するように混合比を決めて好ましい風味と組織を作りだす。

原料のナチュラルチーズはカビや異物を取り除き，溶けやすいように切断・粉砕して，溶融塩，水および副原料を加える。プロセスチーズ製造に使われる溶融塩はクエン酸，モノリン酸，ピロリン酸およびポリリン酸ナトリウムである（表3-4-3）。溶融塩に求められる重要な作

用として，「カルシウム置換作用」，「解膠作用」および「pH 緩衝作用」が挙げられる。その他に微生物抑制作用も有している。

表3-4-3 プロセスチーズに用いる溶融塩の種類と作用特性

作用特性	クエン酸塩	モノリン酸塩	ピロリン酸塩	ポリリン酸塩
カルシウム置換作用 カルシウムカゼイネートのカルシウムをリン酸塩のナトリウムに置換するはたらき	低い	低い	中程度	とても高い
解膠作用 ナトリウムカゼイネートを水和させるはたらき	低い	低い	高い	とても高い
pH 緩衝作用 プロセスチーズに適したpH 5.3-6.0に保つはたらき	高い	高い	中程度	とても低い

　溶融塩を乳化剤とよぶことがあるが，アイスクリームなどに使われる乳化剤とは異なり，直接的に脂肪を乳化する作用を有する訳ではないため，用語としては適切ではない。また，製品固形重量の1/6以内であれば他の乳成分を添加することができる。物性改善の目的で寒天やデンプンなども添加することができる。

② 乳化工程

　ナチュラルチーズおよび溶融塩などを混合した材料を密閉型の溶融釜の中に入れ，75～95℃で目的の温度に達するまで，およそ5～10分間撹拌をしながら加熱する。ナチュラルチーズの組織はカゼインミセル同士が疎水結合およびコロイド状リン酸カルシウムを介して凝集した不溶性のカゼイン（カルシウムカゼイネート）が形成した網目構造の中に脂肪が取り込まれた状態となっている。加熱によって網目構造が維持できなくなると，それに伴って脂肪を保持することができなくなり，脂肪とカルシウムカゼイネートの塊に分離し始める。通常，両者は容易には混ざらないが，あらかじめ溶融塩を加えて加熱溶解すると，そのキレート作用によってカルシウムカゼイネートからカゼインに結合していたカルシウムが外れ，そこにナトリウムが結合することで親水性のナトリウムカゼイネートに変化する。さらにカゼイン同士を架橋しているコロイド状リン酸カルシウムも切断される。このように溶融塩がカルシウム置換作用を示すことでナトリウムカゼイネートが生じ，溶解性が高まって水和・分散できるようになる作用を「解膠作用」とよぶ。

　カゼイン分子は親水性領域と疎水性領域をもつ両親媒性であるため，分散したカゼイン自体が乳化剤としてはたらき，脂肪および水を乳化することで離水離油しにくい滑らかなチーズ組織が得られる。また，プロセスチーズに適したpHは5.3～6.0であり，これより高いと柔らかく，低いと脆くなる。そのため，溶融塩にはpHを大きく変動させない「pH緩衝作用」も重要である。いずれの作用も溶融塩の種類によって強度が異なるため，通常は複数種類の溶融塩を混合して用いる。

③ クリーミング

　乳化工程後，そのまま加熱撹拌を続けるとチーズの粘度が上昇する。この現象をクリーミング効果とよび，クリーミング時間が長くなるほどチーズの流動性が減少し，固くもろい組織と

なる。クリーミング効果の程度は溶融塩の種類やナチュラルチーズの種類によっても変化する。

④ 充填・包装

乳化・クリーミング後のチーズは温度低下とともに粘性が上がるため，ただちに充填工程に入り，ビニールやアルミニウムの包装材に充填される。その形態によってカートン，スライス，ベビーおよびキャンディータイプに分類される。

〈参考文献〉　＊　＊　＊　＊　＊

1) NPO 法人チーズプロフェッショナル協会：「チーズの教本　2016」p.224, 小学館 (2016)
2) Berger, J. L. and Lenoir, J.：Cheese making from science to quality assurance, p.488, Lavoisier Publishing (2000)
3) Cogan, T. M. and Hill, C.：Cheese starter cultures, p.193-255, Elsevier Applied Science, (1993)
4) Jarvis, A. W., *et al*.：Species and type phages of lactococcal bacteriophages, Intervirology, p.32, 2-9 (1991)
5) Crow, V. L., *et al*.：The role of autolysis of lactic acid bacteria in the ripening of cheese, International Dairy Journal, 5, p.855-875 (1995).
6) 阿久澤良造：「現代チーズ学」p.112-113, 食品資材研究会 (2008)
7) Sousa, M. J. and Malcata, F. X.：Proteolysis of ovine and caprine caseins in solution by enzymatic extracts of Cynara cardunculus, Enzyme Microbiology and Technology, 22, p.305-314 (1998)
8) P. F. Fox., *et al*.：Fundamental of cheese Science, p.606, Springer (2017)

Section 5 ■乳製品各論Ⅳ 〈吉岡孝一郎〉

 濃縮乳製品の定義，規格，種類

「乳及び乳製品の成分規格等に関する省令」（以下，乳等省令）では，濃縮乳は，生乳，牛乳，特別牛乳*又は生水牛乳を濃縮したもの，脱脂濃縮乳は，生乳，牛乳，特別牛乳又は生水牛乳から乳脂肪分を除去したものを濃縮したものと定義されている。一般的に，濃縮乳製品として馴染み深いものは練乳であろう。練乳は，加糖タイプの加糖練乳と加糖脱脂練乳，無糖タイプの無糖練乳と無糖脱脂練乳に分類される。

*乳等省令によって特別牛乳搾取処理業の許可を受けた施設で製造された無調整牛乳のこと。特に優れた飼育環境や特別な牛乳処理施設が必要とされる。

乳等省令によるこれらの成分規格を（表4-1-3(B) p.114）に，日本食品標準成分表（七訂）における加糖練乳，無糖練乳の主な成分組成を表3-5-1に示す[1]。

表3-5-1 加糖練乳および無糖練乳の成分組成　　　　　　　　　(100g中)

種　類	エネルギー(kJ)	水　分(g)	タンパク質(g)	脂　質(g)	炭水化物(g)	灰　分(g)	カルシウム(mg)	リン(mg)	鉄(mg)	ナトリウム(mg)	カリウム(mg)
加糖練乳	1,388	26.1	7.7	8.5	56.0	1.6	260	220	0.1	96	400
無糖練乳	602	72.5	6.8	7.9	11.2	1.6	270	210	0.2	140	330

練乳は，砂糖（ショ糖）を添加して水分活性を低下させ，品質を維持する加糖練乳と砂糖を添加せず，乳等省令規定の加熱条件（115℃以上，15分間以上）の滅菌処理によって，品質を維持する無糖練乳に大別される。さらに，全脂タイプと脱脂タイプに分類される。一般的に，加糖練乳をコンデンスミルク，無糖練乳をエバミルクと称している。濃縮乳製品の大部分は冷菓，氷菓，製菓，乳飲料の原料向けであるが，加糖練乳や無糖練乳の一部は，家庭用として金属缶やラミネートチューブに充填して市販されており，無糖練乳はカレーやグラタンなどの材料としても利用されている。脱脂濃縮乳については，脱脂粉乳の代替として使用され，風味が良く，アイスクリームや乳飲料の原料として利用されている。

 濃縮乳製品の製造法

濃縮乳製品の種類により製造工程は異なるが，原料乳の受入れ，標準化，殺菌，濃縮は共通の製造工程である。加糖練乳ではシーディング（⑥結晶化 参照）により，練乳中の乳糖結晶を微細化し，舌触りを滑らかにする重要な工程がある。また，濃厚化，褐変化などに対する防止技術も高品質な製品を得るには重要である。ここでは，濃縮乳製品の代表的なものである加糖練乳と無糖練乳の製造法について述べる。図3-5-1に加糖練乳，無糖練乳および脱脂濃縮乳の製造法を示す。

① 原料乳の受入れ

原料乳を受入れる際に，酸度，抗生物質の残存有無，細菌数などの検査を行い，これに合格

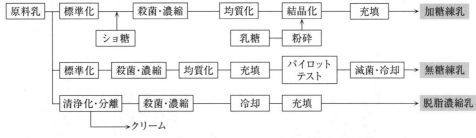

図3-5-1 加糖練乳，無糖練乳および脱脂濃縮乳の製造法

した良質のものを使用する。

② **標準化**

　最終製品が，乳等省令で定められた規格になるように，無脂乳固形分，乳脂肪分を調整する。この工程を標準化といい，乳脂肪分が不足している場合はクリームを，過剰な場合は脱脂乳をおのおの添加する。無糖練乳では，原料乳の熱安定性を高めるため，乳等省令で許可されているリン酸二ナトリウム，またはクエン酸ナトリウムなどの添加物が使用できる。

③ **加糖（ショ糖の添加）**

　ショ糖を添加する目的は，甘味を与えることはもちろんであるが，ショ糖の濃厚溶液によって水分活性を低下させ，細菌の繁殖を抑え，製品の保存性を向上させることにある。保存中に製品が褐変化するのを抑制するため，通常は，精製度の高いショ糖（グラニュー糖）を使用する。ショ糖の添加量は，製品の細菌増殖を防ぐために十分な濃度にする必要があり，水中に占めるショ糖量（水中ショ糖濃度）は62.5～64.0%の範囲である[2]。なお，65%以上になるとショ糖結晶が析出する可能性がある。

④ **殺菌（荒煮）**

　加糖練乳製造では，濃縮前に加熱殺菌する工程を荒煮と称している。条件としてはバッチ式の場合，75～80℃で10分間前後保持，連続式では，プレート式殺菌機による85～95℃，数分間の保持，または120℃以上，数秒間保持の殺菌で行われる。荒煮の目的は，病原細菌，カビおよび酵母などを死滅させること，酵素を失活させて保存性を高めること，タンパク質を適度に熱変性させて製造直後の粘度や保存中の濃厚化を抑制すること，濃縮装置の加熱面への焦げつきを防止して濃縮効率を高めることである。

　一方，無糖練乳製造における殺菌の目的は，殺菌の他に加熱によりカゼインとホエイタンパク質の複合体を形成させて製品の熱安定性を高め，さらに適度な粘性を付与することにある。殺菌条件の温度と時間の組み合わせはさまざまあるが，95～100℃で数分間のバッチ式保持殺菌法，または120～130℃で数秒間保持のプレート式超高温殺菌法（UHT）で行われる。

⑤ **濃縮**

　殺菌された乳は，目標とする固形分濃度になるように，濃縮機により約2.5～3.5倍まで濃縮される。濃縮前の固形率は，加糖練乳の場合は約23%，加糖脱脂練乳の場合は約20%，無糖練乳および脱脂濃縮乳の場合は約10%である。濃縮は，連続式の薄膜下降式濃縮機で行うのが主流であり，2～3重の多重効用缶が用いられるのが一般的である。濃縮は，減圧下で行われるため，乳の沸点が低くなり，加熱による品質低下を抑えることができる。さらに，多重効用方式での濃縮は，発生した水蒸気を次の効用缶での濃縮の熱媒として再利用することで，蒸

発効率を高める利点もある。効用缶および薄膜下降式濃縮機の模式図を図3-5-2に示す[3]。

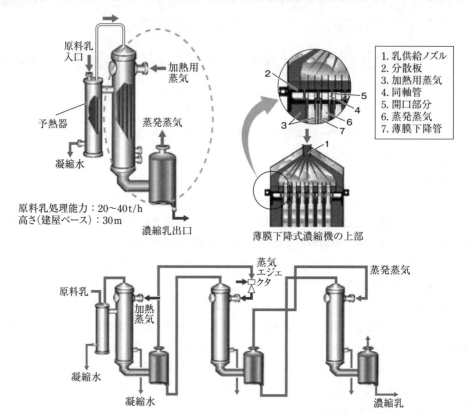

図3-5-2 効用缶（破線囲い部分）および薄膜下降型濃縮機の模式図[3]
出典：文献3のFig.6.5.4とFig.6.5.5を筆者訳，日本テトラパック㈱より転載許可一部改変作成

濃縮の終点は，目標製品の固形分と相関のある比重で管理して最終決定している。無糖練乳では1.051～1.061程度（48℃），加糖練乳では1.285～1.290（45℃）付近が濃縮完了時期である[4]。

⑥ 結晶化

濃縮直後の練乳は，フラッシュクーラーで直ちに30℃前後まで冷却される。その目的は，濃縮出口温度である約70℃付近での保持による濃厚化および褐変化の防止，析出乳糖の微細結晶化である。乳糖の微細結晶化には粉砕した乳糖を練乳に添加するシーディングという方法が採用され，30℃前後まで冷却した後に行う。練乳中の乳糖結晶のサイズは製品品質（舌触り）に大きく影響し，ざらつきを感じさせないためには結晶の大きさが10μm以下でなければならない。撹拌しながら，練乳重量に対して0.01～0.05%の粉砕した乳糖を添加し，約20℃まで徐冷し，1時間ほど保持しながら，過飽和状態にある乳糖を微細結晶として析出させる。結晶化に使用するタンクの撹拌部には，乳糖の微細結晶が沈殿せず，かつ，均一に分散するよう

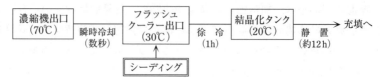

図3-5-3 練乳の結晶化工程

に液面から底部，タンク内の外周部まで撹拌されるように羽根が取付けられている。
　結晶化工程を図3-5-3に示す。

⑦　均質化

　均質化の目的は，製品中の脂肪の浮上を防止するために，脂肪球の平均粒子径が，$1\mu m$以下になるように処理し，さらに，適度な粘性を付与することにある。均質化条件としては約80℃で前段10～15 MPa，さらに後段3～5 MPaで行うのが一般的である（Section 1 p.59参照）。

⑧　パイロットテスト

　均質化後，そのまま充填して滅菌すると製品が凝固したり，粘度が低下することがある。このような不良品の製造を未然に防止するため，充填前に製品から抜き取り，金属缶に詰め，パイロットテストを実施する。テストは，同一の滅菌条件に設定したパイロット用滅菌機で滅菌処理を行い，無糖練乳の粘度や色調，凝固物などの品質を確認する。また，後述のコーヒー液へのフェザリングテストを行い，水への分散性も確認する。パイロットテストの結果に応じて，水や添加物による成分，品質調整を行う。

⑨　滅菌および冷却

　無糖練乳は，長期間常温で保存するため，芽胞菌を含めたすべての微生物を死滅させる必要がある。その滅菌条件は，乳等省令で「容器に入れた後に115℃以上で15分間以上加熱殺菌すること」と定められている。滅菌時の加熱により，製品は多少褐変化し，粘度も若干上昇する。滅菌後は直ちに冷却する。

⑩　充　填

　安定的に結晶化させることと同時に，練乳中の気泡を脱気するため，12時間程度静置する。その後，容器表面の印刷状態，異物の付着，臭気などの検査に合格した金属缶もしくはラミネートチューブなどの容器内に清浄空気を吹き付けて異物を除去し，そこに練乳を充填する。無糖練乳の充填は，加糖練乳の場合とは異なり，缶上部に一部空隙を残しておき，滅菌時の内容物の膨張による缶の破裂を防ぐ。脱脂濃縮乳はプラスチック製の内装容器と段ボールケースもしくはプラスチック製の外装容器から構成される容器（バッグインボックス）に充填する。

3　濃縮乳製品に求められる品質

　加糖練乳，無糖練乳および脱脂濃縮乳には以下のような欠陥が生じる場合がある。

①　濃厚化

　加糖練乳は，長期間保存中，徐々に粘度が増し流動性を失い凝固することがある。この現象を濃厚化とよんでいる。要因としては微生物的要因も考えられるが，原料乳（タンパク質量，酸度など），製造条件（殺菌，濃縮）といった理化学的要因である場合がほとんどである。原因としては，殺菌，特に濃縮によって，主としてカゼインミセル内部および外部のカルシウムが塩類平衡に変化を与える。その結果，徐々に，カゼインミセルのコロイド状態に影響が及び，さらにカゼインタンパク質同士が会合して，高分子化することにより，ゾル状からゲル状に変化していく。また，これ以外に搾乳する季節や飼料も影響するという見解がある。濃厚化を防止するには，加熱条件や均質化条件の見直しを行う。なお，無糖練乳では，パイロットテストの結果に応じて，添加物による品質調整を行う。

② クリーム層形成

製品の粘度が低い場合，静置保存中に大球径の脂肪球が浮上してクリーム層を形成することがある。開缶して使用する際，このクリーム層がマーブル状になって排出されることになるので外観上好ましくない。クリーム層の形成を防止するためには，脂肪球を小さくする効果と粘度を上げる効果を有する均質化が有効である。

③ 褐変化

練乳は淡黄色を呈しているが，保存中，徐々に色調が褐変化してくる。これは糖のカルボニル基末端とタンパク質のアミノ基末端が結合するメイラード反応（アミノカルボニル反応）によるものである。保存温度が高いと反応が進行する。加糖練乳の場合，還元糖の混入したショ糖を使用した場合に発生しやすい。

④ 砂状化および糖沈

加糖練乳では，前述の結晶化工程により，過飽和状態にある乳糖を微細結晶にして滑らかな舌触りを付与している。しかし，この乳糖結晶が15μm以上になると，個人差はあるが舌にざらつきを感じるようになる。これを砂状化という。また，保存中に乳糖結晶が沈殿することがあり，これを糖沈という。

⑤ 沈殿，ゲル化

無糖練乳を長期間保存した場合，底に白色沈殿が発生する。この主成分は，クエン酸カルシウムであり，温度が高いほど溶解度が低下する。製品濃度が高く，保存温度が高い場合に沈殿が発生しやすい[5]。脱脂濃縮乳については製造後の冷却温度が低過ぎる場合，乳中の乳糖が粗大結晶化し，沈殿する。また，製品の固形率が高い場合，保存中にゲル化することがある。

⑥ フェザリング

コーヒーに無糖練乳を添加した際に，羽毛状の白色凝集物を生じることがある。コーヒーのpHは5付近であるため，高温のコーヒーでは酸と熱で乳タンパク質が凝集することが原因で，この現象はフェザリングとよばれている。

4 粉乳製品の定義，規格，種類

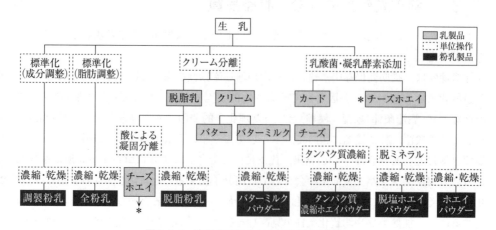

図3-5-4 生乳を原料とした粉乳製品の種類

粉乳は乳からほとんどすべての水分を除去し，粉末状にした乾燥乳製品の総称である。乾燥により，微生物の生育に必要な水分を除去し，水分活性を低くして保存性を高めることができる。また，粉末化により輸送コストを抑えられること，食品製造の配合工程で原材料を水に溶解する際，配合ミックスの目標固形分に調整しやすいことなど多くの利点がある。粉乳には，原料とする乳の形態の違いによってさまざまな種類がある。図3-5-4に生乳を原料とした粉乳製品の種類を示す。

粉乳の定義および規格は濃縮乳製品と同様，乳等省令で定められている（表4-1-3(B) p.114）。日本食品標準成分表2015年版（七訂）における代表的な粉乳の成分組成を表3-5-2に示す[1]。

表3-5-2 全粉乳，脱脂粉乳，チーズホエイパウダーおよび調製粉乳の成分組成 （100g中）

種類	エネルギー(kJ)	水分(g)	タンパク質(g)	脂質(g)	炭水化物(g)	灰分(g)	カルシウム(mg)	リン(mg)	鉄(mg)	ナトリウム(mg)	カリウム(mg)
全粉乳	2,092	3.0	25.5	26.2	39.3	6.0	890	730	0.4	430	1,800
脱脂粉乳	1,502	3.8	34.0	1.0	53.3	7.9	1,100	1,000	0.5	570	1,800
チーズホエイパウダー	1,515	2.2	12.5	1.2	77.0	7.1	620	690	0.4	690	1,800
調製粉乳	2,151	2.6	12.4	26.8	55.9	2.3	370	220	6.5	140	500

全粉乳は，生乳をそのまま，もしくは若干の脂肪調整を行い乾燥させたもので，脂肪含量が多いため，保存中に脂肪が酸化されやすく，脱脂粉乳に比べて保存性は劣る。缶コーヒーや製菓などの原材料として使用される。

脱脂粉乳は，牛乳から脂肪分を除いて得られる脱脂乳を乾燥させたものである。米国乳製品協会（American Dairy Products Institute；ADPI）は，脱脂粉乳1g当りの未変性ホエイタンパク態窒素含量を未変性ホエイタンパク態窒素指数（Whey Protein Nitrogen Index；WPNI）とし，6.0mg/g以上をlow heat, 1.5mg/g以上6.0mg/g未満をmedium heat, 1.5mg/g未満をhigh heatとして，3タイプに分類している。WPNIは，脱脂粉乳製造時の熱履歴の指標になるほか，用途選別に利用され，high heatタイプはパンの膨らみがよいこと，low heatタイプは酸凝固したときの保形性がよいことから，それぞれ，パン，発酵乳の原料として使用されている。

ホエイパウダーは，チーズの副産物であるホエイを乾燥させたものが一般的である。ホエイからミネラル分を除去し，乾燥させたものは脱塩ホエイパウダーとよばれる。脱塩ホエイパウダーは，製菓，製パン，調製粉乳などの原料として使用される。タンパク質濃縮ホエイパウダーは，ホエイから膜分画装置等で乳糖やミネラル分を除去してホエイタンパク質画分を濃縮，乾燥したもので，タンパク質含量は30～80％程度である。

調製粉乳には，栄養成分，消化生理および免疫機能を母乳に近づけた，一般的な育児用粉ミルクの他に低出生体重児で産まれた乳児のために，少量の哺乳量で多くの栄養を摂取できるように調製された低出生体重児用粉乳などがある。

粉乳製品の製造法

　粉乳製品にはさまざまな種類があるが，脱脂粉乳（造粒を含む），全粉乳の製造法を図3-5-5に，ホエイパウダー，脱塩ホエイパウダー，タンパク質濃縮ホエイパウダーの製造法を図3-5-6に，調製粉乳（育児用粉ミルク）の一般的な製造法を図3-5-7にそれぞれ示す。

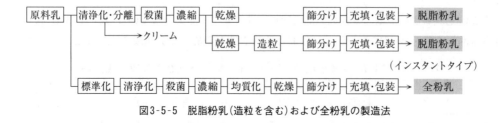

図3-5-5　脱脂粉乳（造粒を含む）および全粉乳の製造法

図3-5-6　ホエイパウダー，脱塩ホエイパウダー，タンパク質濃縮ホエイパウダーの製造法

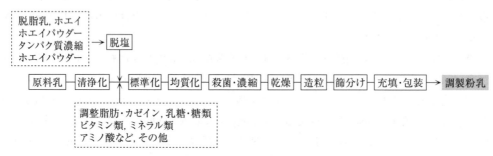

図3-5-7　調製粉乳（育児用粉ミルク）の製造法

① 原料乳の受入れ

　原料乳を受入れる際に，酸度，抗生物質の残存有無，細菌数などの検査を行い，これに合格した良質のものを使用する。

② 清浄化，分離

　一般的には，清浄化，分離の機能を兼ね備えた遠心分離機により，原料乳より微細なちりやほこりなどの異物，スラッジ（乳泥ともよばれ，カゼインミセルや牛乳中に存在する白血球，細胞屑，塵埃などが含まれる）などの固形物を除去し，さらにクリームと脱脂乳に分離する。分離温度は40～50℃で，通常，脱脂乳の脂肪率は0.1％以下に管理されている。ホエイパウダーについては，チーズの製造工程で発生したホエイ中のカゼインなどの微細固形分を清浄機（クラリファイヤー）で除去し，さらに遠心分離機でホエイ中の脂肪分を回収する。回収した脂肪分をハイファットホエイチーズの原料として使用するメーカーもある。

③ 標準化

　全粉乳については，乳等省令で定められた規格になるように，無脂乳固形分，乳脂肪分を調整する。調製粉乳については，清浄化した原料乳に，脱塩ホエイパウダー，タンパク質濃縮ホエイパウダー，調整脂肪，糖類，ビタミン類，ミネラル類などを配合し，成分を標準化する。なお，調製粉乳の標準化の方法については，各社が原材料の配合順序，溶解方法，ビタミン類の添加のタイミングなどにおいて独自のノウハウをもっている。

④ 脱　塩

　調製粉乳(育児用粉ミルク)の製造にはホエイを使用する。ホエイには人乳の3倍程度のミネラル類が含まれているため，原材料として使用するためには，脱塩処理する必要がある。イオン交換樹脂や電気透析，高分子膜などを用いることによって脱塩が行われる。

⑤ 膜濃縮

　ホエイを限外ろ過(UF)によって，タンパク質，不溶性塩類を多く含む残留濃縮液(リテンテート)とタンパク質がほとんど含まれない透過液(パーミエート)に分画する。タンパク質濃縮ホエイパウダーの製造は，この残留濃縮液を使用する。

⑥ 殺　菌

　殺菌の目的は，病原細菌，カビおよび酵母などを死滅させること，酵素を失活させて保存性を高めることにある。殺菌条件は，粉乳の溶解性，保存性，風味，褐変化などの色調の変化に影響する。前述の脱脂粉乳のWPNIにも大きく影響し，殺菌温度，保持時間はlow heatタイプで70℃，15秒間，medium heatタイプで85～95℃，20～30秒間，high heatタイプで135℃，30秒間となっている[3]。

　殺菌方式には，直接式と間接式(Section 1 p.60参照)がある。

⑦ 濃　縮

　粉乳製造では，いかに効率よく水分を除去できるかが重要である。製造工程中，エネルギー効率の点で最も重要なのは濃縮工程である。乾燥に要するエネルギーは，濃縮工程の5～10倍であるため，極力，濃縮して乾燥工程に供する濃縮乳の固形率を高くするほうがエネルギー効率はよいことになる。濃縮乳の固形率は，乾燥工程で得られる粉乳の溶解性および充填適性に影響し，脱脂粉乳の場合，濃縮での最終固形率は脱脂乳の約5倍で約45％，全粉乳の場合，標準化乳の約4倍で50％程度としている。例えば，50トンの脱脂乳を固形率45％の濃縮乳にするには，40トンの水分が蒸発することになる。それ以上の濃縮乳固形率では，粘度が急激に上昇して噴霧乾燥での濃縮乳の微粒化が促進せず，乾燥が不十分な粒子が生成し，粉乳の溶解性に大きく影響する。

　濃縮工程は，濃縮乳製品と同様，薄膜下降式多重効用型濃縮機で濃縮する。濃縮乳製品の項でも述べたが，多重効用方式での濃縮は，発生した水蒸気を次の効用缶での濃縮の加熱蒸気として再利用することで蒸発効率を高めることができる。具体的には，発生した水蒸気を圧縮，昇温し，濃縮の加熱蒸気として再利用する。圧縮方法には，蒸気エジェクターで行う熱式再圧縮方式(Thermal Vapour Recompression；TVR)，圧縮機で行う機械式再圧縮方式(Mechanical Vapour Recompression；MVR)がある[6],[7]。

　このように，薄膜下降式多重効用型濃縮機での濃縮は，粉乳製造に必要なエネルギーのうち，濃縮工程に必要なエネルギーを最小限に抑え，かつ，濃縮が減圧下で行われることで，乳

の沸点が低くなり，熱による乳の品質低下を抑制できる。

⑧ 均質化

均質化の目的は，噴霧乾燥する前に脂肪球を小さくして，遊離脂肪として粒子表面に液体の脂肪が出ないようにすることである。適正に均質化処理が行われない場合，乾燥室内やダクトへの付着，粒子の団結化による粉塊の発生，さらには脂肪の酸化による酸化臭の原因になる。

⑨ 乾　燥

乾燥方法にはさまざまな方法があるが，現在では品質，コストメリットに優れた噴霧乾燥法で行われることが一般的である[8]。図3-5-8に典型的なタイプのコニカルフォーム型単段乾燥機を示す。

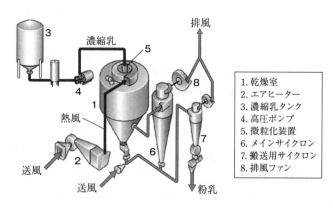

図3-5-8　典型的なタイプの単段乾燥機(コニカルフォーム型)[3]

噴霧乾燥法は，原料乳(濃縮乳)を微粒化して，表面積を大きくし，瞬時に乾燥させる方法である。微粒化の代表的な方法としては，高圧ポンプを使用して，噴霧ノズルから液滴を噴射して微粒化する圧力噴霧方式，高速回転による遠心力で回転円盤から液を微粒化する遠心噴霧方式(ロータリーディスクアトマイザー)，流れている液体に高速で空気を衝突させて，液を分裂，微粒化する二流体ノズル方式がある。それぞれの微粒化部を図3-5-9に示す。

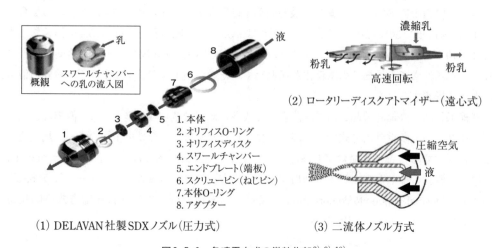

図3-5-9　各噴霧方式の微粒化部[3),9),10]

圧力噴霧方式や遠心噴霧方式は主に生産工場で，二流体ノズル方式は試験用として使用されることが多い。各微粒化方式の特徴としては，圧力噴霧方式は，良好な噴霧状態が形成されて熱風との混合が良好になり液滴の乾燥が瞬時に行われ，均一な粒子径を有する製品ができるが，噴霧流量や噴霧圧力，液の粘度に制限がある。遠心噴霧方式は圧力噴霧方式に比べ，微粒化状態は劣るが，高粘度の液を微粒化できる点やディスク回転数の調整により処理量をコントロールしやすい。ただし，ディスクの回転により水平方向に液滴が飛散するため，乾燥室に付着しやすい欠点がある。二流体ノズル方式は液滴粒子の大きさを空気圧の調節により，比較的，コントロールしやすいが，処理量が小さい。

　圧力噴霧方式による製造方法の概要は，次の通りである。乾燥用空気は，フィルターで清浄化後，蒸気を熱媒とする間接加熱式のエアヒーターで150〜200℃に加熱され，乾燥室へ送風される。一方，濃縮乳は60〜70℃に加熱されて，高圧ポンプで15〜30 MPaに昇圧後，噴霧ノズルにより濃縮乳が乾燥室で微粒化され，瞬時に水分が蒸発して乾燥される。例えば，45％の脱脂濃縮乳10トンを水分4％の脱脂粉乳にするには約5.3トンの水分が蒸発することになる。乾燥時に，濃縮乳から蒸発した水分を含む高湿度の空気(排風)の温度が，粉乳の溶解性，特にタンパク質の加熱変性による不溶解物の発生防止の観点から100℃以下になるように製造する。さらに，噴霧乾燥で得られた粉乳は分級装置のサイクロンで分離回収され，高湿度の排風は排風機により系外に排出される。サイクロンで分離された粉乳は温度が高いため，そのまま放置すると吸湿による団結化やタンパク質の変性による溶解性低下などの品質不良を招くため，一般的には速やかに30℃以下の空気で冷却，搬送される。冷却後，20メッシュ程度のステンレス鋼製金網でふるいにかけることにより，噴霧乾燥での乾燥が不十分のために発生した粉乳粒子の粉塊や異物が除去される。

⑩　造粒(インスタント化)

　粉乳の溶解性や流動性の向上，飛散防止を目的として造粒(インスタント化)とよばれる操作が行われる場合がある。粉乳粒子を加湿して，粒子同士を付着させることで，粉乳粒子は，複合粒子構造(粉乳粒子の凝集体)を形成して粒子径が大きくなり，水の浸透性が向上し，水への溶解性が高まる。造粒には主に図3-5-10のような連続式流動層造粒機が用いられる[3]。

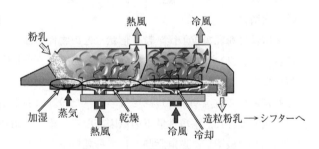

図3-5-10　連続式流動層造粒機[3]

　粉乳はフィーダーで連続的に供給され，加湿，乾燥，冷却の各セクションを通過した後，造粒された粒子はシフターで整粒される。乾燥，冷却の各セクションの排気中に含まれる微粉は，分級装置のサイクロンで回収され，再度，供給部に戻る仕組みになっている。また，噴霧乾燥と同時に造粒が可能な乾燥機もあり，これは乾燥室下部に流動層(内部流動層)が付設されている。特徴は，バインダー(水)を使用せずに造粒が可能なことで，噴霧乾燥で生成した水分6〜8％の粉乳が内部流動層に落下し，粉乳粒子が流動，接触して他の粒子と複合粒子を形成することにより，造粒される。この方式は，乾式造粒のため，加湿造粒よりも粒子同士の結着が弱く，搬送中に造粒粒子が壊れやすいが，溶解性に優れ，溶け残りが少ない。バッチ式でも

製造することは可能であるが，カルシウム素材や鉄素材などの副原料を配合した商品を製造する場合に使用されることが多い。

⑪ 充填，包装

粉乳は長期間保存を前提とするため，粉乳の保存は粉の吸湿防止，光や酸素による劣化防止がポイントとなる。その防止策として，粉乳の包材は外袋がクラフト紙3層または2層構成，内袋が厚さ0.06～0.12 mmのポリエチレンで構成されている。

粉乳は，ポリエチレンの内袋に規定量充填し，保存中の品質劣化やパレットでの積載不良を防止するため脱気を行い，ポリエチレン袋をヒートシールしてミシン糸でクラフト袋を縫合する。一般市販用製品では，アルミを内装した合成樹脂のラミネート袋などに充填，包装されている。調製粉乳は，金属缶またはアルミ箔内装の合成樹脂ラミネート袋に充填され，脂肪分の酸化防止を目的として，窒素ガス置換し，巻き締め包装されている。

6 粉乳製品に求められる品質

粉乳は菓子やパン，飲料などの二次加工の原材料として使用されるため，その配合工程での水への溶解性や溶解作業時の粉立ちや飛散を考慮した粉乳品質が求められる。また，原材料として倉庫などに長期間保存することから，保存中の風味および色調変化がないこと，溶解性の低下がないことも重要である。

① 流動性

流動性は粉乳の粒子径，粒子形状などの影響を受けるため，一般的には噴霧乾燥時にサイクロンにより微粉を分級し，さらに，粉乳粒子を加湿して，粒子同士を付着させる造粒操作により粒子径を大きくし，流動性を高めている。

② 溶解性

溶解性は粉乳の粒子径，粒子形状などの物性のほか，化学的要因にも影響を受ける。溶解性の低下は乳タンパク質の構成成分であるカゼインの不安定化とホエイタンパク質の構造変化が原因である。これらのタンパク質は主として，殺菌，濃縮工程によって加熱変性するが，乾燥工程においても，サイクロンで分離された粉乳は温度が高いため，速やかに冷却しないとタンパク質が変性し，溶解性低下の原因になる。また，脂肪については製造工程で一部の脂肪球の脂肪球膜が破壊し，遊離脂肪として粉乳粒子の表面に分布する。遊離脂肪が多いと，脂肪の酸化，粒子同士の結着による団結化など，溶解性低下の原因になる。溶解性は湿潤性(水や温湯に対する粉乳の"なじみやすさ"または"ぬれやすさ"の総称)，沈降性(水や温湯中での粉乳の沈み具合)，分散性(水や温湯中で粉乳が粒子状となって拡散する性質)などで表現するが，米国乳製品協会ADPIでは不溶解物の体積を表示する方法を採用している[11]。

③ 保存性

粉乳の保存中に進行する物理的変化および化学的変化には，牛乳の主成分である脂肪，タンパク質，乳糖，ミネラルが複合的に関与している。例えば，粉乳が高温高湿度で保存された場合，タンパク質の変性による溶解性の低下や吸湿による団結化が発生する。全粉乳では，保存中に空気(酸素)，光，熱や湿度によって，脂肪酸化臭を発生することがある。また，脱脂粉乳においてはクリーミーな風味とわずかな塩味を有しているが，高温高湿度で保存された場合，

アミノカルボニル反応を起こして風味が変化し，焦臭，古臭が発生すると報告されている[12]。色調についても製造直後の粉乳は，淡黄色もしくは淡黄白色を呈しているが，保存中，徐々に褐変化する傾向にある。したがって，充填，包装の項でも述べたように外袋が2層もしくは3層のクラフト紙，内袋がポリエチレンで構成された袋を使用して保存中の粉乳の品質劣化を防止している。調製粉乳においては，窒素ガス置換により脂肪分の酸化を防止している。

〈参考文献〉　＊　＊　＊　＊　＊

1) 文部科学省ホームページ資源調査分科会：日本食品標準成分表2015年度版（七訂）
2) Whittier, E. O., Webb, B. H.: Byproducts from Milk, 65 (1950)
3) 日本テトラパック(株)：Dairy Processing Handbook (1995)
4) 小石川洋：「ミルクの事典」p.165-175, 朝倉書店 (2009)
5) Hunziker, O. F.: Condensed Milk and Milk Powder, 7th ed., p.294, The Author (1949)
6) Fluck, A. A.: Evaporation, J. Soc. Dairy Technol., 41(4): 94 (1989)
7) Fergusson, P. H.: Developments in the evaporation and drying of dairy products, J. Soc. Dairy Technol., 41(4): p.94-101 (1989)
8) 林弘通：「粉乳製造工学」p.154-p155, 酪農科学普及学会 (1980)
9) 米 DELAVAN 社：SDX Spray Dry Nozzles カタログ (2004)
10) ㈱いけうち　2流体ノズル製品カタログ
11) ADPI 発行：Standards for Grades of Dry Milks, Including Methods of Analysis (Bulletin 916) Revised 2009
12) Henry, K. M., *et al.*: Deterioration on storage of dried skim milk, J. Dairy. Res., 15, 292 (1948)

Section 6　■乳・乳製品に由来する機能性物質　〈荒川健佑〉

乳・乳製品には，栄養機能だけでなく，ヒトの健康増進や疾病予防に役立つ生体調節機能が備わっている。このことは，長年の疫学調査や介入試験などで示され，近年のメタ解析によって確定的になっている。これまでに骨強化，抗肥満，体脂肪低減，各種疾病(2型糖尿病，心血管疾患，一部のがん)リスク低減などの効果が報告され，これらをもたらす機能性成分が乳・乳製品に含まれることが示唆されている。本項では，乳・乳製品由来の機能性物質について，保健機能食品制度とともに説明する。

保健機能食品制度[1)]

経口摂取するものはすべて厚生労働省所管の薬機法(医薬品，医療機器等の品質，有効性及び安全性の確保等に関する法律)と食品衛生法(表示は消費者庁所管)でそれぞれ規定される「医薬品・医薬部外品」と「食品」に分類され，食品はいわゆる健康食品であっても効能効果を標榜できない。しかし，例外的に機能表示が認められている食品が「保健機能食品」であり，「特定保健用食品(トクホ)」，「機能性表示食品」，「栄養機能食品」が含まれる(図3-6-1)。

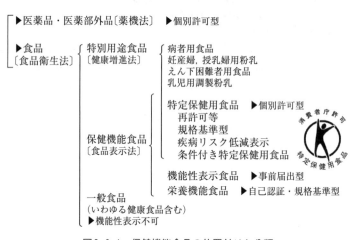

図3-6-1　保健機能食品の位置付けと分類
注〕〔　〕内は根拠となる法律を示す。特定保健用食品の許可マークは消費者庁ホームページより引用

（1）　特定保健用食品(トクホ)

トクホは，消費者庁への申請後，国の機関による厳しい審査を経て，消費者庁長官より許可マークとともにその保健機能の表示が許可された食品である(個別許可型)。審査では，科学的根拠に基づいた効果と安全性の評価，表示の確認，関与成分の定量が行われる。通常のトクホ以外に，商品名や風味の変更に伴う「再許可等」，許可実績と科学的根拠の蓄積が十分な関与成分を含む「規格基準型」，関与成分の疾病リスク低減効果が医学的・栄養学的に確立されている場合にその表示が認められる「疾病リスク低減表示」，作用機序が不明または有効性の証拠が不十分な場合に条件付きの機能表示を認める「条件付き特定保健用食品」がある。

2016年時点のトクホの許可件数は1,204件で，うち350～380品目が上市され，市場規模は

6,400億円に上る。許可の用途別で最多なのが整腸(393件)で，以降は血糖値上昇抑制(212件)，中性脂肪・体脂肪低減(169件)，血圧上昇抑制(137件)，コレステロール低減(125件)，歯の健康維持(106件)，ミネラル吸収促進・骨強化(61件)，肌の保湿(1件)と続く。食品種類別に見ると，乳製品がトクホ全体の約半分となる3,187億円を売り上げ，最大となっている。

(2) 機能性表示食品

機能性表示食品では，科学的根拠に基づいた機能性および安全性の情報を販売前に消費者庁長官に事前届出することによって，国による個別審査・許可なしに，事業者の責任において機能表示が可能となっている(事前届出型)。保健の用途および関与成分はトクホと類似しており，特別なマークは付されないが，生鮮食品も対象となる。トクホの許可件数が毎年50〜100件であるのに対し，機能性表示食品の2016年度の届出は620件であった。

(3) 栄養機能食品

栄養機能食品では，不足しがちな特定の栄養素の補給を促進する目的で，個別の許可申請・届出なしに，定型文での栄養素自体の機能表示が認められている(自己認証・規格基準型)。対象は生鮮食品と加工食品で，栄養成分はn-3系脂肪酸，ミネラル6種(亜鉛，カリウム，カルシウム，鉄，銅，マグネシウム)，ビタミン13種(ナイアシン，パントテン酸，ビオチン，ビタミン A, B_1, B_2, B_6, B_{12}, C, D, E, K, 葉酸)に限定され，それらの含量の上下限値も定められている。乳製品関連の栄養機能食品では，その関与成分のほとんどは，栄養補助として添加される鉄，カルシウム，ビタミン C, D, E となっている。

2 特定保健用食品に係る乳・乳製品由来の機能性成分[1]〜[3]

本項では，トクホの関与成分となっている乳・乳製品由来の機能性物質について用途別に紹介する。ただし，前項(1)で示した用途のうち，中性脂肪・体脂肪低減，コレステロール低減，肌の保湿に関与する乳・乳製品由来の機能性成分は2016年時点でトクホに用いられておらず，血糖値上昇抑制に関与する成分は難消化性デキストリンが発酵乳製品に添加されているのみなので，これらについての記述は割愛する。

(1) 整腸に関与する機能性成分

① 乳酸菌，ビフィズス菌

トクホにおいて，整腸に直接関与する成分は食物繊維と乳酸菌・ビフィズス菌になるが，乳製品に利用されているのは，専ら後者である。乳酸菌・ビフィズス菌はプロバイオティクス (Section 3, p.76)として知られ，整腸だけでなく，乳糖不耐症軽減，脂質代謝改善，コレステロール低下，抗アレルギー，抗炎症，感染防御，ガンリスク低減など多様な生理機能を有する。しかし，2016年時点でトクホに認められている用途は整腸のみであり，*Lactobacillus casei*, *Lb. delbrueckii* subsp. *bulgaricus*, *Lb. gasseri*, *Lb. rhamnosus*, *Streptococcus thermophilus*, *Bifidobacterium breve*, *B. lactis*, *B. longum* (菌株名省略)が関与成分として利用されている。

整腸と一口にいってもその定義は曖昧で，明確な定量的評価基準があるわけではない。ただ

し，便秘や下痢の抑制，糞便量・回数の増加，便性（色，硬さ，におい）の改善といったヒト試験における評価項目がその判断基準とされている。近年では，大腸における短鎖脂肪酸量や糞便中のビフィズス菌量・占有率の増加なども整腸の指標として加えられている。ヒトの腸内細菌叢は100〜3,000種，100〜1,000兆個の細菌で構成され，そのなかで乳酸菌・ビフィズス菌は有用菌とみなされている。一方で，便性の悪化をもたらすアンモニア，アミン類，フェノール類，インドール類，硫化水素といった化合物を生成するクロストリジウム属などの腸内細菌は，下痢を引き起こす大腸菌やサルモネラ菌とともに有害菌とみなされている。乳酸菌・ビフィズス菌による有害菌制御および整腸作用全体のメカニズムは不明な点が多いが，一般的には次のように解釈される。まず，乳酸菌・ビフィズス菌が乳酸や酢酸を生成することで腸内pHが低下し，腸内細菌叢の変化と有害菌の生育・酵素活性の抑制が起こる。また，有害菌との栄養素および生育域の競合，宿主腸管免疫への刺激を介したサイトカインやIgAの誘導によっても，腸内細菌叢の変化と有害菌の抑制がもたらされる。その結果，細菌叢では乳酸・酢酸からプロピオン酸や酪酸などの短鎖脂肪酸が活発に生合成される。短鎖脂肪酸は有害菌を抑制するだけでなく，消化管の蠕動運動を亢進することから，結果的に便性の改善や排便量・回数の増加に至り，これらが整腸の要因と考えられている。

② オリゴ糖

　難消化性オリゴ糖は，ヒト小腸で分解・吸収されづらく，そのまま大腸に到達し，プロバイオティクスである乳酸菌・ビフィズス菌の生育促進成分（プレバイオティクス）としてはたらくことから，間接的な整腸因子としてトクホの関与成分に認められている。プレバイオティクスとは，「大腸に棲息する有益な微生物の生育あるいは代謝を選択的に促進することにより，宿主の健康に有利に作用する難消化性の食品成分」を指す。また，プロバイオティクスとプレバイオティクスの同時摂取によって相乗的な効果が期待されるとした概念をシンバイオティクスとよぶ。トクホに利用されている乳関連のオリゴ糖〈QRコード3章❺〉には，ガラクトシルラクトースなどのガラクトオリゴ糖類，ラクトスクロース（乳果オリゴ糖），ラクチュロースがあり，いずれもラクトースを基質として合成される。オリゴ糖の過剰摂取は浸透圧性の腹痛および下痢の原因となるため，摂取量には注意を要する。

③ プロピオン酸菌の乳清発酵物

　整腸に寄与するプレバイオティクスとして，プロピオン酸菌の乳清発酵物もトクホに用いられている。その活性本体は，2-アミノ-3-カルボキシ-1,4-ナフトキノン（ACNQ）と1,4-ジヒドロキシ-2-ナフトエ酸（DHNA）であり，両者ともにビフィズス菌の糖代謝や酸素還元系を亢進することで，その増殖促進と整腸を誘導すると考えられている。

（2） 血圧上昇抑制に関与する機能性成分

① 降圧ペプチド

　乳タンパク質由来のペプチドには，さまざまな生理機能が知られているが，その中で高血圧予防・改善に資する血圧降下作用を示すものを降圧ペプチドとよんでいる。トクホで認められている降圧ペプチドには，カゼインドデカペプチド（FFVAPFPEVFGK）とラクトトリペプチド（VPP，IPP）があり，前者はトリプシン処理によってα_{S1}-カゼインから生じ（f23-34），後者は乳酸菌（主に*Lb. helveticus*）による乳発酵過程でβ-カゼインから生じる（VPPはf84-86，IPPは

f74-76)。なお，IPP は κ-カゼインからも生成される(f108-110)。これらの降圧ペプチドの作用は，代表的な血圧調節機構として知られるレニン-アンジオテンシン(昇圧)系とカリクレイン-キニン(降圧)系の両方を触媒するペプチダーゼであるアンジオテンシン変換酵素(ACE)を阻害することによって起こる(図3-6-2)。すなわち，昇圧系ではACEを阻害することで昇圧活性のあるアンジオテンシンⅡの生成を抑制し，降圧系ではキニナーゼⅡ(=ACE)を阻害することで降圧活性のあるブラジキニン(キニン類)の分解を抑制する。この両面での反応阻害によって，結果的に降圧ペプチドは有意な血圧低下をもたらすとされる。

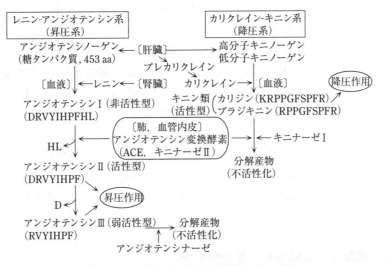

図3-6-2 生体における血圧調節メカニズム

② γ-アミノ酪酸(GABA)

トクホで血圧上昇抑制の関与成分として降圧ペプチド以外に認められているのが GABA である。GABA は自然界に広く分布する非タンパク質性のアミノ酸で，抑制性の神経伝達物質として中枢神経系に高濃度に存在し，末梢臓器にもその存在が確認されている。発酵乳中では，乳酸菌のプロテアーゼの作用で乳タンパク質から遊離したL-グルタミン酸を基質として，*Lb. brevis* や *Lactococcus lactis* のグルタミン酸脱炭酸酵素の作用で生成される。GABA による降圧作用は，細動脈の GABA レセプターを介して交感神経系が鎮静化し，ノルアドレナリンの分泌抑制を経て，末梢血管が弛緩することで起こると考えられている。また，腎臓の交感神経系も鎮静化され，レニンの分泌抑制とNa排泄の亢進が起き，それによっても血圧が下がると推定される。この他，GABA は脳代謝促進効果やストレス緩和効果も期待されている。

(3) ミネラル吸収促進・骨強化に関与する機能性成分

① カルシウム(Ca)とカゼインホスホペプチド(CPP)

体内 Ca の約99％は骨や歯に存在し，残りは他の組織や血中で筋収縮や血液凝固などに使われている。骨は支持・運動・保護といった力学的機能をもつ一方で，Ca の貯蔵器官としての代謝的機能を有し，血中濃度が低下した場合，Ca は骨吸収によって補われる。通常，骨形成と骨吸収は一定のバランスを保っているが，Ca 摂取不足が続くと，骨形成よりも骨吸収が上回る形で骨代謝のバランスが崩れ，骨密度が低下し，骨粗鬆症などの疾病リスクが増大する。

Caがトクホの関与成分として，また，栄養機能食品の栄養成分として認められている．食品からのCa吸収効率は，小魚で約30％，野菜で約20％といわれ，牛乳からの吸収効率は約40％と高く，乳・乳製品は優れたCaの供給源である．

Caの小腸管壁からの吸収には，Caのイオン化または可溶性有機分子との結合が必要で，可溶化した状態で管腔内に存在しなければならない．牛乳Caのうち，可溶化しているのは30％強で，残りの70％弱は不溶性の状態で存在する．それにも関わらず，乳・乳製品がCaの供給源として優れているとされる理由の一つには，CPPの存在が挙げられる．CPPは，カゼインの加水分解断片のうち，リン酸化セリンに富む親水性ペプチドの総称である．代表的なCPPには，$α_{s1}$-カゼインと$β$-カゼインのトリプシン消化によってそれぞれ生じる$α$-CPP(f43-79)と$β$-CPP(f1-25)がある．おのおの37残基中7残基，および25残基中4残基のリン酸化セリンを含み，リン酸基とCaの結合によって，小腸内でのCaの可溶化および吸収促進を実現している．CPPはマグネシウムなどの他のミネラルも吸収促進し，さらに，CPPは比較的容易に工業的な大量調製が可能なことから，トクホの関与成分として利用されている．

② 乳塩基性タンパク質（MBP）

MBPは，ホエイタンパク質の塩基性画分に約1％含まれ，骨芽細胞と破骨細胞への刺激を介した骨形成促進と骨吸収低下が示唆されている．すなわち，骨密度の増加を伴う骨代謝の改善によって骨の健康維持に役立つとされ，トクホにおける骨強化の関与成分として認められている（2章 Section 3, p.38）．

（4） 歯の健康維持に関与する機能性成分

① カゼインホスホペプチド-非結晶リン酸カルシウム複合体（CPP-ACP）

歯の最外層はエナメル質で覆われており，約96％が無機質で，そのほとんどがリン酸Ca（ハイドロキシアパタイト）で構成されている．歯の健康を脅かす虫歯（う蝕）は，歯の表面にバイオフィルムを形成する*S. mutans*や*S. sobrinus*の代謝によって，摂取した糖質から有機酸（主に乳酸）が生成され，バイオフィルム内のpH低下に伴って歯のエナメル質が脱灰することによって始まる疾患である．脱灰はハイドロキシアパタイトからCaイオンが溶出する反応になるが，通常は唾液の中和作用によって再度ハイドロキシアパタイトが形成され（再石灰化），う蝕には至らない．しかし，唾液による中和が不十分な場合，脱灰は進行し，不可逆的な病態変化を生じて，う蝕となる．CPP-ACPはCPPにリン酸Caが過飽和に複合した粒子であり，リン酸Caを遊離しやすい状態になっている．すなわち，豊富なリン酸Caを供給することで唾液による再石灰化を強く後押しし，加えて，CPP-ACP自身の緩衝作用で口腔内の中和を早めることによって脱灰の抑制と再石灰化の促進を達成する．このように，CPP-ACPはう蝕予防に役立つことから，トクホの関与成分としてチューインガムなどに利用されている．

3 その他の乳・乳製品由来の機能性物質[2),3)]

乳・乳製品由来の機能性物質はトクホの関与成分以外にも数多く報告されている．以下に代表的なものを列記する．

(1) タンパク質，ペプチド

　ホエイタンパク質の一つである鉄結合性のラクトフェリンは，抗菌・抗ウィルス作用や鉄吸収調節作用といったさまざまな生理機能が知られ，育児用調製粉乳，発酵乳，サプリメントなどに利用されている(2章 Section 3, p.38)。

　乳タンパク質由来の機能性ペプチドには，前述の降圧ペプチドとCPPのほかに，オピオイドペプチド，コレステロール吸収阻害ペプチド，抗菌ペプチド，細胞増殖促進ペプチド，免疫調節ペプチド，血小板凝集阻害ペプチドなどがある。最初に見出された乳由来の機能性ペプチドは，β-カゼインの分解断片(f60-66)であるβ-カゾモルフィン-7(YPFPGPI)で，本成分はモルヒネ様の鎮痛作用を示す外因性オピオイドペプチドとされている。しかし，その作用や効果に関する十分なエビデンスは未だに得られておらず，同様に他の乳由来機能性ペプチドの多くもその作用・効果は不明瞭なままで，いずれも今後の研究が期待される。

(2) 糖　質

　牛乳の糖質の大部分を占めるラクトースは，ヒト上部消化管で分解・吸収されにくく，小腸に常在する乳酸菌などによって有機酸(主に乳酸)に代謝される。その結果，腸内pHが低下し，有害菌の増殖および酵素活性が抑制され，代わりに有用菌の増殖が促進される。また，腸内pHの低下はCaをはじめとしたミネラルのイオン化(可溶化)を誘導し，腸管壁からのミネラル吸収を促すことから，ラクトースは間接的な整腸作用とミネラル吸収促進作用を有するとされる。

(3) 脂　質

　乳・乳製品に含まれる脂質のうち，機能性が最も期待される成分の1つにリノール酸の位置幾何異性体である共役リノール酸(Conjugated linoleic acid：CLA)がある。CLAはルーメン細菌によって生成されることから，反芻動物の肉や乳に多い(2章 Section 1, p.22，3章 Section 4, p.192)。牛乳・乳製品の脂質には0.4～0.6％含まれ，その80％以上は*cis*-9, *trans*-11型で，わずかに*trans*-10, *cis*-12型も含まれる<QRコード 3章❻>。CLAの機能は構造によって異なり，*cis*-9, *trans*-11型で生理活性が高いとされ，その作用は抗がん，抗肥満，抗動脈硬化，血清コレステロール低下，免疫調節など多岐にわたる。また乳中のリン脂質の20～30％を占めるスフィンゴミエリンも近年注目され，抗がん，コレステロール吸収阻害，乳幼児期の消化管成熟促進，肌の保湿などの機能性が示唆されている。

〈参考文献〉　＊　＊　＊　＊　＊
1)　(公財)日本健康・栄養食品協会：特定保健用食品〔トクホ〕ごあんない，2017年版(2017)
2)　上野川修一，清水誠，堂迫俊一，鈴木英毅，元島英雅，高瀬光徳編：「ミルクの事典」p.198-253, p.439-455, 朝倉書店(2009)
3)　齋藤忠夫，伊藤裕之，岩附慧二，吉岡俊満編：「ヨーグルトの事典」p.265-352, 朝倉書店(2016)

4章 乳・乳製品に係る法規

Section 1 ■乳および乳製品の種類と関連法規 〈中村 正〉

　乳および乳製品に関わる法令には，乳を生産する家畜に関連する「家畜伝染病予防法」，乳の取引価格に関連する「加工原料乳生産者補給金等暫定措置法」，乳および乳製品の製造から販売に至るまでを広く網羅する「食品衛生法」およびそれに基づく「乳及び乳製品の成分規格等に関する省令（乳等省令）」，製品の適正な品質と表示を確保するための「食品表示法」，「不当景品類及び不当表示防止法（景品表示法）」およびそれに基づく「公正競争規約」などさまざまなものがある。

（1） 家畜伝染病予防法

　本法律は，家畜の伝染性疾病の発生予防とまん延の防止により畜産の振興を図ることを目的

表4-1-1　家畜伝染病

	伝染性疾病の種類	畜　種
1	牛　疫	牛，水牛，鹿，緬羊，山羊，豚，いのしし
2	牛肺疫	牛，水牛，鹿
3	口蹄疫	牛，水牛，鹿，緬羊，山羊，豚，いのしし
4	流行性脳炎	牛，水牛，鹿，馬，緬羊，山羊，豚，いのしし
5	狂犬病	牛，水牛，鹿，馬，緬羊，山羊，豚，いのしし
6	水胞性口炎	牛，水牛，鹿，馬，豚，いのしし
7	リフトバレー熱	牛，水牛，鹿，緬羊，山羊
8	炭　疽	牛，水牛，鹿，馬，緬羊，山羊，豚，いのしし
9	出血性敗血症	牛，水牛，鹿，緬羊，山羊，豚，いのしし
10	ブルセラ病	牛，水牛，鹿，緬羊，山羊，豚，いのしし
11	結核病	牛，水牛，鹿，山羊
12	ヨーネ病	牛，水牛，鹿，緬羊，山羊
13	ピロプラズマ病	牛，水牛，鹿，馬
14	アナプラズマ病	牛，水牛，鹿
15	伝達性海綿状脳症	牛，水牛，鹿，緬羊，山羊
16	鼻　疽	馬
17	馬伝染性貧血	馬
18	アフリカ馬疫	馬
19	小反芻獣疫	鹿，緬羊，山羊
20	豚コレラ	豚，いのしし
21	アフリカ豚コレラ	豚，いのしし
22	豚水胞病	豚，いのしし
23	家禽コレラ	鶏，あひる，七面鳥，うずら
24	高病原性鳥インフルエンザ	鶏，あひる，うずら，きじ，ダチョウ，ほろほろ鳥，七面鳥
25	低病原性鳥インフルエンザ	鶏，あひる，うずら，きじ，ダチョウ，ほろほろ鳥，七面鳥
26	ニューカッスル病	鶏，あひる，七面鳥，うずら
27	家禽サルモネラ感染症	鶏，あひる，七面鳥，うずら
28	腐蛆病	蜜蜂

として制定された。家畜が罹患する伝染性疾病の中で，伝播力が強く特に被害が大きいものやヒトの健康に脅威となるものが定められており，近年，口蹄疫や高病原性鳥インフルエンザなどが国内で発生した際に行われた殺処分を含む防疫措置が取られる28種の「家畜伝染病」（表4-1-1）のほか，71種の「届出伝染病」と「新疾病」を合わせた「監視伝染病」が定められており，これらの中には後述の乳等省令において搾取してはならない家畜の疾病対象に含まれているものもある。また，同法律では，これら伝染性疾病の生産者段階での予防対策として，飼養衛生管理基準が制定され，生産現場において衛生管理区域の設定および衛生状態の確保，衛生管理区域への病原体の持ち込み防止策，野生動物等からの病原体の感染防止策など対策を講じることが必要となったほか，家畜伝染病発生時に迅速な防疫措置を取れるように，規模に見合った面積の埋却地をあらかじめ確保することが定められている。

（2） 加工原料乳生産者補給金等暫定措置法

　乳・乳製品の原料となる生乳の価格（乳価）は，「飲用向け」（飲用牛乳に仕向けられる生乳），「加工向け」（特定乳製品に仕向けられる生乳）など，取引される生乳の仕向け用途別に異なっている。これは「用途別取引」とよばれるもので，各取引乳価は指定生乳生産者団体と乳業メーカー間で決定されるが，一般に加工向け乳価は飲用向け乳価よりも低く設定されている。飲用向け牛乳，バター，チーズなど異なる品目の乳製品を製造している工場では，この用途別取引により複数の用途別乳価が発生し，それらの構成比によって乳価が変動することになる。

　一般的な生乳需給では，比較的賞味期限の短い飲用向けの生乳が優先され，残りの生乳が保存性の高いバターや脱脂粉乳などの加工向けとして使用される。したがって，加工向の生乳量は，生乳生産量や飲用牛乳類の需給の変動を大きく受けやすい。このため，加工原料乳地域の酪農経営を安定させ，生乳の継続的な生産確保を図るために，「加工原料乳生産者補給金等暫定措置法」が制定され，「加工原料乳生産者補給金制度」が設けられた。本制度の開始当初は，加工原料乳生産者の生乳生産費と乳業メーカーの支払い可能価格の差額を，補給金として国が補填したことから「不足払い法」とよばれていたが，現在は前年度の補給金単位に生産費の変動率を乗じて，当年度の補給金単位を決める方法に変更されており，補給金対象となる生乳にも限度数量が定められている。

（3） 「食品衛生法」に基づく「乳及び乳製品の成分規格等に関する省令(乳等省令)

　わが国では，食品の安全性を確保するために公衆衛生の見地から必要な規制等を講じることにより，食品に起因する衛生上の危害発生を防止することを目的として「食品衛生法」が定められている。一般的な食品の成分規格などに関しては同法に基づく「食品，添加物などの規格基準」に定められているが，栄養価が高く，腐敗などの起こりやすい乳，乳製品およびこれらを主要原料とする食品については別途，「乳等省令」が定められている。このような乳，乳製品に特化した規制は，明治6年に，当時，乳の消費が増えていた東京における東京府知事達「牛乳搾取人心得規則」の交付が始まりであり，全国的には明治33年に内務省令として制定された「牛乳営業取締規則」が最初となる。本規則中には，既に牛乳や乳製品の成分の規格，製造・保存に使用できる容器の規格など，現行の乳等省令にも記載されているいくつかの規制項目が設けられていた。

表4-1-2 原料乳・飲用乳・乳飲料の成分規格等

	原料乳		飲用乳						乳飲料※1
	生乳	生山羊乳	牛乳	特別牛乳	殺菌山羊乳	成分調整牛乳	低脂肪牛乳	無脂肪牛乳	加工乳	
比重(15℃)	1.028以上	1.030～1.034	1.028以上	1.028以上	1.030～1.034	—	1.030以上	1.032以上	—	—
酸度(乳酸%)	0.18以下a) 0.20以下b)	0.20以下	0.18以下a) 0.20以下b)	0.17以下a) 0.19以下b)	0.20以下	0.21以下	0.21以下	0.21以下	0.18以下	—
無脂乳固形分(%)	—	—	8.0以上	8.5以上	7.5以上	8.0以上	8.0以上	8.0以上	8.0以上	—
乳脂肪分(%)	—	—	3.0以上	3.3以上	2.5以上	—	0.5以上 1.5以下	0.5未満	—	—
細菌数(1mL当たり)	400万以下(常温保存可能品では30万以下)c)	400万以下c)	5万以下d)	3万以下d)	5万以下d)	5万以下d)	5万以下d)	5万以下d)	5万以下	3万以下
大腸菌群	—	—	陰性	陰性	陰性	陰性	陰性	陰性	陰性	陰性
製造の方法の基準	—	—	保持式より63℃で30分間またはこれと同等以上の殺菌効果を有する方法で加熱殺菌	特別牛乳搾取処理業の許可を受けた施設で搾取して製造し、保持式より63～65℃で30分間加熱殺菌	牛乳に同じ	牛乳に同じ	牛乳に同じ	牛乳に同じ	牛乳に同じ	原料は殺菌の過程において破壊されたものを除き、保持式殺菌63℃で30分間加熱殺菌又はこれと同等以上の殺菌効果を有する方法で殺菌
保存の方法の基準	—	—	殺菌後直ちに10℃以下に冷却して保存可能品にあっては殺菌後に常温以下に冷却して保存すること(常温保存可能品は常温を超えない温度で保存)	処理後殺菌した場合にあっては殺菌後に直ちに10℃以下に冷却して保存すること	殺菌後直ちに10℃以下に冷却して保存すること	牛乳に同じ	牛乳に同じ	牛乳に同じ	牛乳に同じ	保存性のある容器に入れ、かつ120℃で4分間加熱殺菌又はこれと同等以上の加熱殺菌したものは牛乳に同じ
備考	他物の混入禁止	他物の混入禁止	成分除去禁止 他物の混入禁止(高温殺菌の際の水蒸気を除く)	牛乳に同じ	牛乳に同じ	他物の混入禁止(高温殺菌の際の水蒸気を除く)	成分調整牛乳に同じ	成分調整牛乳に同じ	水、生乳、乳製品及び生水牛乳、成分調整牛乳、低脂肪牛乳、無脂肪牛乳、全粉乳、脱脂粉乳、濃縮乳、無糖練乳、無糖脱脂練乳、クリーム、バター、バターオイル、バターミルク、バターミルクパウダー(添加物を使用しないものに限る)以外のものは使用しないこと	樹脂状のもの又は冷凍したものを製造するのに防腐剤を使用しないこと

常温保存可能品										
アルコール試験f)			陰性			陰性	陰性	陰性	陰性	陰性
酸度(乳酸%)g)			0.02以内			0.02以内	0.02以内	0.02以内	0.02以内	
細菌数(1mLあたり)h)			0			0	0	0	0	0

a) ジャージー種の牛以外の牛又は水牛から搾取したもの。b) ジャージー種の牛から搾取したもの。c) 直接個体検鏡法。d) 標準平板培養法。e) B.G.L.B.培地法。f) 30±1℃で14日間保存又は55±1℃で7日間保存前および保存後の差。g) 30±1℃で14日間保存又は55±1℃で7日間保存前および保存後。h) 30±1℃で14日間保存又は55±1℃で7日間保存後、標準平板培養法によって分類した。

※1 乳飲料は乳等省令上は乳製品であるが、飲用乳の表示に関する公正競争規約での規格に準じて分類した。

表4-1-3(A) 乳製品（発酵乳，乳酸菌飲料及び乳飲料を除く）の成分規格等

| | クリーム | バター | バターオイル | ナチュラルチーズ*1 | プロセスチーズ | 濃縮ホエイ | アイスクリーム類 ||| 濃縮乳 | 脱脂濃縮乳 |
							アイスクリーム	アイスミルク	ラクトアイス		
酸度（乳酸%）	0.20以下	—	—	—	—	—	—	—	—	—	—
乳固形分（%）	—	—	—	—	—	25.0以上	15.0以上	10.0以上	3.0以上	25.5以上	18.5以上（無脂乳固形分）
乳脂肪分（%）	18.0以上	80.0以上	99.3以上	—	40.0以上	—	8.0以上	3.0以上	—	7.0以上	—
糖分（%）	—	—	—	—	—	—	—	—	—	—	—
水分（%）	—	17.0以下	0.5以下	—	—	—	—	—	—	—	—
細菌数	10万/mL以下	—	—	—	—	—	10万/g以下*2	5万/g以下*2	5万/g以下*2	10万/g以下	10万/g以下
大腸菌群	陰性 a)	陰性 b)	陰性 b)	—	陰性 b)	陰性 b)	陰性 b)	陰性 b)	陰性 b)	—	—
リステリア c)	—	—	—	1g当たり100以下（ただし，容器包装に入れ加熱殺菌したものまたは飲食に供する際に加熱するものを除く）	—	—	—	—	—	—	—
製造の方法の基準	牛乳に同じ	—	—	—	—	—	原水は，飲用適の水とする。原料（発酵乳及び乳酸菌飲料を除く）は68℃30分間加熱殺菌するか，又は同等以上の効力を有する方法で殺菌すること。水栓管から抜きとる場合に外部を温めるか水は飲用適の流水であること。融解水は加熱殺菌したもの以外は原料として用いないこと。			—	加熱殺菌までの工程において，原料を10℃以下又は48℃を超える温度に保たなければならない。牛乳に準じて加熱殺菌 加熱殺菌後の工程において，原料を10℃以下又は48℃を超える温度になければならない。ただし，この温度帯以外の状態が6時間未満の場合またはすべての機械が外部からの微生物汚染を防止するものであるときは除く。
保存の方法の基準	殺菌後，直ちに10℃以下に冷却して保存。ただし，保存性のある容器に入れ殺菌したものを除く。	—	—	—	—	—	—	—	—	直ちに10℃以下に冷却して保存	
備考	他物の混入禁止*3	—	—	—	—	—	—	—	—	—	他物の混入禁止*3

a) B.G.L.B培地法．b) デソキシコレート培地法．c) BPW (Buffered peptone water) + Ottaviani and Agosti リステリア選択増菌培地等 + Ottaviani and Agosti リステリア選択寒天培地 + TSYEA寒天培地
*1 ソフトおよびセミハードのものに限る（加熱，ピザ用，トースト用又はグラタン用の表示のあるシュレッドチーズを除く）．*2 発酵乳又は乳酸菌飲料を原料としたものにあっては，乳酸菌数と酵母数を除く．*3 超高温直接加熱殺菌の際の水蒸気を除き，脱脂濃縮乳では，たんぱく質量の調整のために使用される乳糖及び乳，特別牛乳，生水牛乳，成分調整牛乳，低脂肪牛乳又は無脂肪牛乳からろ過により得られたものを除く．

Section 1 ■乳および乳製品の種類と関連法規 113

表4-1-3(B) 乳製品（発酵乳、乳酸菌飲料及び乳飲料を除く）の成分規格等

成分	無糖練乳	無糖脱脂練乳	加糖練乳	加糖脱脂練乳	全粉乳	脱脂粉乳	クリームパウダー	ホエイパウダー	タンパク質濃縮ホエイパウダー	バターミルクパウダー	加糖粉乳	調製粉乳	調製液状乳
乳固形分(%)(乾燥状態において)	25.0以上	18.5以上(無脂乳固形分)	28.0以上	25.0以上	95.0以上	95.0以上	95.0以上	95.0以上	95.0以上	95.0以上	70.0以上	50.0以上	―
乳タンパク質量	―	―	―	―	―	―	―	―	15.0以上80.0以下	―	―	―	―
乳脂肪分(%)	7.5以上	―	8.0以下(乳糖を含む)	―	25.0以上	―	50.0以上	―	―	―	18.0以上25.0以下(乳糖を除く)	―	―
糖分(%)	―	―	58.0以下(乳糖を含む)	58.0以下(乳糖を含む)	―	―	―	―	―	―	―	―	―
水分(%)	―	―	27.0以下	29.0以下	5.0以下	5.0以下	5.0以下	5.0以下	5.0以下	5.0以下	5.0以下	5.0以下	―
細菌数	0/g	0/g	5万以下/g	5万以下/g	5万以下/g	5万以下/g	5万以下/g	5万以下/g	5万以下/g	5万以下/g	5万以下/g	5万以下(1g当たり)	―[5]
大腸菌群[a]			陰性	陰性	陰性	陰性	陰性	陰性	陰性	陰性	陰性	陰性	―[5]
製造の方法の基準	容器に入れ115℃以上15分間以上加熱殺菌	無糖練乳に同じ				脱脂濃縮乳に同じ							保存性のある容器に入れ、120℃で4分間加熱殺菌するか、これと同等以上の殺菌効果を有する方法により加熱殺菌
備考	使用可能添加物は下記の通り。ただし、混合製剤の種類並びに混合割合につき厚生労働大臣の承認を受けた種類及び混合割合の添加物については、この限りでない。[*1]		しょ糖並びに脱脂粉乳中のたんぱく質量の調整のために使用される生乳、牛乳、特別牛乳、生山羊乳、殺菌山羊乳、脱脂乳、低脂肪牛乳、成分調整牛乳又は無脂肪牛乳から得られたものの混入については下記の通り。ただし、混合割合につき厚生労働大臣の承認を受けた加添加物については、この限りでない。[*2]		使用可能添加物は下記の通り。ただし、その種類並びに混合割合につき厚生労働大臣の承認を受けた種類及び混合割合の添加物については、この限りでない。[*3]						しょ糖並びに脱脂粉乳中のたんぱく質量の調整のために使用される生乳、牛乳、特別牛乳、生山羊乳、殺菌山羊乳、脱脂乳、低脂肪牛乳、成分調整牛乳又は無脂肪牛乳から得られたもの以外のものの混入については下記の通り。ただし、その種類につき厚生労働大臣の承認を得られたものの使用については、この限りでない。[*4]	乳(山羊乳を除く)又は乳製品の保存のためほか、その種類及び混合割合につき厚生労働大臣の承認を得た種類及び混合割合のもの以外には使用は禁止	常温保存可能品飲料の保存の基準に従って細菌数0を規定

a) B.G.L.B培地法
*1 塩化カルシウム、クエン酸カルシウム、クエン酸ナトリウム、炭酸水素ナトリウム、炭酸ナトリウム(結晶)、メタリン酸カリウム、メタリン酸ナトリウム、ポリリン酸カリウム、ポリリン酸ナトリウム(無水)、ピロリン酸四ナトリウム(結晶)、ピロリン酸二水素ナトリウム、リン酸三ナトリウム、リン酸三カリウム、リン酸水素二ナトリウム(結晶)、リン酸二水素ナトリウム(無水)、リン酸二水素ナトリウム(結晶)、リン酸二水素ナトリウム(無水)、リン酸二水素カリウム、単独又は組合せで製品1kgにつき3g(ただし、結晶にあっては無水換算)
*2 クエン酸カルシウム、クエン酸ナトリウム、メタリン酸カリウム、メタリン酸ナトリウム、炭酸水素ナトリウム、炭酸ナトリウム(結晶)、単独で使用して製品1kgにつき2g、組合せで製品1kgにつき3g(ただし、結晶にあっては無水換算)
*3 クエン酸三ナトリウム、炭酸水素ナトリウム、ピロリン酸四ナトリウム(結晶)、ポリリン酸カリウム、ポリリン酸ナトリウム(無水)、メタリン酸カリウム、メタリン酸ナトリウム、単独又は組合せで製品1kgにつき5g以下(結晶にあっては無水換算)
*4 クエン酸三ナトリウム、炭酸水素ナトリウム、ピロリン酸四ナトリウム(結晶)、ポリリン酸カリウム、ポリリン酸ナトリウム(無水)、メタリン酸カリウム、メタリン酸ナトリウム、単独又は組合せで製品1kgにつき5g以下(結晶にあっては無水換算)
*5 「発育し得る微生物 陰性」と規定

表4-1-4　発酵乳・乳酸菌飲料の成分規格等

成　分	発酵乳	乳酸菌飲料	乳酸菌飲料[*1]
無脂乳固形分(%)	8.0以上	3.0以上	3.0未満
乳酸菌数又は酵母数（1mL 当たり）	1,000万以上ただし、発酵させた後、75℃以上で15分間加熱するか、これと同等以上の殺菌方法で加熱殺菌したものはこの限りでない。	1,000万以上ただし、発酵させた後、75℃以上で15分間加熱するか、これと同等以上の殺菌方法で加熱殺菌したものはこの限りでない。	100万以上
大腸菌群[a]	陰　性	陰　性	陰　性
製造の方法の基準	原水は、飲用適の水とする。原料(乳酸菌、酵母、発酵乳及び乳酸菌飲料を除く)は保持式により63℃で30分間加熱殺菌するか、又はこれと同等以上の殺菌効果を有する方法で殺菌すること	原液の製造に使用する原水は飲用適の水であること。原液の製造に使用する原料(乳酸菌及び酵母を除く)は保持式により63℃で30分間加熱殺菌するか、又はこれと同等以上の殺菌効果を有する方法で殺菌すること。原液を薄めるのに使用する水等は、使用直前に5分間以上煮沸するか、又はこれと同等以上の効果を有する殺菌操作を施すこと	
備　考	糊状のもの又は凍結したものには防腐剤を使用しないこと	殺菌したものには、防腐剤を使用しないこと	

a) デソキシコレート培地法
*1 乳等を主原料とする食品

　現行の乳等省令は、「日本国憲法」が公布された翌年の昭和22年に「食品衛生法」が公布された後、昭和26年に制定された。制定当初は、乳および一部の乳製品（還元牛乳、乳飲料、粉乳類、練乳類など）が対象となっており、乳および乳製品を主要原料とする食品（クリーム、発酵乳、バター、チーズ、アイスクリームおよび乳酸菌飲料等）は一般食品として取り扱われていたが、昭和33年の改正により、これらの品目が乳等省令に移行され、現在の乳等省令に近いものとなった[1),2)]。その後も、平成30年までに数十回に及ぶ改正がなされ、現行の乳等省令では、「乳」10項目、「乳製品」27項目が定義されており、その「成分規格」ならびに分析方法、各製品の「製造方法」および「保存方法」の基準が定められている（表4-1-2〜4）。また、乳等省令には、近年、食品産業界で導入の進められているHACCP（Hazard Analysis and Critical Control Point）、ISO（International Organization of Standardization）22000シリーズ、FSSC（Food Safety System Certification）など、食品の安全を確保する衛生管理手法の基盤となる一般的衛生管理プログラムにあたる「乳などの総合衛生管理製造過程の製造又は加工の方法及びその衛生管理の方法の基準」、「乳などの器具若しくは容器包装又はこれらの原材料の規格及び製造方法の基準」等も定められている。

（4）「不当景品類及び不当表示防止法（景品表示法）」に基づく「公正競争規約」

　「公正競争規約」は、景品表示法の規定により、公正取引委員会及び消費者庁長官の認定を受けた事業者又は事業者団体（協議会）が、表示又は景品類に関する事項について設けた自主規

制である．これは，虚偽や誇大な表示の発生を未然に防止し，消費者が適正な商品を選択できるようにするとともに，公正な競争を確保することを目的としている．乳製品などに関する公正競争規約の運用機関には，「全国飲用牛乳公正取引協議会」，「はっ酵乳，乳酸菌飲料公正取引協議会」，「アイスクリーム類及び氷菓公正取引協議会」，「チーズ公正取引協議会」，「殺菌乳酸菌飲料公正取引協議会」，「マーガリン公正取引協議会」がある．

これらの協議会により定められた規約では，各製品に対して必要な一括表示の項目や，表示の位置，活字の大きさなどが細かく規定されている．また，表示に使用できる文言に関する規則なども定められており，例えば，牛乳に「特選」，「厳選」，「優良」などの文言を表示する場合には，無脂乳固形分8.5％以上および乳脂肪分3.5％以上，並びに細菌数10万/mL 以下および体細胞数30万/mL 以下」の生乳を使用し，事前に公正取引協議会が定めた生産者管理基準を提出し，かつ，その内容を工場の帳簿書類等で証明できることが条件とされている．また，牛乳にコーヒーを添加して製造される乳飲料は，古くは「コーヒー牛乳」などの商品名で販売されていたが，現在では，飲用乳のうち生乳を100％原料としていない場合には「牛乳」の文言を用いてはならないことが本規約によって定められているため，これらの製品に使用可能な文言である「ミルクまたは乳」のうち前者を用いて「ミルクコーヒー」，または「〇〇コーヒー」などの商品名で販売されるようになった．

このような細かな公正競争規約に基づいて正しく製造され，商品の中身について正しい表示がなされている製品には「公正マーク」が記されており製品の品質が担保されている．

〈参考文献〉 ＊ ＊ ＊ ＊ ＊
1) 森田邦雄：わが国の乳，乳製品の衛生規制の変遷，乳業技術，58巻(2008)
2) 足立達：乳等省令にみる主要乳成分定量法の歴史的展望，乳業技術，62巻(2012)

MEAT SCIENCE

- ■1章　食肉の利用の歴史と現状
- ■2章　食肉の科学
- ■3章　食肉のおいしさと栄養
- ■4章　食肉の保蔵と加工
- ■5章　食肉・食肉製品に係る法規と安全管理

1章　食肉の利用の歴史と現状

Section 1　■肉食の歴史と現状
〈若松純一〉

　わが国の肉食の歴史と消費動向

（1）　肉食の歴史

　雑食動物であるヒトは，門歯，犬歯および臼歯をもっている。また，ヒトは草食動物のように腸内細菌を利用して，植物体の主成分であるセルロースを分解するシステムや，植物からタンパク質を消化管内で大量に合成するシステムをもっていないが，肉食動物並みの強酸性の胃内でタンパク質を消化するシステムを保有している。これは，タンパク質含有量の高い動物性食品の摂取が，ヒトの生存に不可欠であることを意味する。また，植物にほとんど含まれないビタミン B_{12} や一部の ω-3系の脂肪酸が必須栄養素であることからも，ヒトにとって肉食が必須であるといえる。このため，地球規模で見れば，霊長類の一部が進化して肉食を獲得し，ヒトとなったと考えられる。

　わが国の肉食の歴史においては，仏教の影響を強く受けたため，古くから肉食がされていなかったといわれている。実際に仏教伝来から100年余り経った676年に「肉食禁止の詔（みことのり）」が発令され，食肉を食べることが禁じられた。しかし，この詔では，すべての肉食を禁じたわけではなく，牛・馬・犬・鶏および猿の肉を食するのを禁止しただけで，当時これら以上によく食べられた鹿やイノシシは禁止肉食に入っていなかった。また，禁止期間は4月から9月までの農耕期間に限定されていた。奈良時代から江戸時代まで，肉食していたことを示す痕跡が発見されたり，文献が残されたりしている。近江彦根藩の井伊家では，将軍家や老中などに味噌漬けにした牛肉を献上していた記録も残っている。肉食禁止令は何度か出されていたことからも，完全には守られずに，肉が食べられていたことが伺える。明治時代に入って，肉食が解禁され，日本人は肉を食べるようになったといわれているが，一般庶民に広がったのは，第二次世界大戦以降である。

（2）　食肉の消費動向

　わが国の食肉流通量は，図1-1-1に示すように1960年頃より1990年頃まで著しく増加し，近年も増加し続け600万トンを超えている。一方，国民1人，1日当たりの供給熱量は，1960年頃から現在まで2,500 kcal程度と一定である（図1-1-2）。しかし，食生活の中身は変化しており，食肉を含む畜産物と油脂類の供

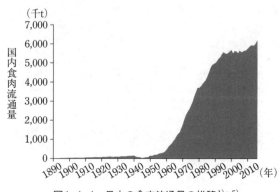

図1-1-1　日本の食肉流通量の推移[1)～5)]

給熱量は増え続け，それに伴って米の供給熱量が減ってきた。食品群別の摂取量の推移をみると(図1-1-3)，畜産物内では卵類は戦後から1970年頃まで，乳・乳製品は1990年頃まで増え続け，その後は概ね一定となった。一方，肉類は1975年頃まで急速に増えた後も，現在まで増え続けている。日本人が動物性タンパク質源として昔から食していた魚介類は，戦後しばらくは肉類よりも高い水準であったが，1995年頃より摂取量は減少し，2006年に肉類との摂取量が逆転して，その差は広がり続けている。日本人の肉類と魚介類の摂取量とその割合を図1-1-4に示す。日本人は肉類と魚介類を合わせて，1日に150 g程度を摂取

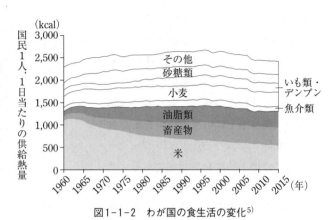

図1-1-2　わが国の食生活の変化[5]

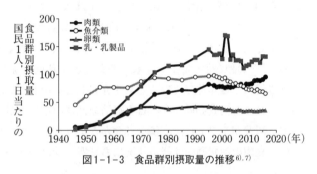

図1-1-3　食品群別摂取量の推移[6],[7]

し，乳幼児および高齢者を除くと，摂食量に世代間で大きな違いはない。摂取割合については，若い世代では肉類がおよそ7割を占めている。世代が上がるにつれて，肉類の摂取割合は低下するが，魚介類の摂取割合は，60歳以上の高齢者にならないと，50％を超えない。このように肉類は，現在の日本人の食生活において主要な食材の一つとなっている。

では，われわれ日本人はどのような食肉を食べているだろうか。厚生労働省の調べによると，日本人は平均すると1日におよそ95 g(2016年)の肉類を摂取し，豚肉が最も食べられてい

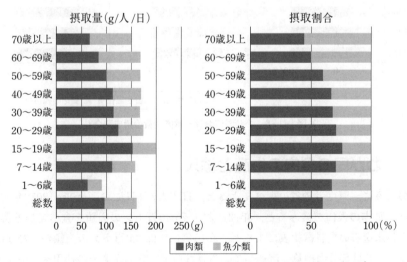

図1-1-4　国民1人，1日当たりの肉類・魚介類の摂取状況(2016年)[6]

る(図1-1-5)。鶏肉，牛肉と続き，その他の畜肉や鳥肉，内臓肉はごくわずかであり，豚・鶏・牛肉の3種類が大部分を占めている。肉の摂取には食習慣による地域性があり，東日本では豚肉を，西日本では牛肉や鶏肉を多く食べる傾向がある。一方，ハム・ソーセージなどの加工品は14%程度である。

食肉をどのように消費しているのか，農林水産省では畜種ごとの消費構成を算出している(図1-1-6)。肉として購入して主に家で消費する「家計消費」は，牛肉では減少し続けている。一方，豚肉や鶏肉の家計消費は1995年頃までは減少したものの，その後は増加した。豚肉における「加工仕向」のように，食肉製品の原料として一定量が消費されている。「その他(外食など)」は家計消費と加工仕向を除いたものであり，レストランなどでの外食以外に，近年伸びている惣菜や弁当などの中食(なかしょく，ちゅうしょく)も含まれている。これらの消費動向から，日本経済の低迷の中，家計消費では牛肉から比較的安価な鶏肉や豚肉に消費がシフトし，高価な外食からより安価な中食に変化したことがうかがえる。このように，食肉の消費動向は経済状況にも影響を受けやすい。

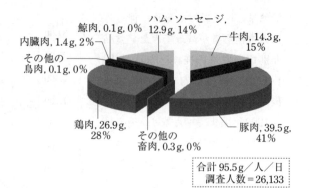

図1-1-5　国民1人，1日当たりの肉類の摂取量[7]

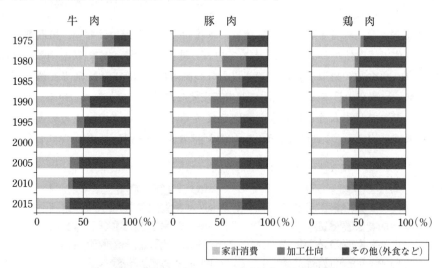

図1-1-6　わが国における食肉消費の構成割合[5]

2　わが国の食肉の生産と輸入

前述のように，厚生労働省の調べによると，日本人は1日におよそ95g(2016年)の肉類を食べている。日本の人口を鑑みると，年間におよそ440万トンの肉類を食べている計算になる。一方，農林水産省の食料需給表によると，2016年は年間620万トンの肉類が，わが国で流通されている。これは部分肉換算で流通している量なので，食品産業での使用や，廃棄分なども含まれている。わが国の肉類の需給と自給率の推移を図1-1-7に示す。自給率とは，国内の食料

消費が，国産でどの程度賄えているかを示す指標である。ほとんどの肉類は，1970年頃までは国産が占めていたが，その後輸入量が増えはじめ，1980年代後半から国内生産量の増加が

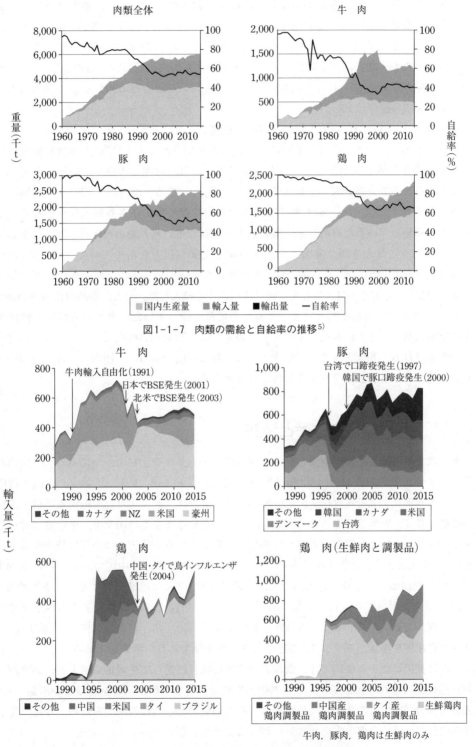

図1-1-7 肉類の需給と自給率の推移[5]

図1-1-8 各種肉類の国別・年度別輸入量の推移[8]

止まり，自給率が急激に低下した。牛肉では，1991年の輸入自由化に伴い，輸入量は著しく増加し，自給率は33％まで低下した。しかし，日本(2001)および北米(2003)での牛海綿状脳症(BSE)の発生による消費縮小や輸入停止により輸入量は激減し，自給率は現在では40％程度である。豚肉においても1980年代後半から国内生産量が減少し，輸入量は増加したため，2000年代まで自給率は低下して，現在は50％程度である。鶏肉も1980年代後半から国内生産量が減少したが，他の肉類とは異なり，2000年頃より国内生産量は再び増加した。このため，鶏肉の自給率は現在65％程度と肉類の中では最も高い。その他の肉類として羊肉は大部分が輸入で，国内自給率は1％未満しかない。

　各種肉類における国別の輸入量とその推移を図1-1-8に示す。牛肉では現在オーストラリアからが最も多い。前述のように2003年の北米(アメリカとカナダ)での牛海綿状脳症の発生により，北米からの輸入が停止されたが，2005年から部分再開と再停止，緩和がなされ，輸入量が回復してきた。豚肉では，90年代まで主な輸入元であった台湾は1997年の口蹄疫発生によって輸入禁止になった。2000年には韓国でも口蹄疫の発生により輸入禁止となり，その後も両国で頻発しているため現在まで輸入禁止が継続している。他の肉と比べて，分散して輸入しているようにみえるが，米国とカナダの北米で50％以上を占めている。鶏肉についても，急激に輸入量が増加したが，2004年に中国とタイで鳥インフルエンザが発生して生鮮鶏肉の輸入が停止し，しばらくは，ほとんどをブラジルから輸入した。一方，加熱殺菌済みの調製品についてはタイや中国から輸入できたため，不足量を補っていた。タイからの輸入停止が2013年に解除になり，徐々に回復している。このように，輸入元の疾病発症によっては，食肉の輸入が停止される。輸入食肉は国産食肉よりも一般に安価であるが，国内における食肉の安定供給のためには，さまざまなリスク管理が重要となる。

3　世界の食肉生産と消費

　食肉は世界各地で生産，消費され，世界的に見ても主要な食材の一つである。米国農務省が調べた世界主要国の食肉需給量(2015年)を表1-1-1，1-1-2，1-1-3に示す。牛肉は枝肉換算ベースで年間におよそ6,000万トンが世界中で生産され，アメリカ合衆国が生産量・消費量ともに最も多く，20％近くを占める(表1-1-1)。日本を除く多くの国々で，生産量に対して輸入量が少なく，自国での消費の大半を国内生産で賄えている。豚肉については枝肉換算ベースで年間に1億1,000万トン余りが世界中で生産され，およそ半分が中国で，およそ20％がEU内で，およそ10％がアメリカ合衆国で生産，消費され，この3地域でおよそ80％を占める(表1-1-2)。豚肉においても，日本を除く多くの国々で，自国での消費の大半を国内生産で賄えている。鶏肉では，年間におよそ9,000万トンが世界中で生産，消費されている(表1-1-3)。アメリカ合衆国や中国，ブラジル，EUが大きな生産地であり，消費地である。

　急速に発展している中国では，食肉の消費量の成長に対して生産量の増大が追いつかず，近年急速に輸入量が増加している。世界中の生産量に対する輸出量の割合はどの肉類でも低く，価格高騰の要因でもある。食肉の消費は，経済の発展とともに増加するため，今後，発展途上国の成長に伴い，食肉の需要は大いに増えることが予想される。

表1-1-1　世界の牛肉需給量(2015)[9]　（千t）

	生産量	輸入量	消費量	輸出量
EU	7,684	363	7,744	303
ロシア連邦	1,355	621	1,966	10
中国	6,700	663	7,339	24
インド	4,100	0	2,294	1,806
日本	491	707	1,186	2
オーストラリア	2,547	13	735	1,854
カナダ	1,045	280	929	390
アメリカ合衆国	10,817	1,529	11,276	1,028
メキシコ	1,850	175	1,797	228
ブラジル	9,425	61	7,781	1,705
アルゼンチン	2,720	0	2,534	189
その他	10,986	3,249	12,296	1,997
合　計	59,720	7,661	57,877	9,536

数量は枝肉換算ベース

表1-1-2　世界の豚肉需給量(2015)[9]　（千t）

	生産量	輸入量	消費量	輸出量
EU	23,249	12	20,872	2,389
ロシア連邦	2,615	408	3,016	7
中国	54,870	1,029	55,668	231
ベトナム	2,475	2	2,550	30
日本	1,254	1,270	2,568	2
大韓民国	1,217	599	1,813	3
フィリピン	1,370	175	1,637	1
カナダ	1,899	216	992	1,239
アメリカ合衆国	11,121	506	9,341	2,272
メキシコ	1,323	981	2,176	128
ブラジル	3,519	1	2,893	627
その他	5,702	1,519	6,617	307
合　計	110,614	6,718	110,143	7,236

数量は枝肉換算ベース

表1-1-3　世界の鶏肉需給量(2015)[9]　（千t）

	生産量	輸入量	消費量	輸出量
EU	10,890	936	10,442	1,178
ロシア連邦	3,600	249	3,804	71
中国	13,400	268	13,267	401
インド	3,900	0	3,892	8
日本	1,413	939	2,321	9
タイ	1,700	4	1,090	622
アメリカ合衆国	17,971	59	15,094	2,867
メキシコ	3,175	790	3,960	5
ブラジル	13,146	4	9,309	3,841
アルゼンチン	2,080	1	1,894	187
その他	17,661	5,342	22,087	1,069
合　計	88,936	8,592	87,160	10,258

数量は骨付き可食処理ベース

〈参考文献〉　＊　＊　＊　＊　＊

1) 農林水産省：農林省統計表
2) 農林水産省：食肉流通統計
3) 農林水産省：鶏卵食鳥流通統計
4) 農林水産省：畜産物流通統計
5) 農林水産省：食料需給表
6) 国立健康栄養研究所：国民栄養の現状
7) 厚生労働省：平成28年度国民健康・栄養調査報告
8) 財務省：貿易統計
9) USDA：Livestock and Poultry：World Markets and Trade

Section 2 ■食肉の生産動物 〈島田謙一郎〉

　食肉の生産動物とは，家畜・家禽のなかで食肉生産の目的に特化している動物を指している。ここでいう家畜・家禽とは「人間が利用する目的で飼養し，その管理下で繁殖可能な動物」[1]と定義されているため，量的には少ないが，狩猟により得られた動物からも，広義の食肉として利用されている。このような食肉のことをゲームミート(game meat)とよんでいる。また一方で，フランス料理にあるジビエ料理のジビエ(gibier)とは「(狩猟の)獲物」という意味から，近年わが国でも野生動物から得られる食肉をジビエ(あるいはジビエミート)とよぶことがある。さらに，イノシシや鹿などの野生動物以外に特用家畜という用語がある。特用家畜とは，牛，豚，鶏の主要な家畜・家禽以外で，乳，肉，卵，蜂蜜，毛皮などの生産物を利用する動物のよび名として使われる。したがって，通常，われわれが食肉として利用する動物には，家畜・家禽，特用家畜および野生動物に分けることができる。しかし，世界で生産される豚肉，鶏肉，牛肉および羊肉の生産量の総量は，2014年FAOSTAT統計によれば総食肉生産量の約9割を占める[2]。同じく2014年FAOSTAT統計や第90次農林水産省統計によると日本でも鶏肉，豚肉および牛肉の生産量の総量だけで，国内総食肉生産量の約99.9%を占める[2),3)]。

 牛

　牛は利用目的ごとに品種を分類すると，乳用種，肉用種，役用種，兼用種に分けられるが，現在では役用や兼用として用いられることがほとんどないために，乳用種と肉用種となる。本書では肉用種を日本国内における肉用牛の分類(図1-2-1)に合わせて説明する。

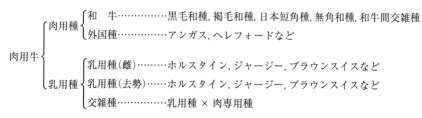

図1-2-1　日本国内の肉用牛の分類

(1) 肉用種

　肉用種には，日本在来牛に外国種を利用して肉専用種として改良された「和牛」と，外国種の肉専用種(外国肉専用種)が存在する。農林水産省によるガイドラインにより和牛と表示できる牛肉は，「黒毛和種，褐毛和種，日本短角種，無角和種の4品種と，これら4品種間の交雑種，及びこれら5品種間の交雑種の牛で，国内で出生・飼養され，これらを指定家畜登録機関等で証明できるものでなければならない」と定められている。国内で生産される和牛のうち大部分(98%)を黒毛和種が占めるため，残りの3品種を地方特定品種とよぶことがある。

① 和牛

〈黒毛和種〉　中国地方(兵庫，広島，岡山，島根，鳥取など)の地方在来種と，1900年頃から導入されたブラウンスイス種，ショートホーン，デボン種などの外国種と交雑され，1912年に「改良和種」が成立した。1944年に固定した品種とみなして，改良和種から黒毛和種，褐毛

和種，無角和種とされた。全国和牛登録協会は1948年に発足し，一元的に管理している[4]。被毛は黒く，わずかに褐色を帯びている。特徴として外国種に比べて増体性は劣るが，枝肉歩留は良好で，最大の特徴は脂肪交雑の高い「霜降り」牛肉をつくり出すことである。さらに不飽和脂肪酸の割合が高く，脂肪融点が低いことが特徴である[5]。

〈褐毛和種〉　原産地は熊本県と高知県であり，熊本系は朝鮮牛を起源とする在来の肥後褐牛にシンメンタール種を交雑して改良された。一方，高知系は朝鮮牛を主に交配して作出したために，朝鮮牛の血液が濃いとされる[2]。被毛は黄褐色から赤褐色で，高知系褐毛和種の体格は黒毛和種と同程度であるが，熊本系褐毛和種はやや大型の体格である[5]。主産地は熊本県と高知県だが，近年では北海道，東北地方などでも飼育されている。肉質等級は黒毛和種に次いでよく，増体能力は黒毛和種よりも優れている。読み方は注意が必要である。

〈日本短角種〉　北東北（旧南部藩領）で役畜として飼育されていた南部牛に乳用ショートホーン種，肉用ショートホーン種を交配して作出された短角種が岩手県，秋田県，青森県でそれぞれ登録されていたのを，1957年に統一して日本短角種登録協会が設立された。特徴は泌乳量が多く母性が優れており，親子で放牧しても子牛を育成でき，放牧特性に優れている。ただ，霜降り牛肉の生産には不向きで，脂肪含量が低い。

〈無角和種〉　山口県の地方在来種にアバディーン・アンガス種の純粋種や交雑種を交配して作られ，1924年に登録が開始，1944年に無角和種として認定された。登録は全国和牛登録協会が行っている。現在は，約200頭弱しか飼育されていないため，品種の維持が困難な状況に陥っている。

② 外国肉専用種（外国種）

海外で確立した肉専用の品種で，アバディーン・アンガス種（Aberdeen Angus），ヘレフォード種（Hereford），肉用ショートホーン種（Beef Shorthorn），シャロレー種（Charolais），リムジン種（Limousin），サレール種（Salers），マレー・グレー（Murray Grey）などが存在する[4],[6],[7]。これらの外国種のなかで，現在国内で飼養されている頭数が多いのはアバディーン・アンガス種で，他は非常に少ない。

（2）乳用種

① 乳用種（雌，去勢）

乳用種は大部分がホルスタイン種であり，一部にジャージー種やブラウンスイス種がある。乳用種のうち食肉として利用されるのは，去勢した雄を肥育するのが主流で，現在は国産若牛などとよび，概ね24か月以内に出荷されている。さらに14か月程度で出荷されるものは，イアリングビーフという。以前は，チーズ用の凝乳酵素（レンネット）採取を目的に，雄仔牛を代用乳のみで3か月程度で仕上げるホワイトヴィールとよばれる哺乳仔牛肉（英語ではミルクフェドヴィール）もあったが，輸入品や代替品に置き代わり，現在はほとんど国内で生産されない。産乳能力が低下した雌は，乳廃牛あるいは経産牛として食用に利用されるが，一般に肉色が濃くてかたいために，ほとんどは挽き材などなり，牛肉加工品の原料として利用される。

② 交雑種

乳用種雌牛に肉専用和種（和牛）雄牛を交配して生産されるF1のことを交雑種とよぶ。一般に，乳用種雌牛にはホルスタイン種を，肉専用和種雄牛には黒毛和種を使用した交雑種が多

く，肉生産が主目的である．交雑種は雑種強勢(ヘテローシス)効果を期待でき，これにより肉専用和種よりも成長が速く，乳用種よりも肉質が優れていると期待できる．酪農家はホルスタイン子牛よりも高値で販売できるメリットがある．

前述のように，和牛間交雑種は和牛に分類されるため，交雑種とはよばない．

2 豚

豚の家畜化は約9,000年前にさかのぼり，家畜化された地域はヨーロッパ，中近東，中国東部および東南アジアと広汎である．そのため現在，在来種541品種，各地域内で広域に流通している25品種，国際的に流通している33品種を合わせて計599品種が確認されている．豚はラードタイプ(脂肪型)，ミートタイプ(精肉型)，ベーコンタイプ(加工型)のように用途別に分けることができる．豚の主な品種としては英国品種である大ヨークシャー種(ラージホワイト)，中ヨークシャー種，バークシャー種，ヨーロッパ品種としてはランドレース種，北米品種としてはデュロック種，ハンプシャー種などがある．他にアジア品種として梅山豚(メイシャン)，金華豚(ジンファ)などもある．

日本では明治維新後1900年に中ヨークシャー種，バークシャー種が導入されて以来，戦前は主にこの2品種が主要な品種であった．それぞれの毛色から白豚(中ヨークシャー種)，黒豚(バークシャー種)とよばれた．1960～1961年にかけて欧州やアメリカからランドレース種，大ヨークシャー種，ハンプシャー種，デュロック種などの大型種の導入が本格的に始まった[8]．雑種強勢効果を発揮させるための交雑豚を用いた肉豚生産が中心となり，大ヨークシャー種の雌にランドレース種の雄を交配した一代雑種が用いられるようになった．さらに現在の豚肉生産システムは3品種の交雑(三元交配)が多く，代表的なものとしてランドレース雌豚(L)に大ヨークシャー雄豚(W)を交配して得られた雑種第1代雌豚(LW)に止雄(とめおす)としてデュロック種(D)を交配して三元交配した肉豚(LWD)の生産があげられる．他に，デュロック種(D)の代わりにハンプシャー種(H)を交配したLWHもある．このように現在の豚肉生産は，純粋種ではなく雑種の利用が多い．ただし，日本国内で黒豚表記するためにはバークシャーの純粋種でなければならないとされている．育種会社により作られた合成品種であるハイブリッド豚があり，ハイポ，デカルブ，ケンボロー，バブコック，コツワルドなどがある．トウキョウXなどのように北京黒豚，デュロック種，バークシャー種などから基礎集団を作り，この基礎集団から筋肉内脂肪で選抜された系統豚などもある[5),8)]．

3 鶏

鶏はセキショクヤケイ(野鶏)を家畜化したもので，用途により卵用種，卵肉兼用種，肉用種，愛玩用種に分けることができる．さらに，国内では生産方式により採卵鶏(これを廃用した廃鶏)や肉用鶏(このうち，ふ化後3か月未満のものは肉用若鶏とよぶ)という呼び名がある．肉用鶏としては，肉専用種と卵肉兼用種，地鶏が用いられる．現在では効率的生産のために，育種改良された肉専用種が市場の多くを占めている．肉専用種は一般にブロイラーとよばれ，49日齢前後で，体重は雄で3.1 kg，雌で2.5 kg以上に達して出荷される．父系として白色コー

ニッシュ種を，母系に白色プリマスロック種を用いた交雑種が一般的である[9]。現在，国内で流通している主なブロイラーは，英国のチャンキー社，米国のコッブ・バントレス社，フランスのハバード社が開発したチャンキー種，コッブ種，ハバード種が大半を占め，種鶏会社名の付いた品種名でよばれている。卵肉兼用種には，横斑プリマスロック種，ロードアイランドレッド種などがあり，採卵鶏に比べて産卵率は劣るが，産卵率は比較的高く，産肉性も有する特徴をもっている[9]。

わが国で作出された品種を日本鶏とよび，40数品種がある。このうち地鶏，軍鶏(シャモ)，小国鶏(ショウコクケイ)，矮鶏(チャボ)，烏骨鶏(ウコッケイ)，声良鶏(コエヨシケイ)，比内鳥(ヒナイドリ)，蜀鶏(トウマル)，蓑曳鶏(ミノヒキドリ)，河内奴鶏(カワチヤッコウ)，黒柏鶏(クロカシワケイ)，土佐のオナガドリ，東天紅鶏(トウテンコウケイ)，蓑曳矮鶏(ミノヒキチャボ)，鶉矮鶏(ウズラチャボ)，地頭鶏(ジトッコ)および薩摩鶏(サツマドリ)の17品種は天然記念物に指定され，土佐のオナガドリはその後，特別天然記念物に指定されている。天然記念物の地鶏には土佐地鶏，三重地鶏，岐阜地鶏および岩手地鶏が含まれる。地鶏は，地元の鶏という意味で江戸時代から使われ，地元の地名を冠にした品種で，国内では比内鶏や名古屋などの在来種(明治時代までに国内で成立し，または導入され定着した品種で38種)のことを元々指していた。日本農林規格(特定JAS)において，在来種(表1-2-1)を100％とし，在来種でない品種を0％としたとき，交配した品種にあっては両親のそれぞれの在来種由来血液百分率の1/2の値を合計した値が50％以上で，出生の証明できるものを地鶏の素びなとすると定義され，飼育方法も厳しく規定されている(表1-2-2)。

表1-2-1 日本農林規格により定義された在来種

会津地鶏　伊勢地鶏　岩手地鶏　インギー鶏　烏骨鶏　鶉矮鶏　ウタイチャーン　エーコク
横斑プリマスロック　沖縄髭地鶏　尾長鶏　河内奴鶏　雁地鶏　岐阜地鶏　熊本種　久連子鶏
黒柏鶏　コーチン　声良鶏　薩摩鶏　佐渡髭地鶏　地頭鶏　芝鶏　軍鶏　小国鶏　矮鶏
東天紅鶏　蜀鶏　土佐九斤　土佐地鶏　対馬地鶏　名古屋種　比内鶏　三河種　蓑曳矮鶏
蓑曳鶏　宮地鶏　ロードアイランドレッド

表1-2-2 日本農林規格による地鶏肉の生産方法の定義

事 項	基 準
素びな	在来種由来血液百分率が50％以上のものであって，出生の証明(在来種からの系譜，在来種由来血液百分率及びふ化日の証明をいう)ができるものを使用していること
飼育期間	ふ化日から75日間以上飼育していること
飼育方法	28日齢以降平飼いで飼育していること
飼育密度	28日齢以降1㎡当たり10羽以下で飼育していること

他に「銘柄鶏」があり，日本食鳥協会により「銘柄鶏とは，わが国で飼育し，地鶏に比べ増体に優れた肉用種といわれるもので，通常の飼育方法(飼料内容，出荷日令など)と異なり工夫を加えたものをいう」と定義されている。これは肉専用種(ブロイラーや地鶏の定義に満たない交配種)の雛を用い，特有に飼料原料を用いる飼養管理方法や，地域農産物資源の給与，または出荷日齢の延長など飼養方法に特徴をもって生産されるものを指し[7]，国産地鶏・銘柄鶏ガ

イドブック2017によれば，全国に地鶏62銘柄，銘柄鶏115銘柄が存在する[10]。

4　緬羊

　羊は野生羊から最も古く家畜化したもので，原種の候補はアジアムフロン，ヨーロッパムフロン，ウリアルおよびアルガリの4種類があげられる[11]。羊の種類は現在，世界各地の在来種およびその交雑種を合わせると1,000種以上といわれている。分類は生物学的な種以外に用途や生産地域，生産国などによる分類などがあるが，産地と地勢による分類では，大きくはヨーロッパ種(イギリス種，フランス種，ドイツ種，オランダ種，フィンランド種など)，アジア種(中東種，インド・パキスタン種，中国種，蒙古種など)，アフリカ種，アメリカ種(北アメリカ種，南アメリカ種など)，さらにイギリス種を主体に改良されたオーストラリア種，ニュージーランド種などと分類される。また，国内種に対して外国種という分類をすることもある。用途による分類では，毛用種，毛肉兼用種，肉用種，乳用種，毛皮用種およびその他に分けられる。肉用種としては，サフォーク種，サウスダウン種，ロムニー・マーシュ種，チェビオット種など，毛肉兼用種としては，ポール・ドーセット種，フィニッシュ・ランドレース種などがある[12]。国内ではサフォーク種が最も多く飼養されているが，現在，国内で消費される羊肉の99％以上がオーストラリアおよびニュージーランドからの輸入に頼っている状態にある。国内では一般に1歳未満で，と畜した子羊肉のことをラム肉と称し，1歳以上で，と畜した羊肉をマトンと称している[12]。オーストラリアでは年齢だけでなく永久門歯の数も組み合わせて，ラム(0本，約0〜12か月齢)，ホゲット(1〜2本，約10〜18か月齢)，マトン(1〜8本，約10か月齢以上)の3タイプに分類されている[13]。さらに，ラムのなかで，2か月齢未満をミルクラム，3〜4か月齢未満をスプリングラムと称して，差別化して出荷している。ただし，それぞれの定義は国ごとに異なるケースもある。

5　馬

　農林水産省の畜産物流通統計によると，平成28年度(2016年度)における馬のと畜頭数は10,240頭，枝肉生産量は3,670トンであり，食肉生産全体に占める馬肉生産の割合はきわめて小さい(0.2％未満)[14]。馬肉の生産地としては熊本県が1,297トンと最も多く，全体に占める生産量の35.3％となり，福島県，青森県，福岡県の合計が48.9％を占めている。これら4県の合計で84％を占め，地域は限定されている。戦前は，軍馬として，戦後は農業機械が発達するまでは農用馬としての役割が多かったが，現在では乗馬，競走馬，肥育馬などとして飼育されている。日本では戦前の馬政局が定めた分類として重種，軽種，中間種および在来馬があった。重種とはブルトン種やペルシュロン種，ベルジャン種など体格の大きなばんえいを主とした品種で，軽種とはサラブレッド種やアラブ種など乗馬用に作られた品種，中間種には乗馬と兼用種であるアングロノルマン種などで，在来馬には北海道和種馬，木曽馬，御崎馬，トカラ馬，対州馬，野間馬，宮古馬および与那国馬の8品種が定められている[15]。これらのうち，どの品種も食肉生産用に品種改良されたものはないが，現在国内で重種のブルトン種，ペルシュロン種およびベルジャン種などを3元交配したブルペルジャンとよばれる重種も生産されてい

る。馬の生産地はいずれの品種も北海道が多いが，生体のまま九州に運ばれて，そこで肥育されて熊本でと畜されるケースが多い。馬肉は馬刺しや桜鍋などの食べ方がよく知られている。以前は午前中にと畜され，その日のうちに馬刺しとして食べられることが多いといわれていたが，平成21年6月から平成23年3月までに厚生労働省が実施した全国調査により馬刺しからザルコシスティス・フェアリーの寄生が見つかり，食中毒の原因物質と認定されたために，と畜して得られた馬肉は一定の冷凍処理（例えば，−20℃（中心温度）で48時間以上など）が義務付けられた。したがって，以前のように，と畜当日に食べる馬刺しはなくなった。

6 その他

　上述以外に肉利用される動物としては，山羊，七面鳥，アヒル，合鴨，キジ，ウズラなどがある。さらに近年，国内に導入されたものとしてはダチョウやエミューなどがある。山羊は，羊と同様に世界には多数の品種が存在するが，国内では在来小型品種（シバヤギ）が存在し，明治以降に導入された乳用のザーネン種を元に日本ザーネン種が作出された。さらに沖縄では日本ザーネン種と沖縄在来ヤギに累進交配して「沖縄肉用ヤギ」を作出している[16]。山羊の消費地は，沖縄県を中心とした南西諸島に限定する特徴を有している。アヒルはガンカモ科のカモ属に分類され，マガモを家禽化されたものである。品種としては北京種，菜鴨（ツァイヤ），大阪アヒルなどが肉用とされている。アイガモは野生のマガモとアヒルの交雑種である。いずれも生物学的にはマガモの一種であるため，呼び名は慣例である。大阪ではアヒル肉を合鴨肉とよんでいたこともあり，アイガモ肉とアヒル肉の区分は難しい。ただ，関東では明治時代から，家禽化または飼いならされていた鴨類を「相（アイ）」または「相鴨」とよび，野性の鴨類を「本鴨」とよんで区分していたそうである。現在は複数ある漢字表記のなかで「合鴨」が使われるようになっている[17]。ダチョウは長野県，北海道，鹿児島県などに導入され，卵，羽根，肉利用および観光資源として一時的に生産者の数や生産量が伸びたが，現在は，長野県や鹿児島県などで取り組みが続いている。エミューについては，網走市にある東京農業大学生物産業学部で取り組んでいる。

　野生動物としては鹿やイノシシの肉利用があげられる。いずれも日本では肉食が禁じられていた時代でも食べられてきた。日本に生息するニホンジカには7つの亜種が存在する。北海道に生息する亜種の一つであるエゾシカは，1990年代後半から個体数が急激に増加し，農業や林業に大きな被害を与えている。さらに人間の生活圏に餌を求めて進出することで，人間との事故などが増えている。個体数の管理のため間引きしたエゾシカの有効利用として角，皮革，肉利用などが検討され，北海道ではエゾシカに対する条例を設けて利用を含めた対策を実施している。現在ではエゾシカ肉がスーパーマーケットなどで購入できるような状態にまでなっている。また，近年は北海道だけではなく本州の広い範囲で，鹿が爆発的に増加して農林業などに多大な被害を与えるようになり，北海道を参考にした取り組みが全国的に広がっている。

　一方，イノシシにはニホンイノシシ，リュウキュウイノシシが存在し，大部分はニホンイノシシである。鹿と同様に，農林業に被害を与えるため，ジビエ人気もあって肉の利用が進んでいる。

〈参考文献〉　＊　＊　＊　＊　＊

1) 田先威和夫：「新編　畜産大事典」p.1-14, 養賢堂(1996)
2) FAOSTAT 統計(2014), http://www.fao.org/faostat
3) 第90次農林水産省統計表(2014), http://www.maff.go.jp/j/tokei/kikaku/nenji/90nenji
4) 肉用牛研究会　入江正和, 木村信熙監修：「肉用牛の科学」p.23-30, 養賢堂(2015)
5) 扇元啓司, 韮澤圭二郎, 桑原正貴, 寺田文典, 中井裕, 杉浦勝明：「最新畜産ハンドブック」p.13-68, 講談社(2014)
6) 善林明治：「ビーフプロダクション　牛肉生産の科学」p.191-208, 養賢堂(1994)
7) 岡田光男編：「肥育のすすめ―牛肥育の理論と技術―」p.53-78, チクサン出版(1991)
8) 鈴木啓一：「シリーズ＜家畜の科学＞2　ブタの科学」p.1-9, 朝倉書店(2014)
9) 古瀬充宏：「シリーズ＜家畜の科学＞4　ニワトリの科学」p.1-16, p.39-46, 朝倉書店(2014)
10) 日本食鳥協会編：「日本地鶏・銘柄鳥ガイドブック2017」一般社団法人日本食鳥協会(2017)
11) 正田陽一編：「品種改良の世界史・家畜編」p.257-292, 悠書館(2012)
12) 田中智夫：「シリーズ＜家畜の科学＞5　ヒツジの科学」p.1-29, p.113-118, 朝倉書店(2014)
13) MLA 豪州食肉家畜生産者事業団：「オージー・ビーフ＆ラムカッティングマニュアル」p.67, MLA 豪州食肉家畜生産者事業団(2011)
14) 畜産物流統計, http://www.e-stat.go.jp
15) 近藤誠司：「シリーズ＜家畜の科学＞6　ウマの科学」p.1-17, 朝倉書店(2014)
16) 中西良孝：「シリーズ＜家畜の科学＞3　ヤギの科学」p.20-23, 朝倉書店(2014)
17) 新版特用畜産ハンドブック編集委員会：「新版特用畜産ハンドブック」p.165-183, p.189-196, 社団法人畜産技術協会(2007)

Section 3　■生体から枝肉へ　　〈若松純一〉

食肉は，狭義では家畜・家禽の骨格筋に，広義では骨格筋に加えて可食の体組織に由来する。消費者が食べることのできる食肉(精肉)は生体重の30～40％程度を占め，生きたままの個体から採取することはできない。このため，食用に適した方法でと畜・と鳥ならびに解体が行われ，精肉となる。一般的なと畜から精肉工程における量的変化を図1-3-1に示す。

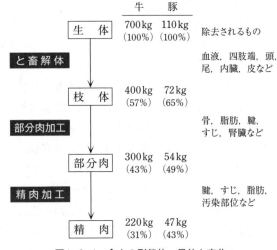

図1-3-1　食肉の形態的・量的な変化

1　と畜，と鳥

(1)　獣畜のと畜[1]

食用に供するために行う獣畜の処理を「と畜」といい，安全かつ公衆衛生の観点から，わが国では「と畜場法」により厳しく制限されている。対象となる獣畜は，牛，馬，豚，緬羊および山羊である。食用に供する目的で獣畜をとさつし，または解体するために設置された施設を「と畜場」といい，都道府県知事(または保健所を設置する市においては市長)の許可を受けて設置したと畜場でと畜しなければならない。また，と畜場においては，都道府県知事の行う検査，すなわち後述の「と畜検査」を経た獣畜以外の獣畜をとさつ，解体ならびにと畜場外に持ち出しすることができない。と畜検査は「生体検査」，「解体前検査」および「解体後検査」からなり，と畜検査に合格したもののみが，食肉として市場に流通できる。と畜工程において，獣畜に多大なストレスを与えると，肉質に悪影響を与えるため，細心の注意が払われている。一般的な，と畜解体の工程を図1-3-2に示し，各工程を以下に概説する。

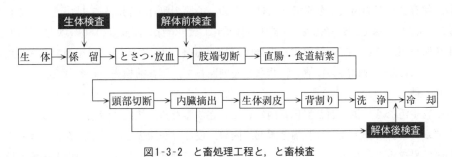

図1-3-2　と畜処理工程と，と畜検査

① 係留

農家から出荷された獣畜は，と畜場までの輸送によって，ストレスを受けて疲労している。このような獣畜を直ちに，と畜すると肉質に悪影響を及ぼすため，待機させて休養を与える必要がある。この待機工程を「係留」という。大規模なと畜場では，午前中に搬入された獣畜は当日の午後に，午後に搬入された獣畜は翌日午前に，と畜されることが多い。係留中に家畜の

体表面に付着した糞尿などを洗浄し，生体検査が行われる。係留の間，エサの給餌は行われないが，給水は行われる。豚では水シャワーをかけて，落ち着かせることもある。

② スタニング

係留後に獣畜は処理室に移され，スタニング(失神)と放血が行われる。この2つの工程を合わせて，と畜場法上では「とさつ」という。処理室までの誘導は，獣畜が自ら歩いて移動するが，嫌がる家畜もいるため，ストレスを与えて興奮しないように追い込む必要がある。豚などでは，自ら歩かなくて済むように腹乗せコンベアなどに乗せ，過度のストレスを低減させることもある。これは放血時の保定の役割にもなる。

動物の痛みや苦痛を除き，動物愛護の観点，さらには暴れた動物からの作業従事者の安全性確保のために，保定した獣畜をスタニングし，無意識・無感覚状態にしてから放血を行う。スタニングは，以下の3つの方法が主に用いられる。

打額方式：主に，牛や馬などの大動物に用いられる。ボルトピストル(と畜銃)を用いて，前額部(両側の角と反対側の眼を結ぶ交点)を強打して失神させる。

電撃方式：豚で用いるスタニング法で，後頭部や耳根部に電撃を与える接額器を圧着して脳内に通電して失神させる。通電時間は電圧や電流により異なるが，3～5秒程度と短時間である。設備費もかからず処理能力も高いので，わが国では最も普及している。

炭酸ガス麻酔方式：1頭または数頭ずつの豚をゴンドラに乗せ，床下にある高濃度(70～80%程度)の炭酸ガス槽に2分間程度降ろして曝露させ失神させる。設備費が高いため，わが国では大規模施設にわずかに導入されているが，全身麻酔のように意識を失うので，欧米では動物愛護の観点から広く用いられている。EUでは炭酸ガス濃度は90%程度が望ましいとされているが，内臓が暗く変色するため，わが国では低めの濃度に設定されている。

③ 放　血

スタニングされた獣畜は，直ちにステッキング(喉刺)が行われ放血される。打額方式や炭酸ガス麻酔方式の場合，直ちに後肢で吊るされた後，ステッキングが行われて放血する。電撃方式の場合はスタニング直後にステッキングを行い，その後，後肢で吊るして放血する。ステッキングでは前頸部から心臓上部の動脈の集中しているところを切開する。残存血液は見た目や風味，保存性などの肉質に悪影響を及ぼすため，心臓の動作を利用して排出され，放血量は牛で3.5～4.2%，豚で2.5～3.5%(いずれも体重比)で，全身の血液量の60%以上が放血される。食用や医療用原料として，採取する場合は自動採血機(ナイフチューブ)を用いて衛生的に採取される。この際，放血時の血液の性状などを判断して，解体前検査が行われる。

④ 解　体

微生物や汚れは，体表面と消化管内に特に存在するため，枝肉に汚染しないように，解体する必要がある。解体工程では肢端と頭部，内臓，皮などが除去されるが，畜種によって除去する順序は異なることがある。牛では，肢端を切除して剥皮をした後に，頭部と内臓が除去されることが多い。豚では，肢端と頭部を切除し，内臓を摘出した後，剥皮される。

肢端は，前肢では手根骨と中手骨との間を，後肢では足根骨と中足骨との間を，フットカッターなどを用いて切断する。内臓を摘出する前には，消化管内容物が漏出して枝肉に付着しないように，下顎から舌と食道と気管を取り出して食道を結紮し，自動肛門結紮機などを用いて肛門周囲を切って直腸を結紮する。この時点で頭部を頸椎から切除することが多い。両脚アキ

レス腱に股鉤（又鉤，またかぎ）やトロリーをかけて懸吊（けんちょう）して，正中線に沿って胸腹部を切開して内臓を摘出する。内臓類は鮮度が落ちやすいので，迅速に処理することが必要である。

剥皮はエアーナイフ（デハイダー）や皮剥機（スキンナーやダウンプーラーなど）を用いて行うことが多い（皮剥ぎ法）。海外や国内の一部では，豚と体を60℃前後の温水もしくは飽和蒸気内に数分間通して毛根を開かせ，脱毛機を用いて毛と表皮のみを除去して（湯剥ぎ法），皮付きで流通するものもある。この程度の加熱では肉までは加熱されない。

汚れた枝肉を洗浄した後，正中線に沿って半分に分割（背割り）する。背割りされた枝肉は半丸枝肉とよばれ，取引単位とすることが多い。洗浄と整形された枝肉（半丸枝肉）は，解体後検査の1つの枝肉検査を受け，認められた枝肉が食肉として流通できる。切除された頭部と内臓も，解体後検査の頭部検査と内臓検査を受け，合格したものは食用や加工用に供される。

⑤ 冷 却

と畜解体直後の枝肉（温と体枝肉）の内部温度は40℃程度である。微生物の増殖を抑えるためには，速やかに冷却する必要がある。枝肉の中心温度が5℃以下になるまでの所要時間は，大きさや脂肪の付着程度，冷蔵庫の能力などによるが，牛枝肉では48時間程度，豚枝肉では24時間程度を要する。冷却の間に，骨格筋の死後硬直が完了し，水分蒸発やドリップ損失により，枝肉の重量は2〜3.5％程度減少する。冷却後の枝肉を「冷と体枝肉」という。

（2） 食鳥のと鳥（食鳥処理）

鶏などの食鳥を，食用に供するために行う処理を「と鳥」または「食鳥処理」という。わが国では，昔から家庭で食用に鶏を捌く習慣があったため，獣畜とは異なり，家庭などでと鳥することは認められているが，営業のための食鳥のと鳥については「食鳥処理の事業の規制及び食鳥検査に関する法律（通称：食鳥検査法）」により規制されている。

食鳥処理場での一般的な処理工程および，後述の食鳥検査は図1-3-3の通りで，作業ラインによって工程は前後することもある。

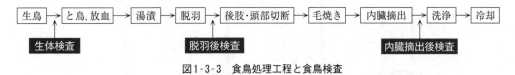

図1-3-3　食鳥処理工程と食鳥検査

生鳥受入後，生体検査が行われるが，獣畜のように長時間の係留は行われない。大規模な食鳥処理場では後肢で懸鳥して，全自動のラインでと鳥解体する。獣畜と同様に電撃方式や炭酸ガス麻酔方式でスタニングが行われることがある。胸部にそ嚢があり，消化管内容物の汚染を防ぐため，獣畜のように心臓付近の血管ではなく，頸部の動脈を切って放血する。十分放血が行われた後，羽毛を抜けやすくするため，60℃前後のお湯に1分間程度湯漬され，直ちに脱羽する。脱羽は，ゴムの棒状の突起が内壁に多数取り付けられたドラムピッカー（脱羽毛機）内で1分間程度回転させて，摩擦で羽毛を除去する。頭部と後肢を切断し，産毛などの残毛は火炎で焼き切る（毛焼き）。内臓は腹部側から摘出され，「中抜き・壺抜き」ともよばれる。その後，中抜と体は十分に洗浄され，冷却水中で冷却を行う。次亜塩素酸ナトリウムなどの殺菌剤を添

加して冷却することもある。食鳥は体表や消化管内容物には微生物数も多く，サルモネラやカンピロバクターなどの病原菌も保有していることもあるため，雑菌の付着予防や洗浄，殺菌には十分注意が必要である。

（3） 野生動物の処理

鹿やイノシシなどの野生動物や食鳥以外の鳥類の食肉への利用については，と畜場法や食鳥検査法の対象ではなく，食品衛生法で規制されるのみであるため，公的検査が義務付けられていない。近年，野生鳥獣による農林業被害の激増に伴い，個体数調整を目的とした捕獲が本格化し，食肉としての利活用も増加してきている。鹿やイノシシなどの野生鳥獣は，家畜・家禽とは異なり，飼養が管理されていないため，寄生虫やE型肝炎ウィルスなどを保有している可能性が高い。また，屋外で狩猟して放血，解体することや，狩猟した野生鳥獣を処理施設まで搬入する必要もある。このため，厚生労働省や都道府県が，「野生鳥獣肉の衛生管理に関する指針（ガイドライン）」[2]などを作成して，衛生管理の徹底による野生鳥獣肉（ジビエ）の安全性確保を進めている。

と畜検査，食鳥検査

（1） と畜検査

と畜検査はと畜場法によって規定され，牛，馬，豚，緬羊および山羊を対象とした都道府県知事の行う公的検査で，1頭ごとに行われる。「生体検査」，「解体前検査」および「解体後検査」からなり，と畜検査に合格したもののみが，食肉として市場に流通できる（図1-3-4）。各検査の内容を表1-3-1に示す。肉眼で判定できない場合は保留として，微生物学的，理化学的およ

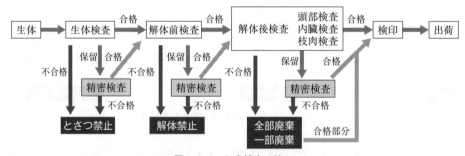

図1-3-4　と畜検査の流れ

表1-3-1　と畜検査における各検査内容

生体検査	と畜場に搬入されて係留中に行われる検査で，家畜の健康状態を調べて食用にできない病気にかかっている場合はとさつが禁止される。
解体前検査	血液の性状を中心に検査を行い，異常があれば解体が禁止される。
解体後検査	頭部検査，内臓検査，枝肉検査からなり，全身性の病気が見つかるとすべてが廃棄される。頭部検査では，頭部の筋肉，リンパ節，扁桃，舌などが検査される。内臓検査では，心臓，肝臓，脾臓，肺，胃腸などの臓器とリンパ節を切開して検査される。枝肉検査では，枝肉の筋肉，脂肪，腎臓，リンパ節，骨などが検査される。おのおのの検査で一部分だけが食用に適さない場合は，その部分だけ切除して廃棄される。

び病理学的な精密検査を行い判定する。と畜検査を行う「と畜検査員」は，と畜場を設置した自治体（食肉衛生検査所）所属の獣医師でなければならない。

と畜検査に合格した枝肉には，と畜・解体した都道府県（市）と，と畜場番号が入った検印が臀部に押されて，食肉として出荷される。図1-3-5のように，検印の形と大きさは畜種によって決められている。

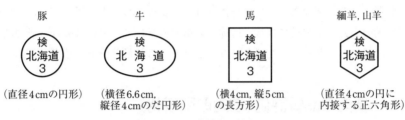

図1-3-5　と畜検査の検印

（2）食鳥検査

食鳥検査は「食鳥処理の事業の規制及び食鳥検査に関する法律（通称：食鳥検査法）」により規定されている。対象となる食鳥は，鶏，アヒル（合鴨も含む）および七面鳥である。都道府県知事（または保健所を設置する市においては市長）の許可を受けて設置した衛生的な食鳥処理場でとさつ，内臓の摘出を行われなければならない。また，獣医師の資格をもった自治体などの食鳥検査員が，生体検査，脱羽後検査，内臓摘出後検査からなる食鳥検査を行い，合格した食鳥のみが食用として流通できる。各検査の内容を表1-3-2に示す。一方，年間30万羽以下しかと鳥しない，自治体の認定を受けた小規模の食鳥処理場（認定小規模食鳥処理場）では，公的な食鳥検査は不要であるが，食鳥処理衛生管理者の資格を有するものを設置して検査し，自治体に報告しなければならない。

表1-3-2　食鳥検査における各検査内容

生体検査	生鳥受入後，疾病や異常がないかを行う
脱羽後検査	主に，と体表面に異常がないか検査する
内臓摘出後検査	内臓やと体内側に異常がないか検査する

〈参考文献〉　＊　＊　＊　＊　＊
1）押田敏雄：「日本養豚学会誌」，50巻，1号 p.21-34（2013）
2）厚生労働省：野生鳥獣肉の衛生管理に関する指針（ガイドライン）

Section 4　■枝肉から精肉へ

〈島田謙一郎〉

前述のように，生体からと畜・解体作業により半丸枝肉となり，冷蔵庫内で入れられる。死後硬直が終わって，枝肉が完全に冷却されるまで豚は1日，牛は2日間保持される。冷蔵庫内で豚および牛の枝肉は格付が行われ，格付結果をもとにせりが行われて売買される。その後，除骨・整形されて，部分肉（正肉）へ解体され，包装後にカートンボックスに入れられ，チルド流通で末端の小売まで輸送される。店舗内の精肉売場にて，消費者の好む形態にスライスパックなどされてショーケースに陳列され販売される。この最終形態を精肉とよぶ。

1　枝肉の品質評価（枝肉取引規格）

牛および豚の枝肉取引規格による格付は，全国200か所程度のと畜場において生産される枝肉が全国共通の基準で，中立に品質評価されることを意味する。冷蔵庫内では豚および牛はそれぞれの枝肉取引規格に基づいて，公益社団法人日本食肉格付協会の格付員2名により1頭ごとに格付が行われる。格付は任意であるが，格付結果をもとにせりが行われて取引価格が決定するため，ほとんどの個体は格付を受ける。

（1）牛枝肉取引規格

牛枝肉の格付は，牛枝肉取引規格に基づいてその適用条件にある解体整形方法により整形され，2日間冷却された枝肉を対象とし，歩留等級と肉質等級に分けて評価する[1]。

歩留等級とは枝肉からどれだけの食肉が取れるかを表す指標となる。これが計算式にある4つの変数により重回帰することからそれぞれの係数が決定されている。左側の半丸枝肉の第6～第7肋骨間を切開し，その切開面（図1-4-1）から，胸最長筋面積（cm²），ばらの厚さ（cm），皮下脂肪の厚さ（cm）および半丸枝肉重量（冷と体重量，kg）を計測して，次の計算式を用いて歩留基準値を算出する。

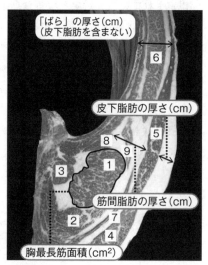

筋肉の名称
1…胸最長筋　2…背半棘筋　3…頭半棘筋
4…僧帽筋　5…広背筋　6…腹鋸筋
7…菱形筋　8…腸肋筋　9…前背鋸筋

図1-4-1　牛枝肉切開面（第6～第7肋骨間）[1]

〈計算式〉

歩留基準値 = 67.37 + [0.130 × 胸最長筋面積（cm²）]
　　　　　　　　+ [0.667 × ばらの厚さ（cm）]
　　　　　　　　− [0.025 × 冷と体重量（kg）]
　　　　　　　　− [0.896 × 皮下脂肪の厚さ（cm）]

ただし，肉用種枝肉の場合には2.049を加算して歩留基準値とするものとする。

表1-4-1　牛枝肉の歩留等級区分

等級	歩留基準値	歩留
A	72以上	部分肉歩留が標準よりよいもの
B	69以上72未満	部分肉歩留が標準のもの
C	69未満	部分肉歩留が標準より劣るもの

表1-4-2　脂肪交雑の等級区分

等級		B.M.S.
5	かなり多いもの	No.8〜12
4	やや多いもの	No.5〜7
3	標準のもの	No.3〜4
2	やや少ないもの	No.2
1	ほんどないもの	No.1

表1-4-3　肉色および光沢の等級区分

等級		肉色(B.C.S.)	光沢
5	かなり良いもの	No.3〜5	かなり良いもの
4	やや良いもの	No.2〜6	やや良いもの
3	標準のもの	No.1〜6	標準のもの
2	標準に準ずるもの	No.1〜7	標準に準ずるもの
1	劣るもの		等級5〜2以外のもの

表1-4-4　肉の締まりおよびきめの等級区分

等級	締まり	きめ
5	かなり良いもの	かなり細かいもの
4	やや良いもの	やや細かいもの
3	標準のもの	標準のもの
2	標準に準ずるもの	標準に準ずるもの
1	劣るもの	粗いもの

表1-4-5　脂肪の色沢と質の等級区分

等級		脂肪色(B.F.S.)	光沢と質
5	かなり良いもの	No.1〜4	かなり良いもの
4	やや良いもの	No.1〜5	やや良いもの
3	標準のもの	No.1〜6	標準のもの
2	標準に準ずるもの	No.1〜7	標準に準ずるもの
1	劣るもの		等級5〜2以外のもの

　歩留基準値の加算対象となる肉用種とは，黒毛和種，褐毛和種，日本短角種および無角和種の4品種，ならびにこの4品種間の交雑牛となっている。歩留基準値によりA, B, Cの3つの歩留等級に分けられる（表1-4-1）。

　肉質等級とは字のごとく肉質の等級を示すわけだが，これはおいしさを直接評価したものではない。表現形質として市場における高値で取引される要因を反映したものである。肉質等級は，「脂肪交雑」（表1-4-2），「肉色および光沢」（表1-4-3），「肉の締まりおよびきめ」（表1-4-4）および「脂肪の色沢と質」（表1-4-5）の4項目をそれぞれ5区分の等級で評価し，そのうち最も低い等級が，その枝肉の肉質等級となる。脂肪交雑，肉色，脂肪色については，牛脂肪交雑基準（Beef Marbling Standard, 略してB.M.S., 12段階）（口絵1），牛肉色基準（Beef Color Standard, 略してB.C.S., 7段階）（口絵2），牛脂肪色基準（Beef Fat Standard, 略してB.F.S., 7段階）（口絵3）のシリコン樹脂製の基準モデルに基づいて判定される。なお，B.M.S.において「小ザシ」（粒子の直径が小さな脂肪交雑）が加味されていないことから2008年以降はシリコン製樹脂に加えて，「小ザシ」を考慮した写真によるビーフ・マーブリング・スタンダード（写真B.M.S.）（口絵1）を作製した。これまでの判定の適用基準をより明確にするために写真B.M.S.を用いる。

　これまで述べた通りにそれぞれの判定には基準に従って行うものに，格付員の肉眼による判断で行うものも加えて肉質等級が判定される。牛枝肉の格付は，歩留等級（3区分）と肉質等級（5区分）に判定されるため，全体で15区分に等級される（表1-4-6）。表記は例えば歩留等級がAで，肉質等級が5等級である場合は，A5となる。判定後に，枝肉表面に等級印を押して等級を表示する。

表1-4-6　規格の等級と表示

歩留等級	肉質等級				
	5	4	3	2	1
A	A5	A4	A3	A2	A1
B	B5	B4	B3	B2	B1
C	C5	C4	C3	C2	C1

〈瑕疵〉

瑕疵（かし）とは，牛枝肉の商品としての傷や欠点を指し，等級とは別途判定されて表示される。瑕疵には，「多発性筋出血（シミ）」，「水腫（ズル）」，「筋炎（シコリ）」，「外傷（アタリ）」，「割除（カツジョ）」の5種類および「その他」に分類される。「その他」は，背割不良，骨折，放血不良，異臭，異色のあるものおよび著しく汚染されているものが該当する。それぞれ表1-4-7に示すようにカタカナの瑕疵印を枝肉表面に押印して表示する。

表1-4-7 瑕疵の種類区分と表示

瑕疵の種類	表示
多発性筋出血（シミ）	ア
水腫（ズル）	イ
筋炎（シコリ）	ウ
外傷（アタリ）	エ
割除（カツジョ）	オ
その他	カ

その他（カ）は，背割不良，骨折，放血不良，異臭，異色のあるもの，および著しく汚染されているものなどア〜オに該当しないもの

（2） 豚枝肉取引規格

豚枝肉の格付は，豚枝肉取引規格により定められた解体整形方法により整形された皮はぎ，湯はぎの冷却枝肉，または温枝肉の両者を対象とし，牛の場合とは異なり切開せずに，後述の「半丸重量と背脂肪の厚さの範囲」，「外観」，「肉質」の3項目で，等級の条件を同時に具備しているものを当該等級に格付する[2]。

判定の順序は，第一に，半丸重量と背脂肪の厚さによる等級の判定表（表1-4-8）から該当する等級を判定し，続いて外観，肉質の順に等級を決定する。外観には「均称」，「肉づき」，「脂

表1-4-8 半丸重量と背脂肪の厚さの範囲

①皮はぎ用

等級	重量(kg)	背脂肪(cm)
「極上」	以上　以下 35.0〜39.0	以上　以下 1.5〜2.1
「上」	以上　以下 32.5〜40.0	以上　以下 1.3〜2.4
「中」	以上　未満 30.0〜39.0 以下 39.0〜42.5	以上　以下 0.9〜2.7 1.0〜3.0
「並」	未満 30.0 以上　未満 30.0〜39.0 以下 39.0〜42.5 42.5超過	未満　超過 0.9　2.7 1.0　3.0

②湯はぎ用

等級	重量(kg)	背脂肪(cm)
「極上」	以上　以下 38.0〜42.0	以上　以下 1.5〜2.1
「上」	以上　以下 35.5〜43.0	以上　以下 1.3〜2.4
「中」	以上　未満 33.0〜42.0 以下 42.0〜45.5	以上　以下 0.9〜2.7 1.0〜3.0
「並」	未満 33.0 以上　未満 33.0〜42.0 以下 42.0〜45.5 45.5超過	未満　超過 0.9　2.7 1.0　3.0

図1-4-2 等級印

肪付着」および「仕上げ」の項目があり，肉質には「肉の締まりおよびきめ」，「肉の色沢」，「脂肪の色沢と質」，「脂肪の沈着」の項目がある．それぞれ極上，上，中，並の等級で評価され，図1-4-2にある等級印を枝肉表面に押して等級を表示する．どの等級にも属さないものや，「外観又は肉質の特に悪いもの」，「黄豚又は脂肪の質の特に悪いもの」，「牡臭その他異臭のあるもの」，「衛生検査による割除部の多いもの」，「著しく汚染されているもの」のいずれかに該当する場合には等外として格付される．背脂肪の厚さは，第9～第13胸椎関節部直上における背脂肪の最も薄い部位で測定する．以上のことから豚枝肉の格付は5段階で評価されることになる．

（3） 食鶏取引規格

　鶏肉は，生産農家から生体で食鳥処理場へ輸送されて，と鳥され，種類，名称および重量区分と品質基準の全国統一を図るための規格である食鶏取引規格（農水省畜産局長通達）[3]に従って，処理，ならびに格付に相当する品質評価が行われ，A級および格外の2区分に分けられる．品質評価項目は形態，肉づき，脂肪のつき方，鮮度，筆毛・毛羽，外傷など，異物の付着，異臭の8項目となっている．

2　食肉・食鶏肉の取引と流通

　わが国における食肉の流通は，牛肉・豚肉と鶏肉で若干異なるので，牛肉・豚肉の流通と鶏肉の流通を示す（図1-4-3）．牛肉・豚肉の場合は，生産農家から生体で出荷され，直接，産地にある食肉センターや消費地に併設されたと畜場でと畜される．と畜，解体で得られた枝肉は枝肉取引規格に基づいて格付されて，せりを通じて卸売業者に購入される．そのまま小売店に販売されるか加工場で部位ごとにカットされて部分肉として小売店・量販店に販売され，小売店・量販店でスライス肉などの精肉となる．このように部分肉取引流通が主流となっている．
　部分肉で取引される際に，上述の枝肉取引規格のように部分肉取引規格（公益社団法人日本食肉格付協会）が存在する[5),6)]．本規格は部分肉の全国的に共通した取引規模による格付を実施

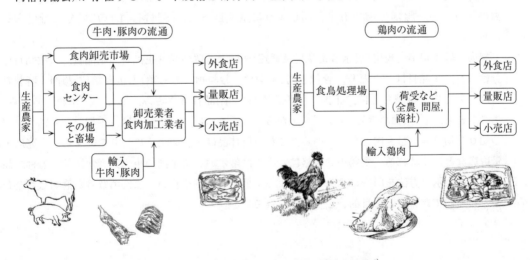

図1-4-3　牛肉・豚肉の流通，鶏肉の流通[4)]

表1-4-9 牛肉小売品質基準における部位表示

区分	内容
牛ネック	ネックをいう
牛かた	かたをいう
牛かたロース	かたロースをいう
牛リブロース	リブロースをいう
牛サーロイン	サーロインをいう
牛ヒレ	ヒレをいう
牛ばら	かたばらおよびともばらをいう
牛もも	うちももおよびしんたまをいう
牛そともも	そとももをいう
牛らんぷ	らんいちをいう
牛すね	すねをいう

注］名称は牛部分肉取引規格に従う

表1-4-10 豚肉小売品質基準における部位表示

区分	内容
豚ネック	うでのうち，頬部をいう
豚かた	うでのうち，頬部以外をいう
豚かたロース	かたロースをいう
豚ロース	ロースをいう
豚ばら	かたばらおよびばらをいう
豚もも	うちももおよびしんたまをいう
豚そともも	そとももをいう
豚ヒレ	ヒレをいう

注］名称は豚部分肉取引規格に従う

し，その取引を促進し，食肉流通の合理化を図ることを目的に，昭和52年2月に牛および豚の取引規格が農林水産省の承認を得て制定された。これに類するものとして農水省畜産局長通達の食肉小売品質基準（牛肉および豚肉）[7]がある（表1-4-9，表1-4-10）。これは消費者が適正な商品の選択ができるように，小売店で小売りされる牛肉および豚肉の部位表示の方法を定めたもので（昭和51年1月制定，平成17年3月最終改正），部分肉名称は部分肉取引規格に準じる。

牛・豚部分肉取引規格によると，牛枝肉は「ネック」，「かた」，「かたロース」，「かたばら」，「ヒレ」，「リブロース」，「サーロイン」，「ともばら」，「うちもも」，「しんたま」，「らんいち」，「そともも」，「すね」からなる13部位の部分肉に分けられる。さらに，重量区分で，「S」「M」「L」の3区分に分けられる。豚枝肉は「かた」，「ヒレ」，「ロース」，「ばら」，「もも」の5部位の部分肉に区分するか，または「かた」を「かたロース」と「うで」に分ける場合には6部位の部分肉に区分する。豚部分肉でも牛と同じように重量区分で，「S」「M」「L」の3区分に分けられる[6]〜[9]。

鶏肉では食鶏小売規格（農水省畜産局長通達）[10]により解体品は主品目，副品目，二次品目に分けられ，主品目は，丸どり，骨付き肉（手羽類，むね類，もも類）と正肉類（むね肉，特製むね肉，もも肉，特製もも肉，正肉，特製正肉）に，副品目はささみ，こにく，かわ，あぶら，もつ，きも，きも（血ぬき），すなぎも，がら，なんこつに，二次品目は，手羽なか半割り，ぶつ切り，切りみ，ひき肉となっている。これら解体品は牛豚のようにせりを経ずに，小売店・量販店などに運ばれる。食鶏小売規格は，小売段階において全国の小売業者が種類，名称，品質基準と表示の方法を同一にすることによって公正な競争を行い，また消費者が適切な判断をすることができることを目的として定められている。

3　海外における格付，規格と分割方法

海外において運用されている格付制度，規格，分割方法について紹介する。格付制度は，さまざまな地域と畜種ごとに運営されており，枝肉の分割および部分肉の名称についても地域ごとに異なっている。詳細にすべてを記載すると大変な分量となるため，畜種は牛肉とし，ここでは日本の牛肉の格付制度の見本となったアメリカと，また日本への牛肉の輸出量の多いオーストラリアについて述べる。

（1）アメリカ

アメリカの牛枝肉格付は「肉質等級（Quality Grade）」と「歩留等級（Yield Grade；YG）」から成り立ち，米国農務省（USDA）の格付検査官により等級分けが実施されている。

歩留りは，枝肉重量（温と体重），リブ芯面積，皮下脂肪厚（背脂肪厚）および腎臓・骨盤・心臓への脂肪付着度の4つの要因が大きく影響するため，これら変数を用いて，歩留りに関するBCTRC（Bone less, Closely Trimmed Retail Cuts）を計算式1

表1-4-11　USDAの歩留等級とBCTRCの関係

USDA 歩留等級	BCTRC
YG 1	52.3%以上
YG 2	52.3〜50.0%
YG 3	50.0〜47.7%
YG 4	47.7〜45.4%
YG 5	45.4%以下

で算出し，表1-4-11より歩留りのよい順に，YG1〜YG5まで5段階に評価する[11]。あるいは直接，計算式2で求めて小数点以下を切り捨てた数値をYGとする方法がある。この評価には第12〜13肋骨間の切開面を用いる。BCTRCは日本における歩留基準値と同様に枝肉からどれだけ食肉が得られるかを示す指標となる。

〈計算式〉

計算式1 = 51.34 − 5.784 × 皮下脂肪厚（in）− 0.462 × 腎臓・骨盤・心臓への脂肪付着度（%）
　　　　　− 0.0093 × 枝肉重量（lb）+ 0.74 × リブ芯面積（in^2）

計算式2 = 2.50 + 2.50 × 皮下脂肪厚（in）+ 0.20 × 腎臓・骨盤・心臓への脂肪付着度（%）
　　　　　+ 0.0038 × 枝肉重量（lb）− 0.32 × リブ芯面積（in^2）

次に，肉質等級（Quality Grade）は，①牛の種類，②性別，③成熟度，④脂肪交雑などによって決定され，「Prime，プライム」「Commercial，コマーシャル」「Choice，チョイス」「Utility，ユー

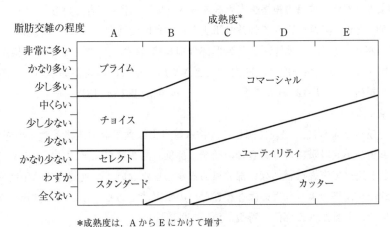

＊成熟度は，AからEにかけて増す
図1-4-4　USDAの肉質等級における脂肪交雑と成熟度の関係[12]

ティリティ」「Select, セレクト」「Cutter, カッター」「Standard, スタンダード」「Canner, キャナー」の8つに等級付けされる。Steer（去勢役用），Heifer（未経産），Cow（雌）は8つの等級に分類され，Bullock（去勢）はプライム，チョイス，セレクト，スタンダード，ユーティリティの5等級に，また，子牛も5等級に分類される。具体的には，骨化，肉色，テクスチャー，月齢より成熟度をA〜Eの5段階に等級し，9段階に等級した脂肪交雑の等級をそれぞれ，図1-4-4に当てはめて肉質等級を決定する。

（2） オーストラリア

オーストラリアにおけるミート・スタンダード・オーストラリア(MSA)の牛肉格付プログラムは，格付と調理方法や熟成条件によって食感のよさなどを予測し，消費者に対して牛肉のやわらかさを保証する制度とされている[13]。運用は豪州食肉生産者事業団で行われており，MSAグレードはMSA3（やわらかさ保証つき），MSA4（上級のやわらかさ），MSA5（最上級のやわらかさ）の3段階に等級付けされ，等級付けされないものは不適合となる。肉質評価では，熱帯種血統割合（こぶの高さ），成長ホルモンの使用の有無，性別，枝肉重量，発育度／骨化，ミルクフェッドの仔牛，枝肉懸吊方法，脂肪交雑，肋骨部皮下脂肪，肉色，脂肪色，家畜市場からの購入，枝肉の洗浄，部位ごとの熟成期間，部位ごとの調理法，部位ごとの格付，極限pHの総計17項目に及ぶ。

これらのなかで，脂肪交雑（10段階），肉色（9段階），脂肪色（10段階）および発育度／骨化（50段階）は基準が存在する。アメリカや日本と比べて違う点は，部分肉のラベルで，MSAグレード，調理法ごとの必要な熟成日数が表示されることである[6]。

4　各部分肉の特徴（牛・豚・鶏）

食肉の取引と流通でも述べたように，格付後にせりで落札された後，流通のため分割されて輸送され，小売店・量販店に届けられるが，近年では消費者のニーズは多様化している。小売店・量販店で部分肉を小割・整形する技術をもつ人が少なくなっており，作業効率や顧客の要望に応えるために，卸売り業者では「部分肉取引規格」や「食肉小売品質基準（牛肉および豚肉）」に拘束されずに，独自の規格を定めるスーパーなども増えてきている。

このように流通の実態を鑑みて公益財団法人日本食肉流通センターでは，従来からの部分肉をさらに小割・整形した規格「小割整形部分肉規格（別称　コマーシャル規格）」として全国に普及を図っている。部分肉は，筋肉の大きさや形，それに肉質が異なっているので，牛コマーシャル規格（表1-4-12）および豚コマーシャル規格（表1-4-13）に従ってそれぞれの特徴について解説する[8],[9],[14]。

これまで述べたように，鶏肉に関して農林水産省では食鶏取引規格と食鶏小売規格により，流通段階および小売段階における食鶏の種類，部位，品質標準などについて定めている。実際の流通などと比べて実態と合わない部分もあるかもしれないが，食鶏肉では牛肉や豚肉のようにコマーシャル規格のようなものは存在しないのが実情である。ここでは食鶏小売規格のなかで，小売店でよく見かける部位の特徴について解説する。

（1） 牛　肉

　牛半丸枝肉から第6～第7肋骨間で切断した前肢側の「骨付まえ」と後肢側の「骨付とも」に分割され，「骨付とも」は「骨付ともばら」「骨付ロイン」「骨付もも」の3つに分割され，大分割として4分割される。

　骨付まえから肩甲骨とともに切り離した前脚は，除骨しながら「かた（うで，しゃくし）」と「まえずね」に切り分けられる。残りの部分は除骨後に「ネック付きかたロース」と「かたばら」とに分割される。ネック付きかたロースは第6～第7頚椎で切断し，第6頚椎までの部分が「ネック」となり，第7頚椎以降が「かたロース」となる。「ネック」にはヒモ状の頚長筋が含まれ，スジが多くてかたくゼラチン質に富む。一方，「かたロース」は「くらした」ともよばれ，ややスジが多くて適度な脂肪分のある部位である。かたはさらに「とうがらし」，「みすじ」，「うわみすじ」に細かく分割でき，肉質は脂肪分が少なく赤身肉でややかたい。「かたばら」はさらに「ブリスケット」と「三角ばら」に分けられる。肉質は赤身と脂肪が層になり，きめが粗くかためである。

　骨付ともばらは，第13肋骨後端を境にして「ともばら」と「かいのみ・ささみ」に切り分け，「ともばら」は「うちばら」と「そとばら」に，「かいのみ・ささみ」は「かいのみ」と「フランク（ささみ）」に分けられる。「ともばら」の肉質は赤身と脂肪が層になり，きめが粗いが霜降りになりやすく，やわらかいのが特徴である。

　骨付ロインは，ケンネン（腎臓脂肪）を取り除いた後に，「ヒレ（ヘレ）」を切り外し，胸椎，腰椎，肋骨などの骨を外した後に，第10～第11肋骨間で肩側の「リブロース」と後肢側の「サーロイン」に切り分ける。「リブロース」は一般的にロースとよばれる部位で，きめが細かく肉質がよいのが特徴である。「サーロイン」も「リブロース」と同様にきめが細かくてやわらかく肉質がよいのが特徴である。「ヒレ」は「リブロース」や「サーロイン」に比べて脂肪分が少

表1-4-12　牛コマーシャル規格

骨付まえ （マエ）	ネック	ネックS，A
	かたロース	かたロースS，A，B，C，ネック付かたロース
	かたばら	かたばらA（三角ばら），B（ブリスケット），C，D
	かた	かたS，とうがらし（チャックテンダー）
	まえずね	まえずねS
骨付ともばら （トモバラ）	うちばら	ともばらA，B
	そとばら	そとばらC，D
	かいのみ，ささみ	かいのみ（フラップミート），フランク（ささみ）
骨付ロイン （ロイン）	リブロース	リブロースS，芯（リブアイロール），かぶり（リブキャップ）
	サーロイン	サーロインS，A，B
	ヒレ（ヘレ）	ヒレA，B
骨付もも （モモ）	うちもも	うちももS，かぶり，A，B
	しんたま	しんたまS，ともさんかく（トライチップ）
	らんいち	らんぷ，いちぼ（クーレット）
	そともも	そともも（はばき付），S，はばき（ヒール），しきんぼ（アイランド）
	ともずね	ともずね，S

ないがきめが細かくてやわらかいのが特徴である。

　骨付ももは，腰や尻，後肢を含む部位で，腰は「らんいち」，尻や後肢は「うちもも」，「しんたま」，「そともも」，「ともずね」に骨を外しながら切り分けられる。「らんいち」は「らんぷ」と「いちぼ」に分割できる。「らんぷ」はサーロインから続く，赤身で旨みがありやわらかい部位である。「いちぼ」は「らんぷ」より尻側で，「らんぷ」に比べて脂肪交雑が入る。「うちもも」は後肢の内側の肉で，いくつかの筋肉の集まった赤身の大きな塊である。牛肉のなかでは最も脂肪が少なく淡白な肉質が特徴である。一方，「そともも」は後肢の外側の肉で，きめは粗く，かたくて脂肪の少ない赤身肉である。「なかにく」，「しきんぼ」，「はばき」にさらに分けられる。後肢の大腿骨より前側の部分が「しんたま」とよばれ，「まるしん」，「かめのこう」，「まるかわ」，「ひうち」などに分けられる。きめは細かくやわらかいのが特徴である。

（2）豚肉

　豚半丸枝肉は「骨付かた」（前駆），「骨付ロース・ばら」（中駆）および「骨付もも」（後駆）に3分割され，これは大分割とよばれる。その後はさまざまな分割方法があるが，一般的な分割方法で説明する[5]。

　骨付かたから除骨された「かた」は，「うで」と「かたロース」の2つに分けられる。「うで」からは，さらに「ネック」や「かたばら」，「まえずね」が切り分けられる。「かた」はきめが粗くかためな部位である。「ネック」は脂肪分が多く，焼肉店で「トントロ」とよばれるのはこの部位である。「うで」には小さな筋肉が集まっていて，かたくてスジや筋膜がたくさんあるため，小間切れ肉や挽肉，ソーセージの原材料に使われる。「かたロース」は「ロース」から頭部側に続く部位であり，肉質は脂肪含有量も多く，きめはやや粗いがかためで濃厚な味の部位で，焼き豚，しょうが焼き，とんかつなどほとんどの豚肉料理に向いている。

　骨付ロース・ばらは「骨付ロース」と「骨付ばら」に切り分けられる。骨付ロースから「ヒレ」が切り分けられ，おのおのは除骨されて「ロース」と「ばら」の3つの部分肉が得られる。

　「ヒレ」はきめの細かな部位で，脂肪分が少ない。油を使う料理に向いているとされる。「ロース」もきめの細かな部位だが，適度な脂肪分があり「ヒレ」に続く最上部位である。外側の脂肪にもうま味があり，とんかつや豚しゃぶなどさまざまな料理に向いている。加工では

表1-4-13　豚コマーシャル規格

骨付かた	かた	かたS，ネック，まえずね，ネックなしかた，すねなしかた，ネック・すねなしかた
	うで	うでS，かたばらスペアリブ，ネックなしうで，すねなしうで，ネック・すねなしうで
	かたロース	
骨付ロース，ばら	ばら	ともばらスペアリブ，ばらA
	ロース	
	ヒレ	
骨付もも	もも	すねなしもも，うちもも，しんたま，そともも（そともも・らんぷ），ともずね

...」に接合するあばら肉で赤身と脂肪が交互に3層_____骨付きのものはスペアリブとよばれる。濃厚な味なので，_____料理に向いている。加工ではベーコンの原料になる。

骨付_____「たま」，「そともも（そともも・らんぷ）」と「ともずね」の4_____「たま」は，いずれも赤身で脂肪が少なく，きめが細かく，_____焼豚などの調理に向いていて，加工ではボンレスハムなど_____粗く，よく運動する部位なので，かたいのが特徴である。_____が多い部分は煮込みなどにして調理する。

（3）鶏肉

食鶏肉について_____主品目，副品目および二次品目として詳細に定義されて_____手羽，むね肉，もも肉，ささみ，内臓・その他について_____。

手羽は鶏の翼（腕が_____ながる部位から第1関節で切断したむね側を手羽もと，残_____に手羽なかと手指の手羽はしに分けられる。手羽もとは_____なかでは肉量が多く，淡泊だが味にコクがあり炒め物，揚_____橈骨と尺骨が含まれるが，橈骨を除いて骨に付着している_____したものをチューリップまたはチューリップボールと称し，_____ーゲンが豊富で脂肪も多くて濃厚な味なのでスープ，カレ_____。

むね肉は，むねにある部分で_____なる。一般的には，骨，手羽および頸皮が除去された正肉が「_____」あるいは，さらに整形された「特製むね肉」として小売されていることが多い。脂肪は少ないため低エネルギーで，味はあっさりしている。唐揚げやカツのように脂を補う料理にも向いているだけでなく，焼き鳥や蒸し物，煮物など様々な料理に利用できる。欧米では非常に好まれるため，価格が高いが，日本では逆にむね肉が好まれるないため，むね肉の価格はもも肉よりも安い。

もも肉は，むね肉と同じように小売では除骨した正肉として「もも肉」，さらに整形した「特製もも肉」として売られることが多い。骨付きもも肉は，ひざ関節で分割した大腿部を「骨付きうわもも」，下腿部を「骨付きしたもも」に分けることができる。この下腿部をドラムスティックとよぶことがある。むね肉に比べると肉質は硬めで，味にコクがあり，皮付きだと皮下脂肪があるために脂肪含量が多くなる。料理としては照り焼き，ローストチキン，唐揚げに，骨付きはカレーやシチュー，煮込みなどに使われる。

ささみはむね肉の大胸筋（浅胸筋）の深部にある深胸筋を指し，名称は笹の葉のかたちに由来する。中央に白い筋があるので，これを除いてから調理する。脂肪は少なく淡白な味わいなので油を補う料理や，肉質がやわらかいので酒蒸しやサラダ，あえ物に使われる。

（4）バラエティーミート

バラエティーミートとは日本企業による造語からはじまった用語で，海外では元来，ファンシーミート（fancy meat），オファル（offals）とよばれている。日本では内臓肉，モツ，ホルモン

表1-4-14 牛および豚の副生物

牛の副生物		豚の副生物	
名　称	部　位	名　称	部　位
ホホニク	頬肉	カシラニク	頭肉
タン	舌	ミミ	耳
ノドスジ	食道	タン	舌
リードボー・シビレ	胸腺	ブレンズ	脳
ウルテ・フエ	気管	ノドスジ	食道
ハツモト	下行大動脈	フエガラミ	気管
ハツ	心臓	ハツ	心臓
レバー	肝臓	レバー	肝臓
フワ	肺	フワ	肺
タチギモ	脾臓	タチギモ	脾臓
ハラミ	横隔膜	ハラミ	横隔膜
サガリ	横隔膜(腰椎に接する部分)	ハラアブラ	腎・胃・腸周囲脂肪
ハラアブラ	腎・胃・腸周囲脂肪	ガツ	胃
ミノ	第1胃	マメ	腎臓
上ミノ	第1胃	ショウチョウ・ヒモ	小腸
ハチノス	第2胃	モウチョウ	盲腸
センマイ	第3胃	ダイチョウ	大腸
ギアラ・アカセンマイ	第4胃	テッポウ	直腸
マメ	腎臓	コブクロ	子宮
シマチョウ・ヒモ	小腸	チチカブ	乳房
モウチョウ	盲腸	テール	尾
シマチョウ	大腸	トンソク	足
テッポウ	直腸		
コブクロ	子宮		
チチカブ	乳房		
テール	尾		
アキレス	アキレス腱		

などの総称である。学術的には畜産副生物に属するもので，生体から枝肉を生産すると副産物が残り，副産物から原皮を除いたものが副生物とよばれる。さらに副生物には可食臓器類と不可食臓器類に分けられる[17),18)]。この副生物の可食臓器類に属する部分がバラエティーミートに該当する。牛の副生物では，表1-4-14に示す27種類があるが，ブレンズ，セキズイ，カシラニク(タンおよびホホニクを除く)はBSE関連で焼却処分となっている。豚の副生物は，表1-4-14に示す22種類がある。鶏の副生物については，食鶏取引規格や食鶏小売規格で該当する副品目として記され，コニク，カワ，アブラ，モツ，キモ，スナギモ，ガラ，ナンコツがあり，キモは心臓と肝臓を指し，別個に販売する場合は，心臓をハート，肝臓をレバーとすると定められている。

〈参考文献〉　＊　＊　＊　＊　＊

1) 公益社団法人日本食肉格付協会：「牛枝肉取引規格」，http://www.jmga.or.jp/standard/beef/
2) 公益社団法人日本食肉格付協会：「豚枝肉取引規格」，http://www.jmga.or.jp/standard/pork/
3) 農林水産省：「食鶏取引規格」，http://www.maff.go.jp/j/press/c_shokuniku/110107.html
4) 西村敏英監修：「すぐわかる　すごくわかる！ゼロから理解する　食肉の基本」p.82-83，誠文堂新光社(2013)
5) 公益社団法人日本食肉格付協会：「牛部分肉規格」，http://www.jmga.or.jp/standard/beef/
6) 公益社団法人日本食肉格付協会：「豚肉分肉規格」，http://www.jmga.or.jp/standard/pork/
7) 全国食肉事業協同組合連合会：「食肉小売品質基準（牛肉及び豚肉）」，
http://www.ajmic.or.jp/kumiai/2010pdf/p.107-109.pdf
8) 畑田勝司：「牛枝肉の分割とカッティング」p.32-120，食肉通信社(2003)
9) 畑田勝司：「豚枝肉の分割とカッティング」p.41-55，食肉通信社(2002)
10) 農林水産省：「食鶏小売規格」，http://www.maff.go.jp/j/press/c_shokuniku/110107.html
11) Savell, JW., Smith, GC. : Laboratory Manual for Meat Science 7th ed. p.186-187，American press(2000)
12) 伊藤肇躬：「肉製品製造学」p.329，光琳(2007)
13) オズ・ミート(AUS-MEAT)：「オーストラリア産食肉ハンドブック」，
https://www.aussiebeef.jp/b2b/oz_meat/index_jp.htm
14) 公益財団法人日本食肉流通センター：「牛・豚コマーシャル規格書」，
http://www.jmtc.or.jp/info/pdf/cowpig_commercial.pdf
15) 松石昌典，西邑隆徳，山本克博：「食物と健康の科学シリーズ　肉の機能と科学」p.41-44，朝倉出版(2015)
16) 日本食肉消費総合センター：「食肉なんでも図鑑」，http://jbeef.jp/daizukan/index.html
17) 一般社団法人日本畜産副生物協会：「副生物の呼び名　牛の部位紹介」，http://www.jlba.or.jp/con06_5_usi.html
18) 一般社団法人日本畜産副生物協会：「副生物の呼び名　豚の部位紹介」，http://www.jlba.or.jp/con06_5_buta.html

2章　食肉の科学

Section 1　■筋肉の構造と構成成分　〈河原　聡〉

　筋肉は，家畜・家禽のみならず，腔腸動物以上の生物に広く存在する代表的な運動器官である。筋組織は，身体の支持および運動をつかさどる骨格筋，心臓を構成する心筋，そして消化管や血管などの組織に分布する平滑筋に大別される。骨格筋や心筋の筋肉細胞を位相差顕微鏡で観察すると，2～3μm周期で明るい部分と暗い部分が交互に繰り返される特徴的な横紋が認められることから，横紋筋とよばれる（図2-1-1）。骨格筋は随意筋であり，運動神経を介して自らの意思によりその運動を制御することができる。一方，心筋と平滑筋は不随意筋であり，それらの運動は自律神経系により調節されている。家畜や家禽に由来するこれらの筋肉が，食肉等として食用に供される。

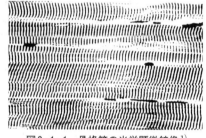

図2-1-1　骨格筋の光学顕微鏡像[1]

1　骨格筋の構造

　精肉として流通する食肉あるいは食肉製品の主原料となる肉の大半は家畜・家禽の骨格筋である。骨格筋の重量は，肉用として供される動物のと体重の35～65％程度を占める。

　骨格筋は，直接あるいは間接的に骨に付着して骨格を支持するとともに，張力の発生や身体の運動に関与する器官である。解剖学的には，全身には数百種類の骨格筋があり，その形状や大きさ，そして機能（筋収縮の特性や方向性）はさまざまである。骨格筋を構成する骨格筋細胞は筋線維ともよばれ，運動や力の発生をつかさどるという特徴的な機能のため高度に特殊化された円筒形で細長い線維状の構造をもつ。骨格筋は，複数の筋線維が集合して膜様の結合組織で束ねられた筋線維束が，さらに複数束ねられる構造をとり，このことが骨格筋に物理的強度を与えている。さらに，骨格筋を覆う結合組織に沿って，神経組織や血管，脂肪組織が存在している（図2-1-2）。

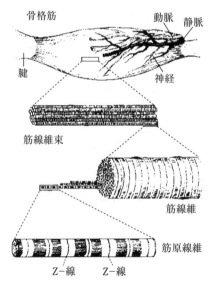

筋肉組織から筋原線維までの各階層の構造を示す。

図2-1-2　骨格筋の構造[1]

(1) 筋線維（骨格筋細胞）

　哺乳動物や鳥類の骨格筋は全長にわたって枝分かれがなく，その両端はわずかに細くなっている。その長さは数十 cm にも及ぶこともあるが，一般的に1本の筋線維が一つの筋肉の全長にわたって存在することはなく，結合組織を介して隣り合う筋線維と末端部で連結し，筋線維内で発生した張力が伝搬されると考えられている（図2-1-3）。筋線維の直径には大きな差異があり，同じ動物種に由来する同じ部位の筋肉であっても20～150 μm のばらつきをもつ。個々の筋線維には形質膜とその外側に密着した基底膜が存在し，両者を合わせて筋鞘とよぶ（図2-1-4）。

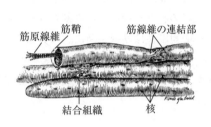

図2-1-3　骨格筋における筋線維の連続性[1]

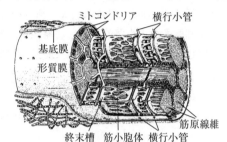

図2-1-4　筋線維の構造[2]

　筋線維内部の筋形質は細胞液である筋漿に満たされ，収縮構造である筋原線維が1本の筋線維当たり1,000～2,000本存在する。その他に，核，ミトコンドリア，筋小胞体，ゴルジ装置，リソソームなどの細胞小器官が分布する。筋線維は，発生過程において幼若な筋細胞（筋芽細胞）が多数細胞融合して形成されるため，多核細胞である。核は形質膜直下に存在し，楕円形で筋線維の長軸に平行に位置する。筋線維の長さがさまざまなため，細胞当たりの核の数は一定でないが，筋-腱接合部や神経の運動終板が付着する付近に多く認められる。ミトコンドリアは，主に筋原線維と筋原線維の間や形質膜付近に位置し，糖質，タンパク質，脂質を好気的に異化代謝し，ATPを産生する。

　筋形質にはさらに，細胞骨格系をなす微小管や中間径フィラメントなどの線維成分やグリコーゲン粒子が含まれる。グリコーゲン粒子は約25 nm の大きさで，分散性ないし集合塊として存在するが，筋原線維内部，特にI帯部分（後述）にも分布することがある。その他，嫌気的な呼吸（解糖系）に関与する種々の酵素や色素タンパク質であるミオグロビン，水溶性ビタミン類やヌクレオチドなどの可溶性非タンパク態窒素化合物などさまざまな微量成分も筋漿中に存在している。

　筋線維内には，2種類の異なる膜系が発達している（図2-1-5）。それらは横行小管（transverse tubule，T管ともよばれる）と筋小胞体（sarcoplasmic reticulum）である。横行小管は筋細胞膜に開いた無数の小孔が細い管となって筋細胞内に入り込んだものであり，筋形質膜の一部とみなすことができる。長径12～50 nm，短径3～50 nm の扁平な形状であり，筋原線維の筋節（サルコメア）に至る。一つのサルコメアには2列の横行小管が配列してい

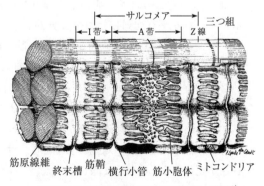

図2-1-5　筋原線維とそれを取り巻く膜系[1]

る。多くの魚類や両生類の骨格筋では横行小管はサルコメアのZ線に位置するのに対し，鳥類と哺乳類の骨格筋ではA帯とI帯の境界(A-I junction)に位置する。

一方，筋小胞体は滑面小胞体であり，高度に特殊化した内膜系小器官である。一部にリボソーム(ribosome)が付着するものもあり，核とも連続している。筋小胞体は横行小管に接し，サルコメアを取り囲むレース様の網目を形成して，規則的な形態をとって筋原線維を覆っている。筋小胞体は膜で囲まれた袋状の構造で，その両端は膨らんで横行小管と接する。この膨らんだ部分を終末槽(terminal cisterna)とよぶ。1本の横行小管は2つの終末槽と接しており，この部分を三つ組(triad)とよんでいる。横行小管と筋小胞体は機能的に密に関連し，運動神経に起因する筋細胞表面の電気的興奮を筋原線維に伝え，筋原線維の収縮を調節する役割を担っている。

同じ動物の筋肉であっても，膜系の発達程度や走行の規則性は筋線維型により異なる。速筋型筋線維(fast-twitch fiber)では，遅筋型筋線維(slow-twitch fiber)より横行小管と筋小胞体が発達し，横行小管の走行は規則的であり，三つ組をなす部分が多い。なお，哺乳類では速筋筋線維のほうが遅筋筋線維より量的に約2倍発達している。

(2) 筋原線維の構造と構成成分

筋原線維は筋線維の長軸方向に平行に配列し，細胞両端で形質膜に付着して終わる。たいていの骨格筋では，細胞体積の75～85％を占める。筋原線維は通常円柱状あるいは多角柱状を呈し，おおむね1～3μmの直径を有するが，横断面での直径や輪郭は多様であり，筋線維型によって異なる。筋原線維を位相差顕微鏡で観察すると明るい部分は等方性(isotrophic)，暗い部分は異方性(anisotrophic)を示すので，それぞれI帯(I-band)，A帯(A-band)とよぶ。

筋原線維の微細構造を透過型電子顕微鏡で観察すると，A帯はI帯よりも電子密度が高いが，A帯の中央部にはその両側よりも電子密度が少し低い部分(H帯)が存在する(図2-1-6)。また，I帯の中央にはZ線(Z-line)とよばれる線がみられる。Z線から次のZ線までの部分がサルコメアであり，これが筋収縮の基本単位となる。サルコメアは規則的に配列した2種の筋フィラメントから構成される。筋フィラメントは太いフィラメントと細いフィラメントに大別され，1本の太いフィラメントの周囲に6本の細いフィラメントが配置する規則的な構造(六角形格子構造)を呈する。太いフィラメントは直径約16nm，長さ約1.6μmで，両端が先細った棒状の構造を示し，これが平行配列した束の部分がA帯となる。他方，細いフィラメントは直径6～7nm，長さ約1μmで，Z線から起こり，他端は自由端としてA帯内に入り，太いフィラメントと重なり合う。A帯の中央部分，太いフィラメントのみからなる部分がH帯であり，細いフィラメントのみからなる部分がI帯である。

筋原線維が収縮あるいは弛緩するとき，サルコメアの長さが変化する。筋収縮に際して，太いフィラメントの全長を反映するA帯の長さは不変であり，H帯とI帯の

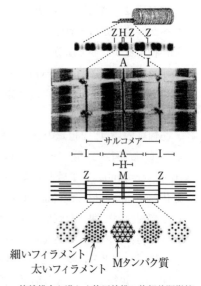

筋線維内を満たす筋原線維の位相差顕微鏡，電子顕微鏡による横断および縦断像

図2-1-6 筋原線維の構造[3]

長さが収縮に伴って増減する。このことが，筋収縮の機構としてフィラメント滑り説が提唱された所以である。

太いフィラメントはミオシン（myosin），Mタンパク質（M-protein），Cタンパク質（C-protein）などのタンパク質で構成される。ミオシンは分子量2万前後の軽鎖4本と，分子量約22万の重鎖2本からなる細長いタンパク質であり，イオン強度0.25以上の高塩濃度条件下では単量体として存在する。重鎖のN末端側と2本の軽鎖は洋梨状の頭部を形成し，C末端側は2本の重鎖がα-ヘリックスをとった棒状の尾部を形成している。一方，生理的なイオン強度下において，ミオシン分子は

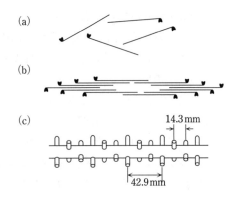

(a) ミオシン分子，(b) ミオシン分子が会合して形成される太いフィラメント，(c) フィラメント構造のモデル

図2-1-7 太いフィラメントの構造

反平行に配列し，中央から両端に向かって対称の構造をとって重合することで太いフィラメントを形成する。このため，太いフィラメントは，ミオシン分子の尾部のみからなる中央部を除き，表面にミオシン頭部からなる突起があり，この突起は筋原線維内で細いフィラメントとの間に架橋構造（cross-bridge）を作る（図2-1-7）。これらを反映して，A帯には多数の細かい横紋が見られる。A帯の各半節の中央部1/3の部分に局在して，太いフィラメントを束ねるたが（箍）のように，Cタンパク質が結合している。Mタンパク質は，太いフィラメント間を架橋し，A帯の中央部分にM線とよばれる構造を形成する。M線を横断面で観察すると，太いフィラメントが規則的な六角形に配列されたM橋（M-bridge）とよばれる線維構造が認められる（図2-1-6）。太いフィラメントにはZ線からM線まで伸びるコネクチン（connectin，タイチン（titin）ともいう）が結合し，サルコメアの中央に太いフィラメントが保持されている（図2-1-8）。

一方，細いフィラメントはアクチン（actin），トロポミオシン（tropomyosin），トロポニン（troponin）などのタンパク質で構成される。球状タンパク質であるG-アクチンは数珠状に連なったF-アクチンを形成し，2本のF-アクチンは約38nm/ピッチでらせん状のアクチンフィラメントを形成する（図2-1-9）。アクチンフィラメントには，さらにトロポミオシンおよびトロポニンが結合し，フィラメントの安定化や筋収縮の調節に寄与している。また，Z線から伸びるネブリン（nebulin）が細いフィラメントの全長にわたって結合し，細いフィラメントを支持している（図2-1-8）。アクチンフィラメントはネブリンに沿って形成されるため，ネブリンは細いフィラメントの長

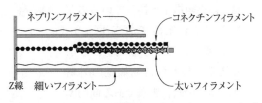

図2-1-8 半サルコメア構造におけるコネクチン，ネブリンフィラメントの位置関係[4]

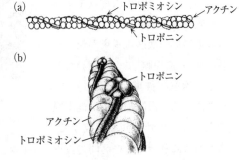

図2-1-9 細いフィラメントの構造[5]

さを規定する役割ももつ。

　弱アルカリ性の高塩濃度水溶液で筋原線維タンパク質を抽出すると，アクチンフィラメントとミオシン分子が約38 nm周期の特異的な矢じり構造をもつタンパク質複合体を得ることができる。このアクチンフィラメントとミオシンの複合体をアクトミオシン（actomyosin）とよぶ。この矢じりの方向は一定であり，フィラメントが極性を有することがわかる。細いフィラメントはサルコメア内でZ線から矢じりを遠ざけるような極性で配列している。上述した太いフィラメントの極性を含めて，サルコメアは，その中央で対称に構築されている。

　Z線はサルコメアを区切る円板様の構造で，Z盤（Z-disk）ともよばれる。Z線の厚さは30〜100 nmまで変異があり，この厚さによって筋線維型を区別することができる。すなわち，速筋（fast-twitch muscle）では約30 nmと狭く，遅筋（slow-twitch muscle）では約100 nmと幅が広い（図2-1-10）。

　Z線には，2つの隣り合うサルコメアの細いフィラメントが付着している。Z線ではCap-Zとよばれるタンパク質が細いフィラメントの末端をキャップし，

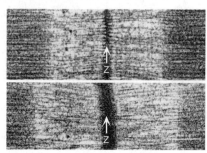

遅筋（下）のZ線は，速筋（上）のZ線より幅が広い。
図2-1-10　筋線維型とZ線の幅との関係[5]

α-アクチニン（α-actinin）が細いフィラメントを束ね，Z線の骨格構造であるZフィラメントを形成している。Zフィラメントの間隙はプロテオグリカンやリン脂質で構成される無定形物質で埋められている。また，細いフィラメントあるいは太いフィラメントの配置を安定化させるネブリンやコネクチン（タイチン）などの弾性タンパク質の一端もZ線に結合している。

（3）　結合組織の構造と構成成分

　骨格筋において，筋線維を束ね，筋肉組織を支持しているのが筋肉内結合組織である（図2-1-11）。形質膜および基底膜からなる筋鞘で覆われた筋線維の外側は，膜状の結合組織である筋内膜で囲まれている。筋内膜に包まれた筋線維が十数本，第一次筋周膜（内筋周膜）により束ねられて第一次筋線維束が形成され，数本から十数本の第一次筋線維束が第二次筋周膜（外筋周膜）により束ねられて第二次筋線維束が形成される。さらに，第二次筋線維束は筋上膜で束ねられて骨格筋を形成する。筋上膜は隣り合う骨格筋間の隔壁となり，骨格を支えるための強度

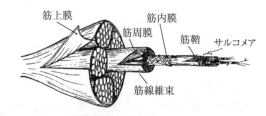

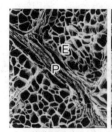 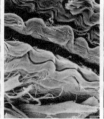 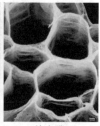

筋内膜（E）と　　　筋周膜　　　　筋内膜
筋周膜（P）

（上）筋肉内結合組織と筋線維[1]
（下）筋肉内結合組織の電子顕微鏡像[6]　牛半腱様筋から採取した試料を細胞消化法により処理し，走査電子顕微鏡で観察

図2-1-11　筋肉内結合組織

を筋肉に与えている。電子顕微鏡を用いると，筋内膜は筋線維を包む網のような構造を，筋周膜は筋線維束を取り巻く布のような構造を，筋上膜は壁のような構造を，それぞれもつことが観察できる。

筋肉内結合組織は筋線維および筋線維束を物理的に支持するとともに，骨格筋内における血管や神経組織の通り道となっており（図2-1-12），これらの組織を支持する役割も果たしている。結合組織は筋端で集合し，筋腱接合部を経て腱に繋がり，筋原線維で発生した張力を腱や骨に伝搬する。

筋肉内結合組織は細胞と細胞外マトリックスで構成される。細胞は線維芽細胞が主体であり，細胞外マトリックスはコラーゲンなどの線維性タンパク質，フィブロネクチンなどの糖タンパク質，そしてプロテオグリカンで構成される。筋肉内結合組織を構築しているコラーゲン細線維の3次元的な配列の

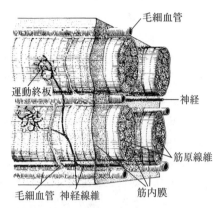

図2-1-12 一次筋線維束と筋-神経接合部の構造[1]

違いによって，筋内膜，筋周膜および筋上膜それぞれに特徴的な形態が作られ，おのおのの機能的な差異が現れる。結合組織を構築しているコラーゲンにはⅠ型，Ⅲ型，Ⅳ型およびⅤ型コラーゲンが存在することが知られている。動物種や成長段階などによりコラーゲンの構成比は変化するが，成熟した家畜ではⅠ型コラーゲンが主要な分子である。筋肉内結合組織のコラーゲン線維には，デルマタン硫酸の一つであるデコリンが一定間隔で局在する。デコリンはコラーゲンの自己会合を制御し，コラーゲン細線維の太さを調節するはたらきがあり，筋周膜や筋内膜の形成に重要な役割を果たしていると考えられている。

（4）脂肪組織と構成成分

脂肪組織は脂肪滴で満たされた脂肪細胞により構成される結合組織であり，主に皮下，腹腔内あるいは筋肉間結合組織に形成される。脂肪組織は生体内で生じたエネルギーを蓄積し，炭水化物由来のエネルギーが減少すると，骨格筋を始めとする末梢器官にエネルギー源として遊離脂肪酸を供給する。さらに皮下脂肪組織は外界からの物理的な衝撃を吸収して骨格筋を保護し，体表面から外界への熱放散を抑制するはたらきももつ。産業的には，皮下脂肪にほとんど価値はなく，主にサシを形成する筋肉間（筋肉内）脂肪が重要である。

脂肪組織は，組織学的には結合組織に分類されるが，その形態は細胞外マトリックスに類似している。脂肪細胞の成長や増殖には脂質や糖などのエネルギー供給が必要であるため，血管の周囲に脂肪組織が発達する。

骨格筋の血管は動脈と静脈が常に並走している。小動脈（small artery）は，筋上膜から骨格筋内に入り，分枝して太さが50〜300 μm の細動脈（arteriole）になり，筋周膜を走行する（図2-1-13）。牛の骨格筋では，第二次筋周膜を走行する細動脈が第二次筋線維束内に入り，第一次筋周膜を筋線維方向に走る細動脈となる。この細動脈はさらに分枝して毛細血管（blood capillary）となり，筋線維を取り巻く毛細血管床を形成する。第一次筋周膜および第二次筋周膜に毛細血管がよく発達し，毛細血管の周囲に脂肪組織が発達すると肉の霜降りが形成される。

脂肪組織を構成する成分の大半は脂肪細胞に蓄えられた蓄積脂肪であり、その主成分はトリグリセリド（トリアシルグリセロール）である。トリグリセリドは3分子の脂肪酸が3級アルコールであるグリセリンにエステル結合したものである。トリグリセリドに結合している脂肪酸には飼料に由来するものと、脂肪細胞内で生合成されたものがあり、動物種により構成脂肪酸の組成に特徴がある。豚や鶏などの単胃動物では飼料に由来する脂肪酸が多く移行・蓄積するため、脂肪組織の脂肪酸組成は飼料のそれをよく反映し、分子内に複数の二重結合をもつ多価不飽和脂肪酸が比較的多い。それに対して、牛などの反芻動物では第一胃（ルーメン）で炭水化物の微生物発酵により生じた揮発性脂肪酸（Volatile Fatty Acid; VFA）から生合成された飽和脂肪酸と一価不飽和脂肪酸が多く蓄積されている。

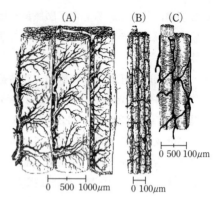

(A)筋線維束表面を走行する動脈・静脈網
(B)毛細血管
(C)2本の筋線維表面の毛細血管網

図2-1-13　筋線維に関与する血管の走行を示す模式図[1]

2　心筋の構造

心臓を構成する心筋は、骨格筋と同じ横紋筋に分類されるが、解剖学的な形態は骨格筋のそれとは大きく異なる。すなわち、骨格筋は筋細胞が規則的に配列した形態であるのに対し心筋細胞（cardiomyocyte）は互いに枝を出して網目状につながり、筋線維間に豊富な毛細血管と少量の結合組織が存在する（図2-1-14）。心筋の外層は弾性繊維に富む丈夫な結合組織性膜であ

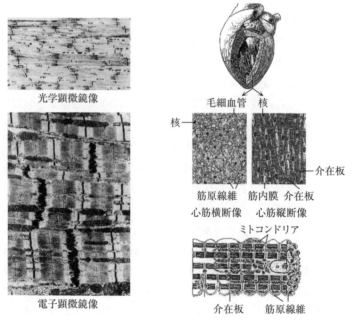

図2-1-14　心筋の構造

る心外膜で覆われ，心外膜と心筋とは密接に結合している。一方，心筋の内側は，血管内皮から連続する単層の内皮層，および少量の結合組織からなる内膜下層で構成される心内膜で覆われている。

骨格筋と異なり，心筋は単核の細胞が介在板（intercalated disk）とよばれる心筋に特異的な細胞接着斑（desmosome）で連なった多細胞の構造をもつ。介在板はサルコメアのZ線に認められ，心筋細胞を連結している。心筋は不随意筋であり，すべての細胞が休みなく収縮を繰り返すため，常にATPが供給されなくてはならない。そのため，心筋細胞内にはミトコンドリアがよく発達している。骨格筋と比較して，心筋のミトコンドリアは形が大きく，数も多く，特に筋原線維の間に非常に多く認められる。

心筋の膜系は，その位置や発達の仕方が骨格筋とは異なる。骨格筋の横行小管はA帯とI帯の境界にあるが，心筋ではZ線上にあり，直径が大きい。筋小胞体の終末槽は骨格筋ほど発達していない。

骨格筋と同様に，心筋細胞の筋原線維でも太いフィラメントと細いフィラメントが規則的に配列している。しかしながら，太いフィラメントと細いフィラメントの重なり合う部分が大きく，心筋細胞が弛緩しているときのサルコメア長は短い。骨格筋と同様，心筋においても太いフィラメントはコネクチンによりサルコメアの中央に固定されている。一方，心筋にはネブリンが存在せず，代わりにネブレット（nebulette）という長さ約150 nmのタンパク質により細いフィラメントが支持されている。

3 平滑筋の構造

平滑筋は中空性器官（家禽の筋胃，家畜の胃，小腸，大腸などの消化器官，血管や膀胱，子宮など）の筋層を形成する筋肉組織である。中空性器官の形態はさまざまであるが，例えば小腸では，その上皮側（管腔側）は粘膜層で，その表面には微絨毛に覆われている。粘膜下層の外側（内皮側）に平滑筋細胞からなる筋層があり，その外側には結合組織で構成される膜状の層（漿膜，腸間膜など）がある。われわれが食用に供するのは，粘膜層を除去した後の筋層と結合組織層である（図2-1-15）。

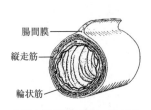
小腸の断面と輪状筋，縦走筋

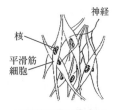
平滑筋組織の模式図

平滑筋組織のフィラメント構造

図2-1-15　平滑筋の構造

消化管などの平滑筋層は環状に走る輪状筋と長軸方向に走る縦走筋の2層からなる。輪状筋の収縮・弛緩は消化管径を調節し，縦走筋の収縮・弛緩は消化管の長さを変化させる。平滑筋の運動は自立神経系と内分泌系（ホルモン）により調節され，2層の筋層の協調した運動により，食物を口から肛門方向へと移動させる，いわゆる蠕動運動を起こす。また胃では，胃壁の

輪走筋が肥厚し，括約筋となって幽門弁を形成している。一方，子宮や膀胱のように，器官全体が収縮する器官では，平滑筋細胞は壁面に沿って不規則に配列している。

平滑筋細胞は全長20～200μm，直径約5μmの紡錘形をした単核細胞で，骨格筋や心臓の筋細胞で見られるような筋原線維の規則正しい配列は認められない。平滑筋細胞においても太いフィラメントおよび細いフィラメントが存在するが，横紋筋のように規則的に配列していない。平滑筋細胞を電子顕微鏡で観察すると，デンスボディーとよばれる電子密度の高い構造物が認められる。これは骨格筋細胞や心筋細胞のZ線に相当するもので，その両端から細いフィラメントが伸びる。二つのデンスボディーの間には太いフィラメントがあり，骨格筋細胞や心筋細胞の筋原線維と同じように収縮する。デンスボディーは中間径フィラメントに結合して細胞膜に固定されており，細胞内での位置が保たれている。中間径フィラメントは，デスミンやビメンチンなどのタンパク質から構成される直径約10nmのフィラメント構造であり，細胞膜を裏打ちする細胞骨格の一つである。

〈参考文献〉　＊　＊　＊　＊　＊

1) Aberle, ED., Forrest, JC., Gerrand DE., Mills EW.: Principles of Meat Science (4th ed.), Kendall Hunt Publishing Company (2001)
2) クルスティッチ R.（藤田恒夫訳）:「立体組織図譜〈2〉組織篇」西村書店(1981)
3) Engel, AG.: Franzini-Armstrong C. Myology (2nd ed.). Vol. 1, McGraw-Hill Inc. (1994)
4) Wang, K., Wright, J.: The Journal of Cell Biology. Vol. 107, p. 2199-2212 (1988)
5) 杉田秀夫，小澤鍈二郎，埜中征哉:「新筋肉病学」南江堂(1995)
6) Nishimura, T., Hattori, A., and Takahashi, K.: Meat Science., Vol. 39, p. 127-133 (1995)

Section 2　■筋収縮と死後硬直のメカニズム　〈若松純一〉

　筋収縮と筋弛緩は生体における骨格筋の最も重要な機能である。しかし，死後の骨格筋組織である食肉では，筋収縮と筋弛緩は起こらない。図2-2-1に，生体の骨格筋から食肉への時間的経過を示す。われわれは，と畜などで得られた動物から直ちに骨格筋を採取して食することはほとんどない。これは，その後の代表的な死後変化である死後硬直が発生し，非常にかたい肉となるためである。その後しばらく経つと，死後硬直は解除（解硬）してやわらかい肉となり，われわれはこれを食している。死後硬直の発生メカニズムは，生体における筋収縮ときわめて類似しているため，食肉における死後硬直を理解するためには筋収縮を理解することが不可欠である。さらには後述の異常肉の発生においても，生体反応を理解することが重要であるため，はじめに筋収縮と筋弛緩のメカニズムを概説する。

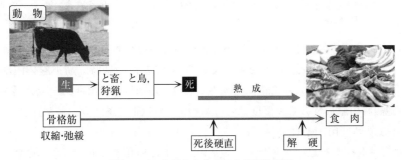

図2-2-1　生体から食肉への時間的経過

1　筋収縮と筋弛緩のメカニズム

　生体において，骨格筋は運動神経の刺激によって収縮し，刺激がなければ骨格筋は弛緩状態にとどまっている。骨格筋は自ら伸長する能力はなく，収縮か弛緩しかない。図2-2-2に示すように，サルコメア（筋節）の長さが縮まって，筋肉全体が収縮し，ミオシンフィラメントやアクチンフィ

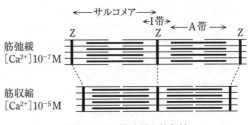

図2-2-2　筋弛緩と筋収縮

ラメント自体は縮まない。フィラメントを構成しているミオシンとアクチンの2つのタンパク質が結合（硬直結合）と解離を繰り返して，引っ張り合う。このミオシンとアクチンの硬直結合と，硬直結合の制御機構の2つの独立した作用によって，筋収縮と弛緩は制御されている。

（1）　筋収縮

　筋収縮の流れを図2-2-3，図2-2-4，および図2-2-5に示す。随意筋である骨格筋を収縮するためには，初めに脳から運動神経（運動ニューロン），神経筋接合部（運動終板，神経終板）を介して骨格筋細胞に神経刺激が伝達される（図2-2-3）。神経刺激（膜の脱分極刺激）は，筋細胞膜が貫入した横行小管（T管）を伝って筋線維内に伝達され，横行小管膜のジヒドロピリジン受容体（DHP受容体；電位依存性カルシウムチャネル）を刺激すると，細胞外（横行小管内）のカ

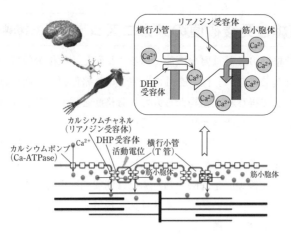
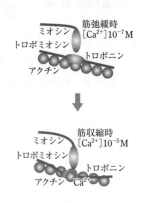

図2-2-3　横行小管と筋小胞体におけるCa²⁺誘発性Ca²⁺放出機構

図2-2-4　Ca²⁺によるトロポニン複合体の変形

ルシウムイオン(Ca^{2+})を取り込み，筋小胞体膜側に共局在するリアノジン受容体（Ca^{2+}チャネル）にCa^{2+}を結合させると，Ca^{2+}を蓄えている筋小胞体（弛緩時，筋小胞体内部のCa^{2+}は数mM）のリアノジン受容体からCa^{2+}の透過性が急激に増加して放出される（Ca^{2+}誘発性Ca^{2+}放出機構）。弛緩時の原形質のCa^{2+}濃度は$0.1\mu M$（$10^{-7}M$）以下であるが，刺激によっておよそ100倍程度の約$10\mu M$（$10^{-5}M$）に上昇する。

　Ca^{2+}濃度が上昇すると，アクチンフィラメント上に局在するトロポニン複合体（C, T, I）の1つのトロポニンCにCa^{2+}が結合し，弛緩時はアクチンとミオシンの結合を物理的に阻害しているトロポニンIとアクチンとの結合が離れる（図2-2-4）。これにより，ミオシンと結合できるアクチンフィラメントが露出して物理的な阻害作用が低下し，ミオシン頭部とアクチンとの結合が再開可能となる。

　図2-2-5にアクチンフィラメントとミオシン頭部の相互作用による筋収縮モデルを示す。筋弛緩状態で，ATPと結合してアクチンと解離したミオシンは，Mg^{2+}存在下でATPを加水分解してミオシン頭部の折れ曲がりが戻り，分解産物のADPと無機リン酸（Pi）の両者は結合したまま，新たなアクチンフィラメント上の結合部位に弱く結合する。さらに，無機リン酸が離れる際に，ミオシン頭部がM線側に強く折れ曲がり，アクチン

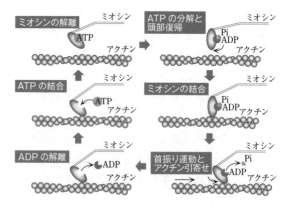

図2-2-5　筋収縮のメカニズム

フィラメントを引寄せる（パワーストロークという）。その後ADPがミオシンから離れ，ミオシン頭部に新たにATPと結合して，アクチンとの結合が離れる。この動作を繰り返してミオシンフィラメントとアクチンフィラメントが引っ張り合う動作，つまり筋収縮が行われる。この結合を硬直結合という。ミオシンは1分子のATPを分解しながら1サイクルの収縮過程が行われ，筋細胞中に十分なATPとMg^{2+}があり，Ca^{2+}濃度が高くなれば筋収縮はどんどん進む。

(2) 筋弛緩

一方，筋収縮を停止するためには，脳から運動神経(運動ニューロン)，神経筋接合部(運動終板，神経終板)を介した骨格筋細胞への神経刺激が停止する。横行小管膜のジヒドロピリジン受容体の刺激が止まると，細胞外，つまり横行小管内からの Ca^{2+} の取り込みが停止し，リアノジン受容体の Ca^{2+} が外れると，リアノジン受容体から Ca^{2+} の透過性が停止する。一方，筋小胞体膜に存在するカルシウムポンプ(Ca-ATPase)により Ca^{2+} は筋小胞体内に取り込まれ，細胞質内の Ca^{2+} 濃度は，筋収縮時の約 $10\,\mu M\,(10^{-5}\,M)$ から $0.1\,\mu M\,(10^{-7}\,M)$ 以下に低下する。これにより，トロポニン C から Ca^{2+} が外れ，トロポニン I がアクチンとミオシンとの結合部位を再び物理的に阻害する(図2-2-4)。ミオシンは ATP と結合してアクチンとの強い硬直結合を解離するが，ATP と結合してミオシン頭部の構造が変化して，アクチンに沿って移動しても，結合部位がトロポニン I によって閉ざされて結合できなくなり，アクチン-ミオシン間の硬直結合が切れて，張力がなくなり筋肉は弛緩する。以上のように，筋収縮と弛緩は，結果的には細胞質内の Ca^{2+} の濃度変化によって惹起される。

  動物の生と死

食肉は家畜，家禽の骨格筋に由来する。形態的には同じであるが，生体の骨格筋と食肉とでは，その性状は大きく異なる。生と死の境界の定義については医学的に確立されていないが，旧来からのヒトにおける死の三徴候として，「不可逆的な呼吸停止」，「不可逆的な心拍停止」，ならびに「瞳孔の対光反射の停止」があげられている[1]。近年は臓器移植の観点から，「脳幹を含む全脳の不可逆的機能喪失(いわゆる，脳死)」が主張されているが，産業動物では死の判定は厳格ではなく，主に心拍停止により判定される。

ヒトを含む動物では，死の直後から全身各所において，さまざまな変化や現象が現れてくる(表2-2-1)。これを，死後変化または死体現象という。肉用産業動物においては，体温低下と死後硬直などの，限定的な死後変化が重視される。

明瞭な死後変化は，心機能の停止による血流の停止によってもたらされる。血液は，体中の個々の細胞に栄養素や酸素を運搬し，細胞の活動で生じた老廃物や二酸化炭素を体外に排出するための運搬役を担っているだけなく，各種ホルモンの運搬や，止血や傷を塞ぐ作用を有している。さらには熱の分配調節機能があり，体温を一定に保つのに役立っている。しかし，死後は血流が停止することによって，酸素や栄養素，老廃物，熱などの運搬ができなくなり，動物単体では身体中の機能を維持できなくなり，生体とは全く異なる反応が起こる。これらの変化は，生体時の状態や死亡時の状況，死後の環境などによって異なり，食肉では肉質に大きな影響を受ける。

表2-2-1 法医学における死体現象 (死後変化)[1]

早期死体現象
体温の低下
血液就下・死斑
死後硬直
表皮の乾燥
角膜の混濁
眼圧の低下
死体の日焼け
鷺皮・立毛
晩期(後期)死体現象
自家融解
腐敗

3 死後硬直

すべての動物では，生前には姿勢の維持などで緊張していた骨格筋は，死亡直後には弛緩し

た状態になる。しかし，死後時間の経過とともに骨格筋は漸次かたくなり，各関節の可動性が失われる。この現象を「死後硬直」という。死後硬直期の骨格筋はかたく，食肉としては適さないため，われわれはその後に死後硬直が解除された骨格筋を食肉として食している。ここでは死後硬直の発生のメカニズムについて述べる。

(1) 恒常性（ホメオスタシス）

死後硬直は死後すぐに起こる現象ではなく，動物種や環境温度に依存するものの，死後しばらく経ってから徐々に進展する。これは生物がもつ重要な性質の一つである恒常性（ホメオスタシス）が関与している。恒常性とは，生体の内部や外部の環境要因の変化に関わらず，生体の状態が一定に保たれる性質やその状態を指す。生体の状態が変化したとき，それを元に戻そうとする作用は，負のフィードバック作用とよばれる。恒常性の保たれる範囲は，体温や血圧，体液の浸透圧やpHなどをはじめ病原微生物やウィルスといった異物（非自己）の排除，創傷の修復など生体機能全般に及ぶ。生体では，この作用を主に司っているのが間脳視床下部で，その指令の伝達を自律神経系や内分泌系（ホルモン分泌）が担っている。しかし，限られた組織や細胞内だけでなく，死後の骨格筋においてもホメオスタシスを維持しようとする。

現在の先進諸国のと畜の方法は，動物愛護と肉質の維持のために，家畜を失神させ，意識を失わせた状態で大動脈を切って，安全かつ苦痛を与えず，速やかに放血して，死に至らしめる。血流の停止は死後の主要な出来事であり，この異常現象に対して，組織や細胞はできる限り元の状態に戻そうと，あらゆる反応を起こして現状維持に努めようとする。体内の諸反応で不可欠で利用されるのがATP（アデノシン3リン酸）である。ATPが利用されると細胞内の濃度は低下するので，ATP濃度を一定に保つための供給メカニズムがはたらく。しかしながら，ATPが枯渇すると，顕著な死後変化が起こる。

(2) 死後硬直

と畜・放血による失血により，組織や細胞への酸素（栄養素）の供給が遮断される。個々の細胞でホメオスタシスを維持するため，エネルギー源（ATP）を分解して利用する。

$$ATP + 水 \longrightarrow ADP + 無機リン酸$$

しかし，細胞中のATP濃度は，一般的には1〜10 mM程度と限られているため，すぐに枯渇する。このため，減少したATPを補うために，ホメオスタシスがはたらき，可能なATP供給経路が作動する。

生体の骨格筋においては，さまざまな条件に対応できるように複数のATP産生システムを備えている。代表的な3つの系は下記のとおりである。

① ローマン反応

ATPのバックアップ物質として筋肉内に貯蔵されているクレアチンリン酸からATPを産生するシステムで，反応には酸素は不要である。

② 嫌気的解糖系

無酸素運動など激しい運動を行う場合に骨格筋で行われるATP産生システムである。グルコースから2分子のピルビン酸を経て，2分子の「乳酸とプロトン（H^+）」を生成する。ピルビン酸まで変換するまでに，2分子のATPが消費されて，4分子のATPを産生するため，最終的に

は2分子のATPが得られる。反応には酸素は不要である。

③ TCA回路＆電子伝達系

脂肪酸，糖(グルコース)と多量の酸素を利用して，ミトコンドリア内で効率的にATPを産生する。グルコースは上述のようにピルビン酸まで変換されてアセチルCoAに，脂肪酸もβ酸化によりアセチルCoAに変換されて，TCA回路に取り込まれる。TCA回路の反応1周につき，1分子のATPが得られるため，グルコース1分子からは2分子のATPが得られ，電子伝達系で必要な水素原子も作られる。電子伝達系の反応によって34分子のATPが得られるため，解糖系とTCA回路を合わせると，グルコース1分子から38分子のATPを得られる。TCA回路と電子伝達系ともに反応には酸素が必要である。

死後筋肉では血流の停止により酸素供給がなくなるので，上記3経路のうち，TCA回路＆電子伝達系でのATP供給はできない。このため，ローマン反応と嫌気的解糖系を用いてATPを再合成するしかない。最もすばやい反応であるローマン反応では，筋肉中のクレアチンリン酸含有量はごくわずかなため，すぐに枯渇して反応は終了する。続いて嫌気的解糖系によるATP供給が行われるが，筋肉中の貯蔵糖，すなわちグリコーゲンから分解されたグルコースから，ATPとともに乳酸とプロトンが産生される。これによって，水素イオン濃度が上昇し，生体時には中性の筋肉のpHは，5.5〜6.0付近まで低下して止まる(図2-2-6)。このときのpHを極限pHという。乳酸とプロトンの産生量はグリコーゲン量に依存するため，極限pHは畜種や部位，動物の疲労度などによって異なってくる。

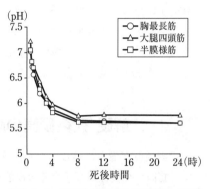

図2-2-6　各種骨格筋(鹿)の死後のpH推移

このpHの低下によって，細胞機能が低下していき，膜系も脆弱化する。筋小胞体からもカルシウムイオンが漏出して，Ca^{2+}を筋小胞体に取り込むカルシウムポンプもはたらきながら，筋細胞内のCa^{2+}濃度がゆっくりと上昇する。これによって，Ca^{2+}がトロポニンCに結合して，残存ATPを用いて生体と同じメカニズムで筋収縮を引き起こす。ATPが枯渇すると，ATPを利用するカルシウムポンプも機能せず，ミオシンとアクチン間の硬直結合も解離できなくなり，全身性の筋収縮が発生・持続する。これが死後硬直である。

死後筋肉ではATPが消失して，Ca^{2+}濃度を下げることができないため，弛緩状態にならないので，死後硬直は不可逆的な筋収縮である。最も強く収縮したときを「最大硬直期」とよび，一般に体の大きい種ほど死後変化は遅い。と畜後から最大硬直期までの平均的な時間は，牛で24時間，豚で12時間，鶏で2時間程度であるが，個体の栄養状態や疲労の程度，グリコーゲン含量，と体の貯蔵温度により変化する。死後硬直前の食肉は，柔軟性があり，しなやかで，保水性は非常によいが，風味は欠ける。最大硬直期の筋肉は，かたくて，保水能がわるく，生および加熱によるドリップの損失が大きいので，食用としては適さない。

〈参考文献〉　＊　＊　＊　＊　＊

1) 佐藤喜宣：「臨床法医学テキスト」中外医学社(2011)

Section 3　■解硬と熟成　〈島田謙一郎〉

と畜後に骨格筋はアクチンとミオシン間の硬直結合による死後硬直を経て，一定期間放置すると硬直結合が解けてやわらかくなる。この現象のことを死後硬直の解除，解硬もしくは緩解とよび，英語ではresolution of rigorと明記する。また，明確な期間の設定は難しいが，言葉通りに硬直結合の解除と考えるのであれば，解硬の開始は死後硬直が最大に到達した時点から，終了時は硬直結合が解除されてサルコメア長が復元した段階と考えられる。しかし，一方で熟成（以前はconditioningも使用したが，現在ではagingが使用されることが多い）という用語がある。これは一般の食品の熟成という定義からすれば，熟成という過程を経ることで，品質を決定する色，味および香りが十分に発現しておいしくなることとあるので[1]，食肉として食べ頃になるまでの期間を指していると考えるのが一般的である。食肉の場合には解硬によりやわらかくなることが大きな変化であるので，熟成のなかに解硬が含まれると考えるのがわかりやすいだろう。熟成の終点もきわめて不明瞭である。熟成に伴ってうま味が増す（原因としては遊離アミノ酸が増加する）という現象がある。しかし進行し過ぎると，腐敗して食せなくなってしまう。本書では熟成に解硬を含めて，死後硬直が最大に到達した時点よりやわらかくなり，うま味が増して食べ頃になるまでを熟成とよぶことにする。

1　解硬（死後硬直の解除・緩解）

死後硬直が最大に達してから，死後硬直によるアクチンとミオシンの硬直結合が解除されて，筋肉の伸展性が復元するのが解硬である。これは筋肉の内部構造に変化が生じて，食肉の軟化が惹起される。図2-3-1にあるように食肉のかたさの指標となる剪断値が最大値を示す時点が死後硬直の最大となっている点（図中の矢印）であり，同時にサルコメア長も最も短い（図では約1.7μm付近）ので，最大に短縮している。これ以降に剪断値は低下し，サルコメア長が長くなる。1℃の熟成で硬直（結合）の80％が解ける（解除される）日数は，と畜後，牛で10日，豚で5日，鶏で0.5日といわれており[2]，一般的に，熟成に要する期間は牛肉で10～14日間，豚肉で5～7日間，鶏肉で1～2日間といわれている[2]。ただし，この期間は最大に軟化する日

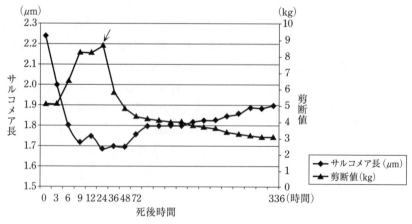

図2-3-1　羊の死後時間に伴うサルコメア長と剪断値の関係[3]

数ではない。食肉のかたさは筋原線維構造に起因するかたさ(アクトミオシンタフネス)と筋肉内結合組織構造に起因するかたさ(バックグラウンドタフネス)で規定でき，解硬に伴って軟化する，すなわち，筋肉内部の構造が脆弱になることを意味する。筋原線維構造と筋肉内結合組織構造の変化については，次に述べることとする[2),4),5)]。

(1) 筋原線維構造の変化

解硬に伴って食肉の軟化が生じるメカニズムとして，ここでは表2-3-1のうち筋原線維構造における変化について説明する。

表2-3-1 解硬における筋肉内で起こる構造変化[2),4),5)]

1) 筋原線維構造の変化(Actomyosin toughness)
①Z線構造の脆弱化による筋原線維の小片化
②アクチン・ミオシン間の硬直結合の脆弱化(パラトロポミオシンの関与)
③コネクチン(タイチン)フィラメントの開裂/ネブリンフィラメントの断片化
④トロポニンTの分解(30 kDa成分の生成)
⑤デスミンの分解よる筋原線維間結合の脆弱化
⑥ミオシンやアクチンのような主要な収縮タンパク質は分解されない
2) 筋肉内結合組織の変化(Background toughness)
コラーゲン細線維間の接着因子(プロテオグリカン)の分解消失による構造変化

① Z線構造の脆弱化による筋原線維の小片化

と畜直後の筋肉から調製した筋原線維を位相差顕微鏡で観察すると，図2-3-2に示すようにサルコメアがたくさん連なった長い筋原線維が多いが，熟成後になると4個以下のサルコメアからなる短い筋原線維が多くなる。これは調製時のホモジナイズによる物理的な力に対してZ線の構造が脆弱になるためにZ線部で切断される。多くの研究がなされているが，Z線の構造を構築している構造タンパク質(α-アクチニンなど)がプロテアーゼの作用により分解されて

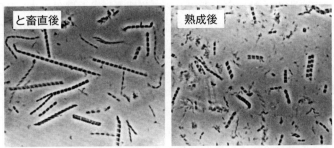

図2-3-2 筋原線維の小片化を示す模式図(上段)と写真(下段)[4),6)]

引き起こされるというものと，Z線の無定形物質として局在するリン脂質が死後に筋細胞内で0.2 mMまで上昇したカルシウムイオンと結合してZ線から遊離するためにZ線の構造が脆弱になると考える説がある．実際に遊離するリン脂質と筋原線維の小片化の両者が熟成日数に伴いよく一致している（図2-3-3）．また同時に，このときにZ線の構造を主要なタンパク質であるα-アクチニンは，ほとんど分解されていない（図2-3-4）．

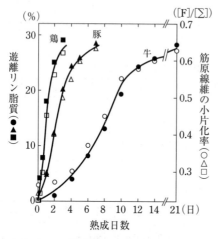

図2-3-3　Z線からのリン脂質の遊離と筋原線維の小片化との関係[7]

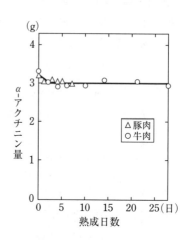

図2-3-4　豚肉および牛肉における熟成に伴うα-アクチニン量の変化[7]

② 硬直結合の脆弱化

死後硬直でアクチン・ミオシン間にATPやカルシウムイオンを使って硬直結合が形成されるが，死後硬直完了後しばらく経つとサルコメア長が復元する現象がよく知られていた．これには筋原線維の微量タンパク質で，太いフィラメント（Aフィラメント）の両端部（A-I接合部）に局在しているパラトロポミオシンが関与していると考えられている．パラトロポミオシンは熟成日数に伴い細いフィラメント（Iフィラメント）上をM線方向に局在移動を起こす．パラトロポミオシンのアクチンに対する親和性は強いので，Iフィラメントを移動する際に，パラトロポミオシンがアクチンに対してミオシンと競合的に作用し，アクチンとミオシン間の硬直結合を脆弱にするとされ，硬直結合の脆弱化に伴いサルコメア長が復元すると考えられている．

③ コネクチンとネブリンの分解

コネクチン（タイチン）フィラメントは太いフィラメントとZ線をつないで，細いフィラメントをサルコメアの中央に維持する役割のある弾性タンパク質である．分子量300万のα-コネクチン（タイチン1）は，熟成に伴って分子量180万のβ-コネクチン（タイチン2）と分子量120万のサブフラグメントに開裂する．一方，細いフィラメントの長さを規定すると考えられている分子量約80万のネブリンは，熟成に伴って5種類の断片（分子量20万，18万，4万，3.3万，2.3万）に小片化する．いずれも筋原線維タンパク質中の巨大な構造タンパク質であり，筋原線維構造の脆弱化に大きく寄与していると考えられている．

④ トロポニンTの分解

細いフィラメント上にあるトロポニン複合体の構成タンパク質であるトロポニンTは分解すると分子量3万のポリペプチドが生じ，熟成日数に伴う分子量3万のポリペプチドの生成と

食肉の軟化がよく一致することも知られている。だが，トロポニンTの分解がどのように食肉の軟化に関わっているかは不明とされている。

⑤ デスミンの分解

中間径フィラメントのデスミンはZ線の周囲に局在して，筋原線維同士を側面方向でつないでいるが，死後に分解されるため，筋原線維間の構造が脆弱になる。デスミンの分解も筋原線維の小片化と関係すると考えられている。

⑥ その他

表2-3-1の⑥に示したように熟成56日後であってもミオシンやアクチンの主要タンパク質は分解されないことが報告されている。また，これら5つ以外に，熟成中の食肉から得られた筋原線維のMg-ATPase活性を測定すると，低イオン強度下（0.03 M KCl）での活性が増大し，活性のイオン強度依存性も増大することが知られており，これは筋原線維の構造全体がルーズになったためと推定されていて，これも死後硬直の解除を引き起こす要因の一つと考えられている。

〈プロテアーゼ説とカルシウム説〉

これらの筋原線維構造の変化が起こる原因として，筋肉内に内在するプロテアーゼが主体的に関与する考え方（プロテアーゼ説）と，死後筋肉内で0.2 mMまで増加したカルシウムイオンによる直接的な作用でさまざまな現象が引き起こされるという考え方（カルシウム説）が存在する。現在ではプロテアーゼのみで説明されることが多くなっているように見受けられるが，これまで述べた現象も関与するプロテアーゼがすべて明確になっているわけではない。内在する酵素のうち関与が示唆されているものには，リソソーム内に局在するカテプシン類（B, D, H, L）や細胞質に局在するカルパイン類（μ-, m-, p94はそれぞれ1, 2, 3ともよばれる，ただしp94は筋原線維のZ線に結合している）。カルパインは活性化にカルシウムイオンを必要とするエンドペプチダーゼとして発見され，活性化に必要なカルシウムイオン濃度がμMオーダーかm Mオーダーかで，それぞれの頭文字からμ-およびm-と名づけられた。その後，生体内でさまざまなアイソフォームが発見されたので，カルパイン-1のように数字で表記されるようになった。現在，海外では特にカルパイン-1の関与が強く支持されている。この他，プロテアソームやカスパーゼ系の中性プロテアーゼなどの関与も示唆されている。

解硬に伴う食肉の軟化は，ミオシンやアクチンなどの量的に多いタンパク質は分解しないという現象を元にして国内外の教科書などにも書かれている。したがって，一部の筋原線維タンパク質の分解や構造の崩壊が食肉の軟化に密接に関係していることは確かであろう。解硬現象を引き起こす要因はプロテアーゼ，カルシウムイオンや他の要因も複雑に関係しながら解硬すると考えられるが，まだ完全には解明されてはいない。

(2) 結合組織の変化

これまで述べたように筋肉内結合組織は，食肉のかたさと密接に関係している。筋肉内結合組織の主要な構成成分であるコラーゲンが熟成（解硬）中に変化しないことから，長い間，筋肉内結合組織の解硬中に関与しないと思われていた。

しかし，細胞消化法を利用した熟成前後の筋肉内結合組織（筋内膜，筋周膜）の走査型電子顕

微鏡観察により筋内膜の構造の緩みや筋周膜のコラーゲン細線維束の配向性の乱れなどの著しい構造変化が認められた(図2-3-5)。この筋肉内結合組織の構造変化が熟成後期における食肉の軟化に大きく寄与していると示唆されるようになった。現在，こうしたコラーゲン細線維の配向性が崩れる原因として，コラーゲン細線維間を接着するプロテオグリカンが消失することが認められている。この消失はコラーゲン細線維間から解離するためなのか，あるいは酵素的に分解するためと考えられている。結合組織にはマトリックスメタロプロテアーゼ2型(MMP-2)や9型(MMP-9)などのコラーゲン分解酵素が存在するため，このような酵素の関与も考えられるが，熟成時における影響は不明である。

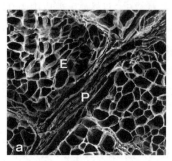 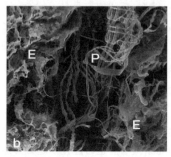

と畜直後(a)および熟成28日後(b)の牛半腱様筋を細胞消化法で処理して走査型電子顕微鏡で観察した。Pは筋周膜，Eは筋内膜を示す。

図2-3-5　熟成に伴う筋肉内結合組織の変化[8]

2　風味(フレーバー)の発生

　食肉は熟成によってやわらかくなるだけではなく，風味などのおいしさも大きく変化する。ここでは主に香りと味について熟成中に起こる変化やメカニズムについて説明する。

(1)　香　り

　生肉の香り(生鮮香気とよぶ)は，熟成前では乳酸様の酸臭や血液・体液臭であるが，これらは熟成により消失する。また，食肉を食べる際に加熱するが，このときに生じるにおいを加熱香気とよぶ。この加熱香気は熟成すると向上するといわれている。特に，甘い香り，ロースト肉様，ステーキ特有の芳香があり，アルカン，アルデヒド，ケトン，フラン，ピラジン類や芳香化合物の増加が著しい。特にピラジン類は，加熱香気の重要な成分として知られており，これらはアミノ・カルボニル反応で生成するため，熟成中で増加した遊離アミノ酸やペプチドなどが貢献していると考えられる。現在，牛肉の熟成の際に生じる香り(牛肉熟成香)は生肉の香りを特に生牛肉熟成香といい，ドライエイジングのような含気熟成を行った場合に生じる香りを熟成牛肉発酵臭という。さらに調理の方法により煮たときに生じる香りを煮牛肉熟成香といい，焼いた時に生じる香りを焼牛肉熟成香という[2]。まだ香りの成分や発生機構は不明な点が多く，さらに食肉はさまざまな食べ方や畜種や品種などによっても異なる部分もあり，まだまだこれからである。

（2） 味

　熱水抽出により得られた肉エキスは，アミノ酸，ペプチド，ヌクレオチド，有機酸，糖，無機質などで構成されている。このなかで，アミノ酸やペプチドは熟成に伴って増加するために，肉様のうま味向上に寄与している[6]。しかし，生成される遊離アミノ酸やペプチドの量や構成は動物の種類，部位，性別などにより異なる。筋肉内に局在するカルパインやカテプシンなどのエンドペプチダーゼの作用によりペプチドが生成され，さらにアミノペプチダーゼのようなエキソペプチダーゼにより遊離アミノ酸が生成される。一方，イノシン酸（IMP）は，アデノシン三リン酸（ATP）の分解によりAMPが生成され，脱アミノ化されて生成される（図2-3-6）。さらに，IMPはイノシン，ヒポキサンチン，キサンチンへと分解される。IMPに作用する5'-ヌクレオチダーゼがAMPデアミナーゼに比べて活性がかなり低いためにIMPが蓄積して食肉のうま味に貢献すると考えられている[2]。牛肉の熟成に伴うATP関連化合物の

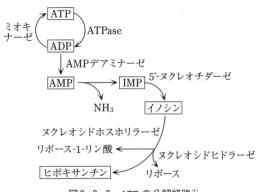

図2-3-6　ATPの分解経路[2]

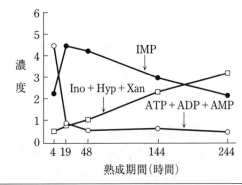

IMP：イノシン酸，Ino：イノシン，Hyp：ヒポキサンチン，Xan：キサンチン

図2-3-7　ATPおよび関連化合物の牛肉の熟成中の変化[6]

変化を図2-3-7に示す。畜種により時間軸は異なるが，ATPの分解に伴ってIMPが蓄積するものの，さらに分解されイノシン＋ヒポキサンチン＋キサンチンの総量が熟成に伴って増加していく。食肉の熟成に伴い増加する遊離アミノ酸にはグルタミン酸も含まれおり，これに分解されたわずかな濃度のIMPが存在することで，両者の相乗効果が期待できる。食肉の呈味は個々のアミノ酸が示す呈味（甘味，苦味，うま味）に加えて，IMP，ペプチド，塩類などさまざまな要素が関係して構築されると考えられる。

3 熟成促進法

前述したように熟成により食肉の内部で起こる大きな現象は軟化である。熟成に伴う食肉の軟化の促進は，表2-3-2に示すように筋原線維/筋肉内結合組織タンパク質の分解と，これらの構造を破壊することによって誘導できる。あるいは，サルコメアの短縮を防止することによっても促進することができる。

筋原線維/筋肉内結合組織の構造を壊す方法は，大きく分けると，①内因性酵素を活性化させる，②外部から酵素を加える，③直接的に外部から物理的な力を与えて内部構造を破壊する，の3つがある。内部の酵素を活性化させる方法としては，塩化カルシウム溶液を食肉に注入・浸漬させて内因性プロテアーゼの活性化やカルシウムイオンの作用を誘導する。他については，3章Section5 (p.197) 食肉の高付加価値化の調理に関連する部分で詳しく述べることにする。

サルコメアの短縮を防止する方法には，電気刺激 (Electrical Stimulation；ES)，温と体熟成，テンダーストレッチ法などがある。

表2-3-2 枝肉に処理できる軟化促進法

筋原線維/筋肉内結合組織の構造を壊す
内因性酵素の活性化
$CaCl_2$溶液の浸漬/注入
サルコメアの短縮防止
電気刺激法
温と体熟成法
テンダーストレッチ法

(1) 電気刺激

本法は元来，寒冷短縮(低温短縮)を防止するために開発された。電気で筋肉を痙攣させてエネルギー源であるATPの分解を促進させることで，死後硬直が短時間で終了させることができるので，死後硬直が終了するまで，枝肉のまま吊るしておかないで直ぐに除骨して部分肉にできるというメリットがある。電気刺激には低電圧電気刺激法および高電圧電気刺激法がある。

アメリカでは，高電圧の電気刺激を積極的に研究がなされたが，高電圧の電気は水を使うと畜場で作業員の安全性に問題があるとされて，日本などでは低電圧処理が検討された。しかし，肉色への影響や電気の使用が敬遠されて，日本国内ではあまり研究が継続されなかったが，海外では死後硬直まで枝肉で吊るしておかなくて済むので，大規模と畜場では広く用いられている。

(2) 温と体熟成

温と体熟成とは，筋肉における短縮度と温度の関係から最も短縮を防止できる15～16℃くらいの温度帯を利用して，できるだけサルコメアの短縮を防止しながら貯蔵することで，やわらかさを維持しながらかつ温度が正常の4℃よりも高いために内因性の酵素反応を早めることで熟成を進める技術である。この方法は用いる温度帯で異なり，高温短時間処理法や高温肉質調節法[9]もこれに類するのでここで述べる。と体温度を37℃に短時間保持してから冷蔵する方法で，これにより電気刺激と同様に急激な筋線維内のpH低下を引き起こし，2時間以内であれば筋原線維タンパク質を変性させることなく抽出できると報告されている。一方，高温肉質調節法(高温熟成法)は，死後硬直まで低温で保持してそれ以降は高温で保持する方法である。しかし，これらの方法は，微生物増殖の懸念から産業的にはほとんど利用されていない。

（3） テンダーストレッチ法

　通常はアキレス腱で枝肉を懸吊するが，この懸吊法では枝肉での熟成中に背部やもも肉などの主要な筋肉が引っ張られないため，かたくなる傾向がある。図2-3-8に示すようにテンダーストレッチ法では坐骨から懸吊することで，アキレス腱による懸吊と比べて脊椎がまっすぐに伸びるため，これらの筋肉がより引っ張られ，死後硬直時の過度の筋収縮を防ぎ，脆弱化された筋組織の無数の細かい断裂などによりやわらかくすることができる。一方で，ヒレ肉は坐骨で懸吊すると従来法よりも引っ張られなくなるため，かたくなる。アメリカやオーストラリアなどで用いられていたが，アキレス腱の懸垂から坐骨からの懸吊へ切り替えるための作業が必要なだけではなく，坐骨で懸吊すると枝肉の専有面積が増えるため，冷蔵庫内での収納本数が少なくなり効率がわるい。このため，広くは普及していない。

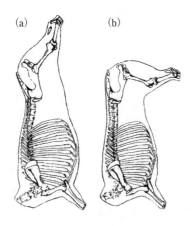

(a)アキレス腱による懸吊
(b)テンダーストレッチ法による懸吊

図2-3-8　枝肉の懸吊方法[10]

〈参考文献〉　＊　＊　＊　＊　＊

1) 佐藤信 監修:「食品の熟成」p.3, 光琳(1984)
2) 松石昌典, 西邑隆徳, 山本克博:「食物と健康の科学シリーズ　肉の機能と科学」p.70-85, 朝倉出版(2015)
3) Kerth, CR., eds：The Science of Meat Quality, p.100, Wiley-Blackwell Inc, Ames (2013)
4) 石谷孝佑編:「光琳選書⑩　食品と熟成」p.243-259, 光琳(2009)
5) Aberle. ED., Forrest, JC., Gerrard, DE., Mills, EW.: Principles of Meat Science 5th ed, p.113, Kendall Hunt publishing company (2012)
6) 伊藤敞敏, 渡辺乾二, 伊藤良:「動物資源利用学」p.180, 185-187, 文永堂出版(1998)
7) Ahn, DH., Shimada, K, Takahashi, K.: Journal of Food Science, Vol. 68, p.94-98(2003)
8) Nishimura, T., Hattori, A., Tacahashi, K., Meat Science, Vol. 39, p.127-133(1995)
9) 伊藤肇躬:「肉製品製造学」p.593-597, 光琳(2007)
10) Bekhit, AEA., eds: Advances in Meat Processing Technology, p.48-49, CRC Press (2017)

3章　食肉のおいしさと栄養

Section 1　■食肉のおいしさ　〈林　利哉〉

1　おいしさの要因

　食べ物のおいしさは，その本質的価値を決定づけるきわめて重要な要素である。しかし，一方でおいしさは食べ物を構成する成分の質や量だけではなく，摂食する側の人の判断に依存することから，その定義づけがきわめて難しい指標ともいえる。一般にあげられているおいしさの要素として，鼻や口中で感じる香り，フレーバー，ならびに舌の味蕾で感じる塩味，甘味，

化学的要因	物理的要因
● 味 ● 香り	● テクスチャー ● 外観(色など) ● 温　度 ● 咀しゃく音

図3-1-1　おいしさに寄与する要因

酸味，うま味といった化学的な味に加え，口内の皮膚感覚で感じるかたさ・やわらかさといった歯ごたえなどの物理的な"味"も重要な要素とされている。食肉・食肉製品においても同様で，さらに見た目（外観）や温度なども加味され，おいしさは総合的に評価される（図3-1-1）。

　一般に肉類は焼く，煮るなどの加熱調理を行って食される。加熱によって味，香り，テクスチャーなど，食肉の嗜好性は高まると同時に，殺菌効果により食中毒のリスクも著しく軽減される。加熱操作は乾式加熱と湿式加熱に大別され，前者は焼く，炒める，揚げる操作が該当し，後者は煮る，ゆでる，蒸す操作が該当する。熱源から食品への熱の伝達は，伝導，放射，対流によって複合的になされ，食品の温度が上昇する。

　湿式加熱は，一般に水を熱媒体として利用するため，100℃以下の温度で加熱をする場合が多い。ただし，圧力鍋やレトルト殺菌などの加圧加熱では，115～125℃以上の高温で加熱できる。乾式加熱は，水を熱媒体として使わず，空気，金属，セラミック，油などを介して熱が伝達される。温度は100℃以上，もしくは，それをはるかに超える場合が多く，食品の表面から水分が蒸発して，焦げ風味が生じたりする。

　誘電加熱の一種であるマイクロ波加熱（電子レンジ）では，マイクロ波（電磁波）によって，食品内部の水分子を振動・発熱することで食品自身が加熱されるため，食品の温度上昇が速やかであり，比較的短時間かつ簡便に加熱できるというメリットがある。しかしながら，マイクロ波の加熱性を決定づける誘電物性が食品の形状や水分含量などによって異なるため，加熱むらを生じやすいという欠点もあり，水分と脂肪分が比較的多い食肉を短時間で均一に加熱することは難しい。

　食肉は多くの場合，調理・加工の過程で加熱処理が施され，安全性・保存性はもちろんのこと，その嗜好性，すなわちテクスチャー，味，風味などが著しく変化・向上することから，食肉のおいしさ発現において，加熱はきわめて重要といえる。

2 テクスチャー

(1) 食肉のテクスチャー特性

　テクスチャーとは，かたさ，弾力性，粘り，歯ごたえなどの食品の物理的性質（主に力学的性質）に起因して口腔内の触覚によって知覚される食感の総称である。食肉は一般的に，やわらかくてジューシーなテクスチャーをもつものが好まれ，また一方で適度な歯ごたえなども重要であり，テクスチャー特性が食肉のおいしさを決定づける要因の一つとなっている。歯ごたえや歯切れなどの特性は，歯根部分にある歯根膜に，口あたりや喉ごしは，口中の粘膜などによって検知されるといわれている。その食肉の力学特性には，食肉の構造的主体である筋線維，結合組織の状態が大きく関わっており，当然ながら筋線維束間などに介在する脂肪組織の量や質も大きく関わっている。筋線維は，筋収縮の本体であり，その収縮の程度や，筋原線維の構造に起因するかたさをアクトミオシンタフネスとよび，筋線維そのものやその束（筋線維束）を包んでいる膜（筋内膜，筋周膜）を構成する結合組織に起因するかたさをバックグラウンドタフネスとよぶ。結合組織は主としてコラーゲンからなり，コラーゲン線維の量が多いほど，またコラーゲン線維を構成するコラーゲン分子間・内の架橋結合の量，すなわち，コラーゲンの質にも依存して膜が強固になり，食肉はかたくなる。個体サイズの大きさに比例して筋線維を支えるための強度が必要となるため，牛，豚，鶏のなかでは牛肉が最もかたく，鶏が最もやわらかい。また，老齢化した動物の肉が若いものよりもかたくなるのも，コラーゲンの量と，架橋形成に伴う質的変化がその要因の一つであり，より週齢の進んだ地鶏の肉と若鶏肉との歯ごたえの違いがその好例である。

(2) 熟成によるテクスチャーの変化

　食肉は通常，熟成とよばれる期間を経たものが食用に供される。例えば牛肉はと畜後数時間で，死後硬直を開始してかたくなり，pHの低下に伴い水を保ちにくい状態がしばらく続く。このときの肉は非常にかたく，保水性も低いため食用に適さず，そのかたさはアクトミオシンタフネスに起因する。その後の熟成過程で，前述のようにプロテアーゼの作用など，種々の生化学的変化によって筋肉中の筋原線維や結合組織の構造が脆弱になることで，少しずつやわらかく，かつ水分も保ちやすい状態へと変化していく。牛ではと畜後，およそ2週間かそれ以上，豚では数日間が経過すると，やわらかくてジューシーな好ましい食感の食肉へと変化するとされている。きめ細かなサシがたくさん入った霜降り肉が，噛まなくても切れるほどにやわらかいと感じるのは，熟成に伴う筋線維の脆弱化や脂肪そのものの滑らかさの寄与だけでなく，筋線維束間などに細かく入り込んだ脂肪組織によって筋周膜などを構成する結合組織の組織化が不十分になることも要因としてあげられる。

(3) 加工・調理によるテクスチャーの変化

　食肉の原型を保持しているステーキやカツレツといったテーブルミートのテクスチャーは，筋線維や結合組織といった筋肉内の構造体の物理的な強度や，脂肪の量や質などに起因することは当然であるが，より加工度の高い食肉製品の場合，ハム，ベーコン類のような単味製品ではある程度同様に考えることができる。しかしながらソーセージのように筋肉組織を一旦壊し

てしまう練り製品では、結合組織や構造体としての筋線維そのものの寄与は比較的弱く、ミオシンやアクチンといった筋原線維のタンパク質が介在する肉片・肉粒子の結合状態や会合状態、脂肪分との乳化状態の良否などが、その好ましいテクスチャーにつながる結着性や保水性の発現に重要な役割を果たしているものと考えられる。

加熱前の肉類は、もともと柔軟性に富んでおり、噛みきりにくいが、加熱を受けると弾力性、かたさが増し、歯切れもよくなる。このとき、水分を放出し、重量の減少も起こるため、調理・加工時における水分ロスをいかに抑えるかはきわめて重要である。加熱による食肉のテクスチャーの変化は、主として食肉中に最も多く含まれる筋原線維タンパク質と、結合組織の主成分であるコラーゲンの変化に起因する。

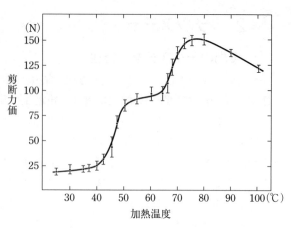

図3-1-2 加熱に伴う剪断力価の変化[1]

加熱温度と剪断力価との関係を示したのが図3-1-2である[1]。食肉を加熱すると、40〜50℃にかけて急速にかたさが増す。これは主に筋原線維タンパク質が加熱により変性することに起因するためであり、筋原線維は線維状に凝固・収縮する。しかし、さらに温度を上げても70℃付近までは、あまり変化しない。この温度帯では主に筋漿タンパク質が加熱変性するが、構造タンパク質ではないため、かたさにはほとんど影響しない。さらに加熱すると、70〜80℃にかけて、再び急速にかたくなる。これは結合組織の主体であるコラーゲン細線維が1/3程度に収縮するためである。特に筋線維を緻密な網目で取り囲む筋内膜が加熱収縮することにより筋線維自体を収縮させる。これによって内部の水分が搾り出されてかたくなる。加熱前の生肉は通常の状態では保水性が高く、手指などで強く押しても水分はあまり漏出しないが、一般に加熱処理を受けると肉汁がしみ出てくる。その理由の一つとして加熱により筋原線維タンパク質の収縮・凝集が起こり、また結合組織の収縮も起こるため、呈味成分や脂肪とともに水分がクッキングロスとして漏出する。クッキングロスの多い調理法では、かたいうえに、呈味成分とともにジューシーさも損なわれるため、できるだけ水分ロスの少ない調理法が求められる。

加熱が続き80℃以上になると、コラーゲン分子鎖のらせん構造が徐々にほぐれ、ゼラチン化が起こることで、結合組織の軟化が起こる。結合組織の多い肉ほど、短時間の加熱ではかたくなる傾向あるが、長時間にわたり湿式加熱を施すと、結合組織を構成するコラーゲンは脆弱化し、肉組織はほぐれやすくなる。すね肉などを長時間煮込んだ煮込み料理は、これをうまく利用した調理法の好例である。当然ながら、その程度はコラーゲン量や分子間・内の架橋結合の量にも依存するため、畜種や月齢などによって異なってくる。

以上のように、好ましいテクスチャーを得るには肉の加熱履歴がきわめて重要あることは間違いないが、食塩やショ糖、あるいはpHの調整などによってコントロールすることも可能である。

3 味

　味は，後述する香りともに，食肉のおいしさを決定する風味，フレーバーに寄与する重要なファクターである。味は，前述の皮膚感覚的に物理的刺激を知覚するテクスチャーとは異なり，さまざまな呈味物質を化学的刺激として舌や口腔内に存在する味細胞で知覚するものである。食品の味は，甘味，酸味，塩味，苦味，うま味の5つからなる5原味を基本とし，これに辛味と渋味を加えた7種の味が重要とされている。食肉の呈味成分には，うま味を呈するアミノ酸，低分子ペプチド，核酸関連物質，酸味を呈する有機酸，塩味を呈する無機塩類に加え，肉様の味やコクなどがあげられるが，なかでもうま味と肉様の味の寄与が重要だと考えられている。

　先にも述べたように(2章 Section 3, p.166)，と畜直後の食肉は風味に乏しいが，熟成することによって，テクスチャーの変化だけでなく，味や香りも豊かになる。熟成に伴う呈味性の向上は，タンパク質分解によって生じる遊離アミノ酸および低分子ペプチドなどの増加や，核酸関連物質であるイノシン酸(IMP)などに起因するとされている。熟成に伴うタンパク質の分解によって，アラニン，セリン，ロイシン，グルタミン酸などの遊離アミノ酸が顕著に増加し，食肉の呈味性発現に寄与している。例えば，アラニンやセリンは甘味を，ロイシンは苦味，そしてグルタミン酸はうま味を呈する。当然のことながら，ペプチドも熟成によって増加し，その分子種によっては味をまろやかにするなど，呈味性の改変に寄与しているとの報告もある[2]。この熟成の経過に伴うタンパク質分解は，食肉に内在する各種プロテアーゼの寄与が大きい。ペプチドの生成に寄与するエンド型のプロテアーゼとして，酸性領域にその至適pHをもつカテプシン類や，カルシウムイオン濃度の上昇に依存して活性化されるカルパイン類があげられ，いずれも熟成条件下で重要なはたらきを示すと考えられている。さらに，エキソ型のアミノペプチダーゼなどのはたらきによって，遊離アミノ酸が生成すると考えられている。一方，アミノ酸やペプチドは，加熱によって増加することも知られており，牛肉を60℃で加熱するとペプチド量が増えることが確認されている[3),4)]。

　IMPは，前述のように筋肉内に含まれていたATPから段階的に分解されることによって生成されるうま味成分で，やがてイノシン，ヒポキサンチンへと変化する。IMPは鰹節などの動物性食品由来の主要なうま味成分である。これらの核酸関連物質は肉様の味の形成にも寄与しているとされている。グルタミン酸のナトリウム塩であるグルタミン酸ナトリウム(MSG)によるうま味の寄与は大きいが，IMPなどの他のうま味成分と共存することで，うま味は数倍にも増強されることが知られている。このIMPは，呈味への寄与だけでなく，アクチンとミオシンを解離させることで，食肉・食肉製品のテクスチャーにも影響するという興味深い知見も報告されている[5]。またIMPも加熱による増加がみられ，加熱した食肉の複雑なおいしさに寄与していると考えられる。

　コクについては，まだ不明な部分が多く，複数の味が味覚を刺激し，かつそれらが相乗的にはたらいたときに感じるものとされ，その複雑さがもたらす特性といえる。滑らかさや香気成分を付与する脂肪と，うま味成分の寄与が重要とされているが，雑味などの寄与の有無など，解明すべき部分が残されている。

4 香り

香りは，さまざまな香り物質を鼻腔に存在する嗅細胞で化学的に知覚するように，化学的なおいしさに該当する特性である。香りは鼻先で感じる鼻先香(Orthonasal Aroma)と，食べ物を咀しゃくしたときに口腔から鼻に抜ける過程で感じられる口中香(Retronasal Aroma)に分類され，後者は味と混同されることが多い。食肉の香りは，生鮮香気と加熱香気に大別され，前者には血液臭や乳酸様の酸臭，後者にはボイル肉香気やロースト肉香気が該当し，加えて，動物種特異臭(マトン臭など)，性臭(牡臭など)，飼料臭(草臭など)もこのカテゴリーに該当する(図3-1-3)。

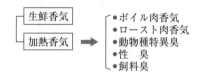

図3-1-3　食肉の香りの分類

(1) 生鮮香気

生鮮香気にはアセトアルデヒド，アセトン，メタノール，エタノール，メチルメルカプタン，ジメチルスルフィド，アンモニアなどの揮発性物質があげられるが，いまだ未同定成分も多く残されており，生成機構も含め，不明な点が多いとされている。

(2) 加熱香気

食肉を加熱調理することで多種多様な香り物質が生成される。アミノ酸，ペプチド，ビタミン，核酸，糖類がその由来物質になり，これらが加熱を受けることにより，種々の化学反応が惹起され，揮発性の香り物質に変化する。これに脂質成分のにおいも加味されて食肉の香りが形成される。加熱香気には，その加熱方式の違いによってボイル肉香気とロースト肉香気に分けられる(図3-1-3)。

ボイル肉香気は，肉様香気，水煮臭および脂肪臭から，ロースト肉香気は同じく肉様香気，脂肪臭およびロースト臭から構成されるといわれている。肉様香気には，これまでに100種類ほどの物質が特定されており，その多くが硫黄を含んだフラン，チオフェン，チアゾールなどの複素環式化合物である。また，ロースト臭にはピラジン類が寄与することが知られており，これらはアミノカルボニル反応で生成する。このように加熱香気成分は，水溶性の低分子成分が加熱によって分解されたり，アミノカルボニル反応を経て生成されたりするものや，脂肪やそれに含まれる脂溶性成分が加熱によって酸化や分解，もしくはアミノカルボニル反応を経て生成するものなどがある。さらにメルカプタンなどの含硫化合物，ラクトン類やアルコール，アルデヒドなど，多種多様な成分がおよそ千種類以上，特定されている。

(3) 動物種特異臭など

動物種によるにおいの違いは，脂質酸化物をはじめとする多くの成分が寄与している[6]。構成する脂肪酸が重要な役割を果たしているとされているが，それぞれの畜種に特異的な成分が含まれているわけではなく，組成バランスの違いに起因するものと理解されている。例えば豚肉は多価不飽和脂肪酸であるリノール酸などの割合が比較的高いこと，羊肉では4-メチルオクタン酸といった分枝鎖の脂肪酸が多いことなどがあげられる。また脂質以外の要因として，

システイン，メチオニン，グルタチオン，チアミンなど，分子内に硫黄を有している化合物や，アルキルフェノール類，チオフェノールがあげられる。また，わが国において黒毛和種の肉が好まれる理由の一つに，ナッツ様の甘い香りを示す和牛香の存在があげられるが，これには数種類のラクトン類の寄与が大きいとされている。

性臭(牡臭)や飼料臭については，Section 3で説明する。

5　脂肪の融点と口どけ

動物種によって脂肪の食感，特に口どけが異なる。植物性脂肪と異なり，動物性脂肪は低温では固体であるが，温度の上昇により溶けて液体になる。図3-1-4に一般的な食肉の脂肪の融点を示す。羊や牛などの反芻動物の脂肪の融点は，豚などの単胃動物のものよりも高い。融点がヒトの体温よりも高いため，冷えると固まり，口中でも溶けないので，なめらかな食感とはならない。豚や馬の脂肪の融点はヒトの体温に近いため，冷たいまま食べても口中で溶けて，なめらかな舌触りを与えてくれるため，ハム・ソーセージや馬刺しなどで冷食してもおいしく感じる。一方，鶏脂のように融点が常温付近の脂肪では，温度帯によってはべちゃべちゃとした食感を与えることもある。

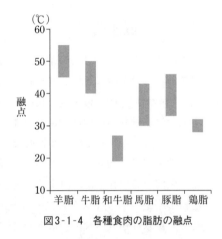

図3-1-4　各種食肉の脂肪の融点

これは動物種によって脂肪を構成する脂肪酸組成が異なり，その結果，脂肪の融点が異なるためである。脂肪酸はさまざまな種類があるが，脂肪酸の炭素鎖が短くなれば融点が低くなり，二重結合が増えても融点は低くなる。反芻動物の脂肪の融点が比較的高いのは，摂取した不飽和脂肪酸の二重結合は反芻胃内で水素添加されて，飽和脂肪酸に変換されるためである。

一方，和牛(黒毛和種)は反芻動物であるにも関わらず，脂肪の融点が低く，飼育方法や遺伝的特性が原因と考えられている。

〈参考文献〉　＊　＊　＊　＊　＊
1) Devine, C. E.: Encyclopedia of Meat Sciences, p.330-338, Elsevier Ltd (2004)
2) 西村敏英:「化学と生物」，39巻，1号，p.177-183(2001)
3) Ishii., et al.: J. Home Econ. Jpn., Vol. 46, p.229-234(1995)
4) 石井克枝ら:「日本家政学会誌」，46巻，4号，p.307-312(1995)
5) Okitani., et al.: Biosci. Biotechnol. Biochem., Vol. 72(8), p.2005-2011(2008)
6) 松石昌典:「食肉の科学」，36巻，2号，p.183-198(1995)

Section 2　■食肉の特性

〈若松純一〉

　食肉の品質，すなわち肉質は，消費者の嗜好，消費行動において重要な要因である。見た目や匂い，風味，かたさ，多汁性などの嗜好的要因があげられる。肉質の専門的見方の一つが，前述の牛・豚枝肉取引規格，いわゆる格付であるが，あくまでも枝肉での取引のための評価である。ここでは，精肉における肉質として，物理化学特性や官能特性において大きく影響を及ぼす保水性と，視覚的評価の要因である肉色について述べる。

1　保水性

　食肉には約70％の水分が含まれており，保存中や加工中，加熱によって，液性の肉汁が漏出する。この肉汁はドリップともよばれる。食肉がこれらの処理に対して，水分を保持する性質を「保水性(water holding capacity)」という。生肉におけるドリップは透明感のある赤色で，主成分は筋細胞の細胞液である筋漿で，色はミオグロビンに由来する。血液と誤解されるが，と畜時に放血されるため，残存血液はほとんどないことと，血色素であるヘモグロビンは生理的条件下では赤血球内に存在するため，透明感はなく，血液由来はごくわずかである。一般に，生肉での保存中に漏出することを「ドリップ損失(drip loss)」，加熱調理時に漏出することを「加熱損失(クッキングロス；cooking loss)」という。ドリップには呈味成分が含まれているため，保水性が低い食肉ではかたくてパサパサした食感となるだけでなく，食味が低下する。咀しゃく中に肉汁が滲み出して，呈味性が長く続くものを「多汁性のある（ジューシーな）食肉」というが，咀しゃく時以外にドリップとして流出しやすく，水っぽい食肉を多汁性があるとはいわない。また，保水性が高くて弾力性のある食肉は「締まりがよい」といい，逆に保水性が低くてやわらかくて張りのない状態を「締まりがない（乏しい）」といい，枝肉の格付における肉質評価の重要な基準の一つである。また，生肉でのドリップ流出は付着微生物の拡散の原因になることから，保存性の低下のリスクが高くなる。

　食肉の保水性には，死後変化が大きく関与する。食肉の保水性は，と畜直後の筋肉で最もよく，その後減少して，最大死後硬直期に最低になる。その後の熟成により，保水性はやや回復するものの，低いままである。これは，前述(2章 Section 2, p.160)の死後筋肉のpH低下と，それに伴う膜系の崩壊が主な要因である。図3-2-1に示すように，食肉の保水性はpH 5.0付近で最低となり，それよりも高いpHでも低いpHでも保水性はよくなる。保水性の低下は，死後の筋肉のpHが中性付近からpH 5.5〜6.0付近の極限pHに低下する様相と一致する。食肉を代表とするタンパク質を含む食品の保水性には，構成するタンパク質の等電点の影響を強く受ける。保水性が最低となるpHは，筋原線維タンパク質の主要成分であるミオシン(pI 5.5(重鎖))とアクチン(pI 5.2-5.3)の等電点にほぼ一致し，食肉タンパク質に結合する結合水の量が最小になる。結合水を取り巻く準結合水(中間水)や自由水も減少し，水分を保持できなくなる。また，図3-2-2に示すように，タンパク質は分子内に解離基と極性基をもち，pHによってその荷電状態は異なる。タンパク質の電荷の総和が0になるpHを等電点といい，このpHではタンパク質分子間の引力が最大となる。これよりも酸性側に離れるほど筋肉構成タンパク質の多くは正に荷電し，アルカリ性側に離れるほど負に荷電するため，互いの静電的反発

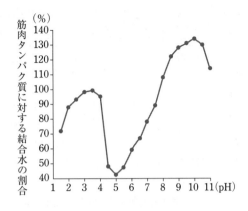

各 pH における筋肉タンパク質に対する，結合した結合水の割合を示す。

図3-2-1　牛肉ホモジネートの保水性に及ぼす pH の影響[1]

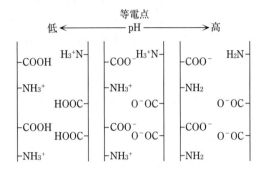

図3-2-2　各pHにおける食肉タンパク質表面の荷電状態の模式図

力も強くなって空隙ができ，水分を保持できるようになり，保水性は増大する。さらに，pH の低下に伴い，膜系が崩壊して細胞液が比較的自由に行き来できるようになる。つまり，生体やと畜直後の骨格筋の pH は中性付近で筋原線維タンパク質の等電点から離れているため保水性が高い状態であるが，死後の嫌気的解糖系による乳酸とプロトンが産生されて，食肉の pH が低下すると，筋肉構成タンパク質間の静電的反発力が弱くなるとともに，膜系の脆弱化により，筋細胞外にドリップが漏出しやすくなる。食肉の極限 pH は保水性の最も低いところにあるためにドリップが出やすい状態である。このため，食用酢などの酸によるマリネーションや重曹などのアルカリ剤による pH 調整は保水性を改善でき，実際に行われている。

pH 以外では，きめ，つまり筋線維束の細かさも，毛細管現象や表面張力などの物理的特性や，後述の筋線維型も保水性に関わっていると考えられている。また，食肉製品における保水性も，高品質な食肉製品加工においてきわめて重要であり，これについては後述する(4章 Section 3, p.226)。

2　色

食肉を選択・購入しようとするときに，肉質や鮮度の指標として，食肉の色調を経験的に用いている。例えば，鮮赤色であれば良質な食肉として判断し，暗赤色であれば老齢でかたい肉，褐色化すると時間が経過した肉，明らかに変色したものは変質した肉と一般にみなす。食肉の色調は，赤身部分と脂肪部分に大きく分けられ，格付においても，「肉の色沢」「脂肪の色沢と質」は肉質を評価する上で重要である。ここでは，おのおのの色調の特徴について述べる。

(1)　食肉(赤肉)の色

食肉の色は，色素タンパク質であるミオグロビンの量と状態，素地の状態によって左右される。生体におけるミオグロビンは，赤血球によって運ばれてきた酸素を筋肉内に一時的に貯蔵するための，骨格筋と心筋固有の色素タンパク質である。骨格筋に存在するミオグロビン以外

の色素タンパク質として、赤血球に含まれるヘモグロビンやミトコンドリアに存在するシトクロムcなどがある。しかし、と畜時の放血と死後硬直によって血液は絞り出されるため、血液成分であるヘモグロビンは筋肉中にほとんど残らない。さらに、骨格筋組織におけるミトコンドリア量は少ないため、食肉の色はほとんどがミオグロビンに起因する。表3-2-1に示すように、食肉中のミオグロビン含有量は動物種により異なり、ミオグロビン含有量の多い肉ほど赤色が濃く、少ない肉ほど淡い色をしている。

表3-2-1　食肉中のミオグロビン含量と色調

動物種	ミオグロビン含有量	色調
鶏肉	0.01〜0.15%	淡 ↕ 濃
豚肉	0.05〜0.15%	
羊肉	0.25%	
牛肉	0.5%	
馬肉	0.8%	
鯨肉	1〜8%	

ミオグロビンは、図3-2-3に示すように、グロビンとよばれる球状タンパク質に1分子のヘムが結合したタンパク質である(分子量：17,000〜18,000)。ヘムとは、ミオグロビンやヘモグロビンと結合している補欠分子族(タンパク質の生物活性において重要なタンパク質に結合する非タンパク質(非アミノ酸)要素)で、ポルフィリン環の中心に鉄が配位結合している。広義でヘムとは、ポルフィリンの鉄錯体のことであり、側鎖の違いによって、さまざまな種類のヘムが存在する。狭義でヘムは、プロトポルフィリンIXとよばれるポルフィリンの一つに、鉄が配位したプロトヘム(ヘムb)のことを指す。一方、グロビンは8本のα-ヘリックスがつな

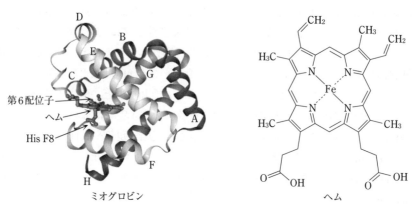

図3-2-3　ミオグロビンとヘムの構造

がった球状タンパク質で、ヘムは5つめのEヘリックスと6つめのFヘリックスの間にある疎水性のポケット構造(グロビンポケット、ヘムポケット)に位置し、Fヘリックスの8番目(His F8)のヒスチジン残基と結合している。

ヘムのポルフィリン環の中心に配位した鉄は、図3-2-4に示すように6つの配位子(リガンド)が結合でき、そのうち4つはポルフィリン環の窒素原子との結合に使用され、1つはHis F8との結合に使用され、残る1つの部分(第6配位座)にはさまざまなものが配位することができる。第6配位座に配位する物質を「第6配位子」または「リガン

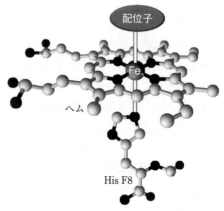

図3-2-4　ヘムポケット内のヘムの鉄原子に配位する配位子(リガンド)

ド」という。生体における酸素の一時的貯蔵では，ここに酸素分子が結合する。

　ミオグロビンの色は，ヘム鉄の電荷状態(二価か三価)と結合している配位子の種類により変化する。食肉中の代表的なミオグロビン誘導体には，デオキシミオグロビン，オキシミオグロビン，メトミオグロビンがあり，それらの存在割合で生肉の色調が決定される(口絵❹)。

　われわれが一般に目にしている新鮮な食肉の鮮赤色は「オキシミオグロビン」の色調に由来する。オキシミオグロビンは第6配位子に酸素分子が結合して，ヘム鉄の電荷は二価の状態である。一方，新鮮な肉でも塊肉を切開した直後は，切開面の色調は暗く，牛肉では紫がかった赤色を呈する。この色調は「デオキシミオグロビン」に由来する。と畜後に血流が停止すると酸素の供給が絶たれるが，ミオグロビンに酸素を貯蔵しているものがある程度はある。しかし，細胞呼吸に関与する電子伝達系などの代謝系は活動を継続しているため，ミオグロビンに結合している酸素までが利用される。このため，骨格筋内は嫌気的になり，骨格筋内のほとんどのミオグロビンは，デオキシミオグロビンとなる。デオキシミオグロビンは第6配位子には何も結合しておらず，ヘム鉄の電荷は二価の状態である。しかし塊肉を切開しても15～30分程度で切開面の色調は見慣れた鮮赤色に変化する。これは空気中の酸素がデオキシミオグロビンに結合して，オキシミオグロビンに変換されるためである。この反応を酸素化といい，花が咲くように色鮮やかになることからブルーミングともよばれる。この反応は可逆的であり，酸素分圧が下がると脱酸素が起こり，オキシミオグロビンからデオキシミオグロビンに変換される。なお，酸素は深くまでは浸透しないので，オキシミオグロビンが形成されるのは表面から2～3 mm程度である。

　素地の状態はpHに大きく影響を受け，生鮮食肉の色調はpHが5.0～5.5付近では明るく見えるけれども，pHの上昇に伴い色調は暗くなる。筋原線維タンパク質の等電点付近(5.0～5.5)のpHではタンパク質同士の反発力がないため間隙が狭くて水分子が少ないために光の透過性が低く，乱反射しやすいので明るく見える。一方，pHが中性側に上昇すると，前述のようにタンパク質同士の反発力が徐々に強くなり間隙が広くなって水分子を多量に保持できるようになる。その結果，光の透過性がよくなり，乱反射が低下するので暗く見える。なお，ミオグロビン誘導体自体には変化はない。一方，筋原線維タンパク質の等電点よりも低いpH領域では理論的にはタンパク質同士の反発力は再び増加するが，食肉タンパク質の多くは酸変性するため，より乱反射が増えて淡く見える。

　食肉をさらに長時間放置すると，鮮赤色をしていた食肉は暗く褐色化することがある。これはヘム鉄が酸化されて三価になり，第6配位子に水分子が結合した「メトミオグロビン」に変換されるためである。この酸化反応は「メト化」とよばれ，オキシミオグロビンからもデオキシミオグロビンからも起こり，徐々にメト化される。全ミオグロビンに対するメトミオグロビンの割合を「メト化率」といい，メト化率が60％を超えると明瞭に識別できるようになる。新鮮な肉でも低酸素分圧下(6～8 mmHg)では，メトミオグロビンが形成されて褐色化する(図3-2-5)[2]。この反応も可逆的であり，還元すると酸素の有無により，デオキシミオグロビンやオキシミオグロビンに変換できる。

　一方，食肉を加熱すると灰褐色になるが，これは加熱によってグロビン部分の加熱変性を起こし，ヘムは不安定になって三価になり，「変性グロビンヘミクロム」となるためである。ヘミクロムとは三価のヘム錯体を指し，第6配位子には水分子が結合している。ミオグロビンは

筋漿タンパク質であることから，容易に水で抽出できるが，グロビンが加熱変性している変性グロビンヘミクロムは抽出されない。

その他にも多くのミオグロビン誘導体があり，特徴的な色調を呈する(表3-2-2)。一酸化炭素(CO)はヘム鉄との親和性が酸素よりも遥かに高く，形成した「カルボキシミオグロビン」はきわめて安定な鮮赤色を呈する。このため，鮮度の偽装の可能性もあることから，わが国では認められていないが，海外では認可されている国もある。一酸化窒素(NO)が配位してニトロシル化したミオグロビン誘導体は，発色剤を用いた食肉製品の色調に関与する。これについては4章Section3，p.228で詳述する。他のミオグロビン誘導体は腐敗した食肉で見られることがあり，微生物が生成に関与するものが多い。

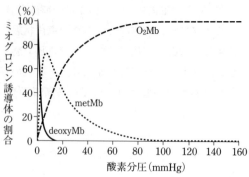

図3-2-5　酸素分圧とミオグロビン誘導体の関係[2]

表3-2-2　その他のミオグロビン誘導体の特徴とその色調

ミオグロビン誘導体	ヘム鉄の第6配位子	ヘム鉄の電荷	色調	備考
カルボキシミオグロビン	CO	Fe^{2+}	鮮赤色	マグロでの鮮度偽装事件
ニトロシルメトミオグロビン	NO	Fe^{3+}	赤みがある	発色系での中間体
ニトロシルミオグロビン	NO	Fe^{2+}	赤色	生ハムや乾塩漬肉
スルフミオグロビン	−	Fe^{2+}	緑	硫化水素との反応
メトフルミオグロビン	−	Fe^{3+}	赤	スルフミオグロビンの酸化
酸性フェリミオグロビンペルオキシド	−	Fe^{3+}	緑	酸性条件下での過酸化水素とミオグロビンとの反応
フェロコールミオグロビン	−	Fe^{3+}	緑	過度の酸化，ポルフィリン開裂

(2) 脂肪の色

食肉に付着する皮下脂肪や筋間脂肪などの蓄積脂肪は，主に中性脂肪からなっている。融解して液化すると，わずかに黄色みがかった色調であるが，冷却して凝固した脂肪の色はほぼ白色である。しかし，食餌由来や代謝されて生成した脂溶性成分は脂肪組織に蓄積されるため，脂溶性の色素成分(牧草や植物由来のカロテノイドなど)や酸化脂肪が増えると，黄色く着色する。これらの不純物中には好ましくない風味をもたらすものもあるため，白い脂肪が好まれ，格付も高く評価される。詳細については後述する(Section 3)。また，筋肉組織内で血管は，筋肉間の結合組織(筋周膜や筋上膜など)や脂肪組織に存在しているため，放血がわるいと筋肉内脂肪組織や皮下脂肪などに残存血液が認められ，見た目がわるくなる。

〈参考文献〉　＊　＊　＊　＊　＊

1) Hamm, R.: Adv. Food Res., Vol.10, p.355-463 (1960)
2) Kropf, D.: Proceedings Annual Reciprocal Meat Conference (1980)

Section 3　■肉質に及ぼす各種要因と異常肉　〈若松純一〉

　食肉は繊細で，肉質はさまざまな影響を受ける。ここでは，と畜前，と畜時ならびにと畜後の影響や取扱いにより受ける影響について詳述する。また，と畜検査，食鳥検査では排除されないが，さまざまな要因によって発生する異常肉についても述べる。

1　と畜前の影響

(1)　遺伝的要因

　家畜，家禽は，野生動物の形質をヒトに都合のよいように重点的に改良を重ねたものであり，経験的ながら遺伝学的な手法(選抜・淘汰)により育種したものである。つまり，家畜，家禽は遺伝的要因の影響が大きい。産業動物では生産性を重視するために，受胎率などの繁殖成績や増体率，病気抵抗性なども重視される。特に，サラブレッドや黒毛和種(和牛)，乳牛は遺伝，血統が重視される。肉質では，肉色，筋肉内脂肪(脂肪交雑)，保水性，かたさ，極限pH値などはバラツキがあるものの(遺伝率：0.2〜0.5程度)，遺伝的要因は関係する。一方，負の遺伝的要因も存在する。ストレス感受性は遺伝的要因が比較的高く，遺伝マーカーが明らかになっており，異常肉を排除する目的でも利用されている。

(2)　年　齢

　年齢は肉質に及ぼす大きな要因の一つで，色やかたさ，フレーバー(風味)に関与する。高齢動物は望ましくない肉質を示すことが多く，飼料効率も低い。後述の性による影響もあるため，一般には性成熟の前にと畜することが多い。

①　色

　加齢に伴い，肉の色は暗く，濃くなる。これはミオグロビン含有量が増加するためである。一方，若齢動物(ヴィール，ラム)の食肉ではミオグロビン含有量が少ないため淡い色調である。

②　かたさ

　加齢に伴い，結合組織が堅牢になり，食肉はかたくなる。これは，成長して体重が重くなるにつれて，組織を支持する結合組織構造が強固になるためである。また，コラーゲン量の増加だけでなく，それらを化学的につなげている化学架橋も増加するので，肉質はかたくなる。一方，若齢動物の肉は水分が多く，やわらかい。

③　フレーバー(風味)

　加齢に伴い，好ましいフレーバーも，好ましくないフレーバーも強くなる。一方，若齢動物(ヴィール，ラム)の食肉のほうがクセはないが，風味は乏しい。

(3)　性　別

　性ホルモンの影響が大きく，好ましくない肉質はオス由来のものが多い。このため，肉用家畜のオスでは出生後早い時期に，主な産生器官である睾丸を除去する「去勢」を行うことが一般的である。現在流通しているほとんどの食肉は，性成熟前にと畜，と鳥されるため，雌雄の違いはほとんど感じられない。

① におい

性成熟期に達した雄動物では特有の不快臭を発する。この臭いを「牡臭（ぼしゅう），雄臭」といい，主に豚で問題になる。アンドロステノン（5α-アンドロスト-16-エン-3-オン）とスカトール（図3-3-1）が体脂肪に蓄積することによる。アンドロステノンは精巣で産生され，雄豚の唾液に特に多い性フェロモンである。このため，男性よりも女性のほうが強く感じるといわれている。スカトールはアミノ酸トリプトファンの細菌（腸内細菌）代謝物で，高濃度では強い糞臭を発する。雌雄ともに産生されるが，オスでは肝臓での分解が抑制されるため蓄積しやすい。

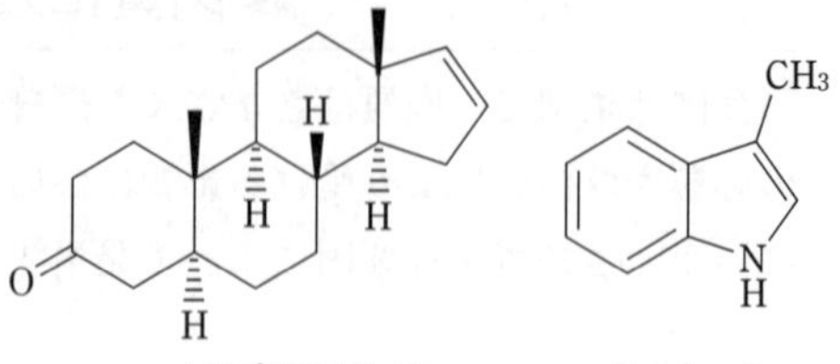

図3-3-1　アンドロステノンとスカトールの構造

② かたさ

オスは一般に筋肉内結合組織，コラーゲンが多く，それらを化学的につなげている架橋結合も多いので，比較的かたくなる。

③ 色

オスは筋肉中のミオグロビンがやや多く，肉色がやや暗い。

④ 歩留り，キメ

一般に，オスはメスよりも成体の身体が大きいため増体がよい。また，オスは筋肉の付きがよいので，メスよりも歩留りは一般的によい。しかし，オスでは筋線維や筋線維束が太い傾向があるため，キメ（筋線維束）は粗い傾向がある。

（4）飼料

飼料は動物の成長に重要である。必須の栄養素を満たして適切な栄養条件では，健康状態に優れ，増体量も最大となり，良質の食肉を生産できる。しかし，飼料によって肉質が変わることが経験的に知られており，さまざまな研究がなされてきた。

給与した飼料は，脂肪の質に影響を及ぼすことが多く，反芻動物（牛，羊など）と比べて単胃動物（豚，鶏，馬など）のほうが影響を受けやすい。これは単胃動物では摂取した脂肪が吸収され，直接的に影響しやすいが，反芻動物では反芻胃内の微生物が脂肪を変換（不飽和脂肪酸の水素添加など）させるためである。豚では，デンプン質の飼料は脂肪の融点が高くなり白さも増すが，不飽和脂肪酸の多い飼料では脂肪の融点が下がり軟脂になる。多価不飽和脂肪酸が多く，酸化しやすい飼料（魚のあらなど）の多給は，酸化した脂肪が蓄積し，不快な酸化臭を伴う黄色脂肪になる。トウモロコシや青草などに含まれるカロテノイド類の脂溶性色素は脂肪に沈着するため着色される。また，牧草を多給すると青臭い「パストラルフレーバー」を発生し，これはクロロフィルの分解産物（フィタン，フィトエンなど）に由来する。

一方，栄養素の補充や欠乏で肉質が改善させる技術がある。ビタミンEの補充は脂溶性の抗酸化剤としてはたらき，脂肪の酸化防止や色調安定効果（メト化抑制）がある。和牛ではビタミンAを欠乏させて脂肪交雑を高めることや，リジンの欠乏は豚肉の霜降を高めることもあるが，いずれも必須栄養素なので，むやみに行うと成長の阻害や，病気を発症することがあるので，制限するタイミングが重要である。

（5） 筋肉の部位と筋線維型

　骨格筋は400種程度あり，それぞれ固有の機能を有する。食肉では，部位により食感や風味が異なり，人気部位，不人気部位の発生といった嗜好性に違いが生じ，価格にも反映する。これは個々の骨格筋にかかる負荷の大きさや，運動の頻度や速度が異なるためである。

　骨格筋の種類によって筋線維型の構成割合が異なる（表3-3-1）。これは，当該骨格筋が担う運動の頻度や速度に応じて，適した割合になるためである。このため，部位によって，食肉の風味やかたさ，保水性，色が異なるのは，筋線維型が大きく影響する（表3-3-2）。

　鶏肉では，むね肉のような白色筋（Ⅱb型）主体の筋肉は，もも肉のような赤色筋（Ⅰ型）主体の筋肉と比べて，ミオグロビン含量が少ないため肉色は淡い。筋線維の直径は白色筋のほうが太いため，筋線維型が束になった筋線維束も太く，キメがあらい傾向がある。白色筋主体の筋肉は速く，力強い動きを行うため，骨格筋組織や組織を支持する結合組織が堅牢になる。このため，白色筋主体の筋肉はかたい食感になる傾向がある。

　さらに，筋線維型によるエネルギー代謝の違いが肉質に大きく影響を及ぼす。白色筋は主に解糖系によりエネルギーを産生するため，筋グリコーゲン含量が赤色筋と比べて高い。前述のように，死後は嫌気的解糖系により貯蔵グリコーゲン量に応じて乳酸とプロトンが産生されるため，白色筋主体の食肉のほうが極限pHは低くなる。これによって食肉タンパク質の等電点に近づくため，保水性がより低くなり，ドリップ損失や加熱損失も高くなり，かたくてパサパサした食感になりやすい。さらにpHが低いため，やや酸味を強く感じ，相対的に赤色筋主体の食肉のほうが食味性は高く評価されやすい。

表3-3-1　各種骨格筋の筋線維型の割合（%）

各種骨格筋	赤色筋 （Ⅰ型）	中間型 （Ⅱa型）	白色筋 （Ⅱb型）
牛（黒毛和種）[1]			
胸最長筋	31.0	19.0	50.0
大腿二頭筋	32.1	34.7	33.2
上腕三頭筋	50.0	21.9	28.1
中臀筋	38.9	26.8	34.4
内側広筋	49.4	18.7	32.0
半膜様筋	24.1	32.2	43.8
牛（ホルスタイン種）[1]			
胸最長筋	16.0	14.8	69.2
大腿二頭筋	28.5	28.8	42.7
上腕三頭筋	33.4	27.8	38.8
中臀筋	26.0	27.2	46.8
内側広筋	36.1	34.8	29.1
半膜様筋	16.0	30.9	53.1
豚（デュロック種）			
胸最長筋	11.0	20.2	68.8
大腿二頭筋	25.0	21.8	53.2
上腕三頭筋	41.5	38.5	20.0
半膜様筋	19.3	21.1	59.6
大腰筋	48.1	31.6	20.3

豚　未発表データ

表3-3-2　筋線維型と肉質との一般的な関係

肉　質	赤色筋（Ⅰ型） 主体	白色筋（Ⅱb型） 主体
ミオグロビン含量 肉　色	高　い 濃　い	低　い 淡　い
筋線維直径 キ　メ	細　い 細かい	太　い 粗　い
結合組織 かたさ	普　通 やわらかい	堅　牢 かたい
グリコーゲン含量 極限pH 保水性 酸　味 食味性	低　い 高　い 高　い やや低い よ　い	高　い 低　い 低　い やや強い 劣　る

（6） ストレス（不快ストレス）

　ストレスを受けた個体からの食肉は肉質が低下するといわれている。生体時に受けるストレスは，温度，飼育密度，ヒトを含む他の動物への恐れ・警戒心・不安，騒音，振動，ケガや病気などさまざまで，ストレスを与えるこれらの原因を「ストレッサー」という。ストレスを受ける時期も，飼育時や搬送時などさまざまである。大きなストレスを受けると生体は各種ストレスホルモン（アドレナリン，ノルアドレナリン，コルチゾール，甲状腺ホルモンなど）の分泌を増加させ，ストレッサーに対する防御機構をはたらかせる。これを「ストレス反応」という。動物では緊急反応を取ることが多く，心拍数の増加や，心拍出量の増加，筋肉血管の拡張，呼吸数の増加，気管支の拡張，筋収縮力の増大，血糖値の上昇などを引き起こしてエネルギー源（ATP）の産生能を高め，闘争と逃走のどちらにも対応できる反応をとる。その後，ストレスがなくなると，休息と栄養の補給によって次第に安静時に戻る。

　ストレス感受性は動物によって異なり，豚はストレスを受けやすく興奮しやすい。ストレスを感受しやすい動物や，ストレス抵抗性のある動物でも頻繁にストレスを受けると，少しのストレスでもストレス反応を起こしたり，ストレス反応そのものが過剰に反応したりしやすくなる。さらに，ストレスを受けた動物がストレッサーになり，他の動物にストレスを与える。これを「ストレスの連鎖」という。後述のように，と畜時のストレスは肉質に大きな影響を及ぼすので，ストレスを与えないように飼育することが，良質の肉を得るのに重要である。

2　と畜場での取り扱い[2]

　一般に動物は環境が変わることに強いストレスを感じるため，農場からと畜場への輸送とと畜場での環境と取扱いに多大なストレスがかかる。特に豚はストレス感受性が高いため注意が必要である。回復しないままにと畜すると，ストレスによる異常な体温（筋温）の上昇が起こり，死後変化の化学反応を急速に促進させ，後述の異常肉が発生して肉質が著しく低下する。

　輸送では，長距離の輸送や振動はストレスを与えるので，通常は受け入れ後に係留して，輸送時の疲労を回復してから，と畜を行うのが一般的である。

　豚では鎮静と洗浄のために水シャワーをかけることがある。係留中の温度管理や音対策なども重要である。係留後の追込みおよび誘導においても，ストレスを与えずスムーズにスタニング施設まで移動させることが望まれる。視界を遮るように壁面の高さは，体高程度が必要であり，孤立させずに集団で追い込むことが望ましい。作業者ではなく壁面が動いて自動的に追込む装置が推奨されている。スタニング施設への誘導では，電撃方式や打額方式では1頭送りが必要となるので，ストレスをより受けやすくなる。豚をと畜する大規模なと畜場では，追い込みの途中からは腹乗せコンベアやレストレイニングコンベア（Vコン）などで誘導されてスタニングされる。スタニング後は，心臓の作用で放血するために，心停止を遅らせる必要があり，死に至るまでに少なからず時間が必要となる。この間のストレスと苦痛を除くため，スタニングは必須の工程である。完全に失神させないと苦痛でもがき苦しみ，暴れて怪我による内出血を起こしたり，筋グリコーゲンを消費して死後の乳酸生成量が少なくなると，極限pHは上昇する。また，電撃法では，電気ショックにより毛細血管の破裂による筋肉内出血を形成することがあるので，電圧と電流の調節が必要である。

3 と畜後の影響

（1） 温　度

　付着した微生物の増殖を抑制するためには食肉を迅速に冷却することが望ましい。また，筋温が高温のままpHが低下すると，筋肉タンパク質が変性して肉質が低下するため，速やかに枝肉温度を下げる必要がある。40℃前後の枝肉を0～5℃前後に冷却するのに，牛で2日，豚で1日が必要である。しかし，過剰な冷却や小分けにして冷却すると，下記のような肉に望ましくない現象を引き起こす。

① 寒冷（低温）短縮

　硬直発生前に枝肉から筋肉を切り出し，低温条件下に放置して15～16℃以下にすると，筋線維方向に著しく短縮する。この現象を「寒冷（低温）短縮（Cold shortening）」とよぶ。この原因は低温刺激により筋小胞体からカルシウムイオンが急速に漏出し，残存ATPを利用して一気に筋収縮（死後硬直）が発生するためである。死後硬直前の枝肉から筋肉を切り出さなければ，筋肉は骨格に結合しているため，物理的に寒冷短縮を抑えることができる。寒冷短縮した食肉は非常にかたく，加工用やテーブルミート用としては適さない。寒冷短縮を回避する方法として，前述のように，と畜直後の枝肉に電気刺激を行う方法がある。これによって低温刺激によるカルシウムイオンの漏出が起こってもATPが消失しているため寒冷短縮が起こらない。鯉や鱸のあらいは，泥臭さをとる調理法として，寒冷短縮のメカニズムを利用している。

② 解凍硬直

　硬直発生前の食肉を急速に凍結すると，解凍時に多量のドリップを出しながら筋線維方向に著しく収縮する。この現象は「解凍硬直（Thaw rigor）」とよばれる。冷凍中や解凍中に筋小胞体が壊されて，解凍中にカルシウムイオンが一気に放出され，残存しているATPを使って急激な筋収縮が発生する。解凍硬直した食肉は非常にかたいだけでなく，多くの呈味成分がドリップ中に漏出するので風味が悪くなる。解凍硬直を回避するためには，寒冷短縮と同様に，死後硬直前には食肉を凍結しないか，凍結前に電気刺激を施してATPを消失させるのが一般的である。一方，鯨肉などでは捕獲後に熟成することができないため，急速凍結してから解凍時に－2～－5℃程度で2～5日間保持することにより，凍結状態のままATPを消失させ，その後の解凍硬直を防ぐ方法などが開発されている。

（2） 酸　素

　新鮮な食肉の鮮赤色は，オキシミオグロビンの色調に由来する。しかし，真空包装や酸素分圧が低下すると，酸素が外れて色の悪いデオキシミオグロビンやメトミオグロビンに変換される。オキシミオグロビンによる色調の維持に酸素が不可欠である。

　一方，保存性においても酸素は大きく影響する。酸素は酸化能力が高いため，食肉に豊富に含まれる脂質の酸化が促進されて劣化するので，長期保存には酸素の存在は望ましくない。

　また，酸素の存在下はカビ，酵母を含む好気性微生物が生育し，酸素がない嫌気的条件下では，大腸菌，乳酸菌などの嫌気性微生物が生育するため，保存方法により微生物の対策を考慮する必要がある。

4　異常肉

（1）　PSE 肉

　PSE 肉は肉色が淡く(pale)，やわらかく(soft)，水っぽい(exudative)のが特徴で，それぞれの単語の頭文字から名づけられている。ふけ肉やむれ肉，ウォータリーポークともよばれ，豚肉のロースやももでしばしばみられる。PSE 肉の様相を（口絵5）に示す。

　PSE 肉の症状を呈するものは，図3-3-2に示すように正常肉と比べて，と畜後の筋肉中の pH が急激に低下する（と畜後1時間で pH 5付近まで低下するものもある）。と体温度がまだ高い間に pH が低下すると，筋原線維タンパク質は変性し，光が散乱して白く見えるようになる。また，細胞膜の崩壊も起こり，細胞液が容易に行き来でき，切り口からしみ出しやすくなる。

　PSE 豚肉はストレスに敏感に反応する豚に特徴的に現れる現象であったため，このような豚はストレス感受性豚とよばれていた。現在では，ヒトやイヌなどで起こる遺伝子疾患である悪性高熱症と同じく，筋小胞体のリアノジン受容体（カルシウムチャネル）の遺伝的な変異に起因することが明らかにされた。と畜時の刺激・興奮が引き金となってリアノジン受容体が暴走してカルシウムイオンが放出され続けて ATP を消費して筋収縮を起こすだけでなく，筋小胞体内への再取込を行うカルシウムポンプも ATP を消費し，大量の熱を産生して筋温が上昇する。消費された ATP を補うために嫌気的解糖系によりグリコーゲンが消費され乳酸が生成するが，体温が高いため，この反応も急速に行われる。その結果，と畜して血流が停止しても，高い筋温のまま急速に pH が低下する。この現象は，筋グリコーゲン含量が高い速筋主体の骨格筋で，枝肉内部に位置して温度の下がりにくい部位で発生しやすい。PSE 肉は保水性，結着性が乏しく，ドリップ損失や加熱損失が多くて風味もわるいので，加工用にもテーブルミート用にも向かない。

（2）　DFD 肉

　DFD 肉は肉色が濃く(dark)，かたく締まって(firm)，乾いたような(dry)性状が特徴で，それぞれの単語の頭文字から名づけられており，牛肉でしばしば見られる。図3-3-2に示すように，通常の食肉と比べて，極限 pH がきわめて高いこと(6.5以上)が特徴である。

　DFD 肉の発生は，長距離輸送や疲労，と畜前の極度のストレスなどにより，筋肉中のグリコーゲンが消費され，十分回復していない状態で，と畜したことが主な原因である。と畜時における筋肉中の低いグリコーゲン含量により，と畜後の嫌気的解糖系による乳酸産生量が低下するため，極限 pH が高いままとなる。前述のように，高 pH の食肉は光の透過性がよいため，色調はより暗く見える。また，中性付近の pH

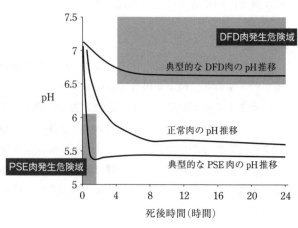

図3-3-2　典型的な PSE 肉と DFD 肉における，と畜後の pH 推移

は筋原線維タンパク質の等電点から大きく離れているため，保水性が高まり，かたく締まって，乾いたように見える。DFD肉の風味はわるくはないが，見た目がわるく，高pHのため微生物が増殖しやすい。なお，PSE肉と比べると加工特性は優れ，保水性や結着性も優れている。

（3）黄　豚

体脂肪が黄色で異臭を放つ豚肉のことで，過酸化脂質の蓄積が原因である。多価不飽和脂肪酸を多く含む魚屑などの劣化しやすい飼料や，すでに酸化した油脂を含む飼料を給与した家畜に多くみられ，特に豚における発生が多い。脂質の過酸化防止のためには，飼料にビタミンEを添加することが有効である。黄色脂肪症（yellow fat disease）という黄疸の場合もある。カロテノイド系の色素が蓄積して着色したものは黄豚とはいわない。

（4）軟脂豚

冷と体において脂肪がやわらかく，締まりがない豚肉のことで，脂肪の融点が低い。正常豚と比べて，オレイン酸（一価不飽和脂肪酸）含量は差異がないが，リノール酸などの多価不飽和脂肪酸が多く，飽和脂肪酸のパルミチン酸やステアリン酸含量が少ない。飼料中の油脂の組成が影響し，不飽和脂肪酸が多く，融点の低い油脂（魚介類のあらなど）の多給により発生する。

また，ストレスや疾病，寒冷などにより体内の蓄積脂肪（特に飽和脂肪酸）がエネルギーとして消耗し，発生することもある。デンプン質の多いイモ類や穀物飼料を給餌すると飽和脂肪酸が蓄積しやすく軟脂豚の発生を抑制する。軟脂豚の食肉は，冷食することの多い食肉製品用には向かない。

〈参考文献〉　＊　＊　＊　＊　＊
1) Gotoh T. *et al*.: Anim. Sci. J. Vol.74, p.339-354 (2003)
2) 押田敏雄：「日本養豚学会誌」50巻，1号，p.21-34 (2013)

Section 4 ■食肉の栄養特性と生体調節機能 〈河原　聡〉

　食品の本質的な役割は人への栄養素の供給源としての役割であるため，食肉の栄養特性を理解することは重要である。また，食品の新しい価値として生体調節機能(機能性)が注目され，食肉類に含有されるいくつかの物質がもつ生体調節機能(機能性)についても明らかにされてきている。ここでは食肉類の栄養特性と機能性について紹介し，食肉と人の健康との関わりについて概説する。

1　食肉類の栄養特性[1]

(1)　食肉の栄養特性

　家畜や家禽から得られる食肉は主に水，タンパク質および脂質で構成される。食肉のタンパク質含量は脂肪含量に大きな影響を受け，食肉重量あたり12～25％の幅をもつ。脂肪を除いた赤身肉のタンパク質含量は，筋肉内脂肪の含量が比較的高い和牛肉や鶏もも肉を除けば，おおむね20～23％である。食肉はタンパク質を豊富に含むのみならず，ヒトの必須アミノ酸(メチオニン，リジン，トリプトファン，フェニルアラニン，スレオニン，バリン，ロイシン，イソロイシン，ヒスチジンの9種類)のバランスにも優れている。食肉タンパク質のアミノ酸組成は畜種により，いくらか異なるものの，同じ種類では部位のよる差はほとんど認められず，必須アミノ酸の存在割合も同様の傾向が認められる(表3-4-1)。このことから，食肉のアミノ酸スコアは畜種によらず最高点の100であり，このことは食肉が優れたタンパク質源であることの一つの裏づけである。

　脂肪は，畜種や部位，あるいは家畜の飼養条件などにより含量が大きく異なる。一般に国内で生産される牛肉のロースやバラ肉は脂肪含量が40～50％と高く，もも肉やヒレ肉は20％程度である。それに対し，乳用種の牛肉の脂質含量は，バラ肉を除き，10～20％であり，総じ

表3-4-1　食肉類などの必須アミノ酸含量[1]　　(mg/100g食品)

アミノ酸	牛肉(交雑種) リブロース(焼き)	牛肉(交雑種) もも(焼き)	豚肉 ロース(焼き)	豚肉 もも(焼き)	鶏肉(若鶏) むね(皮なし・焼き)	鶏肉(若鶏) もも(皮なし・焼き)	大豆(ゆで)	さけ(生)	いか(生)
イソロイシン	620	1,200	1,200	1,400	1,800	1,200	740	1,000	530
ロイシン	1,100	2,000	2,100	2,500	3,100	2,000	1,300	1,700	1,000
リジン	1,200	2,300	2,300	2,800	3,400	2,200	1,000	2,000	1,000
スレオニン	630	1,100	1,200	1,400	1,700	1,100	650	1,000	540
トリプトファン	150	310	330	400	490	320	210	250	120
バリン	740	1,200	1,300	1,500	1,900	1,200	780	1,200	490
ヒスチジン	500	950	1,100	1,200	1,900	930	420	1,100	270
メチオニン+システイン	500	930	1,000	1,200	1,500	990	430	920	490
フェニルアラニン+チロシン	1,100	1,900	2,000	2,400	2,900	1,900	1,400	1,600	870

表3-4-2 家畜, 家禽肉の主要な脂肪酸組成[1]　　　　　　　　　（g/100g総脂肪酸）

慣用名 （炭素数：二重結合数）	反芻動物					非反芻動物	
	牛			緬羊	鹿	豚		鶏
	リブロース （赤身）	バラ （脂身付）	もも （赤身）	もも （脂身付）	赤身	バラ （脂身付）	ヒレ （赤身）	むね （皮なし）
ラウリン酸（12：0）	0.1	0.1	0.1	0.4	0.1	0.4	0.1	0.1
ミリスチン酸（14：0）	2.5	2.9	2.1	4.4	2.2	2.1	1.4	0.7
パルミチン酸（16：0）	25.5	22.1	22.1	23.4	33.9	26.0	24.9	21.2
パルミトレイン酸（16：1）	4.2	5.9	4.3	1.6	11.7	2.6	2.4	3.9
ステアリン酸（18：0）	10.8	9.6	10.0	19.3	10.7	14.5	14.3	6.8
オレイン酸（18：1 n-9）	48.8	49.8	51.4	40.8	20.2	39.1	37.4	40.3
バクセン酸（18：1 n-7）	2.0	2.6	2.7	1.0	10.2	3.0	3.3	2.5
リノール酸（18：2 n-6）	2.3	2.4	3.3	2.9	4.2	9.1	11.3	17.4
α-リノレン酸（18：3 n-3）	0.1	0.1	0.1	1.4	1.6	0.5	0.4	1.5
アラキドン酸（20：4 n-6）	0.1	0.1	0.3	0.4	0.8	0.2	1.3	1.7
その他の脂肪	3.6	4.4	3.6	4.4	4.4	2.5	3.2	3.9
総飽和脂肪酸	40.1	35.9	35.5	50.0	48.3	43.8	41.4	29.1
統一価不飽和脂肪酸	57.2	61.4	60.5	44.7	43.6	45.7	44.1	47.4
総多価不飽和脂肪酸	2.6	2.8	4.0	5.3	8.1	10.5	14.5	23.5

て脂肪含量が低い。また, 豚肉の脂肪含量は5〜10%程度であるが, バラ肉のそれは牛ロース肉などと大きな差異はない。一方, 鶏肉では, 脂肪含量が最も高いもも肉でも5%程度であり, 他の食肉より脂質含量が低いことが特徴である。食肉脂肪を構成する主要な成分は, トリアシルグリセロールであり, その脂肪酸はパルミチン酸とオレイン酸が多い。パルミチン酸は畜種に関わらず総脂肪酸の25%程度を占め, オレイン酸は牛肉など反芻動物の肉で総脂肪酸の40〜50%程度, 豚や鶏など非反芻動物の肉では40%程度含まれている（表3-4-2）。

　一部のミネラル, ビタミンなどの微量栄養素についても, 食肉は優れた摂取源となる。ミネラルについては, 食肉は鉄や亜鉛を多く含む。食肉において鉄は主にミオグロビンにヘム鉄として存在しており, 野菜などに含まれる非ヘム鉄より吸収率が高い。馬肉や緬羊肉（マトン）など赤みの強い肉ほど鉄含量が高く, 約4mg/100g含まれている。また, 亜鉛は牛肉に比較的多く, もも肉やヒレ肉など赤身の部位に約4.5mg/100g含まれている。これらの含量はいずれも, 成人男性の1日当たり必要量の約60%に相当する。ビタミンについては, 食肉は総じてナイアシンの摂取源として優れており, 特に鶏のむね肉やささみは含量が多い。若鶏むね肉100gには成人男性の1日当たり必要量（13mgナイアシン当量）の約90%に相当するナイアシンが含まれている。また, 豚肉は, 他の食肉と比較しても, ビタミン B_1 の含量が高いことが特徴である。豚ヒレ肉やモモ肉100gには成人男性の1日当たり必要量（1.2mg）の80〜110%程度のビタミン B_1 が含まれる。

（2）副生物の栄養特性

　家畜・家禽の内臓などの副生物は, 食肉と同様に, タンパク質が主要な栄養素であるが, 臓器や組織により, 栄養素の特徴は大きく異なる。特に肝臓は, 畜種に関わらず, ミネラルやビタミン類の優れた摂取源として特筆に値する。ミネラルについては, 鉄や亜鉛に加えて, 銅も多く含み, ミネラルが最も豊富な豚肝臓100gには鉄が約13mg, 亜鉛が約7mg, 銅が約1mg

含まれている。鉄と銅については成人男性および成人女性の1日当たり必要量を十分に満たす量であり、亜鉛についても必要量の約90％に相当する量である。また、肝臓は、脂溶性ビタミンのビタミンA、水溶性ビタミンのビタミンB_2、B_{12}、パントテン酸、葉酸、ビオチンなどの効率のよい摂取源であり、畜種によらず、肝臓100g中にこれらのビタミンの1日必要量を十分に満たす量が含まれている。

なお、ビタミンAの過剰摂取による健康障害の事例が報告されている。特に豚や鶏の肝臓は非常に大量のビタミンAを含むため、継続的な大量摂取は控える必要がある。

2 食肉の生体調節機能

食肉に含まれる成分の機能性研究は1990年代以降、盛んに行われている。アミノ酸栄養やエネルギー摂取の観点から、食肉類はそもそも栄養価の高い食品であるため、食肉の摂取による生理機能の変化や健康増進作用が栄養状態の改善・向上によるものなのか、食肉成分の生体調節作用によるものなのかの見きわめが難しい側面があるものの、近年、さまざまな食肉成分の三次機能が報告されている。ここでは、そのいくつかを紹介する。

(1) イミダゾールジペプチド

カルノシン、アンセリン、バレニンなどのイミダゾールジペプチドはβ-アラニンとヒスチジンからなる構造的に類似したジペプチドであり（図3-4-1）、骨格筋において抗疲労効果（疲労発生の予防および疲労回復の早期化）を示すと考えられている。その他にも、抗腫瘍作用や

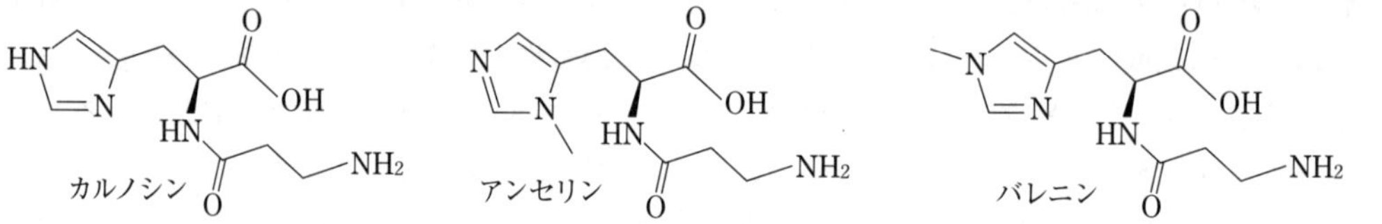

図3-4-1 イミダゾールジペプチドの構造

創傷治癒促進作用、自律神経調節作用、ストレス関連物質代謝促進作用、免疫賦活作用、運動能力改善作用など、さまざまな機能が報告されている。

イミダゾールジペプチドは元来、動物の骨格筋に豊富に含まれる成分であるが、その組成は動物種により特徴がある（表3-4-3）。すなわち、哺乳動物にはカルノシンが多く、鳥類・魚類ではアンセリンが、バレニンは鯨肉に多い。食肉等から摂取したイミダゾールジペプチドの消化・吸収や体内動態についても不明な点が多いが、これら

表3-4-3 食肉中のイミダゾールジペプチド含有量[2),3)]
（μmol/g湿重量）

食 肉	カルノシン	アンセリン	バレニン
牛（もも肉）	26.1	5.9	0.1
豚（もも肉）	29.6	1.4	1.8
馬（もも肉）	42.6	0.2	<0.1
鹿（もも肉）	3.4	13.9	3.9
鶏（もも肉）	5.7	17.1	0.1
鶏（むね肉）	10.4	32	0.2
七面鳥（もも筋）	4.5	20.5	0.1
七面鳥（むね筋）	11.2	46	0.8
鯨（背筋）	6.1	0.3	63.7

の生体調節機能を裏づける臨床的な研究事例は数多く報告されている。

イミダゾールジペプチドの分子種の違いによる作用の差異はほとんどないようであるが，あまりに効果が多く，それらの作用機序については明確な説明がなされていないのが現状である。そのなかで，さまざまな作用機序に重要であると考えられているイミダゾールジペプチドの性質として，主にイミダゾール環に起因するpH緩衝作用と抗酸化作用があげられる。イミダゾールジペプチドの抗酸化作用はビタミンC（アスコルビン酸）と同等であり，骨格筋においてエネルギー産生時に産出される活性酸素を除去する作用をもつ。このことが骨格筋の疲労と深く関連していると考えられている。その他の生体調節機能と緩衝作用や抗酸化作用がどのように関連するのか，あるいは未だ解明されていない新たな機能を有するのかについては，今後の研究の進展を待たなければならない。

（2） L-カルニチン

L-カルニチンは肉抽出物中からビタミン様物質として見出された，アミノ酸誘導体である（図3-4-2）。ミトコンドリアへの長鎖脂肪酸輸送に関与し，脂肪酸を基質とした酸化的エネルギー代謝に必須の物質である。

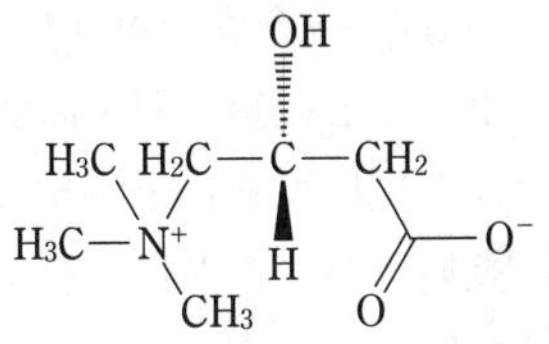

図3-4-2　L-カルニチンの構造

動物体内では，肝臓や腎臓において必須アミノ酸であるリジンに，メチオニンのメチル基が転移することで合成されるが，合成速度が遅いため，食事から摂取することが望ましい。

L-カルニチンは脂肪からのエネルギー産生に関与するため，脂肪燃焼や運動能力向上に役立つと考えられている。また，血中脂質の改善，腎臓や肝臓，心臓疾患の予防にも効果があると考えられており，栄養補助食品としても利用されている。また，L-カルニチンがアセチル化されたアセチル-L-カルニチンは脳血管関門を通過し，脳内のアセチルコリン濃度を高める作用が認められている。このことから，アルツハイマーなどの脳機能障害の改善効果が期待されている[4]。

L-カルニチンの主な摂取源は動物性食品であるが，食肉は特に含量が高い。これは体内のL-カルニチンの大半が骨格筋に貯蔵されていることによる。しかし，その含量は畜種により差があり，羊肉で210 mg/100 g，牛肉で64 mg/100 g，豚肉で30 mg/100 g，鶏肉で7.5 mg/100 gなどと報告されている。なお，L-カルニチンのエナンチオマー（鏡像異性体）であるD-カルニチンは，L-カルニチンと同等の生物活性をもたないと考えられている。

（3） クレアチン

クレアチンは含窒素有機化合物で，通常，成人（体重70 kg）で約120 gのクレアチンが体内に存在する。クレアチンは骨格筋や心筋，網膜，精子，脳，免疫系細胞などに存在する。特に骨

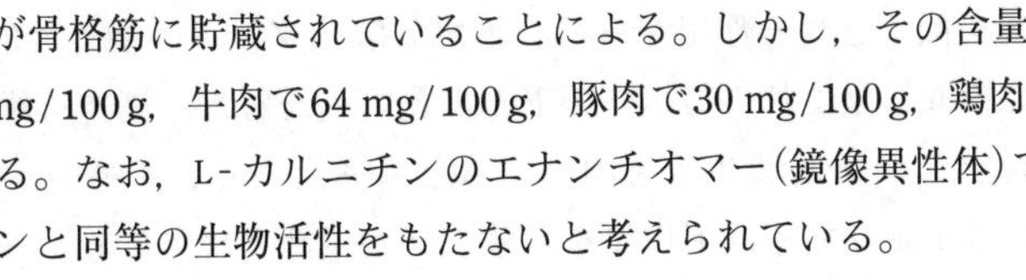

図3-4-3　クレアチンおよびクレアチンリン酸の構造

格筋には体内のクレアチンのおよそ95％が貯蔵され，その約70％がリン酸と結合したクレアチンリン酸となっている（図3-4-3）。嫌気的条件下（すなわち無酸素運動条件下）での筋収縮においてクレアチンリン酸は，クレアチンキナーゼによる触媒作用でADPからATPを再生する際のリン酸供与体となる。クレアチンは1日に約2gがクレアチンのまま，あるいは，その代謝物であるクレアチニンとして尿中に排出され，一方，約1gは主に肝臓でアルギニン，グリシンおよびメチオニンから合成される。

　クレアチンは家畜や魚類の骨格筋に豊富に含まれるが，調理における加熱で20～40％がクレアチニンに分解される。家畜の種類による含量の差異はほとんどなく，食品100g中のクレアチン含量は豚肉で0.5g，牛肉で2.2g程度である。

　生体内のクレアチン量には恒常性があり，体内での生合成と排出量が調節され，体内の量はほぼ一定に保たれている。一方，長期的にクレアチンを摂取すると，筋線維中のクレアチンリン酸濃度が約20～30％増加する。これにより，嫌気的条件下においても持続的かつ短時間でのATP再合成が可能になると考えられており，短距離ダッシュ，円盤投げ，ジャンプ，重量上げなどの短時間・高強度運動での能力が向上させることができる。なお，クレアチンは食事から摂取することが望ましく，サプリメントの長期服用は避けるほうがよいといわれている。長期にわたるクレアチンの過剰摂取はクレアチニンの血漿中濃度の増大を招き，尿量が増加して腎臓や心臓に負担となると考えられているためである。

（4）畜産物由来ペプチド

　食肉のタンパク質を酵素加水分解して生じるペプチドがもつ，さまざまな生体調節機能が報告されている。

　豚肉や鶏肉のミオシンやトロポニン，コラーゲンなどから生じる種々のペプチドは，血圧調節に重要な役割を果たしているアンジオテンシンⅠ変換酵素の阻害活性をもつ。アンジオテンシンⅠ変換酵素（Angiotensin-I Converting Enzyme; ACE）は，生体内ではアンジオテンシンⅠを加水分解して昇圧ペプチドであるアンジオテンシンⅡを生じるエキソプロテアーゼである。食肉タンパク質加水分解ペプチドの多くは拮抗的にACEを阻害し，アンジオテンシンⅡの生成を抑制し，血圧を低下させる作用をもつ。加水分解ペプチドの多くは3個以上のアミノ酸からなり，経口的に摂取したこれらのペプチドが消化管内を経て，構造を維持したまま体内に吸収され，アンジオテンシンⅡの生成を阻害するとは考えにくいものの，高血圧ラットなどを用いた動物実験では明確な血圧低下作用を示すことが確認されている。一方で，正常な動物において，ACE阻害ペプチドは血圧を低下させない。これらペプチドの体内動態や血圧低下のメカニズムについては不明な点が多く，より詳細な機序解明が待たれる。

　食肉加水分解ペプチド，特に牛肉加水分解ペプチド（ビーフペプチド）には，鉄吸収の向上に効果的なものが見出されている。ビーフペプチドには，鉄の可溶化，酸化抑制，あるいは培養細胞において鉄の取り込みを促進する作用などをもつことが報告されている。

（5）共役リノール酸

　共役リノール酸（Conjugated Linoleic Acid; CLA）はリノール酸の位置・幾何異性体の総称である。牛肉の脂肪など天然に存在するCLAは，反芻動物の第一胃内に生息する*Butyrivibrio* *fibrisolvens* などのセルロース分解細菌が生物水素付加反応の中間生成物として，主にリノール酸を前駆物質として生成される。そのため，リノール酸を工業的に異性化した CLA には，さまざまな異性体が存在するのに対し，牛肉脂肪中の CLA の大半は *cis*-9, *trans*-11 CLA である（図3-4-4）。そのため，特に *cis*-9, *trans*-11 CLA は"rumenic acid"とよばれることもある。反芻動物由来食品中の CLA 含量は牛個体や給与飼料の影響を強く受けるため，その含量は広い分

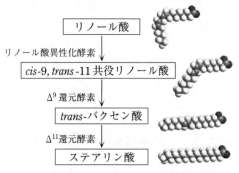

図3-4-4　ルーメン微生物による生物水素付加反応

布をとるが，牛肉中にはおおむね脂質当たり数 mg から数十 mg の CLA が存在する。畜産物中に含有される *cis*-9, *trans*-11 CLA は抗発がん作用，脂質代謝改善作用および抗動脈硬化作用を有すると考えられている。これらの生理作用は培養細胞および動物試験により確認され，部分的にはヒトにおいても認められているものの，その機序については統一的な見解に至っていない。

（6）ユビキノン

　ユビキノン（UQ）は細胞膜成分であり，動植物あるいは微生物など，ほとんどの細胞のミトコンドリア内膜に存在し，電子受容体として呼吸鎖やエネルギー産生系に関与している。サプリメントなどで用いられる補酵素 Q あるいはコエンザイム Q（CoQ）とよばれる物質は UQ のことである。高等動物から発見された当初，CoQ はビタミン Q とよばれたが，その後，体内で合成されることが確認されたため，現在は必須栄養素から除外されている。

　UQ はキノンにイソプレン側鎖が複数結合した脂溶性物質である。イソプレン側鎖の数（n）は生物ごとで固有の値をもち，ヒトをはじめとする高等動物では $n=10$ のユビキノン 10（UQ_{10}）を有する。長いイソプレン鎖は，UQ が原形質膜に安定的に固定されることに役立っている。UQ には酸化型（キノン）と還元型（キノール）が存在するが，体内では大半が還元型で存在している（図3-4-5）。食肉および心臓や肝臓などの副生物は主要な UQ_{10} の摂取源であるが，一般に食事から摂取した UQ_{10} の吸収率は1～2％といわれている。

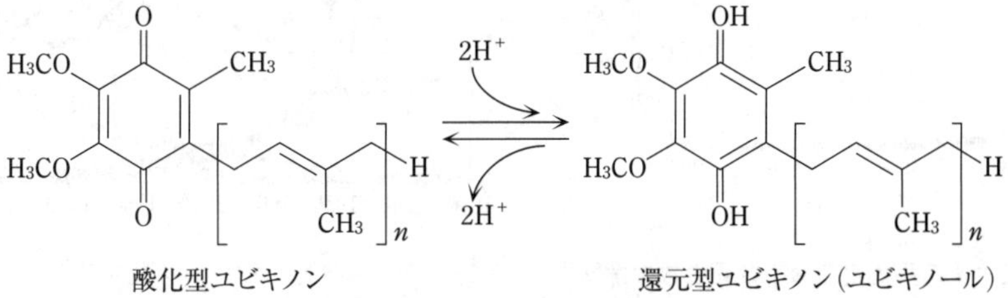

図3-4-5　ユビキノンの基本構造

　UQ_{10} は強い抗酸化作用をもち，イソプレン側鎖をもつことに起因して細胞膜中に蓄積する性質をもつことから，ビタミン E と同様に細胞膜の保護作用をもつと考えられている。さらに，多くの抗酸化物質と同様に，抗がん作用，血圧や血糖値の改善，老化の遅延などに効果が

期待されているが，その効果については議論の途上である。

UQ の生合成能は加齢に伴い低下することが知られており，食品やサプリメントによる摂取が勧められているものの，その健康影響については不明確な部分が多い。さらに UQ$_{10}$ の過剰摂取が胃腸障害の原因となる症例が報告されていることから，厚生労働省および食品安全委員会は 1 日摂取量が 30 mg を超えないように推奨している。

3 人の健康との関わり

1950 年代からの「食の欧米化」以降，食肉など動物性のタンパク質食品の消費量は急速に増加し，1908 年には 160 cm 弱だった日本人（17 歳男子）の平均身長は，1950 年に約 162 cm，1983 年には 170 cm を超えた。また，日本人の平均寿命は延び，1980 年あたりからは世界でも有数の長寿国の位置を確保している（図 3-4-6）。このことは，まずは戦後の日本における出生率の上昇と新生児・乳児死亡率の低下，医療インフラの整備や予防接種などの特殊予防の向上，そして医療技術の大幅な発展に帰するところが大きい。一方で，食の欧米化に伴ってタンパク質を中心とした栄養摂取の状況が大幅に改善されたことも，日本人の健康増進に貢献したことは間違いないであろう。タンパク質栄養の低栄養状態は免疫力の低下と直接関係することがさまざまな研究結果から明らかになっている。日本においても戦前の死亡原因の多くが結核や肺炎などの感染症であり，1950 年代以降，それらの感染症を原因とする死亡者数は大幅に低下している（図 3-4-7）。しかしながら，食習慣の大きな転換は食事からのエネルギー摂取を過剰にし，肥満や糖尿病に代表される生活習慣病や食品アレルギーなどの罹患者数増加に関与しているとも考えられている。また，世界保健機関（WHO）は，タンパク質食品の摂取過多がいくつかのがんの発症リスクを高めると勧告している。

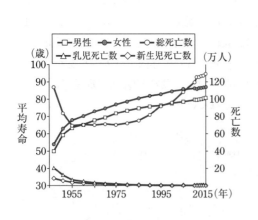

図 3-4-6　日本人の平均寿命および死亡数の推移[5]

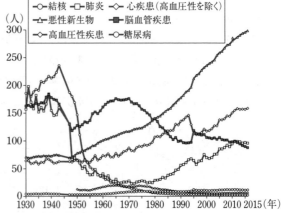

図 3-4-7　主要死因別にみる死亡率（人口 10 万人に対する）の推移[5]

（1）超高齢化社会における健康と食肉摂取

近年，日本は超高齢化社会を迎え，「ロコモティブ・シンドローム（運動器症候群）」が問題となっている。ロコモティブ・シンドロームは運動器の障害により移動機能（歩行，立ち座り

など)の低下をきたした状態と定義されている。ロコモティブ・シンドロームは，骨粗鬆症などの疾患や加齢に伴う筋肉量の減少と筋力の低下(サルコペニア)などが進行することで生じる。サルコペニアは筋肉の分解と合成のバランスが崩れ，筋肉量が減少する現象である。サルコペニアの進行は45歳ぐらいからはじまるとされ，高齢者では1年間に5%も筋肉量が低下するといる調査例も報告されている。筋肉タンパク質の合成に必要なアミノ酸の摂取は，サルコペニアの予防や進行の遅延が重要であると考えられている。

　サルコペニア予防には，必須アミノ酸のなかでも特にロイシンが重要であると考えられている。ロイシンは分岐鎖アミノ酸の一つであり，筋肉同化作用をもつことで注目されている。さらに，ロイシンを含む必須アミノ酸をバランスよく摂取するとより効果的である。ロイシンのみならず，身体に吸収された各種のアミノ酸には，強さの差はあるものの，筋肉でのタンパク質合成を促進する作用をもつ。また，食事により膵臓から分泌されるインスリンも，筋肉でのタンパク質合成を促進することが知られている。そのため，食肉など良質のタンパク質源を日々の食事のなかで適量摂取し，筋肉の合成を促すための物理的な刺激として適度な全身運動を行うことがサルコペニアの予防には効果的である。

　なお，厚生労働省の指針では，高齢者のタンパク質摂取について「1食当たり25〜30gの良質なタンパク質を摂取しなければ，筋肉のタンパク質量が減少する恐れがある」としている。このタンパク質量を食品の重量に換算すると，鶏肉や豚肉であれば80〜100gに相当する。

　食肉に関しては，生活習慣病に対する関心も高いと考えられる。食肉は，脂肪も多く含む場合が多く，しかも脂肪が多い肉のほうが一般に食味性が高い。かつて，食肉に由来する脂肪は「動物性脂肪」とよばれ，穀物などに由来する「植物性脂肪」との比較で，肥満に起因する生活習慣病の元凶であると考えられてきた。しかし，多くの研究成果から，生活習慣病と動物脂肪との関係については大幅に見直され，現在は，適量の動物性脂肪の摂取はむしろ健康にとって望ましいと考えられている。脂質についても，アミノ酸と同様に，動物性脂肪と植物性油脂をバランスよく摂取することが推奨されている。動物性脂肪と健康に関する知見については奥山らの報告[6]を参照してほしい。

(2) 健康リスク要因としての食肉

　2015年10月末にWHOの国際がん研究機関(International Agency for Research on Cancer; IARC)が発表したレポート[7]は世界の国々を混乱させた。牛，羊，山羊，豚などに由来する赤身肉と加工肉が「大腸がん」のリスク要因に加えられたというものである。この勧告はIARCで継続的に実施されている疫学に関する文献調査の結果に基づくもので，赤身肉は"Group 2A (おそらく発がん性がある)"，ハムやソーセージなどの食肉加工品は"Group 1(発がん性が認められる)"にリストされた。これらはIARCで行った疫学研究に基づく評価であるため，必ずしも赤身肉や食肉製品に含まれる特定の物質と発がんの機序が明確になったわけではない。IARCでは，肉の高温加熱に伴い生成する多環芳香族炭化水素やヘテロサイクリックアミン，あるいはN-ニトロソ化合物(5章 Section 2, p.256)などが，発がんリスクの増加に関与すると推測している。また，IARCは，赤身肉・肉加工品は優れた栄養価があるので，これらの食品を摂取することによる利益とリスクのバランスをとることが可能な，推奨される日常摂取レベルを提唱することが各国の保健機関に求められる，とコメントしている。

どのような食品でも偏食や過食は，健康に対して何らかの悪影響を及ぼす。正しい知識の理解に基づいた，冷静な行動が肝要であろう。これに関連して，最近，国立国際医療研究センターを中心とする共同研究グループから発表された疫学研究[8]は興味深い。同グループは45～74歳の日本人，男女約8万人を約15年間追跡し，その間に死亡した人の死亡原因と食習慣について解析した。食習慣については，食事の内容や偏食の傾向から「予防食(多種多様な食材を使う現代的な和食)型」，「欧米型」，「伝統的日本食型」に分類し，食事の質や摂取量と各種疾病による死亡率を比較した。その結果，野菜，果実，魚介類，肉類，乳製品，卵などさまざまな食材を食卓に供する「予防食型」，肉類や乳製品，パン，コーヒーなどを多く摂取する「欧米型」の食事を十分量食べていた人たちは15年後死亡率が有意に低下していた。このことは，IARC評価書のコメントに記載された「利益とリスクのバランス」をとることの重要性を裏づけていると考えられる。

〈参考文献〉　＊　＊　＊　＊　＊

1) 文部科学省：日本食品標準成分表2015年度版(2015)
2) Abe H., Okuma E.: Discrimination of meat species in processed meat products based on the ratio of histidine dipeptides. Nippon Shokuhin Kagaku Kogaku Kaishi, Vol. 42, p. 827-834 (1995)
3) 畑中寛：バレニンに関する研究と商品開発の歩み，Vol. 461, p. 1-5. 鯨研通信(2014)
4) Spagnoli A., et al.: Long-term acetyl-L-carnitine treatment in Alzheimer's disease. Neurology, Vol. 41, p. 1726-1732 (1991)
5) 厚生労働省：人口動態統計
6) 奥山治美，山田和代ほか：飽和脂肪酸のどこが悪い？ 生活習慣病に対する飽和脂肪酸悪玉説の検証，オレオサイエンス，Vol. 8, p. 421-427 (2008)
7) International Agency for Research of Cancer. IARC Monographs evaluate consumption of red meat and processed meat. World Health Organization, Lyon, France, 26 Octorber (2015)
8) Nanri A., Mizoue T., et. al.: Dietary patterns and all-cause, cancer, and cardiovascular disease mortality in Japanese men and women: The Japan public health center-based prospective study. PLOS One, Vol. 12, e0174848 (2017)

Section 5　■食肉の高付加価値化　　〈林　利哉〉

　近年，消費者の食品に対するニーズは多様化し，多種多様な食品が市場を賑わしている。食肉・食肉製品も例外ではなく，これらのニーズに応えるべく新製品の開発競争は激しさを増している。特に，昨今の安全で便利であるとか，決して安過ぎず価格的にリーズナブルであるとか，多少値段は高くてもおいしくて，からだによいなどといったように，現代の消費者ニーズは複雑多岐にわたるうえに，ニーズに良し悪しはないものの玉石混淆とさえいえる。したがって，高付加価値化，すなわち，価値を高めると一言でいっても通常のものをより高品質にする付加価値もあれば，低品質のものの利用価値を上げる場合もあり，必ずしも一様ではないが，ここでは，最近注目されている熟成肉や成型肉などの食肉の付加価値向上技術について紹介する。

1　ドライエイジングビーフ（乾燥熟成肉）

　前述のように，牛をはじめとする家畜の骨格筋は，と畜後間もなくして起こる死後硬直により，場合によっては可食に耐えないほどかたくなり，その後，さまざまな生化学的変化を伴う解硬を経て，食用として好適な，やわらかく風味豊かな"食肉"へと変化する。と畜して解硬するまでに要する期間は，牛でおよそ10日間，豚でおよそ5日間，鶏でおよそ半日程度とされており（2章 Section 3, p.162），この期間が家畜の筋肉をおいしい"食肉"として食するために最小限必要な「熟成」期間であり，熟成は不可欠な過程といえる。熟成という言葉は，食肉に限らず他の食品でも用いられる一般的な用語である。しかしながら，食肉でいう"熟成肉"はあたかも定義（現時点では統一された定義や規格基準が存在しない）があるかのように高品質，高付加価値な牛肉としての消費者の認識が進んでいるようである。その食肉の代表的な熟成方法は"ウェットエイジング"と"ドライエイジング"に大別される。ウェットエイジングは，いわば近代型の熟成方法で，死後硬直が完了した枝肉や，電気刺激した枝肉から部分肉を切り分けて真空個包装され，冷蔵（チルド）状態で保管・流通中に軟化や風味を発現させる。真空パックするため，衛生状態や歩留まりもよく，特別な施設も不要であるため，非常に合理的な方法といえ，通常"熟成"といえばこの方法を指す。

　一方のドライエイジングは，その名の通り乾燥熟成法であり，欧米で発達した技術である（図3-5-1）。この乾燥が最大の特徴であり，枝肉もしくはブロック肉の状態で乾燥熟成庫内に

内部はきれいな赤色を呈し（左），表面はカビで覆われている様子（右）がみえる。
図3-5-1　ドライエイジングビーフの外観
撮影：マックス・ルブナー研究所（ドイツ）にて

てゆっくりと乾燥させながら熟成させる方法である。肉表面の乾燥状態を保つために風を循環させ，温度は1℃前後，湿度は80％前後に保つ。熟成期間は現時点では厳密な定義はないが，35～45日間程度が主流である。ドライエイジングは，熟成期間が長く，乾燥も進むことに加え，表面に繁殖するカビなどの影響で，タンパク質の分解が進むため，食肉の軟化も進み，風味も豊かになる。また，乾燥によって重量を減ずることに加え，カビが繁殖している表面をトリミングするため，歩留りとして三割ほどロスするとされており，コスト上昇は必然となる。ドライエイジングした牛肉は，やわらかいうえに味・色も濃く，独特の香り（ナッツ臭）があり，通常のウェットエイジングした牛肉との差別化が図られる。わが国でも昔に行われた枝肉のままで長期間熟成する「枝枯らし」は一種のドライエイジングである。現時点では熟成プロセスの異なる2種類の"熟成肉"が市場に存在する状況が生まれている。意図的にカビなどを接種すると生鮮食品ではなく加工食品に該当する恐れもあるし，接種するカビの安全性が確認されていないこともある。消費者が適切に選択できるような情報の積極的な開示と，一日も早く衛生管理上のルールも含めた規格化が望まれる。

2　軟化技術

　消費者にとって食肉のかたさは，その価値を決定づける重要な要因であり，特に，昨今はどちらかというとやわらかいものが好まれ，老若男女問わずその傾向が強いように見受けられる。前述の通り，食肉のかたさは筋収縮の本体である筋原線維の状態と，筋線維（束）を取り囲む結合組織の量や質に依存し，それは年齢や，生理状態，あるいは品種や個体などによる影響も受けるため，肉質の制御はそれ程簡単なことではない。例えば，乳用の雌牛などの老齢家畜の肉はかたいため，単価も低く，そのままでは用途もかなり制限されるが，かたい肉として収穫された肉を低コストかつ簡便にやわらかくすることができれば，利用性の低い食肉資源の有効活用やその用途開発につながることが期待される。

　食肉の軟化処理技術として，広義には発酵や上述の長期熟成や，あるいはアルカリ（重曹など）やマリネ（有機酸など）といったpHの調整によって食肉のテクスチャーや保水性を改善する技術も知られるが，筆頭にあげられるのはやはりプロテアーゼ（タンパク質分解酵素）を利用した軟化処理法であろう。プロテアーゼの作用で食肉がやわらかくなるのは以前からよく知られており，植物由来のパパイン（パパイヤ），フィシン（イチジク），ブロメライン（パイナップル）などが有名である。最近ではキノコの一種であるマイタケに強いタンパク質分解活性があることが見出され，注目を集めている。先に例にあげた老齢家畜の肉のかたさは，バックグラウンドタフネスによる寄与が大きいため，結合組織を構成しているコラーゲン線維を分解することで効率的に軟化が進むと考えられるが，現在よく知られているパパインなどの酵素剤は，基質特異性がそれほど高くないため，コラーゲンだけでなくアクチンやミオシンなどの筋原線維タンパク質にも作用することから，分解が過剰に進行し，かえって食肉の品質が損なわれる場合もある。したがって，コラーゲンに特異的に作用する食品加工用酵素製剤の開発が望まれる。これについて，キウイフルーツに含まれるアクチニジンは，弱酸性下で食肉に作用させると，筋原線維の基本構造を維持したまま，結合組織を分解することができるといわれており，効果的な食肉軟化製剤として注目されている[1),2)]。

3　成型肉

　成型肉は，細かい端肉などを軟化剤等でやわらかくしたり，pHの調整により保水性を高めたものを，結着剤やゲル化剤などを使用して固めた食肉加工品を指し，再構成肉ともよばれる。成型肉の形状は，薄い肉を層状に重ねて一枚肉のように仕上げたものや，小さな肉片を立体的に結着させ，サイコロステーキのように仕上げたものなどさまざまである。このカテゴリーには，食肉に外から牛脂や食品添加物等を注射して，食肉のやわらかさや多汁性の改善を図るインジェクション加工を施し，赤身肉を霜降り肉のように仕上げるものも含まれる。成型肉の加工技術の進歩により，現在では食肉の全消費量の数パーセントを占めている。

　ここ数年，成型肉に関する不当表示事例が相次いだため，消費者にマイナスイメージを与えた可能性があるが，この技術自体はJAS法に基づいた合法なものであり，消費者が優良誤認を起こさない適切な表示がなされれば，低利用食肉資源の価値を高めるきわめて有用な技術である。ただし，表示の問題だけでなく，この技術で加工された製品は，もともとの食肉"表面が"内部に入り込んでいるため，腸管出血性大腸菌O157はじめ，食中毒菌が"肉"の内部に入り込むリスクが一枚肉よりも高くなる。したがって，通常の一枚肉ステーキのように表面のみの加熱はきわめて危険で，食品衛生法でも成型肉に関しては，十分な加熱が必要である旨の表示を義務づけている。インジェクション技術は，その主目的は比較的安価な赤身肉を，牛脂などを無数の箇所に注入することで，まるで霜降り肉のように仕上げることであるが，その技術的改良や裏付けも大きく進展しており，適切な表示と適切な衛生管理がなされれば，きわめて有用な品質改良技術といえる[3]。これは精肉ではなく，あくまで加工品であることを利用して，栄養素や機能性を強化した"ステーキ"の開発も可能であり，まさに高付加価値化技術の一つといえよう。

4　発酵食肉製品

　発酵食品にはヨーグルト，チーズ，お酒，キムチ，みそ，醬油，納豆など，私たちの身のまわりには国や地域に根差した多種多様な発酵食品が数多く存在し，人類の生活を豊かなものにしてきた。この発酵技術は微生物のはたらきを巧みに利用する技術であるが，その微生物の生育・増殖により人にとって好ましくない状態になった場合を，腐敗とよんでいる(4章 Section 1，p.206)。冷蔵設備が乏しかった時代に，後述する"塩漬"同様，"発酵"も貴重な食材をできるだけ安全に長く保存できるように見出した先人たちの知恵と工夫の結晶といえる。人類は古くからその発酵と上手につき合ってきた歴史があり，世界中には乳酸菌やカビ，酵母などを利用した多種多様な発酵食品が無数に存在している。わが国も例外ではなく，麹菌を使った発酵食品が日本の食文化の発展に大きく寄与しているが，欧州などで伝統的に食されている畜産物の発酵食品の歴史は浅く，現在ではすっかり定着しているヨーグルトやチーズでさえ，目覚ましく普及拡大したのはわりと最近(1960年以降)のことである。まして発酵食肉製品となると，今でも一般的にはなじみの薄い食品といえ

図3-5-2　欧州食肉小売店に陳列される発酵ソーセージ

る(図3-5-2)。

その欧米では古くから親しまれている発酵食肉製品は，その製造過程で微生物が積極的に関与する畜肉を主原料とした食肉製品の一つである。発酵食肉製品の代表格ともいえる発酵ソーセージを例にとると，挽肉にした塩漬豚肉に，脂肪，糖類，香辛料などを添加するとともに，乳酸菌などの微生物をスターターとして接種し，ケーシングに充填後，発酵させる[4]。その発酵期間や水分含量の違いによってドライソーセージとセミドライソーセージに大別されるが，特に発酵期間の長いドライソーセージでは微生物の関与が大きくなる。わが国で比較的ポピュラーになった生ハムやサラミも発酵食肉製品の部類に入るが，いずれもわが国でつくられる製品は，欧州のそれと比較すると製造期間も長くなく，微生物の関与は小さい。このようにわが国の発酵食肉文化は世界に後れをとっているが，その理由にはかつての法的制約や食文化の違いなどがあげられる。しかしながら平成5年に食品衛生法が一部改正されたことから，発酵乳製品のように本格的な発酵食肉製品が今後普及・浸透する可能性は十分あると考えられる。

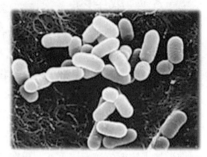

図3-5-3　発酵食肉中で観察される乳酸菌

本来発酵食品は乳酸菌などの有用な微生物が積極的に関与することによって，タンパク質や炭水化物などが分解され，アミノ酸や有機酸といった種々の代謝物が産生されることで，保存性だけでなくその特徴的な風味などが付与された付加価値の高い食品といえる。しかし最近ではこれに加えて，人の健康維持・増進に資する食品として，さまざまな発酵食品が注目されており，納豆やみそ，発酵乳(ヨーグルト)などがその好例になっている。おそらく発酵食肉製品も例外ではなく，機能性食品としての潜在力を十分に有していると推測される。特に先に例にあげた発酵ソーセージを製造する際によく利用される乳酸菌はプロバイオティクス(宿主に有益な効果をもたらす生菌)としての整腸効果などが期待されるだけでなく，免疫システムの調節(がん，感染症予防やアレルギーの低減化)，脂質代謝調節など，多様な機能が見いだされており，特定保健用食品や機能性表示食品としての実用化も進んでいる素材といえる(図3-5-3)。タンパク質を多量に含む食肉中で乳酸菌が活発に生育・増殖した場合，筋肉タンパク質が分解され，機能性を呈するペプチドやアミノ酸が生成することは十分考えられる。実際に，国内外の研究機関において乳酸菌などで発酵した食肉の機能性評価に関する研究がなされており，食肉を発酵させることにより種々の生理活性ペプチドが生じることが示唆されている[5],[6]。実用化には，さらなる基礎的知見の集積が必要であるが，近い将来，より高付加価値な"機能性"発酵食肉製品が，誕生する日が訪れるかもしれない。

〈参考文献〉　　*　　*　　*　　*　　*

1) 鮫島邦彦ら：日本食品工業学会誌，38巻，9号，p.817-821(1991)
2) 西山一朗：日本家政学会誌，52巻，11号，p.1083-1089(2001)
3) 後藤秀巳ら：「食肉の科学」，55巻，1号，p.27-29(2014)
4) 長谷川隆則ら：「食肉の科学」，56巻，1号，p.25-27(2015)
5) Arihara, K., Meat Science. Vol.74, p.219-229(2006)
6) 芳賀聖一：ミートジャーナル，36巻，1号，p.107-113(1999)

Section 6 ■産肉の生理学 〈河原 聡〉

　食肉の生産は，家畜の骨格筋を成長あるいは成熟させることと同義であるといえる。ここでいう成長とは筋肉，骨格あるいは臓器を構成する細胞や組織が分化・増殖し，それぞれの役割を果たすことができる形態，あるいは機能を獲得するまでの過程を指す。

　成長の過程で，動物体はタンパク質や無機質，水分などを体内に蓄積し，体躯と体重が急速に増大する。一方，成熟は，成長の限界を迎え，成長が停止した動物体で起こる種々の現象であり，例えば，性成熟や脂肪組織の生成・増大などを指す。

　家畜生産の経験則，あるいは育種価や飼養試験などの科学的なデータから，表現型のレベルでの筋肉組織の成長と成熟には遺伝，栄養，運動などさまざまな要因が関与していることが明らかになり，それら要因の人為的な調節による効率的な育種・飼養管理技術が確立されている。しかし，それらの要因が骨格筋の形成・発達にどのような影響を及ぼし，結果として産肉量や肉質が変化したのかというメカニズムの詳細については，未だ不明な点も多い。

　とはいえ，20世紀半ばから急速に進歩した遺伝子解析技術により，筋形成機構に関する理解は深まりつつある。ここでは，食肉科学を理解するうえでの基礎となる事項について解説する。なお，筋発生・筋肥大のメカニズムおよび筋タンパク質の産生機構などについての詳細は成書[1]を参照していただきたい。

1 筋肉の発生

　家畜の発生は受精に端を発し，受精から分娩までの日数(妊娠期間)は，豚で約114日，羊・山羊で約150日，牛で約280日とされる。卵(ovum)と精子(sperm)が結合・融合して形成された受精卵は絶えず卵割(細胞分裂)を繰り返し，4～5日で桑実胚(morula)となる。この時期に頭尾軸と背腹軸の2軸が決まり，その位置情報に基づいて個々の細胞がそれぞれどの組織を形成するかという運命がおおむね決まると考えられている。さらに5日ほどで内部細胞塊(embryoblast)が栄養膜細胞(trophoblast)とよばれる細胞群により外周を取り囲まれた胚盤胞(blastocyst)となり，やがて子宮内膜に着床する。内部細胞塊の細胞は多能性を有しており，これを取り出し試験管内で培養したものは胚性幹細胞(ES細胞)とよばれる。栄養膜細胞は胎盤や羊膜などの胚外組織に分化するのに対し，内部細胞塊の細胞は胚の適切な位置に移動しながら分化し，細胞分裂を続け原腸胚(gastrula，細胞は内胚葉，中胚葉，外胚葉に分化している)を形成する。これらの細胞集団が所定の位置に配置されたこの時期には胚の左右軸も決定し，個々の細胞は多分化能を残しているものの，分化の方向が決定する。分化した細胞集団が一定の大きさになると，組織・器官の形成が起こる。最初に形成されるのは神経管であり，外胚葉に中枢神経系の原基ができあがる(神経胚)。その後，胚は頭尾軸方向に伸びるとともに，体軸の情報に基づき各器官の形態形成が始まり，発生ステージは胚期から胎児期へと移行する。胎児期の初期には中枢神経系を始め，心臓や肝臓，腎臓など胎児の成長に不可欠な器官の形成が起こる。胎盤が完成する時期には，骨，骨格筋や消化管の形成が開始する。その後，身体の成長を伴いながら，各種器官の機能面を発達させ，消化吸収，運動能力，肺呼吸などの機能を十分に備え，生命を独自で維持できる段階になると出産を迎える。骨格筋は発生過程で生じる中

胚葉に由来する。原腸胚に形成された神経管の左，右に存在する中胚葉の細胞群は整然と配列し，体節を形成する。体節には，外胚葉側から皮節(dermato-me)，筋節(myotome)，硬節(sclerotome)が形成されており，それぞれの細胞は真皮，骨格筋，骨・軟骨となる運命が決定している。

これらの細胞は細胞分裂を繰り返しながら，それぞれが適所に移動し分化して，器官を形成する（図3-6-1）。

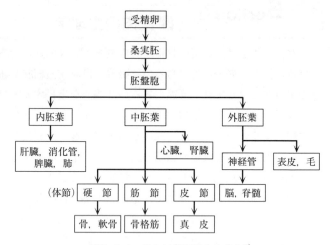

図3-6-1　発生に伴う器官の分化[2]

2　筋細胞の分化と増殖

発生の過程では，多分化能をもつ中胚葉細胞が筋節を構成する筋芽細胞（図3-6-2M）へ決定(determination)する段階と，筋芽細胞から筋管へと分化(differentiation)する段階を経て，骨格筋を構成する筋細胞が形成される。中胚葉細胞から分化した筋芽細胞は筋形成の場において増殖し，十分な細胞数に達すると細胞分裂を停止し，互いに融合して多核の筋管を形成する。筋芽細胞が数個融合した未成熟な筋管では核が細胞の中央線部分に位置しているが，筋管の成熟に伴い，核は細胞膜直下の細胞周辺部に配置される。多核化した筋管内では筋タンパク質遺伝子が活性化され，筋収縮やそれを調節するタンパク質が合成される。筋収縮に関与する筋原線維タンパク質は規則正しく配列されて，横紋構造をもつ筋原線維が構築される。成熟した筋管は，やがて直径10〜100μm，全長数cmに及ぶ大きな多核細胞（筋線維）となり，細胞内には収縮を担う筋原線維が細胞質を埋め尽くすほど発達する。

骨格筋形成に関する研究は1970年代から行われ，初期の研究から中胚葉細胞で発現している調節遺伝子の脱メチル化が関与することが示唆されていた。その後，Davisら[4]は，脱メチル化を誘導する薬剤である2-アザシチジンで処理したマウス由来多機能性中胚葉細胞（C3H10T1/2細胞）と未処理の細胞とを比較する実験を行い，薬剤処理をした細胞でのみ発現している遺伝子を複数同定した。そして，これらの遺伝子をC3H10T1/2細胞やいくつかの線維芽細胞（結合組織を構成する細胞の一つで，中胚葉に由来する）に導入，

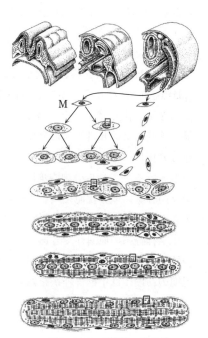

図3-6-2　骨格筋の発生[3]

発現させたところ，これらの細胞が筋管を形成し，筋細胞に特異的なタンパク質であるミオシンを合成することを見出した．彼らは，この遺伝子を *MyoD* と名づけた．MyoD は318残基のアミノ酸からなり，DNA 結合タンパク質に特徴的な塩基性ヘリックス-ループ-ヘリックス (bHLH) 構造を有する筋特異的な転写調節因子であり，DNA の転写制御領域 (プロモーター) 上に存在する E-Box (CANNTG) に結合して，筋クレアチンキナーゼ，アセチルコリン受容体，α-アクチン，ミオシン重鎖，デスミンなどの遺伝子の転写を促進することが明らかになっている．また，その後の研究から，bHLH 構造などの MyoD と類似した分子構造と機能をもつ遺伝子として *Myf5*，*Myogenin*，*MRF4* の存在が明らかにされ，これらを MyoD ファミリーとよんでいる．MyoD ファミリー転写因子群は骨格筋の分化制御に決定的な役割を果たしているため，筋分化決定因子 (Myogenic Regulatory Factor: MRF) ともよばれている．MyoD ファミリーの遺伝子産物は，他の bHLH 構造をもつ一連のタンパク質グループと同様に，E12, E47 あるいは E2A などの転写因子とヘテロ2量体 (MyoD/E12 や Myogenin/E2A など) を形成することで E-Box に結合し，下流の遺伝子発現を誘導する．

　筋の発生段階で MyoD ファミリー遺伝子の発現を観察すると，動物種や筋肉部位で多少の相違があるものの，*Myf5* が最初に発現し，次いで *MyoD*，*Myogenin*，そして，これらにやや遅れて *MRF4* が発現する．これらの遺伝子産物の機能は，それぞれの遺伝子を欠損させたマウス (ノックアウトマウス) で詳細に検討された (表3-6-1)．その結果，*Myf5* および *MyoD* は筋細胞への決定・分化にはたらくことが明らかとなった．そして，*Myf5* と *MyoD* の両方をノックアウトしたマウスは出生時まで発育はするものの，ミオシンやアクチンなど筋収縮系タンパク質の遺伝子発現がなく，組織学的にも筋細胞の形成が認められなかった．これらの事実から，Myf5 と MyoD は機能的に重複しており，体節の中胚葉細胞から筋芽細胞への決定，あるいは筋芽細胞の維持にいずれか一方が必要であると結論された．また，*Myogenin* と *MRF4* は細胞分裂が停止した細胞でのみ発現し，*Myogenin* は筋芽細胞の筋管細胞への分化，正常な筋管細胞の形成と維持にはたらいていることが明らかになっている．一方，*MRF4* は筋原線維 (収縮構造) の構築を含めた筋管細胞の成熟に必要であると考えられているが，その機能は十分に解明されていない (図3-6-3)．

　筋発生においては，Pax (paired box protein) 3 および Pax7 とよばれる転写調節因子が，MRF，特に *Myf5* と *MyoD* の発現調節に重要な役割を果たしており，これらがないと骨格筋が正常に形成されない[5]．また，MyoD ファミリーの機能抑制因子としては Id (inhibitor of DNA binding proteins) が知られている．Id は HLH 構造をもつが，塩基性領域をもたない．そのため，Id は

表3-6-1　MyoD ファミリー遺伝子の欠損が筋分化へ及ぼす影響

欠損遺伝子	表現型
MyoD	筋形成は可能，*Myf5* の発現上昇
Myf5	筋節形成の遅延，筋形成は可能，肋骨の欠損
MyoD + *Myf5*	筋芽細胞，筋細胞の欠失
Myogenin	体幹部筋の欠損，肢部筋の成熟阻害
MRF4	胸部骨格および肋間筋の形成不全
Myogenin + *MRF4*	筋節の形成不全，*Myf5* の発現抑制

MyoDファミリーやE2Aなどの転写調節タンパク質群とヘテロ2量体を形成するがDNAと結合することはできない。Idは、MyoDよりもE2Aと高い親和性で強固なヘテロ2量体を形成するため、MyoD/E2Aの形成を競合的に阻害することでMyoDの機能を妨げていると考えられている[6]。

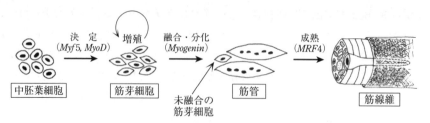

図3-6-3　筋細胞の形成過程におけるMyoDファミリーの役割

3　筋肥大

　骨格筋量の増加は出生後に顕著であるが、これに伴う筋線維数の増加はほとんど見られず、出生後の骨格筋量の増大は主に筋線維容積（太さと長さ）の増加、すなわち筋肥大による。1本の筋線維中の筋原線維の数は、成長に伴って10～15倍に増加するといわれている。筋原線維数の増加については、1本の筋原線維は縦に裂けるように2本の筋原線維に分裂し、それらに筋フィラメント（太いフィラメントと細いフィラメント）が付加され、それぞれが太くなるものと考えられているが、詳細な機序については不明な点が多い。一方、縦方向への伸長については、新しいサルコメアが既存の筋原線維に付加されることで起こると考えられている。

　サルコメアが付加された筋線維では、タンパク質および核酸（DNA）量が増加する。筋線維の核は、それ自体に分裂能は備わっておらず、細胞外から新たに核が供給される。この役割を担っているのは筋衛星細胞（satellite cell）である。筋衛星細胞は、筋線維の細胞膜の外側、基底膜の内側に局在する巨大な核をもつ単核細胞である（図3-6-4）。発生の過程で生じた幼若な筋芽細胞の一部が細胞増殖を停止し、筋線維の側に残ったものと考えられており、骨格筋特異的な幹細胞である。筋衛星細胞は分化途上で休止期（細胞周期におけるG0期）に入った中胚葉細胞とみなすこともでき、骨格筋の損傷などが引き金となり再び筋芽細胞に分化、増殖し、既存の筋線維に融合する。このようにして、筋衛星細胞は筋肉に新たな核DNAを供給し、この核が筋線維の筋タンパク質合成能を高める。そして、合成された筋タンパク質は筋線維の容積増加に寄与していると考えられている。また、筋衛星細胞から生じた筋芽細胞は、それ同士が融合し、筋管や筋線維を形成する能力も有しており、出生後の新たな筋線維の形成にも関与していると推測される。

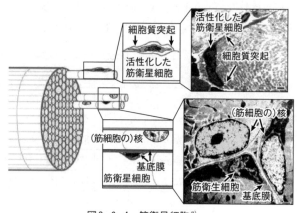

図3-6-4　筋衛星細胞[7]

筋衛星細胞の活性化には肝細胞増殖因子（HGF）と骨格筋に対する物理刺激（重力刺激や筋活動）が必要である。HGFは筋細胞の膜表面に存在しており，物理刺激に伴い筋細胞で生成する一酸化窒素（NO）が引き金となって，HGFが細胞膜から遊離すると推測されている。遊離したHGFは筋衛星細胞の細胞膜に存在するHGF受容体・c-metに結合し，細胞を活性化する。筋細胞におけるNOの産生には，細胞膜に局在するジストロフィン複合体の構成分子の一つである神経型一酸化窒素合成酵素（nNOS）が関与していると考えられている。筋芽細胞に

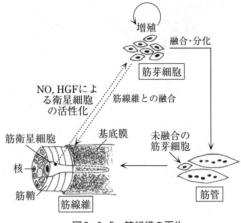

図3-6-5　筋組織の再生

分化した筋衛星細胞内では*Myf5*や*MyoD*が発現していることが確認されており，発生時と同様の機序で分化・分裂，細胞融合を起こすものと推測される（図3-6-5）。

　筋衛星細胞については，発生の過程で一部の細胞が分化を止め休止期に入る機序，筋衛星細胞がどのような機序で再び細胞周期に入り増殖するのか，あるいは細胞周期に入った筋衛星細胞の一部が再び休止期に入る機序，など未だ不明な点が多い。近年の研究では，*MRF*発現の調節にWnt（ウィント）シグナル経路やNotch（ノッチ）経路が関与していることが報告されている[8]。また，筋肉量や筋容積にはAkt/mTOR経路が関与していることが示唆されており，筋肥大症やダブルマッスルに関与するMyostatin（GDF-8）はAkt/mTOR経路の抑制にはたらいていると考えられている[9]。筋衛星細胞が関与する筋肥大のメカニズム解明は，畜産学分野への応用のみならず，再生医療や高齢者のサルコペニア改善など医学分野においても関心が高まっている。今後の研究の進展が期待される。

〈参考文献〉　＊　＊　＊　＊　＊

1) Du, M., McCormick, JM.: Applied Muscle Biology and Meat Science, CRC Press, NY (2009)
2) Aberle, ED., Forrest, JC., Gerrand, DE., Mills, EW.: Principles of Meat Science (4th ed.), Kendall Hunt Publishing Company (2001)
3) クルスティッチ R.（藤田恒夫訳）. 立体組織図譜〈2〉組織篇，西村書店 (1981)
4) Davis, RL., Weintraub, H., Lassar, AB.: Expression of a single transfected cDNA converts fibroblasts to myoblasts. Cell, Vol.51, p.987-1000 (1987)
5) Relaix, F., Rocancourt, D., Mansouri, A., Buckingham, M.: A Pax3/Pax7-dependent population of skeletal muscle progenitor cells. Nature, Vol.435, p.948-953 (2005)
6) Lingbeck, JM., Trausch-Azar, JS., Ciechanover, A., Schwartz, AZ.: *In vivo* interactions of MyoD, Id1, and E2A proteins determined by acceptor photobleaching fluorescence resonance energy transfer. FASEB Journal., Vol.22(6), p.1697-1701 (2008)
7) Hawke, TJ., Garry, DJ.: Myogenic satellite cells: Physiology to molecular biology. Journal of Applied Physiology, Vol.91, p.534-551 (2001)
8) Sun, D., Li, H., Zolkiewska, A.: The role of Delta-like 1 shedding in muscle cell self-renewal and differentiation. Journal of Cell Science, Vol.121, p.3815-3823 (2008)
9) Nader, GA.: Muscle growth learns new tricks from an old dog. Nature Medicine, Vol.13, p.1016-1018 (2007)

4章　食肉の保蔵と加工

Section 1　■食肉の保蔵

〈島田謙一郎〉

　栄養価の高い食肉は，非常に変質しやすい食品である．このため，少しでも長く品質の低下や腐敗を防ぎ，悪変を抑制して食品の安全性を確保することは重要なことである．本Sectionでは，食肉がどのように変質や腐敗するのかについて，微生物学的ならびに理化学的な観点から説明する．さらに，品質保持や変質防止を目的とした，各種保蔵技術や加工技術について詳述することにする．

1　変質（腐敗・変敗）

　食品を放置するとさまざまな望ましくない変質が起こり，食品として不適当なものとなり最終的には食べることができなくなる．学術的には，微生物によるタンパク質分解に伴う異臭の発生などによって可食性を失うことを「腐敗」といい，炭水化物や脂肪が酵素的・理化学的に変化し，風味が損なわれて可食性を失うことを「変敗」という．しかし，両者の区別はむずかしいことから，一般的には微生物により食品の可食性を失うことを，腐敗として取り扱うことが多い．さらに，微生物の作用以外にも，多くの内在性や外的要因によって品質の劣化や変質をまねくことが知られている．こうした変質は単独で起こることは稀で，一般には複合的に起こるので，ここでは分けて説明する．

（1）新鮮肉（枝肉・部分肉）の微生物汚染

　新鮮肉の微生物の主な汚染源は，家畜・家禽の皮膚，糞便，消化管内容物である．本来，筋肉は無菌的な状態であり，と畜，と鳥処理の段階や解体の段階を通じて，使用する器具や作業者との接触により主に汚染する．

　冷蔵前の枝肉や部分肉の表面には，$10^2 \sim 10^4$/gの細菌が汚染しており，*Pseudomonas, Acinetobacter, Moraxella, Flavobacterium* などのグラム陰性菌および *Micrococcus, Staphylococcus* などのグラム陽性菌で構成されている．また，*Salmonella*（サルモネラ属菌）や病原性のある *Escherichia coli*（大腸菌），*Clostridium perfringens*（ウェルシュ菌），*C. botulinum*（ボツリヌス菌），*Staphylococcus aureus*（黄色ブドウ球菌），*Campylobacter jejuni/coli*（カンピロバクター），*Listeria monocytogenes*（リステリア菌）などの食中毒菌も検出される[1]．このような食肉に付着している細菌の大部分は動物の外皮に由来するもので，中温性菌が優勢であるため，保存温度を変えると菌叢は異なる．枝肉や部分肉は冷蔵されて10℃以下になると，低温性の *Pseudomonas, Moraxella, Acinetobacter*，乳酸桿菌，*Brochothrix thermosphacta* などの菌群が検出されるようになり，特に好気条件下では *Pseudomonas* が優勢となり，表面が乾燥した部分では，比較的，水分活性に耐性のある *Brochothrix thermosphacta* や乳酸桿菌が優勢となる．

　牛の体温は40℃近くあるため，枝肉の中心まで10℃以下に下げるために急速冷却で十数時

間，緩慢冷却で2日以上かかる。緩慢冷却により温度が低下するのに長時間を要すると，枝肉表面の隙間などから内部に侵入した *Clostridium* 属細菌が増殖して腐敗臭を発したり，緑変の原因となることがある。また牛のような大型動物での冷却に長時間を要すると中心部で酸敗臭のする変敗（ボーンテイント）を生じやすい[2]。

冷蔵肉では細菌が速やかに増殖するため，カビ，酵母が多くを占めることはないが，冷凍肉では *Penicillium* がよく検出され，次いで *Cladosporium, Thamnidium, Mucor, Rhizopus, Alternaria, Aspergillus* などのカビが検出される。酵母では *Rhodotorula, Torulopsis, Trichosporon, Candida, Saccaromyces* などが分離されている[3]。一方，部分肉を真空包装して保存すると（いわゆる嫌気的な条件では），通性嫌気性の *Lactobacillus* や *Brochothrix thermospectra* などが優勢となり，乳製品臭やチーズ臭とよばれる不快臭（off-odor）や不快風味（off-flavor）を生じるようになる。こうした嫌気性腐敗細菌はデアミナーゼやリアーゼの作用によりアミノ酸を分解し，アンモニア，炭酸ガス，揮発性アミン類，硫化水素，メルカプタン類，インドール，スカトール，遊離脂肪酸，オキシ酸などを生成し，腐敗臭（putrid odor）や酸臭（sour odor）の発生に関与する[4]。これらのなかで，硫化水素などは食肉中の色素タンパク質であるミオグロビンと反応して緑色のスルフミオグロビンを生成する。類似した現象として，産生した過酸化水素もミオグロビンと反応してコールグロビンとよばれる緑色の誘導体を形成する。このような色素の発生した食肉はグリーンミートとよばれて，価値の損失をもたらす。

現在，と畜場では，蒸気を枝肉表面にあてながらゴミを吸い込むスチームバキューム（steam vacuum）や，有機酸溶液（乳酸，酢酸およびクエン酸などの溶液）や希薄な塩素水を用いた洗浄などを駆使して，枝肉表面の生菌数を減らす操作を導入すると畜場が増えてきている。米国で行われているスチームパスチュライゼーション（steam pasteurization）は，枝肉表面の一般生菌数や大腸菌のコロニー数を少なくとも1/10～1/100個程度に低下させる[5]といわれている。

食肉の期限表示のためのガイドラインによると，異常と判断する基準は，「官能評価：陽性，TTC反応：陽性，細菌数10^8/g 以上，揮発性塩基態窒素（volatile basic nitrogen, VBN）30 mg/100 g 以上」と定められている[6]。このような基準により不可食，つまり腐敗していると判断できる。

(2) 酵素的・理化学的変化

生肉の変質で大きな問題となるのは，色調に関わる変色，物性や呈味に関わる自己消化および風味や臭いに関する脂質酸化，成分間の反応などがあげられる。これらは微生物によってもたらされることもあるが，ここでは微生物以外が引き起こす現象について述べる。

褐変（変色）した食肉は古くて鮮度が劣ると判断されて商品価値は著しく低くなる。食肉の褐変化は，ミオグロビンの酸化によるメトミオグロビンの生成（メト化）が主要な原因である。酸素や紫外線による酸化作用が主な原因ではあるが，食肉がもつ還元作用が低い場合にも起こりやすい。また，低酸素分圧下で促進されることも知られている。酸素透過性の低い包装資材で包装されて貯蔵される場合に，包装資材と接触する食肉表面で低酸素状態となりメト化が促進される場合がある[5]。

個体は死後に自身の内在性酵素により組織や細胞が分解されてやわらかくなる。この現象を自己消化や自己融解（autolysis）という。食肉の熟成において内在性酵素による自己消化が適度であれば，やわらかくなり，遊離アミノ酸の増加によるうま味の改善などをもたらすが，過度

に進むと，ヒスタミンなどのアミン生成やアンモニア生成などが起こり変敗に至る。

食肉脂質の酸化に伴う劣化も酸素や紫外線，金属イオンなどによりもたらされ，酸化臭（rancid flavor）の発生と密接に関係する。脂質酸化反応は加熱により急速に進行するため加熱調理した食肉では重要な問題となる。食肉を加熱して1～2日間冷蔵すると，脂質の酸化に起因する劣化臭が生じる。これをWarmed-Over-Flavor（WOF）とよぶ。冷蔵保存した加熱済みの肉を再加熱すると，WOFを顕著に感知することができる。このWOFは脂質酸化の指標の一つであるチオバルビツール酸反応生成物（Thiobarbituric Acid Reactive Substance; TBARS）値と正の相関を示すことが知られている。WOFに関与する物質としてヘキサナール，ペンタナール，マロンジアルデヒド，n-ノナ-3,6ジエナール，オクタン-2,3-ジオンなどが同定されている。食肉の脂質酸化速度は畜種により異なり，七面鳥肉＞鶏肉＞豚肉＞馬肉＞牛肉≧羊肉の順に酸化しやすい。酸化速度は食肉に含まれる多価不飽和脂肪酸含量，ヘムタンパク質（ミオグロビン，ヘモグロビン）や非ヘム鉄（遊離の鉄イオンを含む）などの酸化促進物質（pro-oxidant）含量，およびα-トコフェロールやカルノシンなどの抗酸化物質（anti-oxidant）含量に影響され，脂質酸化は主に脂質中の多価不飽和脂肪酸の自動酸化（auto-oxidation）により進行する。また，pHは中性域より酸性域のほうが酸化速度は大きくなる[5]。

調理により食肉を加熱する際には，アミノ酸，ペプチドやタンパク質が還元糖と反応してメラノイジンとよばれる褐色物質が生成する。この反応をメイラード反応あるいはアミノ・カルボニル反応という。さらに副反応でストレッカー分解により中間体であるオソン類がα-アミノ酸と反応して，脱炭酸を経てアミノレダクトンが生成され，さらにこれがピラジン化合物となる。このピラジン類は焙焼香気の芳香成分であるため，食肉の加熱香気の重要な成分となる。

2　保蔵技術

食品の保蔵の目的は，品質劣化や腐敗などの悪変を防止・抑制することである。食肉の悪変として，前述のように微生物の増殖，脂質の酸化，自己消化，退色などがあげられるが，微生物によるリスクが著しく高い。先人達はこれらを制御する方法を経験的に見出し，さまざまな食品加工に応用してきた。ここでは，食肉および食肉製品で主に用いられる冷蔵・冷凍，加熱，乾燥，塩蔵，燻製などの保蔵技術を中心に説明する。

（1）　冷蔵，冷凍（低温貯蔵）

低温貯蔵という技術は，食品を低温にして品質を低下させる微生物の生育を抑制することにより食品の保存性を高めることをいう。低温貯蔵には，0～10℃程度の温度帯で貯蔵する冷蔵貯蔵，0℃から氷結点までの未凍結温度（氷温ともいう）帯での氷温貯蔵，氷結点よりもわずかに低い温度帯（-3℃）で貯蔵するパーシャル・フリージング貯蔵，氷結点以上から5℃前後の鮮度保持可能な温度帯のチ

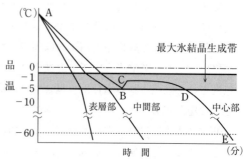

図4-1-1　食品の凍結曲線（模式図）[10]

ルド貯蔵，氷結点以下の温度帯（一般に−20℃ぐらい）で貯蔵する凍結貯蔵（いわゆる冷凍）がある[7),8)]。

冷蔵貯蔵により中温菌や高温菌の増殖を抑えることができるが，好冷細菌（低温細菌ともいう）は氷結点以下でも生育できるために，短い期間の貯蔵に限られる。ただし，病原性大腸菌をはじめとするほとんどの食中毒細菌は5〜10℃以下ではほとんど増殖しないため，5℃以下で冷蔵すれば，ほとんどの食中毒細菌の増殖を抑えることが可能だと考えられる。食品衛生法では，乾燥食肉製品を除いて10℃以下という保存基準となっている（ただし，一部の製品は4℃以下）。食肉は10℃以下（ただし生食用食肉は4℃以下，冷凍品であれば−15℃以下）と決められている。しかし，微生物の生育を完全に抑制するには−10℃以下の冷凍が必要となる[9)]。

冷蔵よりもさらに温度を下げると食品中の水分は氷結点（凍結点，freezing point ともよぶ）に達して氷結晶が形成され，成長する。この温度帯のことを最大氷結晶生成帯（zone of maximum ice crystal formation temperature, 一般に−1〜−5℃）とよぶ（図4-1-1）。0℃〜氷結点までの温度帯を用いることで，食品を凍結させずに保存でき，氷結晶が形成されないため組織の損傷もなく優れている。さらに氷結点よりもわずかに低い温度帯（−3℃）でのパーシャル・フリージング貯蔵は，氷結晶が生成されるために品質の劣化を引き起こしやすいと考えられるが，食品によっては大きな品質劣化は起こらないとされている[7)]。氷結点から5℃前後の温度帯（+5〜−5℃）における貯蔵をチルド貯蔵とよぶが，チルドの厳密な温度領域はなされていない。牛肉では0±1℃に保たれたものをチルド肉と称している[12)]。食肉の氷結点は約−2〜−3℃，牛肉の氷結点は−1.7℃であり[8)]，凍結しない温度帯で貯蔵される。

凍結貯蔵では一般に−18〜−40℃が業務用として用いられるが，貯蔵温度が低ければ1年以上の長期間の保存ができる。牛肉の場合，−18℃貯蔵だと6か月保存可能だが，−30℃貯蔵だと2倍の12か月保存可能に延長される（表4-1-1）。貯蔵温度が低くければ貯蔵期間が延長されるため，業務用では−40℃の冷凍庫が一般的である。最近，業務用で−60℃のプレハブタイプの超低温フリーザーも現れている。

凍結速度も解凍後の品質に大きな影響を及ぼす。食肉では，最大氷結晶生成帯を緩慢に通過して凍結に至る緩慢凍結（凍結速度0.1〜1.0cm/h）では，細胞外に氷結晶が大きく成長し，食

表4-1-1 最適な品質保持のための各種温度における最大貯蔵期間[11)]

(単位：月)

種　　類	貯蔵温度			
	−12℃	−18℃	−24℃	−30℃
牛　肉	4	6	12	12
羊　肉(ラム肉)	3	6	12	12
仔牛肉	3	4	8	10
豚　肉	2	4	6	8
豚　肉(塩漬肉)*1	0.5	1.5	2	2
副生物*2	2	3	4	4
鶏　肉	2	4	8	10
挽　肉(牛・羊)	3	6	8	10
味付けソーセージ(豚)	0.5	2	3	4
魚		6		12

*1 塩漬製品は凍結前に真空包装する。
*2 脳や胸腺は凍結保存を薦めない。

肉の内部構造を破壊することにつながり，解凍の際に多量のドリップが漏出して品質的にも劣化に至る。一方，急速に凍結して最大氷結晶生成帯を迅速に通過する急速凍結（凍結速度5〜20 cm/h以上）では，氷結晶が細胞内に小さくできるため，食肉の内部構造を破壊しないですむ。このため，解凍した際のドリップ漏出も少なく，品質的にもよい状態を維持できる。

長期間含気状態で凍結貯蔵すると，食品や包材内面に霜がつき，取り除くと白っぽく乾燥した食品表面が現れてくることがある。これを冷凍焼け（freezing burn）というが，実際には氷結晶の昇華が進行することで，表面が乾燥した状態である。さらに昇華が進むと，空隙が生じて内部にまで空気が侵入して酸化が進行し，褐色化することもある。食肉の貯蔵温度を下げると，各種の化学反応速度は遅くなり，脂質酸化の反応速度も遅くなるが，完全には抑制することはできない。超低温（−60℃以下）においても酸化反応が進行することが知られているため，超低温貯蔵でも長期間になれば冷凍焼けなどを引き起こす。冷凍焼けを避けるには，水分が昇華しないように真空包装などを行うのがよい。

（2）加　熱

食品に対して加熱，すなわち熱を加えるということは，一般に，①食品を摂取しやすくする（調理），②食品中の酵素を失活させて色，かたさなどの変化を防止する（ブランチング），③食品中の微生物を殺して，安全性および保存性を高める（殺菌）ことが主な目的である。保蔵技術における加熱を考えると，腐敗を防止する手立てとして③の殺菌（pasteurization）が最も重要となる。

殺菌とは有限の保存期間内に，食品の品質低下または有害化しない程度に，微生物を減少または不活性化する方法である[13]。端的にいえば，加熱殺菌は食品中の大部分の微生物を死滅させるが，耐熱性の微生物が生存する方法ということができる[8]。食品分野では食中毒を引き起こす微生物や腐敗により品質を低下させるような微生物だけを短時間で殺滅できればよいが，当然，食材は生物由来物質であることから，一般に多くの微生物を含んでおり，特定の微生物のみを殺滅することはむずかしい。殺菌に対して滅菌（sterilization）とは，食品中の微生物を完全に死滅させることを指し，一般には微生物の増殖が完全に阻害され長期間に渡って変敗しなければ滅菌したとしている。

食肉製品では，食品衛生法で規定されている中心温度63℃・30分間の条件を満たす常圧下で65〜75℃程度の加熱，もしくは100℃以上の加圧加熱殺菌（またはレトルト殺菌）が用いられる。この加圧加熱殺菌が滅菌に相当する。腸管出血性大腸菌（EHEC）のO157対策の75℃・1分の加熱条件が示されており，芽胞をもたない大腸菌，サルモネラ菌やリステリア菌などにも有効である。

（3）乾　燥

食品の多くには多量の水分が含まれているため，しばしば微生物が増殖して腐敗の原因となる。これを防止するために乾燥を行い，食品に含まれる自由水および結合水のうち，微生物が利用できる自由水の割合（この割合を水分活性（Aw）という）を減らすことで，生育できる微生物を制御し，水が関わる変質（褐変，脂質酸化，酵素の作用）をある程度抑制し，保存性を向上させることができる。

水分活性が一般に0.6～0.9の食品群は保存性が高いといわれている。食肉製品のうち乾燥食肉製品が水分活性0.87未満と定められている。JAS規格のソーセージ類のなかでセミドライソーセージは水分含量55％未満，ドライソーセージは水分含量35％未満と定められており，水分活性や水分量が少ないほうが保存性は高い。水分活性が0.65～0.85の範囲にあり，水分が20～40％の食品を特に中間水分食品(Intermediate Moisture Foods; IMF)とよび，長期間の保存に耐え，そのまま食すことができ，乾燥食品に比べてもやわらかい。ドライソーセージはこの中間水分食品に該当する。

（4） 塩　蔵

　塩蔵（塩漬け）は保存性を上げるための技術の一つで，食塩濃度を上げることで浸透圧を上昇し，水分活性を低下させることができる。これにより微生物の生育に必要な水分（自由水）を減らすために微生物の増殖が抑制される。このほか，食塩には，酸素の溶解度を低下させることで好気性菌の増殖抑制作用，酵素活性の抑制作用，塩化物イオンによる防腐作用などがあり，保存性に役立っている[9]。一般に，保存性を高めるためには5～7％以上の食塩濃度が必要だといわれるが，食肉製品では長期熟成の生ハム(dry-cured ham)で食塩濃度が7.5％程度なので，これに類すると思われる。しかし，この程度の塩濃度では微生物の生育を完全に抑制することはできない。糖蔵（砂糖漬け）においても同様に浸透圧の上昇および水分活性の低下による保蔵効果があるが，食肉製品ではほとんど用いられていない。

（5） 燻　煙（燻製）

　サクラ，カシ，ナラなどの樹脂の少ない広葉樹を不完全燃焼させて生じた煙で食品をいぶす加工技術を燻煙といい，煙成分を食品に浸透させて保存性と嗜好性を高めることができる。煙成分中にはアルデヒド，フェノール化合物，有機酸類などの防腐成分や殺菌成分などが含まれており，保存性に役立っている。さらに燻煙により食品表面が乾燥して，表面の水分活性が低下することで保存性が高まると考えられている[9]。燻煙は保存性を増すだけでなく，食品に対して燻煙特有の色調や独特の風味を与える(Section 2, p.222参照)。

（6） その他

　保蔵に関する他の新しい技術として，ガス置換包装，超高圧処理およびγ線による放射線照射などがあげられる。

　ガス置換包装は，生肉ではO$_2$：CO$_2$ = 80：20からなるガス組成によりガス置換包装するとオキシミオグロビンによる鮮赤色を維持し，微生物の増殖を抑制できる。また，二酸化炭素によるガス置換包装では，好気性菌の増殖を抑制できる。真空包装では好気性菌の生育を抑制でき，デオキシミオグロビンが保持され，開封時にオキシミオグロビンが生成して肉色が回復する。

　食品分野における超高圧処理の利用は，有害微生物の増殖抑制効果（殺菌効果）が最も大きく，国内では食肉製品の加工で実際に用いられたことがある。その際に，食品添加物の使用を抑えて，風味を損なうことなく保存性を高めて結着性や色調の改善効果も認められた。超高圧処理によりタンパク質の構造変化により物性が変化するなど，他にも熟成促進効果などが認め

られた。今後も超高圧処理は，さまざまな効果が期待されるが，処理機器の大きさに対して高圧処理できる容量が小さいこと，また設備投資額が大きいことなどの問題がある。今度，こうした問題が解決すれば，食品への利用が広がると想定される。

γ線を用いた放射線照射について，海外では食肉の殺菌として認められている国もあるが，国内ではジャガイモの発芽防止に限って利用が認められている。しかし，国内では広島・長崎での原子力爆弾の投下に，東日本大震災での東電の福島原発事故も加わり，国内における放射線に対するアレルギーが強く，消費者に対するイメージもわるいために，現在では認可されていたジャガイモの発芽防止にも利用されなくなっている。

〈ハードル理論とバランス理論〉

食品保蔵を高めるために微生物を制御することが肝心であるが，微生物の増殖には，さまざまな要因（貯蔵温度，塩分，水分，pH，気相など）が関係する。こうした複合的な要因をどのように制御すれば，食品の安全性を確保できるのかということを考えるために，ハードル理論とバランス理論という2つの理論がある。

ハードル理論とは，微生物制御のための各種要因を1つずつのハードルに例えて，加工工程において微生物がハードルを最終的にとび越えないように，いくつかの物理的および化学的技術を適切に組み合わせることにより，微生物を効果的に抑制できるという考え方である。これは主に食肉製品について考えられたものであり，図4-1-2にいくつかの例を示す。加熱，低温保蔵（冷却），水分活性，pH，酸化還元電位（Eh）および保存料をハードルに例えて，高いハードルは主要因，低いハードルは補助的要因であることを示している。モデル1は，6つのハードルの高さが同じである理想的な製品を示している。モデル2は，主なハードルが水分活性と保存料で，補助的ハードルが低温，pHおよびEhであるような食品の例で，非加熱ハムのような食品では通常これら5つのハードルによって微生物制御が可能である。モデル3は無菌包装ハムのように微生物の初期汚染が少ない場合で，低温と水分活性という2つのハードルだけで品質確保ができる。モデル4は逆に，非衛生的な取扱いのために初期汚染が多い場合の例で，このような製品ではこれらのハードルを並べても腐敗・食中毒を抑制できない。モデル5は，加熱などによって微生物が損傷を受けた場合で，このような例では比較的少数の，あるいは低いハードルで抑制できる。

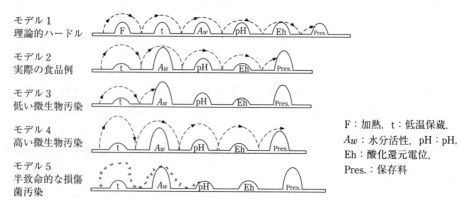

図4-1-2　ハードル理論のモデル図[6]

一方，バランス理論の考え方は，これまで述べた加熱，水分活性，pH および Eh などのハードルの微生物制御力を1つずつの分銅にたとえ，食品の微生物学的安定性（保存性）を説明するものである（図4-1-3）。個々の分銅は軽くてもこれらを組み合わせることで，微生物に対する抑制力を発揮することができる。バランス理論は，例えば，味やテクスチャーを生かすために加熱や乾燥，塩分を低減して，その代わりに貯蔵温度をより低くするというように，いくつかの方法を相補的に組み合わせた場合の微生物抑制効果が理解しやすい[6]。

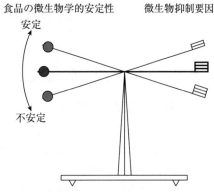

図4-1-3　バランスによる微生物制御力の増強効果[6]

〈参考文献〉　＊　＊　＊　＊　＊

1) 藤井建夫：「食品の腐敗と微生物」p.29-43，幸書房（2012）
2) 藤井建夫，塩見一雄：「新食品衛生学」恒星社厚生閣（2016）
3) 細野明義：「畜産食品微生物学」p.124-136，朝倉出版（2000）
4) 松石昌典，西邑隆徳，山本克博：「食物と健康の科学シリーズ　肉の機能と科学」p.161-174，朝倉出版（2015）
5) Collins, D. S., Huey, RJ.：「Gracey's Meat hygiene 11th ed.」p.172-175（2015）
6) 藤井建夫：「食品の腐敗と微生物」p.29-43，幸書房（2012）
7) 露木英男，越後多嘉志，鴨居郁三，菅野長右エ門，竹中哲夫：「食品製造科学」建帛社（1994）
8) 鮫島邦彦，坂村貞雄，安井勉，知地英征，高尾彰一，中矢雅明，坂田澄雄，前田利泰：「最新食品加工学」三共出版（1998）
9) 海老原清，渡邊浩幸，竹内弘幸：「栄養科学シリーズNEXT 食べ物と健康，食品と衛生　食品加工・保蔵学」p.25，講談社サイエンティフィック（2017）
10) 渡辺悦生，加藤登，大熊廣一，濱田奈保子：「基礎から学ぶ食品科学」p.171，成山堂書店（2010）
11) Aberle, ED., Forrest, JC., Gerrard, DE., Mills, EW.: Principles of Meat Science 5th ed, Kendall Hunt pubishing company, Dubuque（2012）
12) 髙井陸雄：「食品関係者のための食品冷凍技術」p.1-16，社団法人 日本冷凍空調学会（2000）
13) 高野光男，横山理雄：「食品の殺菌―その科学と技術―」p.37-38，幸書房（2003）

Section 2　■食肉加工の歴史と加工法　〈若松純一／島田謙一郎〉

1　食肉加工の歴史[1),2)]

（1）食肉加工のはじまり

　食肉加工は有史以前から行われており，初期の記録は残っていないので推測の域を超えない。1章で述べたように人類は，草食動物にある臼歯と肉食動物にある犬歯の両方を兼ね備えた雑食動物である。つまり，人類は進化の過程で動物性食品を利用してきたことの裏づけである。タンパク質は，からだを作るための重要な栄養素であり，草食動物では消化管微生物が植物から作り出したアミノ酸やタンパク質を消化・吸収しているが，雑食動物や肉食動物はタンパク質を直接摂取しなければならない。タンパク質の供給源として優れている動物性食品には，陸産動物や水産動物由来のものがあるが，魚介類などの水産動物は海や川が近くにある必要がある。一方，陸産動物由来の肉類などは，人類が生息可能な地域なら生育可能で，入手に地理的制約が少ない。

　また，高タンパク質・高エネルギーであることから少量で栄養素とエネルギーを充足できるが，狩猟採取時代における捕獲では，獲物が常に得られるとは限らない。このため，人類は動物を飼養したり，家畜化して，入手しやすくしてきた。しかし，食肉類はきわめて腐敗しやすく，容易には食肉類を得られないため，Section 1で説明したさまざまな保蔵技術を見出して，食肉を加工してきた。これが食肉加工のはじまりと考えられている。

（2）食肉の保蔵法

　最も初歩的な保蔵法は食肉を乾燥させることである。温暖な気候の住民は肉汁を放出するため肉を強打して帯状とし，天日や火の上で乾燥させた。南アフリカの「ビルトング（biltong）」は，この技術の好例である。南アメリカでは，リャマ肉を帯状に切って天日乾燥した「チャーキー（ch'arki）」が作られており，現在の「jerky（薄い乾燥肉）」または「jerked beef」の原形となったといわれている。ジンギスカーンの蒙古軍の長期遠征には牛肉を乾燥し，棒で強打して綿状にし，これを丸めて携行したという。現地で調達した野菜などを利用して鍋料理を作れば栄養バランスのよい食事になった。北アメリカではアメリカ原住民は「ペミカン（pemmican）」を発明した。それは乾燥した赤肉の多いバッファロー肉を脂肪，乾燥野菜，乾燥果物（クランベリーなど）と混ぜ合わせ，それから獣皮に充填し，獣脂で密封したものである。脂肪で食肉を密封することは現在でもパテやテリーヌを作るとき使われる技術である。世界各地で似たような製品が作られており，初期の食肉の製品と考えられる。

　さらに，塩で保存処理すると保存性だけでなく，風味や物性もよくなることが古くから知られており，古代メソポタミアのシュメール人の粘土板（紀元前1600年）には塩漬け肉に関する記載がびっしりと書き込まれていた。経験的に獲得したさまざまな加工法を利用することにより，食肉を長く保存できることを見いだしたことが，ハム，ベーコン，ソーセージなどの食肉製品へとつながったとされる。

（3） 豚肉による食肉製品の発展

さまざまな家畜が肉用に供されているが，食肉製品のほとんどは豚肉から作られている。牛や羊，山羊，馬は草食動物であり，草類だけで飼育可能で，干草でも育つ。人間と食べ物を競合しないし，越冬することもできる。牛は乳生産量も多く，役畜として農耕や運搬などに利用できる。羊や山羊においても，乳や毛の生産に適している。馬も人や物の運搬など，役畜として有用である。しかし，これらの動物は少産で年に1頭しか出産しない。また，牛や馬では成長が遅く，成長まで数年を要する。このため，食肉としての生産性は高くはない。一方，豚は1回に10頭程度産み，成長も早い。半年で100 kg程度まで成長するため，産肉性が優れているが，雑食性であるため，草類だけでは飼育できない。このため，食べ物が不足する冬場は人間と食べ物が競合する。そこで，保存技術の開発が不可欠となり，食肉製品へと発展していったのである。

（4） 食肉加工の必然性

食肉加工が特に発展し，多くの記録が残っている地域がヨーロッパである。ヨーロッパでは豚は紀元前2500年頃の新石器時代に飼われており，古代ギリシャ人はこれを肥育して盛んに食べ，古代ゲルマン人やローマ人も豚肉の愛好者であったとされる。古代ローマ時代には，すでに食肉店があり，ハム・ソーセージを販売していた。フランスの食肉店，特に豚肉店は長い歴史を有する。当時から「ゴールのハム」（ゴールはガリヤの意味でフランスの古い呼び名）は有名で，ローマに輸出されていたほどである。大カトーの著書「農業論」（紀元前2世紀）のなかで，塩を使った豚肉の保存技術が書かれているが，現在の技術にきわめて似ている。古代ギリシャ・ローマ人はハム・ソーセージ作りを奨励したが，ローマ帝国滅亡後それはヨーロッパ各地に伝わった。このようにしてヨーロッパに文明がもたらされ，最初はメソポタミアやエジプトに距離的にも近い地中海東部のギリシャからローマ，そしてアルプスを越えて中部ヨーロッパ，北欧へと伝わった。地中海沿岸は乾燥気候である。雨は冬に降るが，日本を含む東南アジアよりはるかに少ない雨量である。灌漑に用いることのできる大きな河川に恵まれているわけではない。このようなところで食糧を得るためには，人の食べられない草を食糧に変えてくれる家畜に頼らざるをえなかった。アルプスを越えれば乾燥については和らぐものの，温度が低くなる。さらにイギリスやデンマークとなれば寒さも厳しくなる。寒さゆえに食用作物は十分な生育を示し得ない。このような乾燥あるいは寒冷といった気候の下では，人間が食用にできない草を食糧に変えてくれる家畜が不可欠になる。生産力の低い食用作物の生産を少しでも向上させるためにも，糞尿という貴重な肥料を生産してくれる家畜が必要となる。昔のヨーロッパは，戦争と凶作による慢性的な飢えや病気に苦しめられており，美食とはほど遠い時代である。ジャガイモやトウモロコシ，トマトはアメリカ大陸原産であり，新大陸発見以降に普及したものである。欧米型の畜産物を多く食べる食文化は，彼らが豊かで生活水準が高かったからではなく，直接食用とし得る植物資源に恵まれなかったために，必然的に発達したのである。

ヨーロッパは高緯度の割には，比較的気温が高いが，夏は乾燥期であり雨に乏しいため植物は繁茂しにくい。つまり，ヨーロッパは農業に適していない地域である。一方，寒冷な冬季には冷たい雨が降る。今でも牧場，牧草地としてしか利用できない農地が40～80％を占めるし，

同じ麦畑で毎年麦を連作することはできない。19世紀までは三圃制農法が支配的である状態では，穀物は貴重で備蓄できないため，パンが主食になりようがない。植物性食品に頼れない地域は，必然的に動物性食品に頼らざるを得ない。現在でも，図4-2-1に示すように，赤道から中緯度付近までは動物性食品の割合が低いが，緯度が上がるにつれて動物性食品の割合が増加し，40度以上では著しく増加する。ヨーロッパの大部分は北緯40度以北であり，植物性食品に頼れない地域であることが容易に想像できる。

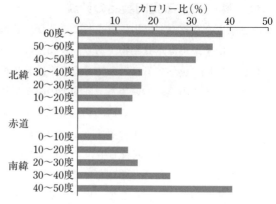

図4-2-1　緯度別の動物食の依存度[1]

しかしながら，昔は庶民レベルでは頻繁に生鮮肉を食せなかったため，加工品に依存していたと考えられる。農村部では，春に生まれた子豚を秋頃まで人間の残飯や，品質のわるい収穫物などで飼育し，アルプス以北のヨーロッパは，かつては広大な森林に覆われていたため，秋から冬にかけては，周辺の樫やブナの森林に豚を放牧し，ドングリなどで肥育した。気温が低い冬は，腐敗しにくく加工に適した時期であるため，繁殖用の豚を除いて，と畜して，余すところなくハムやソーセージなどに加工した。一部は，と畜直後に食べたであろうが，その多くは冬の間の数か月間の食糧として貯蔵していた。このように食肉製品は，本来，現代の私たちが抱いているような嗜好食品ではなかった。

① スパイスやハーブの利用

本来は長期間の貯蔵によりにおいがきつくなった肉をおいしく食べるための工夫の一つである。東方貿易で各地の物産が持ち込まれたが，主要な交易品はスパイスであった。中世までは味もそっけもない肉を大食いすることが唯一のご馳走と考えていた人々が東方産のスパイスを覚えてどんなに感激したかは想像以上のものであろう。事実，11世紀にはコショウと銀は同じ目方と交換され，大金持ちの男は「コショウの袋」といわれた。この時期から調味料の利用により，ハム・ソーセージの風味は一変したといわれている。豚は村落の主な収入源の一つとなり，加工や保存技術はますます発展していった。

② ソーセージのルーツ

紀元前7世紀に書かれたホメロスの叙事詩「オデッセイア」にはブラッドソーセージの記載があり，これが最古の文献といわれている。ソーセージの語源は，塩漬けを意味するラテン語「salsus」に由来するとも，ドイツ語のSau（雌豚）とSage（香辛料のセージ）からきたともいわれている。またサラミの語源はエーゲ海の「サラミス」という都市の名前に由来するといわれ，これは今から約3000年前の話である。動物を狩猟で得るには多大な労力が必要であり，限られた動物を，と畜解体するにしても，すべての体組織を捨てずに利用することが重要であった。腸や胃袋など袋状の組織は，くず肉や内臓，血などを詰めるのに適した包装材であり，むだの排除がソーセージへと発展してきた。

11世紀頃になると，ドイツ人はローマ人から学んだ技術ですでに製造しており，フランス人は，その豊かな創造力で何年もかかってその種類と範囲を発展させた。フランスに次いで

ソーセージ作りで最も種類を多くしたという貢献では主としてドイツとイタリアである。他のヨーロッパ諸国も大きな役割を果たした。ルネッサンスの頃にはすでに今日の原型が出来上がり，その発祥の地に因んだ製品が次々と誕生した。近代になると，ヨーロッパの技術が移民とともにアメリカに伝わった。現代ではこのヨーロッパ原産の製品が，世界の人々の要求に合って世界の隅々まで普及している。

③ ベーコンの発祥

ある説では紀元前数世紀頃，海賊が活躍していた現在のデンマークで，長い航海用の食料として豚肉の塩漬け肉が用いられたことがはじまりといわれている。塩漬け肉は船の上では調理しにくいので，火であぶって貯蔵されるようになった。ところがあるとき，薪が湿っていてよく燃えないまま，あぶられた塩漬け肉が，ほどよく煙でいぶされてよい味がしただけでなく，以前より長く保存できることがわかった。この塩漬け豚肉を煙でいぶしたものが今日のベーコンの原型といわれている。デンマークでは，豚の頭，足，内臓を除いて縦割にした半丸枝肉を，塩漬け燻煙した。これが北欧各地に伝わり，種々の型のものへと発展した。しかしながら，十数世紀までは，この製品に特定の名称はなく，単に豚肉の燻製品とされていた。ベーコンの名称は，16世紀末スペインの無敵艦隊を破った英国で，世界に進出する膨大な船舶の食料品として，著名な政治家，哲学者および随筆家のフランシスコ・ベーコン（Francis Bacon）が大量に塩漬け豚肉の燻製品を作らせたことに由来するとの説もあるが定かでない。デンマークでは19世紀に工場で大量にベーコンが生産され，北欧や北米に輸出された。これは半丸枝肉のベーコンで，各部位の豚肉を利用したベーコンは20世紀になって，アメリカやドイツなどで発達した。しかし基本的な加工法や加工原理については変わっていない。

このように食肉製品は保蔵食品として発達してきたため，もとは保存性が重視されていた。しかし，現代になってからは，冷蔵庫などの保存手段が普及したため，食肉類も容易に手に入るようになり，塩辛く保存性のよい食肉製品から，塩辛くなく食べやすい食肉製品へと変化してきた。

2 基本的な加工法

(1) 塩漬

塩漬（えんせき，curing）とは，わが国の公正競争規約において「食肉を食塩，発色剤等を加え低温で漬け込みを行うこと」と定義されており，食肉製品の加工にとって最も重要な工程の一つである。食肉の保存性のため，多量の食塩で漬け込むことは，塩漬け（salting）とよび，発色剤を含まないため，現在は塩漬と区別している。塩漬には，味付けや保蔵性の付与だけなく，結着性・保水性の向上，風味の向上，色調の安定化などの効果もあるが，これらはSection 3, p.226で後述する。

従来，塩漬は食塩，硝酸塩もしくは亜硝酸塩で行われるものが多かった，風味を改善する目的で砂糖，香辛料，調味料などを加えることもあるが，これらは補助的な役割にすぎない。自家製で製造する際には食塩，砂糖，香辛料だけで塩漬する場合もある。

食品産業でいう塩漬を行う塩漬剤は，一般に，食塩，糖類，発色剤（亜硝酸塩・硝酸塩），物性改良剤（あるいは結着剤）（重合リン酸塩），酸化防止剤（アスコルビン酸ナトリウムなど），

```
                    ┌ 乾塩漬法                    ┌ ピックルインジェクション法
      緩慢塩漬法 ─┤                              ├ 温加塩法
                    └ 湿塩漬法(塩水法)   迅速塩漬法 ┤ エマルジョンキュアリング法
                                                  │ (カッターキュアリング法)
                                                  ├ スライスキュアリング法
                                                  └ 高温塩漬法
```

図4-2-2　塩漬方法の種類[4]

保存料(ソルビン酸カリウム),調味料,香辛料などで構成されている。

塩漬方法としては,緩慢塩漬法と迅速塩漬法に大別される(図4-2-2)。緩慢塩漬法は伝統的な方法で,乾塩漬(dry-curing)と湿塩漬(wet-curing)の2種の方法が存在する。乾塩漬は,肉塊に塩漬剤を直接すり込んで容器に積み重ねて入れて塩漬する方法で,湿塩漬は,塩漬剤を水に溶解して一度煮沸してから冷ました塩漬液(ピックル液,ブラインという)に肉塊を浸漬して,重石を載せて塩漬する方法である。しかし,いずれの方法も塩漬剤が肉塊内部にまで浸透して平衡化するまでに時間を要するため,さまざまな迅速塩漬法(図4-2-2)が開発されている[4]。ハム類などで用いられるピックルインジェクション法は,塩漬液をインジェクター(図4-2-3)により肉塊内部に注入した

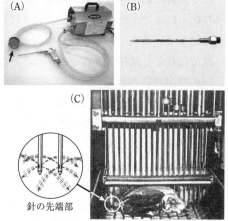

一本針のインジェクター(A)と針の先端部(B)を示す。針先の穴は小さいので,スパイスなどの固形物が穴が詰まらないように,フィルター(矢印)が備わっている。(C)は多針のインジェクターでピックル液を注入している写真を示す。

図4-2-3　インジェクター[5]

後,タンブラー(図4-2-4)(マッサージャーともいう)に入れて,減圧下で冷蔵しながら回転させて物理的な力を肉塊に与え,塩漬液を肉塊内部に迅速かつ均一に分散させる方法で,大量生産では主流な方法である。と体温が冷めないうちに40～50℃のピックル液を注入して塩溶性タンパク質を抽出しやすくする温加塩法があるが,日本ではほとんど行われていない。エマルジョンキュアリング法は,後述のカッティング中に塩漬剤を混ぜ合わせて塩漬する方法で,あらかじめ塩漬の必要がない。スライスキュアリング法や高温塩漬法では,原料肉の表面積を広げたり,塩漬液の温度を10℃～32.2℃に上げるなど,迅速に浸透させる方法である。

ロータリータンブラー(A)の内部に羽根がついており(B),回転すると羽根に停められた肉塊が落下して物理的な力で均質化する。

図4-2-4　タンブラー(マッサージャー)

（2）チョッピング（ミンチ）・カッティング（細切）・ミキシング（混和）

これらの工程は挽肉を用いるソーセージ類の製品で主に行われる。製品の種類によりチョッピング・ミキシングもしくはカッティング・ミキシングと組み合わせることによって，塩溶性のタンパク質（ミオシンやアクトミオシンを含む）を抽出し，全体に均一に拡散させて，ソーセージミートをつくる工程である。いずれの工程においても，肉の温度が上げると，塩溶性タンパク質が熱変性して結着性や保水性が著しく低下するので，温度管理が重要である。

チョッピングは挽肉にする工程で，図4-2-5で示すような用いる肉挽機（ミートグラインダー，ミートチョッパー，ミンサー）が用いられる。ホッパーから小さな肉塊を入れてフィーダーで送り出され，プレートの穴に押し込まれた肉をナイフで切断する工程が連続的に行われる。プレートの穴の径で挽肉の大きさを調節でき，一般に標準プレートは3.2mm径で，粗挽

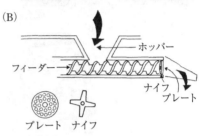

肉挽機(A)と挽肉の製造原理(B)[6]を示す
図4-2-5　肉挽機

きには6.4mm径のプレートがよく使われる。通常の肉挽機はプレート1枚に対してナイフ1枚だが，以前は穴のサイズの異なるプレート3枚と，その間に2枚のナイフを装着できる3段挽きの肉挽機がよく使われていたが，最近はあまり見かけなくなった。プレートとナイフの砥ぎ具合がわるかったり，ゆるみがある状態で作業すると，肉塊が切れずに内部で練られてしまい温度上昇の原因となる。

カッティングは細切しながら混合する工程で，エマルジョン型のソーセージを製造する際に豚背脂肪や油脂，水などとエマルジョンを形成させる。一般にサイレントカッターとよばれるボウルカッター（ボウルチョッパー）が用いられる（図4-2-6）。食肉製品を製造する場合には，回転するボウルと回転ナイフの間隔が1mm以下に狭くなっているものが用いられる。この理由は肉塊を細断しながら練るためには，この間隔が狭くなくてはならない。高速で回転するナイフの摩擦熱による温度上昇を防ぐため，砕いた氷を加えて行う。

サイレントカッター

ナイフ部分の拡大図

図4-2-6　サイレントカッター

ミキシングは混合する工程で，一般にミキサーが用いられる（図4-2-7）。ミキシングは，チョッピングした後に香辛料などを混合する際に用いられることが多く，粗挽きソーセージやプレスハムの製造で用いられる。ミキサーには横型と縦型があり，大量に混合する場合には，

横型がよく用いられ，少量の混合であれば縦型が用いられる。

大規模生産では，カッティングやミキシング時に気泡の混入を防止することで，残存酸素を減らして変色や酸化を抑制できるバキュームタイプも使われている。

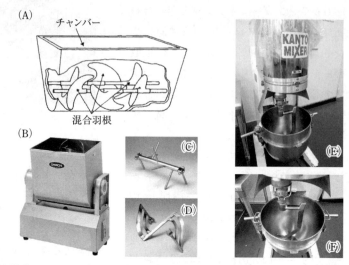

横型や縦型のミキサーがある。容量が多い場合には二軸のパドルミキサー(A)[6]が使われ，一軸の小型のフードミキサー(B)では撹拌するものにより，羽根の形状(C, D)を変えることができるものもある。縦型ミキサー(E)は，フック型の撹拌翼(F)で撹拌混合する。

図4-2-7　ミキサー

(3) 充填・結紮（けっさつ）

ソーセージや小型ハム，プレスハムなどは，腸などの袋状のものに詰めて加工される。この詰める操作を「充填」といい，充填する袋状のものを「ケーシング」という。また，充填した後に内容物が出ないように両端部をとじる操作を「結紮」という。充填・結紮は，包装形態の一つである。

ケーシングは動物腸ケーシング（天然腸ともよぶ）と人工ケーシングに大別される。昔は家畜の消化管や膀胱など袋状のさまざまな体組織が使われていたが，現在では家畜の腸類の使用は羊腸と豚腸が主に使われている。日本国内では空腸に相当する部位の小腸が動物腸として利用されることが多い。ただ，小腸といっても主にコラーゲンで構成される外膜のみを使用している。動物腸ケーシングは，羊腸，豚腸，牛腸が用いられ，なかでも国内で最も生産量の多いウィンナーソーセージに用いられる羊腸の使用頻度は高い。現在，国内生産の動物腸ケーシングはなく，すべて輸入されている。輸入時に直径などもそろえられてから国内に販売されている。人工ケーシングは，動物腸の取り扱いの難しさや，価格面，一定の形状や重量の商品を求めること，大量生産するのに不向きなどの理由から開発された。水分や煙成分などの透過性，および可食・非可食性で分類され(図4-

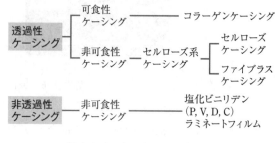

図4-2-8　人工ケーシングの種類

2-8），製品の用途に応じて使い分けられている。

充填は，スタッファーとよばれる充填機を用いて行われ，食べやすい大きさに結紮が行われる。動物腸ケーシングを使用した手造りソーセージなどは図4-2-9に示すような順で結紮が行われる。近年，充填機能だけを有する一般的な油圧スタッファー（図4-2-10A）に加えて，気泡を除くために減圧条件下で定量的に充填しながら結紮機能も付与される真空定量充填機（図4-2-10C, D）や，さらに結紮する長さも一定にできる真空定量定寸充填機も使われる。小型の

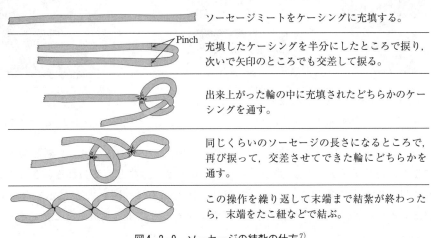

図4-2-9　ソーセージの結紮の仕方[7]

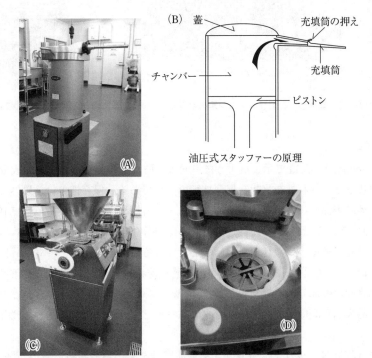

油圧式スタッファー（A）とその基本構造（B）を示す。チャンバー内に入れたソーセージミートをピストンで押して，充填筒からケーシングに充填する。定量・真空スタッファー（C）では，エマルジョン内の気泡を除くために駆動部（D）で脱気しながら一定量ずつ送出し，充填および結紮を同時に行うことができる。

図4-2-10　スタッファー

ハムやドライソーセージなどはクリッパー(図4-2-11)とよばれる機械を用いて金属製のクリップで結紮する。これら充填の役割は，形状を安定させ製品の組織をしっかりとし，重量や形のバラツキを少なくすることである。

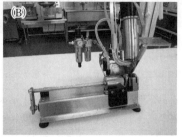

(A)は径の小さなソーセージ類の結紮を手動で行うもの，コンプレッサーで引っ張りながらクリップで結紮を行うもの(B)もある。

図4-2-11　クリッパー

形状がワニの口に似ていることからワニグチともよばれる。

図4-2-12　ハムプレス機

ハムを手動でケーシングに充填するハムプレス機(図4-2-12)，ベーコン断面の大きさを一定にするためのリテイナーおよびベーコンピン(図4-2-13)なども使われる。さらにプレスハムなどでは，断面が四角や丸みを帯びた製品を作るために，図4-2-14に示すようなリテイナー内にフィルムケーシングなどを内包して充填することにより製造することできる。

バラ肉に刺して乾燥や燻煙しやすいように用いるベーコンピン(A)とベーコン用リテイナー(B)

図4-2-13　ベーコンピンおよびベーコン用のリテイナー

図4-2-14　プレスハム用のリテイナー

(4)　燻　煙

　燻煙は，Section 1, p.211で示したように，元来は防腐・殺菌効果のある煙成分を表面に付着もしくは浸透させて保存性を高める保蔵技術の一つである。保存性の付与以外の燻煙の効果としては，①製品表面に煙成分を付着することにより外観に好ましい燻煙色(琥珀色)を与えること(燻煙色の付与)，②製品の嗜好性と関連する煙成分(フェノール類，カルボニル類など)の付着により食欲をそそるような燻煙臭と風味を付与すること(燻煙フレーバーの付与)，③煙成分(フェノール類やピロガノール)の付着により酸化防止効果を付与すること(酸化防止)，さらに，④製品表面は煙成分の有機酸類(ギ酸，酢酸，プロピオン酸)によりタンパク質の酸変性を起こして製品表面を凝固させ，ケーシングにパリッとさせる効果(製品表面の凝固)があげられる[8]。

　燻煙材には樹脂量が少なく，香りがよく，防腐性をもつ物質が多いものが好まれ，サクラ，カシ，ナラ，ヒッコリーなどの堅木類がよく用いられる。チップとよばれる木片状のものと，粉状にした木材を棒状に整形したスモークウッドとよばれる形状のものが存在する。燻煙は一般的に温度帯により30℃以下を冷燻法，30〜50℃を温燻法，50〜80℃を熱燻法，80℃以上を

焙燻法と区別されることが多いが，厳密ではない。煙成分を十分に付着させるため，燻煙の前に乾燥することが一般的である。

燻煙には，スモークハウスとよばれる装置を用いる(図4-2-15)。スモークハウスには大きく分けると，煙を発生させるスモークゼネレーター(図4-2-15矢印)が燻煙室と独立しているタイプと燻煙室，内部にスモークゼネレーターが設置されているタイプ(直火式)が存在する。前者のタイプはスモークハウス内の温度を精密に制御できるが，後者のタイプは精密な温度制御が難しい。また，冷却装置が内蔵されているスモークハウスであれば，冷燻を行うことが可能である。近年のスモークハウスは，燻煙だけでなく乾燥や蒸煮法による加熱殺菌も行えるものが一般的である。

ラックに製品を吊るして，燻煙や乾燥を行う。この装置は，スモークゼネレーター(煙発生装置，矢印)が独立している。

図4-2-15　スモークハウス

煙を発生させる温度帯によりベンゾピレン(以前は，ベンツピレンとよんでいた)という発がん性のある多環芳香族炭化水素化合物(Polycyclic Aromatic Hydrocarbon; PAH)が生成することがある。ベンゾピレンには2つの異性体(1,2-ベンゾピレン(ベンゾ[a]ピレン)，4,5-ベンゾピレン(ベンゾ[e]ピレン)が存在する。一般に，ベンゾピレンの生成を防ぐには，425℃以下が望ましいといわれている[8]。また，こうしたベンゾピレンの危険性を除き，燻煙のむらを防ぐために，くん液が利用されることもある。くん液は木材を乾留して得られた木酢液からタール成分およびベンゾピレンが除かれて調製されている。燻煙のむらをなくす目的では，くん液に製品を漬けた後に乾燥させることで一様に煙成分を製品表面に付着することができる。一方で，くん液をカッティングやミキシング時に加えることで製品に一定の煙成分を内包させることができる。このようなくん液の利用により有害なベンゾピレンの危害を取り除くことはできるが，燻煙本来の保蔵効果は期待できない。

(5) 加 熱

食肉製品の加熱方法には，熱水中で加熱する湯煮(ゆに)や，蒸気で加熱する蒸煮(じょうしゃ)が一般的である。湯煮法ではボイルタンクを用い，蒸煮法では蒸気発生装置を内蔵したスモークハウス(図4-2-15)を用いる。

加熱の第1の目的は殺菌である。食品衛生法で定められているように加熱食肉製品については63℃，30分間の殺菌あるいは，それと同等の効果をもつ加熱を行う必要がある。一般的な加熱温度は70～80℃で，ミオシンの加熱ゲル形成の最適温度と結合組織(コラーゲン)の収縮温度に関係している(詳細はSection3, p.227参照)。これ以上の温度処理は水や脂肪の分離を招き，製品の品質を低下させる。さらに加熱によって，生肉とは異なる風味が生成し，弾力性も向上する(肉の結着・凝固)。また加熱は熱に安定なニトロシルヘモクロムを生成し，加熱塩漬肉色(Cooked Cured Meat Color；CCMC)を発現する(肉色の固定)。このように加熱は殺菌以外に肉の結着・凝固や肉色の固定などの役割もある。熱伝導は，肉塊か挽肉の違いや，脂肪の割合，デンプン量などにも影響を受けるため，必ずモニターして細心の注意が必要である。一方で，食品衛生法にある特定加熱食肉製品(主にローストビーフなど)の場合には中心温度・加熱

時間が55℃・97分～63℃・瞬時と穏やかな加熱条件がある(詳細はSection 4, p.239参照)。

(6) 乾　燥

　　乾燥工程は広く行われるが，製品によって目的が異なる。非加熱食肉製品や乾燥食肉製品の一部(発酵ソーセージなどの発酵させるドライソーセージ)では，望ましくない微生物の増殖を抑えながら水分活性を下げて保存性を高めるために20℃以下で長時間の乾燥が行われる。内部まで乾燥するように，風を循環させて徐々に湿度を低下させて乾燥速度を調節しながら乾燥を行う。この乾燥熟成中に，タンパク質や脂質の分解が起こって呈味や風味，組織を醸成させることができる。発酵させないタイプの乾燥食肉製品では製品に対して乾燥温度を上げて(50℃以上)乾燥することもある。

　　一方，前述のように，多くの加熱食肉製品では燻煙工程の前に乾燥を行う。これは製品表面の水分を除去して煙成分が製品表面に付着，浸透しやすくするためである。燻煙前の温度と同等もしくは以下の温度帯で製品表面を乾燥させる工程で，一般に温乾燥は40～60℃ぐらいがよく用いられる。

　　他に加熱殺菌が終わった段階で送風により製品表面を乾燥させてから冷蔵庫で冷却する場合や，加熱殺菌後に冷水による冷却が行われた後に送風で製品表面を乾燥させてから冷蔵庫で冷却する場合などもある。

(7) 冷　却

　　加熱殺菌によりほとんどの微生物は死滅するが，一部の耐熱性芽胞菌(好気性芽胞形成菌 *Bacillus* 属や嫌気性芽胞形成菌 *Clostridium* 属)の芽胞は死滅しない。加熱殺菌後の緩慢な温度低下では，こうした菌が発育する可能性があるため，迅速な冷却が求められる。一般に，スモークハウスによる蒸煮殺菌後であれば，水シャワーで30℃以下になるまで冷却した後，冷蔵庫で品温が5℃以下になるまで十分に冷却する。ボイルタンクによる湯煮殺菌後であれば，通常の流水(飲用可の水)による冷却が一般的である。最近は冷却効率を重視するため，チラー(冷却水循環装置)で充分に冷却された水(これをチラー水とよぶ)を用いた冷却法もある。

3　食肉製品の副原料

　　食肉製品では原料肉以外にさまざまな副原料が用いられることがある。これらは食品に属するものと，食品添加物に属するものに分けられる。

　　食品に属するものは，食塩，香辛料(ナツメグ，セージ，コリアンダー，カルダモン，オールスパイス，オニオン，ガーリックなど)，調味料(ブドウ糖，砂糖(糖類)，動植物系エキス類，動植物系タンパク質加水分解物，酒類(ワイン，ラム酒など)，結着材料(澱粉(馬鈴薯，小麦，トウモロコシ)，異種タンパク質(大豆，小麦，卵，血液，乳)，乳粉，粗ゼラチンなど)がある。

　　一方，食品添加物に属するものは，乳化安定剤(カゼインナトリウム，酸カゼイン)，結着補強剤(重合リン酸塩)，調味料(L-グルタミン酸ナトリウム，5'-イノシン酸二ナトリウム，塩化カリウム，5'-グアニル酸二ナトリウム，コハク酸二ナトリウム，5'-リボヌクレオチド二ナト

リウム），着色料（ノルビキシンカリウム，赤色3号，赤色102号，赤色105号，黄色4号および黄色5号），pH調整剤（クエン酸，グルコノデルタラクトン及びフマル酸），保存料（ソルビン酸と同カリウム塩），酸化防止剤（L-アスコルビン酸及び同ナトリウム塩，エリソルビン酸と同ナトリウム塩，抽出トコフェロール，dl-α-トコフェロール），香辛料抽出物，くん液，発色剤（亜硝酸ナトリウム，硝酸ナトリウム及び硝酸カリウム），甘草抽出物及び酵素処理甘草がある[8]。

〈参考文献〉　＊　＊　＊　＊　＊

1) 伊藤記念財団：ハム・ソーセージ図鑑(2001)
2) ゲイリー・アレン（伊藤綺訳）：ソーセージの歴史，原書房(2016)
3) FAO：農業生産年報(1991)
4) 伊藤肇躬：「肉製品製造学」p.680-681，光琳(2007)
5) Aberle, ED., Forrest, JC., Gerrard, DE., Mills, EW.: Principles of Meat Science 5th ed, Kendall Hunt publishing company, Dubuque (2012)
6) Pearson, AM., Gillet, TA.: Processed Meat 3rd ed, Aspen Publishers Inc, Gaithersburg (1999)
7) Romans, JR., Costello. WJ., Carlson, CW., Greaser, ML., Jones, KW: The Meat We Eat 14th eds, Interstate publishers Inc, Danville (2001)
8) 新村裕，瀬川正治，山田順一，西坂喜代子，遠藤久，佐々木道夫：「ハム・ソーセージ製造　新食肉加工Q＆A」p.65，食肉通信社(2001)

Section 3 ■食肉加工の原理　　〈林　利哉／若松純一〉

　食肉製品の製造には種々の工程があるが，塩漬，乾燥・燻煙，加熱の3工程は基本的かつ重要な工程である。海外では非加熱食肉製品が多くみられるが，わが国では加熱したものが主流である．JASに基づく加熱ハム類の製造工程では，塩漬も必須工程となっている。塩漬や加熱によって，結着性・保水性や好ましい色調の発現など食肉製品にとってきわめて重要な品質特性が付与されるため，これらの発現原理について説明する。

結着性・保水性の発現

（1）　食塩の効果

　食塩の重要な役割は，筋肉中のタンパク質のおよそ5割を占める筋原線維タンパク質，とりわけ収縮タンパク質であるミオシンやアクチンの溶解と筋細胞外への抽出を促し，結着性や保水性などの食肉製品にとって重要な特性を著しく増進させることにある。結着性とは肉塊や細切した肉が互いに密着し合う性質であり，保水性とは前述のように食肉自身が内部に水分を保持する性質で，食肉製品ではいずれも高いほうが望ましい。

　食肉製品の保水性・結着性の発現において重要な役割を果たしている筋原線維タンパク質ミオシンは太いフィラメントを構成するタンパク質で，細いフィラメントを構成するアクチンと相互作用することで，生体での筋収縮において重要な役割を果たしている（2章 Section 2, p.158）。ミオシンは，生理的な塩環境（0.15 M程度）ではフィラメントを形成しているが，0.3 M以上のイオン強度（食塩換算1.75％相当）になるとモノマーとして分散・溶解し，水和性も増すことで粘稠性の高い溶液となる。エマルジョンタイプのソーセージを製造する際，塩漬後の細切・混和時に粘稠性が著しく増加するのはこのためである（図4-3-1）。また，単一肉塊製品であるハムなどの場合は，ソーセージなどの練り製品と比較すると筋原線維構造が維持されているが，この場合も塩漬時に添加する塩漬剤のはたらきによって保水性が向上する。このメカニズムとして食塩の主成分であるNaClから派生する塩化物イオンが，筋原線維を構成するフィラメントに結合した結果，フィラメントが負に帯電することによってフィラメント同士の電気的反発力が増加し，結果として筋原線維が膨潤して保水性が高まると考えられている（図4-3-2）。これは食肉のpHを上昇させたときと類似した状態である。

図4-3-1　食塩・リン酸塩の影響で粘り気がでた豚細切肉の塊

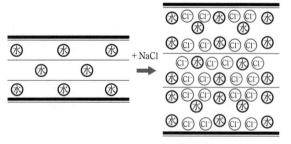

図4-3-2　食塩添加による筋原線維膨潤のイメージ

（2）　結着剤（重合リン酸塩）の効果

　冷蔵設備のない昔の食肉加工においては，と畜直後の原料肉が用いられていた。と畜直後の原料肉はpHが高く，死後硬直が発生していないため，食塩の添加だけで十分な結着性と保水性が発現していた。しかし現在では，死後硬直と解硬を経た食肉しか流通しておらず，ミオシンはアクチンと頭部が硬直結合したまま（アクトミオシン）であるため，食塩添加だけではモノマーとして自由に分散できない。さらに，近年の減塩志向に伴い食塩添加量は減少傾向にあり，以前は2%程度だった食塩濃度が最近では1.5%以下が主流となっている。この食塩濃度の低下は，前述したような筋原線維タンパク質の塩溶解性や筋細胞からの抽出性の低下を招き，結果として水分や脂肪の分離をきたし，ジューシーで弾力性のある食感が得られにくくなる。

　これを補完するのが結着剤である重合リン酸塩である。重合リン酸塩は，ATPと部分的に構造が類似しており，筋弛緩時のようにアクトミオシンのアクチンとミオシンを解離させる作用がある。このことはミオシンなどの抽出性の向上に寄与している。また，重合リン酸塩の多くはアルカリ性であるため，比較的低濃度でpHやイオン強度を上げることで，筋原線維タンパク質間の反発力を高めて保水性向上にも寄与する。JASでは食肉製品の保水性や結着性を高めるために使用されるピロリン酸塩，ポリリン酸塩，メタリン酸塩類を総称して結着補強剤とよんでいる。一般に，重合リン酸塩の過剰添加は異常風味の原因にもなり，Ca吸収阻害なども懸念されているため，肉に対して0.5%までとされている。

（3）　加熱ゲル形成

　食塩や重合リン酸塩の効果で抽出された塩溶性の筋原線維タンパク質が，肉塊や肉粒子を接着して全体として均一に組織化するためには，その後の加熱によって，塩溶性タンパク質が連続したネットワーク構造，いわゆる加熱ゲルを形成する必要がある（図4-3-3）。加熱食肉製品の場合は食品衛生法に基づき，製品の中心部温度が63℃で30分間以上，保持されなくてはならない。一般的な加熱食肉製品は，この最低限の熱履歴をクリアしたうえで，塩溶性タンパク質のゲル形成至適温度を考慮した70〜80℃程度で加熱されることが多い。すなわち，塩漬によって抽出された筋原線維タンパク質が熱変性を受け，それ自身が良好な網目構造を形成することで，肉片間・肉粒子間の結着を高める。こうしてできたゲルは，肉片や肉粒子を互いに接着するとともに外力に対して保形性を示し，ゲルそのものの構造中に水分などが保持されることから，製品の良好な結着性や保水性の発現に寄与するのである。ハムのような大きな肉塊では，肉片間の網目構造を分断するようなもの（結合組織など）が存在する場合があり，塩溶性の筋原線維タンパク質が十分に溶出されないと，肉片間の結着を妨げ，身割れなどを起こして製品の品質を低下させることがある。

図4-3-3　加熱によってゲル化した筋原線維タンパク質の微細構造

　加熱ゲル形成において重要なミオシンは，加熱を受けると大きく2段階の過程を経て，ゲル化すると考えられている[1]。すなわち，加熱前は，塩によりモノマーとして分散している状態が保たれているが，40℃を超えたあたりから，頭部間の相互作用が起こり，疎水性相互作用やS-S結合等を介して頭部間凝集が起こる。その後さらに温度が高くなると尾部のヘリック

ス構造がほぐれ，やがて60℃以上に達するとほぐれた尾部同士が絡まり合って連続した三次元網目構造，すなわちゲルを形成する。最近，ミオシンの加熱ゲル形成機構において，ミオシンモノマーの頭部同士がいくつも会合し，尾部が放射状に拡がったディジーホイール状の凝集体がさらにいくつも集合して大きな凝集物となり，それが互いに数珠状に側面会合することによって，ゲル化が起こるという新たな機構の提唱もなされている[2]。

さらに，これまで筋肉タンパク質のゲル化とはあまり関連がないとされていた筋漿タンパク質[3]や，核酸関連物質であるIMP[4]などが筋原線維タンパク質のゲル形成に関与することも報告されており，食肉製品のさらなる品質改善や，食肉タンパク質の有効利用の観点からも今後の進展が期待されるところである。

2 硝酸塩・亜硝酸塩(発色剤)の効能

食肉製品の製造において古くから使用されてきた物質に硝石(硝酸カリウム)がある。硝石はさまざまなところで析出し，黒色火薬の原材料の一つでもあることから，古くからその存在が知られていた。食肉の加工において使用されはじめた時期は定かではないが，硝石が混入した食肉製品では，色や風味がよくなるだけでなく，当時深刻な食中毒，いわゆるボツリヌス中毒の発症を防ぐことが知られて，広く使用されはじめたと考えられている。後に，硝酸塩は加工中に還元されて亜硝酸塩になって作用することが明らかになったため，現在では硝酸カリウム，硝酸ナトリウムならびに亜硝酸ナトリウムが主に使用されている。硝酸塩・亜硝酸塩の効果は多岐にわたり，①肉色の固定，②ボツリヌス菌の増殖抑制，③脂質の酸化抑制，④塩漬フレーバーの醸成などが知られている。

(1) 肉色の固定(発色)

硝酸塩や亜硝酸塩を加えて塩漬すると，食肉の色は安定で鮮やかな赤色になり，加熱後にも安定した桃赤色を呈する。この現象を肉色の固定，いわゆる発色とよぶ。発色は認知しやすい反応で，塩漬剤として添加された亜硝酸塩や硝酸塩のはたらきによるため，わが国ではこれらの添加物は発色剤とよばれる。

従来から使用されていた硝酸塩は，下記に示した反応式のように，塩漬時に混入した還元性細菌や食肉そのものの還元作用によって亜硝酸塩となり，肉中に蓄積している乳酸などの作用(酸性条件)によって亜硝酸塩は亜硝酸となる。亜硝酸は不安定であるため自己分解して一酸化窒素(NO)を生成し，それが発色に寄与する。なお，硝酸塩や亜硝酸塩は肉中に溶けて存在しているため，そのほとんどがイオンとして存在している。一方，塩漬剤として加えた硝酸塩のすべてが亜硝酸塩に変換されるわけではないため，残存亜硝酸根の制御の観点から，現在では亜硝酸塩のみを使用することが多い。

$KNO_3 \longrightarrow KNO_2 + H_2O$ (細菌や食肉の還元作用)

$KNO_2 + CH_3CHOHCOOH \longrightarrow HNO_2 + CH_3CHOHCOOK$

$2HNO_2 \longrightarrow [NO + NO_2 \longrightarrow N_2O_3] + H_2O$

$3HNO_2 \longrightarrow HNO_3 + 2NO + H_2O$

食肉製品の発色におけるミオグロビン誘導体の反応経路を図4-3-4に示す。硝酸塩・亜硝酸塩から派生したNOは，デオキシミオグロビンもしくはメトミオグロビンに配位してニトロシ

ル化され，それらが最終的に加熱によりニトロシルヘモクロムに変化することで，食肉製品特有の安定した桃色が付与される．この亜硝酸塩からのNOのリリースを促すものとして，還元作用を有するL-アスコルビン酸ナトリウムやエリソルビン酸ナトリウムが発色助剤として用いられる．NOがヘム鉄に配位したニトロシルミオグロビンの呈色によって，塩漬した肉の色調は鮮やかな赤色となり，これを塩漬肉色（Cured meat color）とよぶ．実際の加工過程では，亜硝酸塩や硝酸塩は酸化剤であるため，ミオグロビンは酸化されてメトミオグロビンとなり一旦色調はわるくなる．その後は，このメトミオグロビンがNOや肉中の還元作用により還元されてデオキシミオグロビンになってNOが配位する経路と，先にNOがメトミオグロビンに配位して形成されたニトロシルメトミオグロビンが，還元されてニトロシルミオグロビンを生成する経路もあるとされているが明らかにはされていない．なお，NOは不安定であり，酸素と触れると容易に二酸化窒素（NO_2）に酸化される．NO_2はミオグロビンをニトロシル化できないため，空気に触れる条件下での塩漬では発色不良の原因となる．

ニトロシルミオグロビンは加熱処理を受けると，桃赤色を呈する変性グロビンニトロシルヘモクロムとなり，安定化する．これを加熱塩漬肉色（Cooked cured meat color）と称し，加熱塩漬食肉製品の色調の本体である（図4-3-4）．一般的な加熱肉の色を示す変性グロビンヘミクロムは鉄の電荷が三価であるのに対して，変性グロビンニトロシルヘモクロムは二価のまま維持されている．比較的安定な変性グロビンニトロシルヘモクロムも，光や酸素に晒されるとNOが徐々に解離して変性グロビンヘミクロムとなり色調がわるくなる．この色があせる現象は「退色」とよばれる．

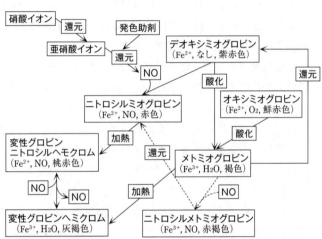

各ミオグロビン誘導体下段のカッコ内は，ヘム鉄の電荷，ヘム鉄の第6配位子および典型的な色調を示す．

図4-3-4　食肉製品の発色におけるミオグロビン誘導体の反応経路

また，ニトロシルミオグロビン以外にも鮮やかな赤色を呈する色素が最近発見された．長い間不明であったイタリアのパルマハムの美しい赤色の本体がミオグロビンのヘム鉄が亜鉛に置換されたZn-ポルフィリンであることがつきとめられた[5]．なぜ鉄が亜鉛に置換されるかなど不明部分は残されているが，その生成メカニズムは非常に興味深いところである．

（2）ボツリヌス菌の増殖抑制

亜硝酸塩は微生物の増殖を抑制する効果があり，特に嫌気性菌であるボツリヌス菌（*Clostridium botulinum*）の生育抑制に効果がある．ボツリヌス菌は偏性嫌気性の芽胞形成細菌で土の中などに芽胞の形で広く存在する．ボツリヌス菌は，神経機能を阻害して呼吸と筋肉を麻痺させる致死性のある強力な毒素を産生し，成人に対する致死量はA型毒素では$1\mu g$以下といわれている．毒素は100℃で数分間の加熱で不活化されるが，芽胞は耐熱性を示す．この芽胞を死滅さ

せる必要がある常温保存可能なレトルトパウチ食品などでは，中心温度が120℃で4分間以上の熱処理を加えなければならない。食肉製品の通常の加熱温度では，その芽胞は死滅せず，生残した芽胞は製品内部の嫌気条件下において発芽して増殖し，毒素を産生するリスクがある。亜硝酸塩，特に産生するNOがこのボツリヌス菌の芽胞の発芽と，その後の増殖を抑制する作用があるとされるが，その詳細なメカニズムについては不明である。ボツリヌス菌の語源はラテン語のbotulus（腸詰め，ソーセージ）に由来し，19世紀のヨーロッパでソーセージやハムを食べた人の間に起こる食中毒の原因微生物であることが明らかにされたためこの名がついた。このためヨーロッパでは，食肉製品に添加される発色剤は，発色作用よりもボツリヌス菌の繁殖を抑える目的が重視されている。また，亜硝酸塩は黄色ブドウ球菌に対しても効果があることが認められている。

（3）　脂質の酸化抑制と塩漬フレーバーの醸成

　亜硝酸塩，硝酸塩には，その反応性の高さから，上述の発色や抗菌性以外にも食肉製品における脂質酸化抑制に伴う酸化臭（Warmed-Over Flavor；WOF）の抑制と，塩漬フレーバー（Cured meat flavor）の生成という効果がある。

　発色剤無添加の加熱食肉製品を長期間保存すると，主として不飽和脂肪酸の酸化，特にリン脂質の酸化による不快なWOFがしばしば発生するが，発色剤を使用した食肉製品では，WOFはほとんど発生しない。WOFの主たる原因物質はアルデヒド類の一種であるヘキサナールとされている。生肉を加熱した際にミオグロビンから放出された遊離の鉄イオン（Fe^{3+}）が触媒として働き，不飽和脂肪酸の酸化を促進することが知られている。しかし，亜硝酸塩を添加した塩漬肉の場合は，ミオグロビンのヘム鉄にNOが配位することで，加熱しても配位している鉄が二価のまま安定化し，鉄が遊離しにくくなった結果，脂質の酸化が抑えられるとされている。また，塩漬剤として添加した亜硝酸塩から派生したNOには抗酸化性があるため，この脂質酸化に伴うWOFの発生を直接もしくは間接的に抑制するとされているが，その詳細はまだ明らかにされていない。

　一方，塩漬フレーバーとは，塩漬肉を加熱することで生じる食肉製品特有の好ましいフレーバーのことを指し，無塩漬肉のそれと官能的に明確に区別できる。しかし塩漬肉で発生する成分がいくつか特定されてはいるが，無塩漬肉で多く生成するヘキサナールなどのカルボニル化合物が少ないことにより，良好なフレーバーを感じる一因になっているとも考えられている。

　以上のように，亜硝酸塩は発色のみならず，多様な作用を有するきわめて有益な塩漬剤である一方で，毒物及び劇物取締法により劇物に指定されている物質であり，また第2級アミンとの共存によりニトロソアミンを生成する可能性があることから，食肉加工品中での許容残存濃度は70 ppm以下と厳密に規制されている。ただし，実際に市場に流通している製品の残存亜硝酸根は，この基準を大きく下回る30 ppm以下である場合が多い。

〈参考文献〉　＊　＊　＊　＊　＊
1) 石下真人ら：New Food Industry, 22巻, 5号, p.67 (1980)
2) 山本克博：「化学と生物」, 46巻, p.748-750 (2008)
3) 宮口右二：「食肉の科学」, 47巻, 1号, p.21-26 (2006)
4) 中村幸信：「食肉の科学」, 56巻, 1号, p.7-13 (2015)
5) 若松純一：「食肉の科学」, 49巻, 2号, p.157-169 (2008)

Section 4　■食肉製品とその製造法　〈林　利哉／若松純一〉

　食肉製品は肉製品や食肉加工品ともいい，食肉に加熱（蒸煮，湯煮など），乾燥，燻煙などの処理，およびこれらの処理を組み合わせて，大きく品質変化が施されたもので，食肉の占める割合が概ね50％以上のものをいう[1]。代表的な食肉製品として，ハム類，ソーセージ類，ベーコン類があげられ，いずれも現代のような冷蔵・冷凍環境が整っていない時代に，塩漬けや乾燥などの各種保蔵法を駆使しながら試行錯誤を繰り返して生まれた製品から派生している。欧州を中心に世界中でみられる多種多様な食肉製品は，地域の気候・風土に適した伝統的製法で作られるものが多く，その分類には困難をきわめる。このため，わが国の食肉製品と海外の食肉製品に分けて説明する。

1　わが国の食肉製品

　わが国での食肉加工の歴史は比較的浅く，導入は19世紀中頃とされるが，表4-4-1に示すように，広く普及しはじめたのは昭和40年以降のことである。平成7年（1995）頃をピークに，その後は安定して60万トン前後が製造されている。表4-4-2にわが国における年間の食肉製品生産量を示す。2017年はおよそ63万トンの食肉製品が国内で生産され，半分以上をソーセージ類が占める。ハム類とベーコン類が続くが，おのおの18％，15％程度と低い。欧州の伝統的食肉製品は，保存が主目的であるため，保存期間が長いものが多いが，日本に多くみられる加熱食肉製品は，調理法がベースとなるため，それほど保存性は高くない。

　わが国における食肉製品の名称は，農林物資の規格化及び品質表示の適正化に関する法律（通称　JAS法）における品質表示基準とハム・ソーセージ類の表示に関する公正競争規約（以下，公正競争規約）において規定されている。JAS法や公正競争規約による製品の種別はハム類，プレスハム類，ベーコン類，ソーセージ類及びその他の食肉製品（焼豚，煮豚，むし豚，ジャーキー）に分類される。さらに，生産や製造方法，使用原材料に何らかの付加価値が認められ，かつ一定の基準を満たしたものに表示できる新たな特定JAS規格（平成5年）が作られた。特定JAS規格のなかに，熟成ハム類，熟成ベーコン類，熟成ソーセージ類の規格があり，原料肉を低温で一定期間以上塩漬し，これにより特有の風味が醸成されることが特徴である。なお，食品表示法が施行（平成27年4月1日）され，食肉製品などの加工食品の品質表示基準制度は平成32年3月31日まで経過措置期間中である。

表4-4-1　わが国における食肉製品生産量の推移

年　度	生産量（万t）
昭和10年（1935）	0.17
20年（1945）	0.08
30年（1955）	2.7
40年（1965）	13.6
50年（1975）	33.4
60年（1985）	46.6
平成7年（1995）	63.9
17年（2005）	56.2
27年（2015）	59.8

表4-4-2　わが国における食肉製品の年間生産量（2017）[2]

製　品	生産量（t）	割合（％）
ハム類	111,063.9	17.7
プレスハム類	29,162.6	4.6
ベーコン類	95,233.1	15.1
ソーセージ類	318,802.2	50.7
その他	74,839.2	11.9
合　計	629,101.0	100.0

形状により，大きく単一肉塊製品（単味製品）と非単一肉塊製品（ひき肉製品）に大別されることもある。前者はロースハム，ボンレスハムやベーコンのように単一肉塊の豚肉だけを原料とし，原料の形状をある程度とどめて加工するものを指し，後者はソーセージのように塊の原料肉をまず，ひき肉，もしくは細切し，その後練り上げて加工するものをいう。畜肉はそれぞれの部位によって加工特性が異なり，部位の特徴に応じた製品が製造される。例えば，比較的やわらかく肉質もよいロースは，そのままロースハムなどに加工され，比較的筋肉も小さくスジも多いかたやうでは，ショルダーハムや，プレスハムやソーセージなど，それ以外の加工用途に仕向けられる。

一方，食品衛生法では表4-4-3に示すように食肉製品は分類されるが，製品の特徴ではなく，製法や保存温度などが食品衛生の観点から規定され，加工食品として販売する際の保存方法を決定するための分類である。

表4-4-3　食品衛生法による食肉製品の分類

乾燥食肉製品
乾燥させた食肉製品であって，乾燥食肉製品として販売するものをいう。
非加熱食肉製品
食肉を塩漬けした後，くん煙し，又は乾燥させ，かつ，その中心部の温度を63℃で30分間加熱する方法又はこれと同等以上の効力を有する方法による加熱殺菌を行っていない食肉製品であって，非加熱食肉製品として販売するものをいう。ただし，乾燥食肉製品を除く。
特定加熱食肉製品
その中心部の温度を63℃で30分間加熱する方法又はこれと同等以上の効力を有する方法以外の方法による加熱殺菌を行った食肉製品をいう。ただし，乾燥食肉製品及び非加熱食肉製品を除く。
加熱食肉製品（包装後加熱）
加熱食肉製品（乾燥食肉製品，非加熱食肉製品及び特定加熱食肉製品以外の食肉製品をいう）のうち，容器包装に入れた後加熱殺菌したものをいう。
加熱食肉製品（加熱後包装）
加熱食肉製品（乾燥食肉製品，非加熱食肉製品及び特定加熱食肉製品以外の食肉製品をいう）のうち，加熱殺菌した後容器包装に入れたものをいう。

2　ハム類

非加熱製品と加熱製品で製法が異なるが，前述のように塩漬，燻煙，加熱の3工程は最も基本的かつ重要な工程である。海外では非加熱ハムが多く食されているが，わが国では加熱ハムが主流である。ハム（ham）とは腿部を意味し，それが転じて塩漬や燻煙・加熱などを施したものを指すようになった。わが国では，もも肉以外の肉塊を主原料としたものや，後述するプレスハムのように小さな肉塊を寄せ集めて一つの大きな塊に仕立てるような製品も含めて広くハムとよんでいる。表4-4-4に各種ハム類の国内生産量を示すように，ロースを原料とするロースハムの生産量が多く，ハム類全体の7割に及ぶ。一方，もも肉を主原料とする骨付きハムやボンレスハムは2割にも満たない。JAS法に基づくハム類の製造工程を図4-4-1に示す。このうち塩漬は必須工程となっているが，燻煙は必須ではない。この塩漬も含め，各製造工程の要

件は食品衛生法の製造基準において厳しく定められている。

表4-4-4 わが国におけるハム類の年間生産量(2017)[2]

ハム類	生産量(t)	割合(%)
ロースハム	80,391.9	72.4
ボンレスハム	7,839.2	7.1
骨付きハム	177.5	0.2
ラックスハム	8,835.0	8.0
ベリーハム	236.4	0.2
ショルダーハム	2,042.2	1.8
その他ハム	11,541.7	10.4
合 計	111,063.9	100.0

① 加熱ハム

わが国で製造されるハムの大部分は加熱ハムである。加熱ハムは塩漬した肉塊を，タンパク質が十分に変性するまで加熱したものであるため，通常の加熱肉や非加熱ハムのいずれとも食感や風味が大きく異なる。食品衛生法では加熱食肉製品に分類され，中心部が63℃30分間，またはそれと同等以上の条件で加熱殺菌し，加熱後も10℃以下で流通・保存しなければならない。加熱ハムは調理法から派生したもので，保

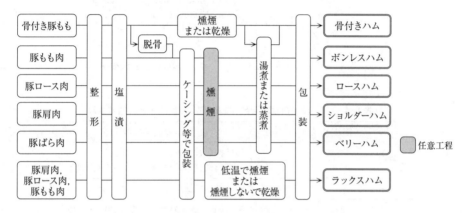

図4-4-1　JAS法に基づくハム類の製造工程と名称

存性が低いため冷蔵保存が必要なものがほとんどである。原料肉の部位により名称が異なり，豚もも肉を原料として，大腿骨などを残したまま加工する骨付きハム，除骨してつくるボンレスハム，ロース肉を用いるロースハム，肩肉を用いるショルダーハム，ばら肉を用いるベリーハムがあるが，前述のようにロースハムが大半を占めている。わが国では小型の製品が多く，一般的には肉塊を円筒状に仕上げることが多い（図4-4-2）。特定JASとして熟成ハム類（熟成ボンレスハム，

図4-4-2　伝統的な方法で巻きしめたロースハム

熟成ロースハム，熟成ショルダーハム）の項目が加えられ，原料肉を0～10℃で7日間以上塩漬することにより，原料肉中の肉色の発色が良好となり，特有の風味が醸成された製品となる。

② 非加熱(生)ハム

加熱しない生ハムのわが国における製造や消費は，近年急速に増えている（図4-4-3）。しかしながら，日本人の嗜好に合わせ，保蔵を目的とした欧米の伝統的な生ハムとは異なるものが多い。JASにおける生ハムは原料肉によって異なり，骨付きもも肉で製造・販売されれば骨付きハムに分類され，その他はラックスハムに分類される。ラックス(Lachs)とはドイツ語でサケを意味し，スモークサーモンに似ているドイツのラックスシンケン（非加熱食肉製品）が豚

ロース肉から作られ，わが国の生ハムもロースで作られていたことから由来している。わが国の非加熱ハムは食品衛生法において非加熱食肉製品に分類され，製法の概略ならびに製造基準を表4-4-5に示す。亜硝酸塩を使用する場合と使用しない場合で保存性が違うため大きく基準が異なる。

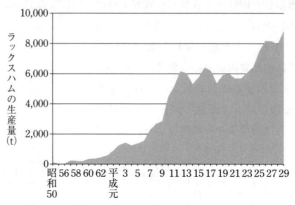

図4-4-3　わが国の生ハム（ラックスハム）の生産量推移[2]

表4-4-5　非加熱食肉製品（肉塊のみ）の製造法と製造基準等

製造工程		製造基準等
原料肉		骨付きもも，肩，もも，ロース と畜24時間以内に4℃以下，pH 6.0以下
解凍・整形		10℃以下で行う
塩漬	亜硝酸Naを使用	5℃以下，亜硝酸ナトリウム200 ppm以上 　乾塩漬法：食塩[*1] 6％以上 　湿塩析法[*2]：食塩[*1] 15％以上 Aw 0.97以下まで行う
	亜硝酸Naを使用しない	乾塩漬法のみ 5℃以下で，食塩[*1] 6％以上，40日間以上
塩抜き	亜硝酸Naを使用	5℃以下の水
	亜硝酸Naを使用しない	冷水を使用
ケーシング詰め		肩，もも，ロースのみ
燻煙・乾燥	亜硝酸Naを使用	20℃以下または50℃以上
	亜硝酸Naを使用しない	20℃以下，53日間以上
冷却		－
包装		－

*1　NaClのみ，KClのみ，またはNaCl＋KCl
*2　塩水法または一本針注入法

3 ベーコン類

ベーコンとは本来，塩漬した豚枝肉を燻煙したものを指すが，JAS法では原材料別に，半丸枝肉を燻煙したものをサイドベーコン，ロース肉とばら肉（胴肉）を用いたものをミドルベーコン，肩肉を用いたものをショルダーベーコン，ロースを用いたものをロースベーコン，ばら肉を用いたものを単にベーコンとよび，これらを総称してベーコン類とよんでいる（図4-4-4）。表4-4-6に示すように，わが国で製造されるベーコン類は，ばら肉を原料とするベーコンがほとんどで，ベーコン類の95％以上を占めている。その製造工程を図4-4-5に示す。JAS法におけるベーコン類は，整形した原料豚肉を塩漬して燻煙したものと定義され，加熱工程は必須ではないが，わが国では加熱処理を施したものが多く流通している。ベーコンの塩漬は，かつては乾塩法が主流だったが，現在はピックル液に浸漬する湿塩法や注入するインジェ

図4-4-4 塩漬・乾燥・燻煙後のベーコン

表4-4-6 わが国におけるベーコン類の年間生産量（2017）[2]

ベーコン類	生産量(t)	割合(%)
ベーコン	90,533.7	95.1
ロースベーコン	33.4	0.0
ショルダーベーコン	3,137.7	3.3
その他ベーコン	1,528.3	1.6
合　計	95,233.1	100.0

クション法が大半である。以前は比較的低温（温燻もしくは冷燻法）で長時間行われていたが，現在は，それより高温（熱燻法：60～90℃）で比較的短時間，燻煙する場合が多い。均一に燻煙を施すため，ばら肉はベーコンホックや紐で吊るしたり，ベーコン用のリテーナーに入れて行う。特定JASの熟成ベーコン類（熟成ベーコン，熟成ロースベーコン，熟成ショルダーベーコン）では，原料肉を0～10℃で5日間以上塩漬し，塩漬液を注入する場合には原料の10％以下でなければならない。

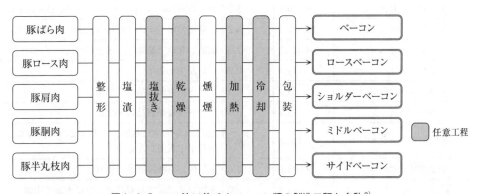

図4-4-5 JAS法に基づくベーコン類の製造工程と名称[2]

4 ソーセージ類

　ソーセージは，挽肉にした原料肉（家畜，家禽もしくは家兎）を調味料・香辛料で調味して練り合わせ，豚腸，羊腸といったケーシングなどに充填したものを，乾燥，燻煙，加熱などの工程を組み合わせて加工した食肉製品を指す。前述のように，わが国で最も多く食べられている食肉製品である。このソーセージ類は，ハム，ベーコンなどの比較的大型の単味品を製造した際に派生する小肉片を活用して腸詰めしたものが起源とされ，その製法，原料，配合割合などにより，その種類はきわめて多い。わが国における各種ソーセージの生産量[2]と，品質表示基準による主な特色（定義）を表4-4-7に示す。わが国で最も多く生産・消費されているソーセージは，羊腸もしくは太さ20 mm未満のケーシングに充填した比較的細身のソーセージ，すなわち，ウインナーソーセージであり，その消費量はソーセージ類全体の3/4を占める。次に多いものとして，豚腸もしくは太さが20 mm以上36 mm未満のケーシングに充填したフランクフルトソーセージがあげられ，両者で全体の8割以上を占める。ちなみに牛腸もしくは36 mm以上のケーシングに充填したものはボロニアソーセージとよばれる。一方，野菜や穀粒，チーズなどの種ものを加えたソーセージはリオナソーセージとよばれる。これらの名称はいずれも欧州の地名に由来するが，サイズなどで分類しているのは日本独自といえる。また近年，塩漬していない無塩漬ソーセージが亜硝酸塩不使用ということで一部の消費者に注目され，ソーセージ類全体の数パーセントのシェアを占めつつある。国内での生産量はごくわずかであるが，レバーペーストとレバーソーセージがある。これらは原材料に占めるレバーの割合により名称が異なる。無塩漬ソーセージを除き，湯煮または蒸煮により加熱しているものは品質表示

表4-4-7　わが国におけるソーセージ類の年間生産量（2017）と特色[2]

ソーセージ類	生産量(t)	割合(%)	JASの主な特色
ウインナーソーセージ	239,493.7	75.1	羊腸を使用，または製品の太さが20 mm未満
フランクフルトソーセージ	35,777.8	11.2	豚腸を使用，または製品の太さが20 mm以上36 mm未満
リオナソーセージ	4,026.4	1.3	種もの（野菜，穀粒，チーズなど）を加えたもの
ボロニアソーセージ	16,683.1	5.2	牛腸を使用，または製品の太さが36 mm以上
ドライソーセージ	6,341.3	2.0	加熱しないで乾燥し，水分が35%以下
セミドライソーセージ	511.1	0.2	水分が55%以下
レバーソーセージ	3.2	0.0	レバー重量が製品の50%未満
レバーペースト	15.1	0.0	レバー重量が製品の50%以上
加圧加熱ソーセージ	108.8	0.0	120℃ 4分間加圧加熱，またはこれと同等以上の効果で殺菌したもの
無塩漬ソーセージ	9,543.0	3.0	原料肉，原料臓器等を塩漬していないもの
混合ソーセージ	22.6	0.0	魚肉および鯨肉が製品の15%以上50%未満
加圧加熱混合ソーセージ	50.8	0.0	120℃ 4分間加圧加熱，またはこれと同等以上の効果で殺菌した混合ソーセージ
その他ソーセージ	6,225.3	2.0	
合計	318,802.2	100.0	

基準ではクックドソーセージに分類されるが，120℃で4分間加圧加熱またはこれと同等，以上の効力により殺菌したものは加圧加熱ソーセージとなり，常温で保存できる。なお，魚肉及び鯨肉の原材料に占める重量の割合が15％未満であればソーセージとして認められるが，15％以上50％未満では混合ソーセージ，50％以上では魚肉ソーセージとなる。JASの範疇ではないが，挽肉に香辛料などを混ぜ，ケーシングに充填しただけの非加熱ソーセージはフレッシュソーセージとよばれ，これは半製品と表示される。これらのソーセージの多くは，混和する際に乳化させてゲルを形成させるため，世界的にはエマルジョンタイプソーセージに分類される。代表的なエマルジョンタイプソーセージの製法を図4-4-6に示す。

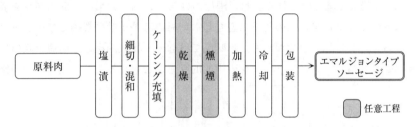

図4-4-6　エマルジョンタイプソーセージの製造工程

　ドライソーセージ（水分35％以下）やセミドライソーセージ（水分55％以下）は，乾燥により水分含量を減じて保存性を高めたものであり，欧州では伝統的に作られ，広く消費されているが，わが国ではソーセージ類のなかで3％にも満たない。ドライソーセージは比較的長い熟成期間を含めて3か月以上の製造期間を経て，その間に発酵が進むとともに，水分含量20〜30％程度の製品となり，一方のセミドライソーセージは，1〜4週間の製造期間で，水分含量40％前後になる。いずれも長期間の乾燥と熟成工程を経るため，特有の風味，呈味性が付与させるが，大腸菌類はもちろん，黄色ブドウ球菌やサルモネラ菌，リステリア菌などの有害微生物汚染のリスクが懸念されるため，製造工程全般にわたり，高い水準の衛生管理が求められる。このリスクの低減化にもpHの低下やさまざまな抗菌性物質の産生をもたらす発酵は重要な役割を果たしている。ドライソーセージは製品の特徴に合わせて，一般には乾燥食肉製品か非加熱食肉製品に分類される。代表的なドライソーセージの製法を図4-4-7に示す。

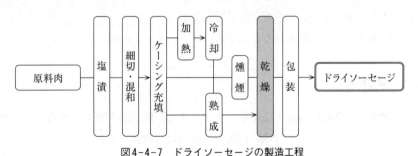

図4-4-7　ドライソーセージの製造工程

5 プレスハム

プレスハムはJASによると，塩漬した10g以上の肉塊につなぎ肉(20%未満)を加えて，調味料や香辛料を加えてミキサーなどで混合し，ケーシングやリテーナー(型枠)に充填した後，燻煙や加熱処理を施したものである(図4-4-8)。主原料肉として，豚肉をはじめ，牛肉，馬肉，羊肉，家禽肉などが使用でき，つなぎにはこれらの肉や家兎肉を挽肉にしたものや，でんぷんや植物性タンパク質，乳タンパク質などを加えたものを使用する。プレスハムはJASにおいて水分含量，肉塊のサイズや含有率，肉以外のつなぎ成分の比率などによって，特級，上級，標準の3段階に等級分けされる。わが国におけるプレスハム類の年間生産量を表4-4-8に示す。つなぎの量がプレスハムの規格に適合しないものは公正競争規約にてチョップドハムとよばれている。ハムと称されながらも，単味品ではなく，比較的小さな肉塊を互いに混合して結着させることから，ハムとソーセージの中間的なものといえる。ハム類などが高価だった時

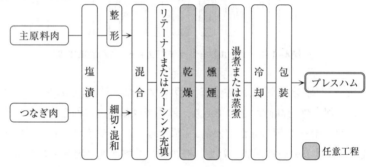

図4-4-8　JAS法に基づくプレスハムの製造工程

代に，同じような形状，嗜好性を有しつつも，より安価に製造・販売することを目的として戦後の日本で考案された製品である。当時は食肉製品生産量の半分以上を占めていたが，最近では数パーセントまで減少している。しかしその一方で，単味品よりも作り手の工夫・アイディアを反映させる余地があるため，安価路線ではなく，原料や配合などで特徴づけし，より付加価値をつけた製品も存在する。

表4-4-8　わが国におけるプレスハム類の年間生産量(2017)[2]

プレスハム類	生産量(t)	割合(%)
プレスハム	12,308.4	42.2
混合プレスハム	16.8	0.1
チョップドハム	16,837.4	57.7
合　計	29,162.6	100.0

6 その他

消費者の食習慣や嗜好性の変化により，さまざまな食肉製品が求められるようになった。ここでは，わが国でみられるその他の食肉製品について紹介する。

(1) 特定加熱食肉製品(ローストビーフ)

平成5年の食品衛生法の一部改正により，通常の加熱食肉製品と比べて加熱処理条件が緩和された特定加熱食肉製品が品目として加わった。これは，単一肉塊のみを使用し，中心温度が表4-4-9に示すように，55℃で97分から63℃で瞬時，またはこれと同等以上の熱履歴に相当

する処理を施さなければならない。ローストビーフがこれに相当し，その工程は整形，塩漬，加熱，冷却とシンプルなものである。ただし，塩漬と表記したが，発色剤は使用しない。肉塊内部への微生物侵入を防ぐために，塩漬は乾塩法か塩水法に限られている。色素タンパク質であるミオグロビンが熱変性しない温度の熱処理がなされるため，生肉に近い鮮赤色が保持されている。イギリスが発祥の調理法で，主に牛肉が使用される。加熱の目的は，どちらかというと表面殺菌が主体であるため，内部の水分やうま味などが閉じ込められる。しかし，通常の加熱食肉製品と比べて，全体の殺菌効力は弱いことから，微生物の増殖を極力抑えるために加熱後の冷却は迅速に行わなければならない。

表4-4-9　特定加熱食肉製品の加熱殺菌条件

中心温度(℃)	保持時間
55	97分
56	64分
57	43分
58	28分
59	19分
60	12分
61	9分
62	6分
63	瞬　時

（2）　ビーフジャーキー

アメリカ先住民の干肉が起源とされており，牛肉薄切り肉を塩や香辛料などで調味した後，乾燥する方式と，調味した挽肉を薄い板状に整形して乾燥させる方式とがある。前者は高品質であるが価格も高い。後者は再構成食肉製品にも該当し，形状が均一であるが，安価で加熱乾燥されているものもある。製法の一例として，30〜40℃で比較的長時間(数日間)乾燥させたり，90℃ぐらいの高温下で短時間処理する場合もある。また，燻煙する場合もあり，いずれにせよ一般に水分含量は35％以下まで下げて，乾燥食肉製品に該当するように製造されるので保存性に優れている。牛肉以外の畜肉を原料とした製品もある。

（3）　食肉缶・びん詰製品

缶・びん詰は，加熱によって滅菌することにより，気密容器中で食品を常温での長期保存を可能にしたものである。食肉の缶・びん詰製品はその保存性のよさから，家庭の常備食や調理用の具材として，アウトドアでの食事として利用されているが，わずかに1万トンが生産されているに過ぎない。なお現在，畜産物缶詰および畜産物びん詰のJASでは，食肉缶詰または食肉びん詰，ソーセージ缶詰またはソーセージびん詰，コーンドミート缶詰またはコーンドミートびん詰，コンビーフ缶詰またはコンビーフびん詰，ならびに家禽卵水煮缶詰または家禽卵水煮びん詰の5つの規格が定められている。

コンビーフは英語ではCorned beefと表現し，cornedとは粗塩で塩漬けすることを意味することから，海外ではコンビーフは粗塩で塩漬けした牛肉のことを指すが，わが国では牛肉を塩漬して加熱した後，線維をほぐして調味した缶詰製品を指すことが多い。牛肉に馬肉を混ぜたものをニューコンビーフとよぶが，これは日本だけに見られるものである。具体的には，塩漬した原料肉を，ほぐしやくするために加熱した後，線維をほぐし，調味料や牛脂を加え混合する。枕缶とよばれる上下面が楕円形で台形の形をした缶詰に充填する。その後，脱気し，巻締した後，加圧加熱殺菌して製品となる。

ランチョンミートは缶詰食肉製品の一つで，保存用肉製品として第二次大戦の前にアメリカで作られた軍用食に端を発する。沖縄では戦後統治下にアメリカにより持ち込まれ，ポーク缶

（詰）とよばれるように，沖縄の食生活において欠かせない食材の一つである。一般的にはソーセージ用に練り上げた肉をそのまま缶詰にして，加熱殺菌したものである。原料肉を塩漬し，細切・混和するまではエマルジョンタイプソーセージの製造工程とほぼ同じである。海外では豚肉以外の牛肉や鶏肉を主原料としたランチョンミートもつくられている。

　牛肉大和煮は，厚めに切った牛肉を，醤油と砂糖をベースにした調味液で煮込んで缶詰にしたもので，わが国の伝統的な食肉缶詰の一つであり，牛缶ともよばれていた。しょうがや唐辛子を加えることもある。軍隊の携帯口糧副食として，日清・日露戦争の頃から採用された。牛肉以外にも馬肉や鯨肉などを使用して製造した各種大和煮も作られていたが，今ではほとんどみられなくなった。

7　海外の食肉製品

　現在世界中でさまざまな食肉製品が食されているが，古くからの記録があり，発展してきたのは，主にヨーロッパと中国である。
　これらの国々を中心に，海外の食肉製品について概説する[3]〜[9]。

（1）ヨーロッパの食肉製品

　前述のように食料生産性の低いヨーロッパでは動物性食品に依存しなければならず，保蔵食品としての食肉製品が発展してきた。余すところなく動物体を利用する加工法が発達し，血液や内臓を利用した食肉製品も多い。伝統的な食肉製品は生ハムやドライソーセージのような非加熱食肉製品が多く，気候に影響を受けてきた。ヨーロッパの気候は大きく2つに分かれ，西岸海洋性気候と地中海性気候がある（図4-4-9）。西岸海洋性気候は，夏は冷涼で冬も緯度の割には寒くはないが，雨量は年間を通して少ない。地中海性気候は，夏は高温で雨が少ないため乾燥し，冬は緯度の割には寒くはないが，わずかに雨が降る程度である。このため，ヨーロッパの伝統的な食肉製品も，ドイツやフランス，イギリスなどの北ヨーロッパ型と，イタリアやスペインを中心とする地中海型とに大きく2種に大別できる。

図4-4-9　ヨーロッパの気候

　ヨーロッパの伝統的食肉製品の特徴をまとめたのが，表4-4-10である。より乾燥している地中海性気候における地中海型食肉製品では，塩蔵に加えて乾燥による保蔵効果を活かした加

表4-4-10　ヨーロッパの伝統的食肉製品の特徴

地中海型 （主に地中海性気候）	北ヨーロッパ型 （主に西岸海洋性気候）
燻煙しない	燻煙する
乾塩漬が多い	湿塩漬が多い
長期熟成品が多い	種類が多い
カビ・酵母発酵の製品が多い	
暖かい地方では標高の高いところで加工	

工が主体となり，ハムなどの単味品では乾塩漬を行って，長期間熟成乾燥を行うことが多く，カビなどの真菌類で発酵を行う製品が多い。高温な地域であるため，比較的標高が高く気温の低いところで加工を行うことが多い。一方，西岸海洋性気候では地中海性気候と比べると雨が多く湿度が高いため微生物が生育しやすく，乾燥を主体とする食肉加工では保存性に欠ける。このため，地中海型食肉製品と比べて北ヨーロッパ型食肉製品では，燻煙を加えた加工法が多い。ハムなどの単味品ではより均質に塩漬できるように，湿塩漬で行う割合が多い。保蔵手段として燻煙が加わったため，バリエーションが広がり種類が増えた。

近年で欧州連合（EU）では，伝統や地域に根ざした食品に対して原産地名称保護制度を作って，誤用や盗用からの製品の保護を行っており，多くの食肉製品が登録され保護されている。

① ハム類

Ham（英）や Schinken（独），Jambon（仏）などのハムを指す言葉は大腿部を意味し，一般にはもも肉を原料とする。ハムは非加熱の生ハムと加熱ハムとに大別される。

以下に代表的なヨーロッパのハム類を示す。

プロシュット・ディ・パルマ（Prosciutto di Parma）

イタリアパルマ県内で生産される世界的に有名な生ハムで，パルマハムともよばれる。製造法に加え，産地や飼育法，と畜，放血の方法まで，さまざまな厳密な決まりがある。大型の豚（体重140 kg 以上）の皮付きの骨付きもも肉を用い，足先はカットし，ももの自然な形のまま丸く仕上げる。製造には1～2年かかり，馬の骨で作った棒を刺し，香りにより製品の異常がないかをチェックして，合格したものだけがパルマ公爵の王冠マークの焼印が押され，プロシュット・ディ・

図4-4-10 熟成中のプロシュット・ディ・パルマ

パルマ（図4-4-10）と称することができる。保護原産地呼称製品として，EU より認定されている。

プロシュット・ディ・サンダニエーレ（Prosciutto di San Daniele）

イタリア北東部フリウーリ地方サンダニエーレ名産の生ハム。アルプスの乾燥した山風とアドリア海の湿気を含んだ海風が交じり合う独特の気候が，適度の湿気と温度を与え生ハム作りに最適といわれる。馬の骨で作った棒を突き刺し，製品の熟成状態をチェックする。合格したものは焼印を押される。足先をカットせずに蹄まで残し，全体の形を平たいギター型に整形する。パルマハム同様，保護原産地呼称製品として，EU より認定されている。

コッパ（Coppa）

イタリアを代表する生ハムで，肩ロースを原料とするため，大理石のような模様を呈する。後頭部から背にかけての部位名がその名の由来である。南イタリアには同様な製品で，カピコッロやカポコッラというものがあり，コショウとトウガラシで辛いものなど，地域により使用する香辛料や塩漬法が異なり，燻煙するところもある。ピアチェンツァのコッパは，EU より保護原産地呼称製品の認定を受けている。

ハモン・セラーノ（Jamón Serrano）

スペイン各地の山間部で生産される，世界的に有名な生ハムである。さまざまな品質・価格のものがあり，世界各地に輸出されている。スペイン語でセラーノとは「山の，山地の」とい

う意味である。蹄は付けたまま作られる。後肢を使って作るが，前足でつくる生ハムはパレータ(Paleta)という。イベリア半島固有のイベリコ種の豚を用いると「ハモン・イベリコ」とよばれ，より希少で価値が高い。

シュヴァルツヴァルダー・シンケン(Schwarzwälder Schinken)
　南ドイツ「黒い森」で有名な，シュバルトヴァルト山地一帯の名産で，世界的に有名な生ハムである。英語名でも「Black forest ham(黒い森のハム)」という。樹脂の多い針葉樹で燻煙するため，表面が黒く着色し，強い燻煙臭が特徴である。EUよりIGP(保護指定地域)製品の認定を受けている。

ヴェストフェーリッシャー・シンケン(Westfälischer Schinken)
　ドイツ中西部のヴェストファーレン地方で生産される，世界的に有名な生ハムの一つで，英語名でヴェストファーレンハムのことである。風味豊かで，強いフレーバーをもつ赤褐色のハムで，バイヨンヌハム，パルマハムと同等の評価を受けている。ジュニパーベリーを少し加えたトネリコやブナでスモークすることで独特の風味が付与されている。

ラックスシンケン(Lachs Schinken)
　豚ロース肉で作られる生ハムで，ラックスとはドイツ語で鮭を意味する。スモークサーモンに似ていることからこのように名づけられた。わが国のハム類の品質表示基準におけるラックスハムは，このハムの名前に由来する。

ジャンボン・ド・バイヨンヌ(Jambon de Bayonne)
　フランス南西部アドゥール川流域で生産される，フランスの代表的な生ハムである。フランス南西部生産の豚と，塩を含む湧水から作られる塩で作られる。ピレネー山脈からの乾燥風(フェーン)と大西洋からの湿った風が生ハム作りに適している。燻煙はしない，長期熟成生ハムである。EUよりIGP(保護指定地域)製品の認定を受けている。

ジャンボン・ブラン(Jambon blanc)
　フランスにおける加熱ハムの一般名で，加熱をすると色調が生ハムよりも白く(blanc(仏)：白)なるので，この名でよばれる。

ヨークハム(York ham)
　イギリスヨークシャー地方のハムで，もともとは加熱しない生ハムタイプであったが，現在ではほとんどが加熱されたハムである。ヨークシャー種の白豚は有名であり，ヨークハムはこの豚から作られる。肉質はしっかりしていて，しかも柔らかく，味がよいので世界的に有名である。骨付きのまま陳列され，店頭でスライスするのが一般的である。

② ベーコン類

　ベーコンの起源はデンマークともイギリスともいわれている。従来塩漬した豚半丸枝肉のことをいい，その後さらに燻煙したものも指すようになった。主に胴肉の部分で作られることが多く，ばら肉から作られたものをベリーベーコン(Belly bacon)やスラブベーコン(Slab bacon)，ストリーキーベーコン(Streaky bacon)とよび，ロース肉から作られたものはバックベーコン(Back bacon)やカナディアンベーコン(Canadian bacon)，ダニッシュベーコン(Danish bacon)とよばれる。燻煙していないものはグリーンベーコン(Green bacon)とよぶこともある。ドイツでも豚ばら肉を塩漬して燻煙したものが存在するが特に分類されているわけではない。非加熱のものが多く，加熱されているものは少ない。今でもイギリスのウィルトシャーベーコン

(Wiltshire bacon)などは，豚半丸枝肉のまま塩漬して燻煙しただけのものである。

③　ソーセージ類

ソーセージ類は非常に種類が豊富であり，それぞれの地方の気候や風土，食習慣，嗜好性に応じて，保存用に乾燥したものから，生肉に近いものまで多種多様で，フランクフルトソーセージやウインナーソーセージなどの都市の名前を冠することが多い。細切した肉類を調味して，腸などのケーシングに充填したものを指すが，地域によっては塊肉を詰めたものを含めることもある。

ソーセージ類の原料肉はさまざまな畜肉や家禽肉などが使用されるが，主に使用されるのは豚肉である。また，肝臓や血液，他の可食臓器類も使用される。保蔵を目的とした伝統的なソーセージは乾燥させたドライソーセージである。

ヨーロッパでは，さまざまな種類のソーセージが作られており，国ごとで分類が異なるため，世界的に統一した分類というものは存在しない。一般的には，加工工程や貯蔵性などによって，表4-4-11に示すように，ドライソーセージ，エマルジョンタイプソーセージ，フレッシュソーセージ，ならびにクックドソーセージの4つに大きく分類され，さらに細かく分類される。

表4-4-11　ソーセージ類の分類

ドライソーセージ
・ドライソーセージ
・セミドライソーセージ
エマルジョンタイプソーセージ
フレッシュソーセージ
クックドソーセージ
・レバーソーセージ
・ブラッドソーセージ
・ヘッドチーズ

ドライソーセージ

ドライソーセージは乾燥させることにより保存性を高めたソーセージであり，ソーセージ類のなかでも長い歴史をもつ，伝統的な製品群の一つである。地中海沿岸がドライソーセージ発祥の一つとされている。水分含量によりさらに，ドライソーセージとセミドライソーセージに分類される。腐敗や食中毒の原因になる微生物の増殖抑制や，風味の醸成，乾燥促進の目的としてあらかじめ微生物(スターターカルチャー)を添加したり，表面に噴霧することが多い(表4-4-12)。ドライソーセージは原料を混合した後は乾燥させるだけであるが，セミドライソーセージには加熱後に乾燥するものもある。さらに地中海型(サラミ系)と北ヨーロッパ型(セルベラート系)に分類されることもある。北ヨーロッパ型は原料肉を細かく刻み，非加熱ハムと同様に燻煙するものが多く，地中海型では燻煙を施さない代わりに表面にカビや酵母を着生させたものが多い。微生物を利用した発酵ドライソーセージは充填後に微生物の発酵を促すために熟成工程を入れる。地中海型ドライソーセージでは，塩漬した原料肉を細切・混和して，必要に応じてスターターカルチャーを混合し，ケーシングに充填する。熟成および乾燥工程では，常在のカビを自然に付着させたり，人為的にカビを噴霧させて，風

表4-4-12　発酵食肉製品のスターターカルチャーに使用される主な微生物

乳酸菌	*Lactobacillus sakei* *Lactobacillus plantarum* *Lactobacillus carvatus* *Lactobacillus pentosus* *Lactococcus lactis* *Pediococcus cerevisiae* *Pediococcus acidilactice* *Pediococcus pentosaceus*
硝酸還元細菌	*Kocuria varians* *Staphylococcus carnosus* *Staphylococcus xylosus*
酵　母	*Debaryomyces hansenii* *Candida famata*
カ　ビ	*Penicillium nalgiovense* *Penicillium camemberti* *Penicillium chrysogenum* *Scopulariopsis brevicaulis*

味の醸成と乾燥を行うが，最終製品では，表面のカビは洗浄して除去することもある。北ヨーロッパ型ドライソーセージでも必要に応じてスターターカルチャーを混合して細切・混和した原料肉を熟成，燻煙ならびに乾燥を行う。

エマルジョンタイプソーセージ

　エマルジョンタイプソーセージは，塩漬肉から溶出される塩溶性タンパク質の乳化・保水性ならびに加熱ゲル形成能を利用して作られる。ドイツやアメリカなどでよく見られるソーセージで，わが国でも最もなじみの深い製品である。一般に原料肉に脂肪や水分を加えて作られるため，加熱肉と比べて適度な弾力性とジューシーさをもつ製品となる。

- フランクフルター・ヴュルストヒェン（フランクフルトソーセージ）

　ドイツのフランクフルトが発祥であるソーセージで，代表的なエマルジョンタイプソーセージである。わが国のフランクフルトソーセージとは異なり，本来は豚肉のみを原料とした，羊腸に充填した細びきのスモークソーセージである。

- ヴィーナー・ヴュルストヒェン（ウインナーソーセージ）

　19世紀にオーストリアのウィーンで作られたソーセージで，外観はフランクフルター・ヴュルストフェンと似ているが，脂肪含量がやや高く，子牛または牛肉を使用することで異なる。オーストリアでは単に「Würstel（ソーセージを指す）」とよぶ。フランクフルター・ヴュルストフェンもヴィーナー・ヴュルストヒェンもアメリカに渡った後，世界的に広まるようになり，いずれもソーセージの代名詞的存在となった。

- モルタデラ

　イタリアを代表する大型のエマルジョンタイプソーセージで，直径30 cm，長さ1 mを越すものもある。豚肉のみを原料肉とし，細びきの滑らかなエマルジョンに角切りの脂肪やピスタチオなどが散りばめられた口当たりのよいマイルドなソーセージである。この製品の名前は都市名ではなく，原料肉をすりつぶした乳鉢（*mortaio*（伊語），*mortar*（英語））に由来する。ボローニャ地方のものが有名で，IGP（保護地域指定）製品に認定されている。

フレッシュソーセージ（Flesh sausage）

　フレッシュソーセージは，一般には新鮮な原料肉をミンチして味付けしたものをケーシングなどに充填しただけのものであり，加熱調理してから食べるのが一般的である。欧米では非常に多く見られるソーセージであり，焼いて食べるのが一般的であるが，中身を出して味付け挽肉として調理用の具材として用いることもある。あらかじめ加熱していないため，保存性は非常に低い。さまざまな種類があるドイツのブラートソーセージ（Bratwurst）はこれに分類される。フレッシュソーセージの多くは作ってから食べるまでの時間が短く，発色反応が完全ではないため残存亜硝酸根が高いことと，発色剤の酸化作用によりミオグロビンがメト化され色調がわるくなること，高温で焼くためニトロソアミンなどの発がん性物質形成の可能性が高いことなどから，発色剤は添加しない。

クックドソーセージ（Cooked sausage）

　日本の食肉製品のように，「加熱したソーセージ」という意味ではなく，「加熱した原料で作るソーセージ」の意味をもつことが多い。他のソーセージ類は，食肉中の塩溶性タンパク質がもつ結着性と加熱ゲル化特性を利用して製造されるが，クックドソーセージの多くは，血液や内臓肉などを使用するため，加熱ゲル化能が一般に低い。これを補うために，ゼラチンなどが

使用される。ゼラチンはコラーゲンが加熱変性したものであり，あらゆる組織に存在している。特に皮は含有率が高く，重要な供給源である。ゼラチンゲルは加熱溶解するため，加熱しないで食べるのがほとんどである。レバーや血液，その他可食臓器類は，時間経過とともに不快臭を生じやすいため，新鮮な原料を使うことが重要である。

- レバーソーセージ（Liver sausage）

レバー（肝臓）を使用したソーセージで，レバーの畜種や添加量，種ものの種類などの違いにより多様な製品が作られている。また，ペースト状のものからかたく乾燥させたものまでさまざまである。一般にレバーを10％以上配合したものをレバーソーセージと称する。レバーを予め下茹でして細切した後，ソーセージエマルジョンに混和し，再び加熱するのが一般的である。たまねぎなどの野菜類を加えることも多い。

- ブラッドソーセージ（Blood sausage）

血液を使用したソーセージで，非常に歴史が古く，各地でさまざまなものが作られている。ペースト状になるようなやわらかいものから，かたく乾燥させたものまでさまざまある。血液の添加量により赤色度は異なり，添加量の非常に多いものや乾燥させたものでは黒色に見えるものもある。脂肪を乳化して保持する力が低いため，角切りにしたものを混ぜることが多い。その他にも角切りした肉やタン（舌），心臓などを加えることもある。ドイツのブルートヴルスト（Blutwurst），フランスのブーダン・ノワール（Boudin noir），イギリスのブラックプディング（Black pudding），スペインのモルシーリア（Morcilla）などが有名である。

- ヘッドチーズ（Headcheese）

豚などの頭肉（舌，耳，鼻），脚の肉などの比較的低級な肉類を塩漬して下ゆでした後，角切りや細切してゼラチンなどでチーズ状に固めたソーセージのことである。切り口が幾何学的なモザイク状でカラフルである。同様の製品はドイツで非常に多く作られており，プレスコプフ（Preßkopf）やプレスサック（Preßsack），ジュルツフライシュヴルスト（Sültzfleischwurst），アスピーク（Aspik）などさまざまな呼び方がある。と畜した家畜組織を余すところなく利用するヨーロッパの肉食文化の賜物といえる製品群である。

（2） 中国の食肉製品

中国では，紀元前2500～2000年頃にはすでに豚などの家畜が飼育され，食べられていたという。また，殷代の古代象形文字において「家」という字は，建物のなかに豚がいることを示すといわれ，豚とのつながりの深さを物語っている。秦や唐の時代から塩漬け豚肉を作っていたという記録があり，切った断面が火のように赤いことから「火腿」という。浙江省金華で作られる金華火腿（ジンホワ フオトェイ），雲南省で作られる宣威火腿（シュェンウェイ フオトェイ），貴州省の威寧火腿（ウェイニン フオトェイ），江西省の安福火腿（アンフー フオトェイ）などが有名である。中国では加熱しないで食べる習慣がなかったので，生で食べることはなく，スープの出汁や具材として使うのが一般的である。中国式のベーコンである臘肉（ラァロウ）や，ソーセージの香腸（シャンチャン）や腊腸（ラァチャン）は，中国酒の効いた甘い風味が特徴である。でんぶ状の干肉で，豚肉の他，牛肉，鶏肉，魚肉でも作られる肉松（ロウスン）は，携行食としても優れ，各地で作られている。

（3） その他の地域の食肉製品

アメリカ先住民は，ジャーキーの元といわれるチャーキーなどの干し肉や，ペミカンのような保存用の食肉製品しかなかった。新大陸には豚はいなかったため，開拓者や移民により持ち込まれ，さまざまな食肉製品が広まった。砂糖やハチミツなどを使用するなど植民地化した英国の影響を受けたハムが多いが(ケンタッキーハム，ハニーベイクドハムなど)，従来ヨーロッパ大陸にない先住民の手法と融合し，独自に発展してきた。

豚肉がタブーなイスラム諸国でもソーセージなどの食肉製品が食べられている。メルゲーズ(Merguez)は羊肉で作られるスパイシーなソーセージで，北アフリカから広がった。

〈参考文献〉　　＊　　＊　　＊　　＊　　＊
1) 日本食肉研究会編：「食肉用語事典(新改訂版)」食肉通信社(2010)
2) 日本ハム・ソーセージ工業協同組合：年次食肉加工生産数量，http://hamukumi.lin.gr.jp/data/nenji_seisan.html
3) 細野明義ら編：「畜産食品の事典」浅倉書店(2002)
4) 矢野幸男ら共著：「食肉・肉製品ハンドブック」朝倉書店(1963)
5) 橋本吉雄編著：「畜肉の科学と製造」養賢堂(1966)
6) 天野慶之ら編：「食肉加工ハンドブック」光琳(1980)
7) 中江利孝編著：「乳・肉・卵の科学―特性と機能―」弘学出版(1986)
8) 伊藤記念財団：「ハム・ソーセージ図鑑」伊藤記念財団(2001)
9) Jensen., *et al*., eds : Encyclopedia of Meat Science, Elsevier (2004)

5章　食肉・食肉製品に係る法規と安全管理

Section 1　■食肉・食肉製品に係る法規　〈河原　聡〉

（1）関連法規

　食肉・食肉製品に関わらず，食品は安全性が確保され，消費者の嗜好に適し，栄養豊富でなければならない。特に安全性は重要な事項であり，さまざまな法規により食品衛生が確保されるよう規制が設けられている。

　現在の食品衛生関連法規は，2001年に牛海綿状脳症（BSE）感染牛が日本で初めて発生したことを契機にして，大幅に見直された。その概要は，(1)食品行政にリスク分析の手法を導入すること，および(2)消費者の健康保護を基本とした包括的な食品衛生の法律として食品安全基本法を制定するというものであった。前者については，継続的に食品の安全に関するリスク評価を行う組織として食品安全委員会が内閣府に設置され，後者については2003年に現行の食品安全基本法が施行されている。食品安全基本法では，食品供給行程の各段階における行政機関や食品関連事業者の責務等を規定し，関連法規により個別の事例について詳細な規定を整備することになっている（図5-1-1）。これに基づき，図5-1-2に示す諸機関が連携して食品衛生が確保される仕組みが作られている。

　食肉・食肉製品には図5-1-1に示す法令の多くが関連するが，近年の食品事故・食品事件に関連して，特に重要なものは食品安全基本法，食品衛生法，食品表示法の3法令である。

- **食品安全基本法**
- **食品衛生法**
- 食品衛生法施行令
- 乳及び乳製品の成分規格に関する省令
- 栄養機能食品の表示に関する基準
- 食品，添加物等の規格基準
- **食品表示法**
- 農林物質の規格化および品質表示の適正化に関する法律（JAS法）
- 健康増進法
- 健康増進法施行令
- 健康増進法施行規則
- 栄養表示基準
- 栄養改善法
- 農薬取締法
- 肥料取締法
- 薬事法

- と畜場法
- 食鳥処理の事業の規制及び食鳥検査に関する法律
- 家畜伝染病予防法
- 牛海綿状脳症対策特別措置法
- 資料の安全性の確保及び品質の改善に関する法律
- 農用地の土壌の汚染防止などに関する法律
- 水道法
- 化学物質の審査及び製造などの規制に関する法律（化審法）
- ダイオキシン類対策特別措置法
- ポリ塩化ビフェニル廃棄物の適正な処理の推進に関する特別措置法
- 不当景品類及び不当表示防止法（景表法）
- 計量法
- 酒税法
- 消費者保護条例

図5-1-1　食品関連法令抜粋

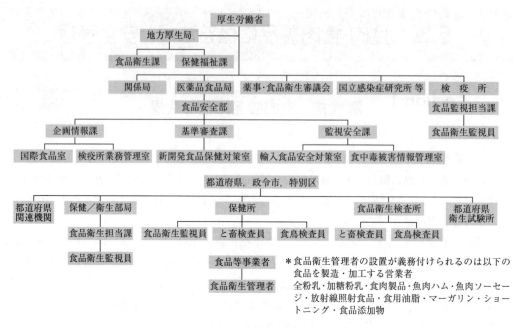

図5-1-2　食品衛生管理の仕組み

① 食品安全基本法

　科学技術の発展，国際化の進展その他の食生活を取りまく環境の変化に適確に対応することの緊急性を考え，食品の安全性確保に関して基本理念を定め，国・地方公共団体および食品関連事業者の責務ならびに消費者の役割を明らかにするとともに，施策の策定に係る基本的な方針を定めることにより，食品の安全性の確保に関する施策を総合的に推進することを目的とする。同法は①国民健康への悪影響の未然防止に必要な措置，②食品供給行程の各段階における措置，③科学的知見に基づき食品の安全性確保に必要な措置がそれぞれ適切に講じられることを基本理念としている。また，国と地方公共団体は分担して食品の安全確保に必要な施策を策定・実施すること，食品関連事業者は食品衛生に関する一義的な責任を有し，国・地方公共団体の施策に協力すること，そして消費者は食品の安全性確保に関する知識と理解を深め，施策について意見を表明することで，食品安全性の確保に積極的な役割を果たすことを求めている。さらに，内閣府に食品安全委員会を設置し，同委員会は科学的な視点での食品健康影響評価を実施し，その結果に基づいて関係大臣に勧告や提言することを任務とすることが定められている。

② 食品衛生法

　食品の安全性確保のために公衆衛生の見地から必要な規制その他の措置を講じることにより，食中毒など飲食に起因する衛生上の危害発生を防止し，国民の健康の保護を図ることを目的とする。食品等事業者の自己責任を原則とし，上述の目的に関する規制を国・都道府県・保健所を設置する市・特別区，食品等事業者に義務付け，食品衛生監視員が食品等事業者の遵守状況を監視・指導する仕組み等を規定している。同法は上述の目的を達成するために，規格基準（後述），営業の許可制，監視指導体制や行政処分，罰則規定などを定めている。また，食品などの規格基準等を定めようとする際に，その趣旨や内容等を公表し，広く国民の意見を聴取

すること（リスクコミュニケーション）を厚生労働大臣に義務付けている．なお，同法における食品等事業者とは①食品もしくは添加物を採取し，製造し，輸入し，加工し，調理し，貯蔵し，運搬し，もしくは販売することを営む人または法人，②器具もしくは容器包装を製造し，輸入し，もしくは販売することを営む人または法人，③学校，病院その他の施設において継続的に不特定もしくは多数の者に食品を供与する人または法人，のいずれかであると定められている．

③ 食品表示法

表示は，消費者が購入する食品を選択する際に，その食品について適切かつ正確な情報を提供しなければならない．そのためにさまざまな法令で，種々の情報の表示が義務付けられてきたが，表示制度をすべて理解するための事業者の遵守コストが増加することが問題になっていた．そこで，食品衛生法，JAS法，健康増進法にそれぞれ定められていた食品の表示に関する規定を食品表示法に整理・統合し，同法が2015年4月から施行されている．食品表示法では食品を「加工食品」，「生鮮食品」，「添加物」に分類し，それぞれの食品について，安全性（添加物，アレルゲン，消費期限，加熱の必要性など）や品質（食品の種類，内容量，原材料，栄養成分，原産地など），その他の事項の表示基準や表示方法を規定している．なお，保健機能食品（特定保健用食品，機能性表示食品，栄養機能食品の総称）の表示に関する事項は，主に健康増進法に定められている．

（2）規格基準

食品は安全なものでなければならないので，有害な食品や有害な物質を含んだ食品，腐敗・変敗した食品が販売されることは厳にあってはならない．そのため，食品衛生法では販売用の食品や添加物について，製造加工などの方法に関する「基準」と成分に関する「規格」が定められている（表5-1-1）．規格基準はさまざまな食品の規格（成分などの含量）と基準（取り扱いの方法や条件）をまとめたものであり，規格基準に適合しない食品や添加物の製造・輸入・加工・使用・調理・保存および販売は禁じられ，違反した場合には回収・廃棄・許可の取り消しなどの行政処分が課される．

表5-1-1 食品の規格基準の概要

	名称	内容
規格	成分規格	微生物，抗生物質，残留農薬，残留動物用医薬品，残留飼料添加物，放射線照射，組換え生物，製品検査法など
基準	製造基準	原料の検査項目と方法，原料処理法，殺菌条件など
	加工基準	加工に使用する副材・水，器具の洗浄方法など
	使用基準	期限表示，用途の限定など
	調理基準	調理場所，調理器具，調理方法，用途など
	保存基準	包装容器，保存方法，保存温度など

食肉の規格基準を表5-1-2に，食肉製品の成分規格を表5-1-3に，製造基準の抜粋および保存基準を表5-1-4に示す．食肉は鳥獣の生肉（骨および臓器を含む）および「調味液に浸し味付けした肉」を指し，鯨肉や海獣類の肉は魚介類に含まれる．また，食肉製品はハム，ソーセー

表5-1-2 食肉の規格基準

名　称	規格基準	内　容
食　肉	成分規格	(1) 抗生物質と合成抗菌剤を含有しないこと
	保存基準	(1) 10℃以下あるいは－15℃以下で保存すること (2) 清潔で衛生的な有蓋の容器内あるいは合成樹脂フィルム，合成樹脂加工紙，硫酸紙，パラフィン紙，布で包装して運搬すること
	調理基準	(1) 衛生的な場所で，清潔で衛生的な機械器具を用いて行うこと
生食用食肉	成分規格	(1) 腸内細菌科菌群が陰性であること (2) 検査記録を1年間保存すること
	加工基準	(1) 他の設備と区別された衛生的な場所で行うこと (2) 1つの肉塊の加工ごとに，肉塊が接触する設備は洗浄・消毒を行うこと (3) 加工に使用する器具は清潔・衛生的で，洗浄・消毒が容易なものであること (4) 加工を認められた人もしくは事業者が行うこと (5) 加熱殺菌をする場合を除き，肉塊の表面温度が10℃を超えないこと (6) 刃を用いて筋肉を切断する処理，調味料に浸潤させる処理，肉の断片を結着させる処理など，病原性微生物による汚染が肉塊内部に拡大する処理を行わないこと (7) 加工する肉塊は凍結させておらず，衛生的に枝肉から切り出されたものであること (8) 肉塊は速やかに気密性のある清潔で衛生的な容器包装に入れ，密封し，肉塊の表面から約1cm以上の部分までを60℃で2分間以上，あるいはそれと同等以上の殺菌効果を有する方法で加熱殺菌し，速やかに4℃以下に冷却すること (9) 加熱殺菌に係る温度・時間の記録を1年間保存すること
	保存基準	(1) 4℃以下あるいは－15℃以下で保存すること (2) 清潔で衛生的な包装容器内で保存すること
	調理基準	(1) 加工基準の(1)〜(5)は，生食用食肉の調理について準用する (2) 調理に用いる肉塊は加工基準(7)と(8)の処理を経たものであること (3) 調理を行った生食用食肉は速やかに提供すること

表5-1-3 食肉製品の成分規格

規格基準	対　象	内　容
個別規格	すべての種別	(1) 0.07g/kgを超える亜硝酸根を含有しないこと
個別規格	乾燥食肉製品	(1) 大腸菌が陰性であること (2) 水分活性が0.87未満であること
	非加熱食肉製品	(1) 大腸菌が100/g以下であること (2) 黄色ブドウ球菌が1000/g以下であること (3) サルモネラ属菌が陰性であること (4) リステリア・モノサイトゲネスが100/g以下であること
	特定加熱食肉製品	(1) 大腸菌が100/g以下であること (2) クロストリジウム属菌が1000/g以下であること (3) 黄色ブドウ球菌が1000/g以下であること (4) サルモネラ属菌が陰性であること
	加熱食肉製品 (容器包装に入れた後，加熱殺菌したもの)	(1) 大腸菌群が陰性であること (2) クロストリジウム属菌が1000/g以下であること
	加熱食肉製品 (加熱殺菌した後，容器包装に入れたもの)	(1) 大腸菌が陰性であること (2) 黄色ブドウ球菌が1000/g以下であること (3) サルモネラ属菌が陰性であること

ジ，あるいはベーコンその他，これらに類するものを指す．具体的にはビーフジャーキーなどの乾燥食肉製品，パルマハムやラックスハムなどの非加熱食肉製品，ローストビーフなどの特定加熱食肉製品，ロースハムやウィンナーソーセージ，ベーコンなどの加熱食肉製品が主なものである．さらに，肉を主原料とする製品（肉をおおむね50％以上含むもの），すなわちハンバーグやミートボール，チキンナゲットやシュウマイなども食肉製品の範疇に入る．ただし，焼き鳥・とんかつなど通常惣菜として流通するもの，ミートソースなど食肉を主原料としないものについては食肉製品から除外される．なお，揚げる前のとんかつや生ハンバーグなどは食肉の規格基準が適用される．

表5-1-4 食肉製品の製造基準（抜粋）および保存基準[1]

基準		種別	内容
製造基準	一般基準	すべての種別	(1) 原料食肉は鮮度が良好であり，微生物汚染が少ないこと (2) 冷凍原料食肉の解凍は衛生的な場所で行うこと．水は飲用水を用いること (3) 香辛料，砂糖およびでん粉は，芽胞数が1000/g以下であること　など
	個別規格	乾燥食肉製品	(1) くん煙又は乾燥は，製品温度を20℃以下若しくは50℃以上，又はこれと同等以上の微生物の増殖阻止が可能な条件を保持しながら，水分活性が0.87未満になるまで行うこと　など
		非加熱食肉製品（肉塊のみを原料食肉とする場合）	(1) 原料食肉は，と殺後24時間以内に4℃以下に冷却し，その後4℃以下で保存したものであって，pHが6.0以下であること (2) 冷凍原料の解凍および整形は，食肉の温度が10℃を超えないこと (3) インジェクション法により塩漬を行う場合には，食肉の温度を5℃以下に保持しながら，水分活性が0.97未満になるまで行うこと
		特定加熱食肉製品	(1) 原料食肉は，と殺後24時間以内に4℃以下に冷却し，その後4℃以下で保存したものであって，pHが6.0以下であること (2) 冷凍原料の解凍および整形は，食肉の温度が10℃を超えないこと (3) 製品は，指定する中心温度と保持時間（例 63℃，瞬時）の加熱を行い，殺菌すること　など
		加熱食肉製品	(1) 製品は中心温度63℃で30分間，あるいはこれと同等以上の効力を有する方法で加熱殺菌すること
保存基準	一般基準	すべての種別	(1) 冷凍食肉製品は－15℃以下で保存すること (2) 清潔で衛生的な容器に収めて密封するか，ケーシングするか，清潔で衛生的な合成樹脂フィルム，加工紙などに包装し，運搬すること
	個別基準	非加熱食肉製品	(1) 10℃以下（水分活性が0.95以上のものにあっては4℃以下）で保存すること．ただし，pHが4.6未満またはpHが5.1未満かつ水分活性が0.93未満のものは，この限りではない
		特定加熱食肉製品	(1) 水分活性が0.95以上のものは4℃以下で，水分活性が0.95未満のものは10℃以下で保存すること　など
		加熱食肉製品	(1) 10℃以下で保存すること．ただし，容器充填詰加圧加熱殺菌食品に類するものはその限りではない　など

Section 2　■食肉・食肉製品に係る安全管理　〈河原　聡〉

（1）微生物に関する安全性

　食肉をはじめとする食品を汚染する微生物には細菌やカビ，酵母などがある。これら微生物の生態は多様であり，増殖可能な温度帯や増殖条件，栄養要求性や代謝生成物，病原性などが異なる。食品が製造される環境や作業状況により汚染する微生物は異なるが，食肉・食肉製品が微生物に汚染されれば，腐敗に伴う品質劣化や病原性微生物による食中毒の危険性が高まる。そのため，食肉・食肉製品の品質と安全性を確保するためには，これらの食品を汚染する頻度が高い微生物の特性や汚染経路について事業者および作業従事者，そして消費者が正しい知識をもち，それぞれの段階において適切に取り扱うことを通して，食肉・食肉製品の微生物汚染を極力少なくすることが重要である。

① 食中毒と品質劣化

　食品の品質劣化に関与する微生物は一般に，タンパク質分解酵素，脂質分解酵素，炭水化物分解酵素の活性が強く，食品に含有されるこれらの成分を分解し，低分子の代謝生成物（腐敗生成物）を食品中に生成する。タンパク質を多く含有する食肉では，特にタンパク質やアミノ酸の分解活性が高い微生物の汚染が品質保持上の問題になりやすく，汚染微生物による最終的な代謝産物はネト，酸味，異臭，ガス発生，変色などの原因となる（図5-2-1）。食肉では，室温程度で増殖する中温細菌や冷蔵環境下でも増殖可能な低温細菌が高頻度に検出される（表5-2-1）。これらの微生物のなかでも嫌気性微生物は，真空包装やガス置換包装した食肉で頻繁に検出される。

　一方，食中毒は，広義には「飲食を介して発生する健康障害」と定義でき，原因により細菌性食中毒，有害化学物質による食中毒，自然毒による食中毒の3つに大別される。それらのなかでも食肉・食肉製品との関連が深いものは細菌性食中毒であり，人獣共通感染症（自然条件下でヒトにも動物にも感染する感染症のこと）に該当するものが多い。細菌性食中毒は飲食に

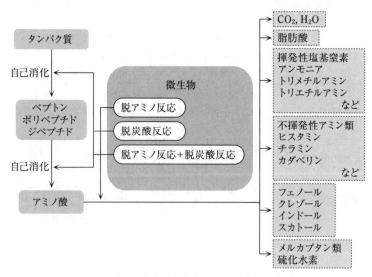

図5-2-1　微生物による食肉タンパク質の代謝

表5-2-1　食肉を高頻度で汚染する腐敗細菌の例と代謝生成物

属　名 (speices)	グラム染色	酸素要求性	増殖温度帯(℃)	代謝生成物 好気条件	代謝生成物 嫌気条件
Pseudomonas	−	+	5〜30	ネト，硫化物，エステル類，アミン類	−
Moraxella	−	+	5〜37	エステル類，ニトリル，オキシム，硫化物	−
Alteromonas	−	+/−	5〜30	揮発性硫化物	H_2S
Enterobacter	−	+/−	5〜40	硫化物，アミン類	乳酸，CO_2，H_2，H_2S，アミン類
Acinetobacter	−	+	15〜45	エステル類，ニトリル，オキシム，硫化物	−
Brochothrix	+	+/−	0〜30	酢酸，アセトイン，イソ吉草酸，イソ酪酸	乳酸，揮発性脂肪酸
Lactobacillus	+	+/−	5〜45	−	乳酸，揮発性脂肪酸

表5-2-2　食肉・食肉製品の主要な食中毒細菌

名　称	感染型／毒素型	特　徴	予防と対策
腸管出血性大腸菌(O157) Enterohemorrhagic *Echerichia coli*	感染型	牛の腸内に生息し，糞便などに汚染された肉片などからヒトに感染する	手指の消毒，器具などの洗浄。75℃，1分以上の加熱殺菌
サルモネラ菌 *Salmonella enterica*	感染型	ヒト，家畜の糞便，ネズミ，昆虫に広く分布する	低温(4℃以下)での管理。手指の消毒，器具などの洗浄。75℃，1分以上の加熱殺菌
カンピロバクター *Campylobacter jejuni/coli*	感染型	家畜，家禽などの腸管内に生息する。日本で最も発生頻度が高い。乾燥に弱い	器具等を熱湯消毒し，よく乾燥させる。肉と他の食品との接触を避ける。65℃，1〜3分の加熱殺菌
ボツリヌス菌 *Clostridium botulinum*	毒素型	自然界に広く生息する。嫌気性で，極めて耐熱性の高い芽胞を形成する。致死率が高い	容器が膨張している缶詰や真空パック食品は食べない。毒素は80℃，30分間の加熱で無害化
ウェルシュ菌 *Clostridium perfringens*	毒素型	ヒトや動物の腸管，土壌などに生息する。嫌気性で，芽胞は100℃，6時間の加熱に耐える	食品は10℃以下あるいは55℃以上で保存。清潔な加工・調理を心がける
黄色ブドウ球菌 *Staphylococcus aureus*	毒素型	ヒトの皮膚に常在する。毒素は100℃，30分の加熱でも無毒化できない	手指の洗浄，器具類の洗浄殺菌。化膿巣のある人は食品に触れない。防虫，防鼠対策

より病原性微生物が体内に入り中毒を起こすことであるが，コレラ，赤痢，腸チフスなどの伝染病は，たとえそれが飲食によって発生したものであっても食中毒とはよばず，経口伝染病という。細菌性食中毒は，その発生機構の違いによって，感染型と毒素型に分けることができる。食肉・食肉製品に関する主要な食中毒細菌とその予防策について表5-2-2に示す。これらの微生物に加えて，繊毛虫，肝蛭，住肉胞子虫などの寄生虫やE型肝炎ウィルスなどによる健康障害も近年多く報告されている。これらを原因とする健康障害は，主に未加熱の肉や内臓

の喫食により発生している。

腐敗微生物と食中毒細菌などの別なく，食肉・食肉製品への微生物汚染は，動物や食肉等が置かれる環境とそれらを取り扱う人の手指や刃物などの器具などを介して，と畜・食鳥処理，生肉生産，加工・流通，消費者による調理に至るすべての段階で発生・拡大する。それ故，食肉等を取り扱う者は，微生物汚染の経路に関する正しい知識に基づき，適切な方法で食肉などの処理を行う必要がある。

と畜・食鳥処理場においてはと畜検査員あるいは食鳥検査員による生体，肉，内蔵などの検査が行われており，健康な動物に由来する肉のみが流通される。健康な家畜の筋肉は無菌であるが，剥皮や内蔵摘出などのと体処理を経て食肉になる過程で，と体表面に付着した細菌類により汚染される。また，と体処理作業中に内臓を刃などで損傷した場合や，食道と肛門の結紮を誤り消化管内容物が逸脱した場合には，消化管内容物中に存在する病原性微生物により肉が直接汚染される。そのため，と畜処理工程においては適切な方法でと体洗浄を行うとともに，食肉衛生に関する教育を通して，作業者は刃物などの適正な取り扱いやと体処理作業に習熟しておく必要がある。一方で，食肉の微生物汚染は不可避であるとみなし，処理場や保管庫，小売や消費者のすべての段階において，食肉は冷蔵(10℃以下)あるいは冷凍条件(-15℃以下)に保ち，汚染微生物が増殖しないよう厳密に管理される必要がある。さらに，食肉を消費する段階においては，適切な加工処理により「生食」が可能な製品を除き，食肉や内臓は十分な加熱処理(細菌制御では75℃，1分以上，ウィルス制御では85～90℃，1.5分以上)を施してから食することが，食肉に起因する事故を未然に防ぐためには必須である。なお，多くの寄生虫は肉を-20℃，24時間以上の冷凍を施すことで死滅させることができる。

② 食肉製品の加工・製造中の微生物汚染

食肉製品の微生物汚染の起源としては，原材料，加工工程で使用する器具・機材，作業環境などが挙げられる。主な原材料である原料肉は生肉であるので，その微生物汚染の経路は原則的に食肉の場合と同様である。さらに食肉製品の場合には，水，調味料，添加物，香辛料などの副原料に由来する微生物にも配慮が必要となる。使用頻度が高い香辛料，砂糖およびでんぷんについては，食肉製品の製造基準でその成分規格が設けられている(表5-1-4)。

器具・機材類は，原材料などを汚染した微生物を，同一の製造工程を経る他の食品に交差汚染させることで，微生物汚染を拡大する原因となる。また，器具に付着した肉片の乾燥物や機器類の金属部材に付いた刃物などによる傷がリステリア菌の温床になることも報告されている。リステリア属菌中で食中毒の原因となるのは*Listeria monocytogenes*であり，日本国内ではまだ発生事例は報告されていないが，欧米では生ハムなどの食肉製品などを原因食品とする集団食中毒が発生している。リステリア菌は4℃の低温下，あるいは12％の食塩存在下でも増殖可能なため，冷蔵下に比較的長期間保存される食肉製品への汚染に注意を払うとともに，加熱殺菌を適切に行う必要がある。

器具類に起因する微生物汚染を抑制するためには，日常的に行われる器具・機材の洗浄や消毒が最も重要となる。一般に食肉加工に用いられる機材は複雑な構造を有するものが多いため，可能な限り，分解洗浄を行い，衛生的な状態を維持する必要がある。0.02％次亜塩素酸ナトリウムなどの塩素系殺菌剤は，器具類の微生物制御には非常に効果が高いが，薬剤が残留すると異味・異臭などの原因になる。

加工作業従事者の手指，呼気や唾液に由来する微生物が食肉や食肉製品を汚染する場合もある。特に作業者自身が腸管出血性大腸菌やノロウィルスなどに起因する感染症を患っている場合，食中毒の危険性を著しく高める。食肉加工においては，表5-1-3(p.250)および表5-1-4(p.251)に示した規格基準を遵守して製造される必要があるとともに，作業従事者の健康管理にも万全を期する必要がある。

多くの食肉製品は製造の過程で加熱殺菌されることが一般的であり，加熱が適切に行われれば原材料中の微生物の大部分は死滅する。しかし，*Bacillus* 属や *Clostridium* 属などの耐熱性芽胞は生残し，保存期間中に再増殖する可能性がある。また，加熱殺菌から包装に至る過程で，周辺環境や作業者から二次汚染を受ける場合もあるため，加熱後，製品の取り扱いには注意を払う必要がある。これらのリスクを低減させるため，包装後に二次的な殺菌を施す場合がある。

（2） 化学物質に関する安全性

食肉・食肉製品に含有されることが懸念される化学的危害物質には，意識的・人為的に添加される危害原因物質，偶発的または過失によって混入する危害原因物質に大別される。前者には食品添加物や化学調味料があり，後者には農薬，動物用医薬品，指定外添加物，重金属，施設内で使用される薬剤（殺虫剤，潤滑油，洗剤，殺菌剤，漂白剤など）がある。これらの化学物質が混入・生成する経路や原因は工程により異なり，家畜の生産段階から製造・加工時，調理に至るそれぞれの過程で適切な注意を払う必要がある。

① 生肉・原料肉中の化学物質

生肉・原料肉を汚染する化学物質は，生産性向上や疾病予防のために用いられる動物用医薬品，飼料中の農薬類や飼料添加物，重金属類などである。これらの物質が飼料を介して家畜体内に取り込まれ，蓄積した筋肉や脂肪組織等を人が食した場合，食品衛生上の問題を生じる可能性が指摘されている。そのため，家畜飼料には「飼料の安全性の確保及び品質の改善に関する法律（飼料安全法）」において詳細な指導基準と管理基準が設定されている。

動物用医薬品には，病気の治療や感染症の予防のために使用される抗生物質・合成抗菌剤，寄生虫や害虫駆除剤，ホルモン剤，ワクチンなどがある。飼料添加物については，飼料安全法に基づき，157品目の使用が認められている（2018年1月現在）。このなかには抗菌剤や防かび剤，抗生物質などの動物用医薬品も含まれている。動物用医薬品や飼料添加物には，対象家畜や使用期間の制限，併用の禁止などの使用制限があるので，適正な使用と管理が必要である。

飼料作物の栽培などに使用することができる農薬は，有効成分で500種類以上，商品名では約4,500種類ある（2017年12月31日現在）。飼料作物栽培に用いた農薬が，飼料や牧草を介して家畜体内に蓄積し，畜産物に残留することがある。特にジクロロジフェニルトリクロロエタン（DDT）誘導体や塩素化シクロアルカン系殺虫剤などの有機塩素系殺虫剤は分解されにくく，動物の脂肪組織に蓄積されやすい。それらの摂取に起因する慢性毒性などに対する懸念から，日本では使用禁止になっている。なお，DDT誘導体には内分泌撹乱作用を示す化合物も存在し，1990年代以降に問題となった野生動物の生殖異常の原因物質として疑われた。

食品中に残留する農薬や動物用医薬品などの基準値（残留基準）は，食品安全委員会による食品健康影響評価で設定された1日摂取許容量（ADI）から，厚生労働省が食品衛生法に基づき設

定される。畜産物の残留農薬などについては，「食品，添加物などの規格基準」の食品一般の成分規格として残留基準値と試験法が定められているほか，食品衛生法に基づく指導としてポリ塩化ビフェニル（PCB）などでは暫定基準値（0.5 ppm）が定められ，国内および輸出時の監視が行われている。このほか，2006年から導入されたポジティブリスト制度でリスト化されている，残留基準が設定されていない農薬などの成分である物質についても，一律基準（0.01 ppm）により規制されている。なお2017年7月現在，一律基準で規制されているものも含めて，788の農薬などに残留基準が設定されている。

また，2011年3月に発生した東京電力（株）福島第一原子力発電所事故による放射性物質の漏洩および飛散の問題を受け，同年4月に飼料中および食品中の放射性セシウムの暫定許容値（500ベクレル/kg）が設定された。しかし，食品の安全性をより高いレベルで確保するために，2012年4月からは100ベクレル/kgの新基準が設定されている。なお，1ベクレルは1秒間に一つの原子核が壊変して放射線を放つことができる放射能の強度をいう。

② 食肉製品中の化学物質

食肉製品における化学的危害要因には，原料肉（上述）に由来する化学物質に加え，食品添加物，殺菌剤（飼料添加物に含まれるものを除く），洗浄剤，かび毒などがある。

食品添加物には，対象食品や用量などの使用基準が定められた指定添加物と，長い食経験がある天然物を含む既存添加物，天然香料がある。指定添加物は，食品安全委員会による安全性評価により，人の健康を損なう恐れがないと判定された場合に限って使用が認められている。食肉製品に添加されるものとしては，亜硝酸ナトリウム，硝酸カリウム，硝酸ナトリウム（発色剤），重合リン酸塩（結着剤），ソルビン酸とそのカリウム塩およびカルシウム塩（保存料）などがある。

基準内での使用では問題にならないものの，硝酸塩および亜硝酸塩は過剰量を経口摂取した場合，メトヘモグロビン血症などの急性毒性を示す。清涼飲料水に定められた硝酸体窒素のADIは1.5 mg/kg体重/日，亜硝酸体窒素のADIは1.5 μg/kg体重/日である。また，強酸性条件下で亜硝酸イオンとアミン類が反応して生じるN-ニトロソアミン類のうち，N-ニトロソジエチルアミン（NDEA）やN-ニトロソジメチルアミン（NDMA）は肝臓などに対して強い発がん性をもつことが知られている。動物実験の結果から，これらの物質のADIは18 μg/kg体重/日（NDEA）あるいは27〜62 μg/kg体重/日（NDMA）程度であると示唆されている。一方，食肉製品のN-ニトロソアミン含量は0〜0.3 μg/kg（NDEA），0〜7 μg/kg（NDMA）などと報告されており，食肉製品の摂取が直ちに発がんリスクを高めることはないと考えられる。しかしながら，食品から摂取した亜硝酸塩からヒトの消化管内でN-ニトロソ化合物が生成するリスクを考慮すると製品中の亜硝酸塩濃度は管理される必要があり，食品衛生法において最終製品中の残存亜硝酸根（NO_2^-）濃度は0.07 g/kg以下と定められている。なお欧州食品安全機関（EFSA）は，食品添加物としての亜硝酸塩（亜硝酸カリウムと亜硝酸ナトリウム）のADIを0.07 mg/kg体重/日としている[2]。

重合リン酸塩を含むリン酸塩はカルシウムや亜鉛などと不溶性の塩を形成し，これらのミネラル吸収を阻害する可能性や腎臓疾患の原因となる可能性が指摘されている。リン酸塩の摂取源は食肉製品には限らず，さまざまな加工食品に用いられるため，摂取過多が懸念されている。しかし，現在のところ，摂取量の上限値などは定められていない。また，ソルビン酸およ

びその塩は細菌，酵母，カビなど種々の微生物に対して静菌作用を示し，広範囲の食品で使用が認められている。食品安全委員会のリスク評価の結果，ADIはソルビン酸として25 mg/kg体重/日であり，食肉製品への使用量上限はソルビン酸として2 g/kgと定められている。

かびが産生するマイコトキシン（カビ毒）はヒトや家畜に対して急性・慢性毒性や発がん性などを示す有害物質の総称である。カビは非意図的に食品を汚染するため，食肉・食肉製品のかび毒汚染も汚染経路を予測することが難しい。カビ毒としていくつかの物質が知られているが，食肉・食肉製品と関連が深いのは*Aspergillus*属の一部が産生するアフラトキシン類や*Fusarium*属が産生するトリコテセン類である。アフラトキシン類はトウモロコシや香辛料，トリコテセン類は麦やトウモロコシでの汚染が報告されており，飼料を介した食肉汚染や加工原料からの混入などのリスクが特に懸念されている。日本国内での規制値は，アフラトキシンでは総量で10 μg/kg，トリコテセン類ではデオキシニバレノールについて小麦の暫定値として1.1 mg/kgが基準値となっている。

食肉製品の重要な製造工程である燻煙中には，ベンゾ[a]ピレンやベンゾ[a]アントラセンなど，強い発がん性をもつ多環芳香族炭化水素（Polycyclic Aromatic Hydrocarbon; PAH）が含まれることがある（図5-2-2）。PAHは燻煙材を500℃以上で加熱したときリグニンが熱分解して生じることが知られている。燻煙材を湿らせたり，空気の供給量を抑えることにより400℃以下で燃焼させると，燻煙中のPAHを大幅に低減することができる。

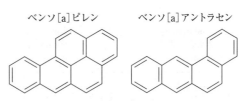

図5-2-2　多環芳香族炭化水素の構造

食肉製品ではアミノ・カルボニル反応などの成分間反応により食品中に生じる化学物質についても注意が必要である。このような物質は食品由来汚染物質（food-born contaminants）とよばれ，食肉製品では，上述した*N*-ニトロソ化合物やヘテロサイクリックアミン（Hetero Cyclic Amine; HCA）が知られている。

HCAは150℃以上の高温で食肉や魚肉を調理したときにクレアチニンおよびアミノ酸からppbレベルで生成する発がん性物質である。HCAの発がん性はマウスやラット，ヒト以外の霊長類などの実験動物で示されており，例えばマウスの発がん性試験においては50 mg/kg体重/日以上の摂取で発がん性を示すと報告されている。HCAは，亜硝酸でアミノ基が水酸基に変換されると変異原性を失うグループ（Trp-P-1, Trp-P-2, glu-P-1, glu-P-2, A-α-C等）と，変異原性が変化しないグループ（IQ, MeIQ, MeIQx, DiMeIQx, 7,8-DiMeIQxなど）に分けられる（表5-2-3）。加熱食肉中に存在する主要なHCAはPhIPとMeIQxであると考えられており，グリル，オーブンあるいはバーベキューで調理した食肉や鶏肉から2.9～300 μg/kg（PhIP）および2.6～8.5 μg/kg（MeIQx）検出されたという報告例がある。食事からの1日当たり平均摂取量はそれぞれ285.5～457 ng/日および33～36 ng/日と見積もられている。HCAの生成には温度，調理時間，酸度などが影響し，加熱が高温で長時間であるほど多く形成される。最も発がんリスクが高いとされるPhIPの最小作用量（毒性を示さない最大用量）は90 μg/kg体重/日と考えられえており，一般的な食肉の1日摂取量から考えて，食肉や食肉製品のHCAが直ちにヒトの健康に悪影響を及ぼすとはいえない。しかし，これらの値の変動や不確実性を考慮して，過剰な加熱を避けるなど適切なリスク管理を行う必要がある。

表5-2-3 代表的なヘテロサイクリックアミンの構造

物質名	構造式	物質名	構造式	物質名	構造式
IQ: 2-amino-3-methlimidazo [4, 5-f] quinoline		MeIQ: 2-amino-3, 4-dimethlimidazo [4, 5-f] quinoline		IQx: 2-amino-3-methylimidazo [4, 5-f] quinoxaline	
MeIQx: 2-amino-3, 8-dimethylimidazo [4, 5-f] quinoxaline		DiMeIQx: 2-amino-3, 4, 8-trimethylimidazo [4, 5-f] quinoxaline		7, 8-DiMeIQx: 2-amino-3, 7, 8-trimethylimidazo [4, 5-f] quinoxaline	
Trp-P-1: 3-amino-1, 4-dimethyl-5H-pyrido[4, 3-b] indole		Trp-P-2: 3-amino-1-methyl-5H-pyrido [4, 3-b] indole		Glu-P-1: 2-amino-6-methyldipyrido [1, 2-a: 3', 2'-d] imidazole	
Glu-P-2: 2-amindipyrido [1, 2-a:3', 2'-d] imidazole		A-α-C: 2-amino-9H-pyrido [2, 3-b] indole		PhIP: 2-amino-1-methyl-6-phenylimidazo [4, 5-b] pyridine	

(3) 食肉のトレーサビリティ

1986年に英国で発見された牛海綿状脳症(BSE)は，英国，アイルランド，ポルトガル，フランス，スペイン，スイス，ドイツ，イタリア，ベルギー，オランダ，ポーランド，チェコ，

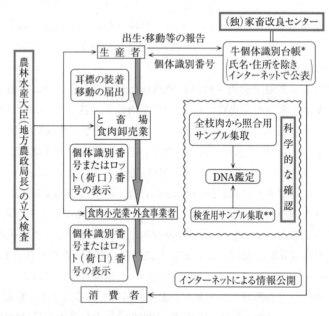

図5-2-3 牛肉のトレーサビリティ制度の概要

*(独)家畜改良センターがすべての牛の情報を記録・管理する。
**1 と畜されるすべての枝肉からDNA照合用試料を集取する。
　2 農林水産大臣(地方農政局長)の立入検査の際に，小売店から検査用試料を収取する。
　3 両試料の同一性をDNA鑑定により確認する。

スロバキア，デンマーク，カナダ，スロベニア，オーストリア，ルクセンブルグ，米国，リヒテンシュタイン，フィンランド，ギリシャ，イスラエル，スウェーデン，ブラジル，ルーマニア，ノルウェーおよび日本において発生事例が報告されている。日本においては，2001年9月に初めて感染が確認されて以来，2009年までに36頭が感染牛と診断されている。BSEの蔓延は，BSEに感染した動物の脳や脊髄を原料とした肉骨粉を，他の牛に給与したことが原因と考えられている。これを受けて，日本や諸外国では牛の脳・脊髄などの組織を原材料とする飼料を家畜に給与しないなどの規制が行われた結果，BSEの発生は激減している。

BSEは潜伏期間が4年以上と長く，患畜発生時の蔓延防止措置を的確に実施するためには，同居牛や疑似患畜の特定にはその所在や異動履歴などの記録を過去に遡って確認する必要がある。そのため，患畜発生時に迅速な情報検索を可能とする目的で，牛1頭ごとの所在情報を個体識別番号により一元管理することを義務付けた「牛の個体識別のための情報管理及び伝達に関する特別措置法（牛肉トレーサビリティ法）」が平成15年より施行された。同法に基づき整備された牛肉のトレーサビリティ制度の概要を図5-2-3に，個体識別番号などの表示・伝達方法を図5-2-4に示す。本制度は以下の措置に分けることができる。

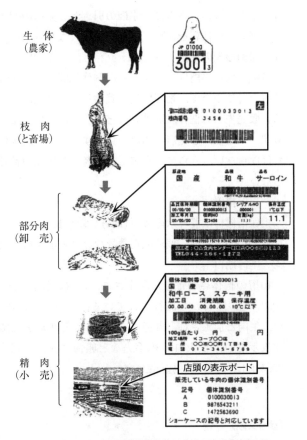

図5-2-4　個体識別番号などの表示・伝達の方法

① 生産段階の措置

生産段階の措置として，（独）家畜改良センターによる牛個体識別台帳の作成がある。同センターは，(a)個体識別番号，(b)生年月日，(c)性別，(d)母牛の個体識別番号，(e)出生からと畜までの間の飼養地および飼養者，(f)転出・転入年月日，(g)と畜年月日または死亡年月日，(h)その他（牛の種類，と畜場の所在地，輸入牛の輸入年月日など）からなる牛個体識別台帳を作成し，牛ごとに上記の個体識別情報を記録・管理する。この措置は，国から通知を受けた10桁の個体識別番号を印刷した耳標（図5-2-4右上）により牛個体に表示するとともに，牛の所有者などの管理者による出生・輸入あるいは譲渡・譲り受け年月日，相手方の氏名等の届出を義務付けるものである。

② と畜段階の措置

と畜者はセンターへと畜年月日を届け出，牛肉の引き渡し先への個体識別番号等を伝達しな

ければならない．さらに，牛肉の引き渡し先への個体識別番号，引渡年月日，引渡先，引渡重量などの伝達情報を記録・保管しなければならない．

③ 流通段階の措置

対象となる牛肉は，センターの個体識別台帳に記録されている牛に由来する牛肉とする．対象事業者について，情報伝達を義務付ける対象は対象牛肉（精肉）の販売を行う牛肉事業者とする．販売先への個体識別番号などの伝達については，販売事業者等は，牛肉の容器，包装，送り状，または，小売店の店舗の見やすい場所に，個体識別番号またはロット番号を表示しなければならない．さらに，食肉販売業者は個体識別番号等の伝達情報を記録・保管しなければならない．

④ 担保措置

担保措置には農林水産大臣（地方農政局長）による立入検査，届出義務違反，耳標装着義務違反などによる罰則，個体識別番号などの表示義務違反に対する是正勧告命令がある．

⑤ 施行期日

10桁の個体識別番号が印字された耳標の装着，出生からと畜までのデータベースの記録は2003年12月1日から施行されている．その牛がと畜され，牛肉となってからは，枝肉，部分肉，生肉と加工され，流通する過程で，その取引に関わる販売業者などにより，個体識別番号が表示され，仕入れの相手先など帳簿に記録・保存される．これらの番号の表示と記録は2004年12月1日から施行された．

〈参考文献〉　＊　＊　＊　＊　＊

1) 厚生労働省 食品別の規格基準：
http://www.mhlw.go.jp/file/06-Seisakujouhou-11130500-Shokuhinanzenbu/0000071198.pdf

2) EFSA panel on food additives and nutrient sources added to foods. Re-evaluation of potassium nitrite (E249) and sodium nitrite (E250) as food additives. EFSA Journal, Vol. 15(6), e04786 (2017)

EGG SCIENCE

- 1章　食用卵利用の歴史と現状
- 2章　卵の科学
- 3章　卵の栄養機能と調理機能
- 4章　卵の品質と加工
- 5章　卵・卵製品に係る法規と微生物問題

1章　食用卵利用の歴史と現状

Section 1　■食用卵利用の歴史　〈八田　一〉

　野鶏から家禽へ

　鶏の起源は，東南アジアを中心に熱帯雨林に生息するキジ科に属する野鶏である。その野鶏には赤色野鶏，灰色野鶏，セイロン野鶏，青襟野鶏の4種が存在し，鶏の起源は，4種のどれか1種に由来する単元説，あるいはそれらが交雑したものを起源とする多元説がある（図1-1-1）。

　1921年にチャールズ・ダーウインが，鶏の祖先は野生種の赤色野鶏である（単元説）と発表して以来，多くの研究者がそれを追認し，近年ではミトコンドリアDNAを用いた大規模な解析で遺伝子レベルでの証明も行われ，単元説が有力である[1]。

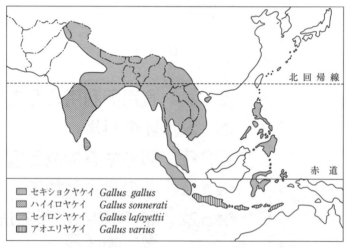

図1-1-1　4種の野鳥の分布[3]

　赤色野鶏は留鳥（りゅうちょう）で，10mぐらいは飛べるが，長距離は飛べない。したがって，季節による渡りはなく，年中一定の場所で定住する。すなわち，気候や風土への高い適応能力を有する。その脚色は鉛色（青色）で，冠は赤色で深く切れ目のある直立した単冠を有する。成鳥の雄は約500g，雌は約450gと小さい。一夫多妻で地上の草むらなどに巣を作り，繁殖期の春や秋に褐色卵を6～10個ほど産卵したのち，抱卵して孵化させる。卵が産みそろったら，産卵が止まり，抱卵するという就巣性が強いのも野鶏の特徴である[2]（図1-1-2）。

図1-1-2　赤色野鶏

　赤色野鶏が飼育（家禽化）された時期については，羊・山羊・豚と同程度の紀元前8000年頃とか，牛より遅れて馬と同程度の紀元前4000年頃などの諸説がある。いずれにしても，われわれの祖先が狩猟中心の遊動生活から農耕を取り入れた定住生活へ変わったのが約1万年前で

あるから，ヒトと野鶏の親密な交わりも，その時期に農耕作物(餌)を介してはじまったようである。最初の鶏は食用というより，その習性を利用したものであった。餌を撒いて飼い慣らし，愛玩動物としての利用，朝一番に鳴く，時告げ鳥としての利用，祭祀用としての利用，また鶏どうしを戦わせる闘鶏にも利用されたと推定されている[4]。

このように東南アジア地域で，赤色野鶏の飼育化がはじまり，農耕の広がりやヒトの移動とともに，主に3方向に拡散していった。西方へはエジプトやギリシア，そしてヨーロッパを経由して新大陸へと伝わり，また，南方へはマレー半島経由でインドネシアへ入りニュージーランドまで，北方へは中国および朝鮮半島経由で日本へと伝わった。この長い伝播の間に，鶏の品種も多様化し，食用として肉や卵が利用されるようになったのである[5]。

2 鶏卵利用の歴史

(1) 西欧における利用

卵の食用としての歴史は古く，クロマニヨン人が住んでいた洞窟の壁画には卵が描かれている。われわれの祖先の定住生活がはじまった約1万年前，それまで狩猟の対象であった動物や鳥が家畜化(家禽化)され定住生活を支えた。特に，鳥類は肉だけでなく卵も得られるので，動物性食糧としては，最も有用な供給源であったはずである。

今から約9000年前，東南アジアで野生種であった赤色野鶏が家禽化され，鶏は約8000年前に中国に入り大型化された[6]。そして約5000年前にシルクロードを経由して西アジアに入り，約3500～4000年前に西アジアやインド，中国，エジプト各地で鶏卵の利用がはじまったと考えられている。インダス文明最大の都市遺跡，モヘンジョダロ(現在のパキスタン近辺)から出土した鶏の骨は，今から約4000～5000年前の西インドで鶏の飼育と利用がなされていたことを示している[6]。

紀元前1000年頃には，鶏は東部アジアとペルシャにも達し，当時の地中海東岸はフェニキア文明で栄えたが，フェニキア人は鶏卵のみならずダチョウの卵を好んで食べていた。また，古代イタリアのエトルリア人は卵を得る目的で，鶏のみならず，アヒルやガチョウや鳩なども飼育していた。食品として卵が記載された最古の文章は，メソポタミアの古代アッシリアで粘土板に書かれたくさび形文字である。紀元前879年，新しい都市の完成のお祝いに当時のアッシリア王が大宴会を開催し，卵1万個を振るまったとの記載が残っている[7]。

次いで，紀元前27年から約300年間続いた古代ローマ帝国では，卵を生産する養鶏業者が現れ，卵の孵化方法は親から子へ秘伝として代々受け継がれた。ローマ帝国の全盛期には，世界最古の料理書「料理の題目(De re coquinaria)」が書かれ，そのなかにはオムレツやリブムというお菓子，パンケーキなどの卵料理が紹介されている。その時代のフルコースは卵にはじまりリンゴで終わるとも伝えられていた。

さて，中世に入り5世紀ごろ，ゲルマン民族の大移動により西ローマ帝国が滅び，食用鶏卵を生産し供給していた養鶏業も衰退した。

これから1000年ほど続く中世時代，養鶏は貴族の荘園や修道院の庭先で細々と行われ，その卵料理もオムレツなどローマ時代の多彩な卵料理法が伝承されたにすぎない。この時代の貴族は卵料理よりワインに合う肉料理が中心で，14世紀のフランスの料理書に紹介された170種

のレシピのなかで，卵を使ったレシピはわずか4種類だけであった。貴族は肉料理にワインを飲んだが，修道士たちは卵とイチジクで作った牛乳酒(エッグノッグの原型)を飲んでいた。そのようななかでも，11世紀には卵白で膨化させた白パンが作られ，スポンジケーキが生まれる下地となった[7]。

　時代は14世紀のルネッサンス時代をむかえ，食の関係では特に砂糖の消費が高まり，16〜17世紀には卵料理にも新しいアイデアが導入されて多様化していった。カスタードの原型もこの時代に生まれている。1544年にはロンドンで世界最初の砂糖工場が生まれ，1653年にはフランスで卵液と砂糖をともに泡立て，メレンゲが開発された。また，これに小麦粉を混ぜて焼成し，スポンジケーキが作られた。18世紀のフランス革命やイギリスからはじまった産業革命は，さらに鶏卵利用の可能性をひろげ，焼きメレンゲや卵を泡立たせながら凍結したアイスクリーム，卵の乳化性を利用したマヨネーズや各種ソース類がフランスで開発された。マヨネーズの語源は諸説があるが，地中海に浮かぶメノルカ島のマオンで作られていたソース(マオンのソース)説が有力である。

(2)　日本における利用

　日本最古の鶏の骨は，2100〜2200年前の壱岐の原の辻(はるのつじ)遺跡から出土している。鶏の伝播は，弥生時代の今から約2000年前に中国から朝鮮半島を経由して伝わった。最初は，わが国でも，食用というよりは，時告げ鳥，祭祀用，愛玩用，闘鶏用として利用されていた。古事記(712年)のなかの「天岩戸伝説」では，太陽神アマテラスオオミカミを天岩戸からおびき出すのに常世長鳴鶏(とこよながなきどり)が使われたと伝えられている[8]。

　飛鳥時代の6世紀末頃から奈良時代(8世紀初頭から末)にかけて，仏教伝来(538年)とともに殺生禁断が広まり，天武天皇により「牛馬犬猿鶏の肉を喰う無かれ，犯すものあれば罰する」という布告(675年)が出され，また730年には聖武天皇より「殺生禁断の令」が出されて四つ足動物の肉を食べる風習はなくなった。しかし，魚や鶏や卵は食べていたようで，さらに，猪は山鯨と称し，兎はウ(鵜)とサギ(鷺)で2羽と解釈し食べられていたようである。

　續日本記(しょくにほんき)(797年)には，九州の筑後守が農民に猪や鶏の飼育を奨励したという記述がある。また大日本農功伝(1892年)に，平安時代(8世紀末〜12世紀末)には30〜50羽の鶏の飼育の記録や鶏卵を販売する店があったとの記載がある。しかし，仏教が庶民にまで深く広まるにつれて，12世紀頃書かれた「地獄草紙」に鶏地獄が描かれているように，人々は鶏や卵を食べなくなった。事実16世紀までの日本の書籍に，卵を用いた調理法の紹介は見当たらない。

　その後，安土桃山時代(16世紀末)になると，キリスト教宣教師や中国からの貿易商人の影響を受けて鶏卵の価値が見直され，南蛮料理のカステラや卵素麺やてんぷら料理などに卵が利用されはじめ，その食用化が大いに進んだ。日本で初めて卵料理が紹介された「料理物語(1643年)」には玉子ふわふわ，玉子そうめん，玉子酒など数種類の卵料理の作り方が記載されている。そして，1785年に出版された万宝料理秘密箱(玉子百珍)では，卵料理の数も103種類にまで増え，黄身返し卵といった黄身と白身をひっくり返したゆで卵の作り方まで紹介されている[9]。

　さらに，江戸時代後期から，卵の利用がますます庶民にも広まり，宝暦13年(1763年)から明治2年(1869年)まで，京都東本願寺門跡とその家族の毎日の食事を記録した「東本願寺御膳所

日記」には，卵料理が2,3日に1度の頻度で献立に登場する。いくつかの卵料理を紹介すると，玉子とじ，ふわふわ玉子，煮貫玉子，苞玉子，そぼろ玉子，麩の焼玉子，玉子せん，巻玉子，玉子入りかまぼこ，玉子みそとバラエィ豊かである。

そして，明治時代には商業的採卵養鶏がはじまり，「玉子料理鶏肉料理二百種及家庭」(1904年)では，すき焼きに生卵をつける食べ方も紹介されている[10]。

大正時代から昭和になり，卵の生産と利用はさらに広まり，特に戦後の「巨人・大鵬・卵焼き」は高度経済成長期の言葉であるが，日本の経済成長とともに卵の消費量も伸び，特に1965年頃から急増し，今も年間一人当たり約330個と日本人の卵好きは世界トップクラスである。

3 採卵養鶏技術の歴史

野鶏のメスは，巣に卵を6～10個産むと，産卵を止めて卵を抱いて温める特徴(就巣性)を有する。また，卵を温める前に取りあげると，卵の数がそろうまで卵を産み足す特徴(補卵性)も有する。ヒトが鶏を飼い慣らし，卵を取りあげてはこの補卵性を利用して，たくさんの卵を産む鶏を作りあげ，ついには鶏の就巣性までなくして，現在の採卵鶏が開発された。

図1-1-3 白色レグホン種(左) ロードアイランドレッド種(右)

今から約2000年前のローマ帝国では，たくさん卵を産んだ後に就巣する個体を選び，産卵性の高い方向に鶏を改良し，世界で最初に食用卵を生産する大規模な養鶏業が生まれている。しかし，鶏を採卵するための卵用種として，本格的な実用鶏にまで改良する育種がはじまったのは18世紀半ばから20世紀後半のヨーロッパやアメリカからである。現在，大規模養鶏で飼育されている白色レグホン種(白玉鶏)はイタリア原産で，19世紀半ばにレグホーン港から各地へ輸出された卵用種である。また，ロードアイランドレッド種(赤玉鶏)は，アメリカのロードアイランド地方で改良されて20世紀初めに卵肉兼用種として確立された(図1-1-3)。

20世紀の初め，採卵鶏の飼育は放し飼い養鶏であった。しかし病気が多く，死亡率も20～40％と高く産卵率も悪かった。1930年に産卵鶏を金網かご(ケージ)で飼育する方法がイギリスとアメリカではじまり，1960年代以後に急速に普及した[11]。特に1980年頃からは，自動の給水や給餌，集卵，および鶏糞処理まで可能な多段式産卵ケージ飼育方式が出現し，ハイブリッド(雑種強勢)育種によって，病気に抵抗性があり高産卵率の採卵鶏も開発され，世界的に普及していった。このケージ飼育方法は管理経費削減の利点と排世物から鶏を引き離すことにより，病気が少なく死亡率も低く，産卵率も優れ，近代養鶏の基本技術となるものである。

日本の採卵養鶏では，1960年代からゲージ飼育が広まり，貿易自由化に伴う採卵用の外国鶏の輸入がはじまった。それらとともに高度経済成長時代があいまって，鶏卵の生産量が飛躍的に増加し，昭和35年の67万トンが昭和38年には100万トンを超え，昭和56年に200万トンを超え，平成3年からは250万トン前後で推移している。そして，最新の養鶏技術では，ウインドレス(無窓)鶏舎で多段式産卵ケージ飼育方式を行い，採卵鶏の産卵能力を最大限に引き出す温度や照明や空調管理が行われている。

現在，日本で最も飼育されている白色レグホン種(ハイライン社)の採卵性能は育成率97～98％，生存率93～96％，ピーク産卵率93～96％，産卵個数355～365個，飼料要求率2.0～2.1と公表されている。現在の採卵養鶏技術は，高性能採卵鶏の育種改良と，科学的で合理的な飼料栄養や飼養管理技術，コンピューター管理された周辺機器の導入などから成り立っている。

4　アニマルウェルフェアへの対応

　家畜飼育におけるアニマルウェルフェア(動物福祉)の考え方は，1960年代の欧州で，経済効率を最大化するための過密飼育に対する問題提起としてはじまった[12]。その基本の考え方は，英国で提起された以下の「5つの自由」に基づいている。
　①　飢餓と渇きからの自由
　②　苦痛，傷害または疾病からの自由
　③　恐怖および苦悩からの自由
　④　物理的，熱の不快さからの自由
　⑤　正常な行動ができる自由

　欧州を中心にこの考え方が広まり，採卵養鶏に関しては，1999年にEU指令「採卵鶏保護の最低基準」として，アニマルウェルフェアの考え方に基づく家畜の飼養管理方法が規定された。そして，消費者にその卵がどういった飼育方法で生産されたかがわかるように卵に識別番号をスタンプすることが求められた(0：有機飼育，1：放し飼い，2：平飼い，3：ケージ飼い)。また，2012年からは，従来の狭いケージ飼い(バタリー方式)が禁止された。

　アメリカでは鶏卵生産者組合が，カナダでは農業食糧研究会議が，オーストラリアでは動物福祉委員会が，アニマルウェルフェアの考え方に基づく採卵養鶏の飼養管理ガイドラインを策定し，各国の各州単位であるが，世界的規模でケージ飼い(バタリー方式)禁止を中心に法制化が進められている。

　日本では福祉という言葉が国民の社会保障に関わる言葉として使われているため，アニマルウェルフェアを「家畜の快適性に配慮した飼養管理」と定義し，養鶏産業に対しては，採卵鶏およびブロイラーの飼養管理指針が策定された。いずれの指針にも，アニマルウェルフェアへの対応を「家畜の飼養管理をそれぞれの生産者が考慮し実行するもの」とし，飼養管理方法のガイドラインが示されている。

　アニマルウェルフェアの考え方では，家畜を快適な環境で飼育することは，家畜が健康であることにより，安全で安心な畜産物の生産に繋がる。また家畜のもっている能力を最大限に発揮させることにより，生産性の向上にも繋がる。しかし，当然，生産コストの上昇にも繋がり，それを消費者が受け入れるかどうかである。

　採卵養鶏に関して，特に従来のバタリー飼育方式が禁止されたEUの現状では，広いスペースで止まり木もあるエンリッチケージ飼育より，コスト高になる放し飼い養鶏による卵(フリーレンジエッグ)の生産販売が好調であることから，消費者にもアニマルウェルフェアの考え方が浸透している。アメリカやカナダやオーストラリアでも，州単位の住民投票により，バタリー飼育方式の禁止が決定され，アニマルウェルフェアの考え方が浸透してきた。しかし，土地や資源の少ない日本やアジアの国では，鶏卵のコスト高に繋がるアニマルウェルフェアの

考え方へのシフトがなかなか進んでいないのが現状である。

〈参考文献〉　＊　＊　＊　＊　＊
1) アンドリュー・ロウラー著，熊井ひろ美訳：「ニワトリ人類を変えた大いなる鳥」p.177-202，合同出版(2016)
2) 河本 新：「ニワトリの動物学．4」東京大学出版会(2001)
3) 西田隆雄：「化学と生物」，12巻，p.319-328(1974)
4) 小穴彪：「日本鶏の歴史」p.127-129，鶏の研究社(1943)
5) 酒田隆雄：「東亜における野鶏の分布と東洋系家主鳥の成立について」p.2-24，日本在来家滋調査間報告2(1967)
6) West, B. and Zhow, B-X. Did : Chikens go north? New evi- dence for domestication, J. Archaeol. Sci., 15, p.515-533(1988)
7) ダイアン・トゥーブス著，村上彩訳：「タマゴの歴史」p.41-70，原書房(2014)
8) 石毛直道・辻静雄・中尾佐助監修：「週刊朝日世界の食べもの」，Vol.285, 401，朝日新聞社(1981)
9) 田名部 尚子：「鶏卵―食生活における利用の歴史と食品機能の視点から―」，Vol.14，p.84-89，日本食生活学会誌(2003)
10) 松本仲子：「江戸時代の料理本にみるたまご料理について」，Vol.43，p.903-913，日本家政学会誌(1992)
11) ハンス，ウイルヘルム ヴィントホルスト：「畜産の研究」Vol 69, p.405-410(2015)
12) ハンス，ウイルヘルム ヴィントホルスト：「畜産の研究」Vol 69, p.496-502(2015)

Section 2　■食用卵の生産量と消費量　〈八田　一〉

 日本の生産量と消費量

　現在，日本の鶏卵生産量は約250万トンで推移している（表1-2-1）。農林水産省の鶏卵流通統計調査（平成27年）によると[1]，生産量は254万トンで，都道府県別の鶏卵生産量割合は茨城県が8.0％と最も高く，次いで千葉県が6.9％，鹿児島県が6.7％，広島県が5.2％，岡山県が4.9％となっている。鶏卵の消費量は約260万トンで推移し，生産量との差，約10万トンがアメリカ，イタリア，オランダなどから，そのほとんどが粉末卵として輸入されている。一方，輸出に関しては，ほとんどが殻付き卵で，近隣の香港やシンガポールを中心にアジア諸国へ輸出されている。その輸出量は数千トンと少ないが，近年，急激に増加している（表1-2-1）。

表1-2-1　日本の鶏卵需給の推移[2]　　（単位：千t，[t]，％）

年度 区分	60	2	7	12	17	22	24	25	26	27	28 (概算)
消費量	2,199 (1.1)	2,470 (0.1)	2,659 (▲0.3)	2,656 (▲0.1)	2,619 (0.4)	2,619 (0.4)	2,624 (▲0.3)	2,642 (0.7)	2,628 (▲0.5)	2,655 (1.0)	2,653 (▲0.1)
生産量	2,160 (0.7)	2,420 (▲0.1)	2,549 (▲0.6)	2,535 (▲0.2)	2,469 (▲0.2)	2,506 (▲0.1)	2,502 (0.3)	2,519 (0.7)	2,501 (▲0.7)	2,544 (1.7)	2,562 (0.7)
輸入量	39 (32.2)	50 (11.6)	110 (5.8)	121 (1.4)	151 (12.7)	114 (12.9)	123 (▲10.9)	124 (0.8)	129 (4.0)	114 (▲11.6)	95 (▲16.7)
輸出量	[2] (▲77.8)	[73] (▲70.1)	[50] (47.1)	[211] (▲35.0)	[1,056] (36.3)	[789] (▲18.5)	[722] (57.3)	[1,266] (75.3)	[1,888] (49.1)	[3,069] (62.6)	[3,521] (14.7)

注1：（　）内は対前年度増減率　　2：輸入量及び輸出量は殻付き換算　　3：輸出量の［　］はt表示

　日本の鶏卵消費を利用形態別に見ると，その約50％が家庭内消費で，包装選別施設（GPセンター）において，卵殻洗浄・殺菌，ヒビ割れ検査，重量選別，パック包装が行われた卵，いわゆるパック卵として消費されている。また，約30％が業務用の殻付き卵として，外食産業や弁当や惣菜用の鶏卵として，この場合は主に箱詰め卵（10 kg卵/ダンボール箱）として流通，利用されている。そして，残りの約20％が加工用として，割卵工場で機械で殻を割り，内容成分を必要に応じて分離し，均質化，低温殺菌した液卵（全卵や卵白や卵黄）やそれらを酵素処理や粉末化した加工卵として，製菓製パン，畜肉加工，水産加工などの食品業界で利用されている（図1-2-1）。

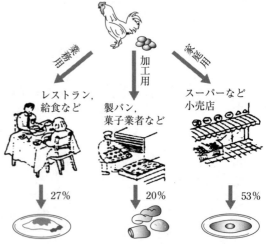

図1-2-1　日本の鶏卵の消費形態
（わが国の卵市場全農公表資料から）

2　世界の生産量と消費量

　世界食糧機構（FAO）の2016年統計データによると，世界の鶏卵生産量は7,389万トンで，豚肉1.18億トンや鶏肉1.07億トンより少ないが，牛肉の生産量6,597万トンよりは若干多い。大陸別の分布をみるとアジアの占める割合が最大で60.2％，北アメリカが8.8％，南アメリカが6.6％，ヨーロッパが14.9％，アフリカが4.4％，そしてオセアニアが0.4％であった。鶏卵生産量の多い10大国は中国が2,650万トンで1位，アメリカ合衆国が2位で604万トン，インドが3位で456万トン，メキシコが4位で272万トン，日本は256万トンの5位である。次いでロシア，ブラジル，インドネシア，イラン，トルコと続いている。

　現在，鶏は南極とバチカン市国を除く世界中で飼育されている。2015年の国際鶏卵協議会（IEC）の報告によれば，産卵鶏の飼育羽数は1993年の約37億羽が2003年に約53億羽，そして2013年には約70億羽に増加した。これに伴い，世界の鶏卵の生産量も2000年の約5,100万トンが2013年には約6,830万トンにまで増加している[3]。近年の鶏卵生産量の増加は，中国やインドをはじめブラジルやインドネシアなど，アジアや南米諸国における生産量の増加によるもので，ヨーロッパ諸国や北米，日本など先進国の鶏卵生産量は現状維持かまたは減少している。

　一方，鶏卵の消費量を国民1人当たりに換算し，その推移を見比べると，2005～2016年で1人年間300個以上消費している国は，メキシコ，日本と中国だけである（表1-2-2）。2016年のIEC発表データでは，1位がメキシコの371個，2位は日本の331個，3位はロシアで295個，4位が中国で282個，アルゼンチンが273個で5位，米国が272個で6位，コロンビアが262個で7位であった。世界の鶏卵の消費は新興工業国での所得の向上に伴う動物タンパク需要に対し，栄養価が高く手ごろな価格から，先進国を超える鶏卵の消費傾向が続いている。

表1-2-2　主要国の1人当たり鶏卵消費量[4]　　　　　　　（単位：個）

順位	国名	2005(年)	2006	2007	2008	2009	2010	2011	2012	2013	2014	2015	2016
1	メキシコ	349	351	345	345	355	365	358	335	347	352	357	371
2	日本	—	324	324	334	325	324	329	328	329	329	330	331
3	ロシア	—	—	—	—	—	—	260	260	220	285	291	295
4	中国	—	340	349	333	344	295	295	274	300	255	242	282
5	アルゼンチン	174	186	199	206	210	239	242	244	244	256	266	273
6	米国	255	256	250	248	246	247	247	248	251	261	252	272
7	コロンビア	—	205	188	199	215	214	234	228	—	242	252	262
8	デンマーク	238	270	300	—	—	—	240	240	245	248	241
9	カナダ	187	187	174	181	193	197	202	208	216	225	233	239
10	オーストリア	232	227	230	236	232	234	234	232	234	235	234	235
10	ドイツ	206	209	210	208	211	214	212	217	218	231	233	235
10	オーストラリア	165	155	166	196	194	198	216	214	210	214	226	235
10	ニュージーランド	222	216	218	225	228	230	227	223	226	220	225	235
14	ハンガリー	295	295	295	251	261	261	247	235	217	214	215	221
15	スペイン	206	196	191	189	177	214	233	239	206	205	225	217

〈参考文献〉　＊　＊　＊　＊　＊

1) 農林水産省：鶏卵流通統計調査（平成27年），http://www.maff.go.jp/j/tokei/sokuhou/keiran_15/
2) 農林水産省：食料需給表
3) International Egg Commission Annual Review (2015)
4) 鶏鳴新聞社：http://keimei.ne.jp/wp/wp-content/uploads/2018/05/iec-egg-consume2016.pdf

Section 3 ■食用卵の種類と生産 〈八田 一〉

1 食用卵の種類と特徴

(1) 鶏 卵

　日本の鶏卵生産は主に白色レグホン種とロードアイランドレッド種が飼育され，それぞれ白玉と赤玉の卵を産む(p.265参照)。白色レグホン種は卵の生産に特化された鶏(卵用種)で，肉付きはわるいが年間300～330個も産卵する。一方，ロードアイランド種は肉付きもよく卵肉兼用種で，年間産卵数は250～300個であるが，食肉用としても利用されている。平均的な鶏卵の重さは約66gで，殻が6g，卵白が40g，卵黄が20gである。なお，卵殻色は鶏種により異なり，白玉と赤玉の割合は約7：3である[1]。

(2) あひる卵

　あひるはマガモを家禽化したもので，その卵重は約75gと鶏卵より大きい。年間220～320個の卵を産むが，日本での食習慣は広まっていない。その加工特性は鶏卵とは異なり，卵白の起泡力は弱く，熱凝固性が低い。ビタミンB_1は鶏卵の半分以下であるが，卵黄の割合が多く，ビタミンAは約5倍，B_{12}も約5倍と多く，味は濃厚で中国や欧米では好まれている。なお，中華料理に用いられる皮蛋(ピータン)は，あひる卵の表面を草木灰と泥で固め，数週間の保存中に卵殻内に浸透した草木灰のアルカリ成分で卵白および卵黄タンパク質が変性して固まったものである。

(3) うずら卵

　うずらは日本で家禽化された日本うずらが世界中で飼育されている。卵重は8～10g，年間の産卵数は約300個である。100g当たりのタンパク質や脂質の含有率は鶏卵と変わらないが，ビタミンA効力，ビタミンB_1，B_2および鉄分はうずら卵のほうが多い。日本では量販店で市販されているが，その消費量は国民一人当たり年間10数個程度と少ない。うずら卵の利用は夏場の「ざるそば」のつゆに割って生卵で利用されるほか，ゆで卵にして中華料理に用いられる。

(4) ホロホロ鳥の卵

　ホロホロ鳥は北アフリカ原産で古代より肉用家禽として飼育されてきた。年間150～220個程度の卵を産むが，その卵重は約40gと小さい。卵白に対する卵黄の割合が約60％と多く，濃厚な味で，ヨーロッパでの需要が多い。

(5) その他

　ダチョウはアフリカ原産の世界最大の鳥類で，体高は約230cm，体重140～150kgにもなる。飛ぶことはできないが，キック力が強く，高速で走るので飼育が大変で，ダチョウ牧場が必要である。その卵は1～1.2kgもあり，鶏卵の約20個分もあるが，水分が多く，加熱凝固しにくく，あまりおいしいものではない。年間約50個の卵を産み，食用できるが，卵殻が厚く

て緻密で非常にかたく，割卵にはノコギリやハンマーが必要である。

　エミューはオーストラリア原産の世界で2番目に大きい鳥類で，体高は1.6〜2.0m，体重は40〜60kgである。その性格はおとなしく飼育しやすい。産卵数は，年間20〜30個程度であるが，卵殻の色がアボカドのように深緑色で，長さは10cm程度で重さは約550〜600gの卵を産む。鶏卵と比較して，熱凝固性は弱いが，泡立ち性がよく，オムレツの卵に適するといわれている。

2　鶏卵の選別包装施設

　養鶏農場の卵がパック入り鶏卵として消費者に届くには，まず毎日産卵される新鮮な卵が最寄りの鶏卵包装選別施設（Grading & Packaging；GPセンター）へ搬入される。養鶏農場から卵が直接，ベルトコンベヤーでGPセンター内へ搬入される場合や，離れた養鶏農場から卵トレイにのせられてトラックで搬入される場合がある。

図1-3-1　GPセンターでのパック卵製造工程[2]

　GPセンターでの卵の流れは，①まず，鶏卵吸引移動装置で原料卵をベルトコンベアーに移し，鈍端と鋭端の向きを同一方向に自動的に整列（常に鋭端部を下向きにパック詰めするため）

させた後，汚染卵などを選別除去する。②次に，温水シャワーで卵殻表面を回転ブラシで洗浄し，さらに洗浄水の水温より5℃以上高い温水で卵殻表面をすすいだ後，③卵殻表面に風を当てて乾燥する。④その後，卵の下から強力な光を当てて，血液や肉片などの異物混入卵や卵殻の汚れなどの異常卵を除去する透光検査と卵殻のヒビ割れ検査が行われる。⑤そして，卵を1個ずつ連続的に計量し，⑥紫外線殺菌し，⑦卵重による選別が行われ，⑧パック詰め包装され，⑨卵質検査を受け，⑩出荷される。通常，卵は産まれてからおよそ3～4日で店頭に並ぶ（図1-3-1）。

殻付き卵の洗浄は，卵殻表層のクチクラが剥離するためヨーロッパでは禁止されているが，鶏糞が付着した卵は全く商品価値がなく，日本国内のパック卵は全て洗卵されている。厚生省通知（平成10年11月25日）の卵選別包装施設の衛生管理要領では，洗浄水，およびすすぎ水には150 ppm（0.015％）以上の次亜塩素酸ナトリウム溶液やこれと同等以上の効果を有する殺菌剤を用いること，および洗浄水の温度は30℃以上，かつ原料卵の温度より5℃以上高くすること，すすぎ水の温度は洗浄水の温度より5℃以上高くすることと定められている[3]。卵殻の洗浄における洗浄水やすすぎ水の水温は大切で，卵の温度より低い水温で洗浄やすすぎをすると，卵の内容物が温度差で収縮し，卵殻外から洗浄水やすすぎ水を内部へ吸い込む危険性があるからである。洗卵により卵殻上の細菌数は1/10～1/100に減少するが，卵殻が水にぬれることにより細菌が気孔を通過しやすくなる危険性があり，洗卵後は速やかに乾燥することが殻付き卵の品質保持には特に重要である。

3 パック卵と栄養強化卵の種類

(1) パック卵の種類

GPセンターで紙やプラスチック製の卵容器（パック）に詰められ，市場に流通している鶏卵をパック卵とよぶ。パック卵には，農林水産省通知の鶏卵取引規格（パック詰鶏卵規格）により，重量規格（表5-1-1 p.319）が厳密に定められている。そしてその販売には卵重，選別包装者，賞味期限，保存方法，使用方法などを表示したラベル（図5-1-1 p.320）の添付が定められている。

(2) 栄養強化卵の種類

鶏卵は栄養学的に優れた食品で，食物繊維とビタミンC以外の主要な栄養成分をバランスよく含み，種々の調理や加工食品に利用されている。産卵鶏を種々の栄養素を添加した飼料で飼育すると，栄養素によっては，効率よく鶏卵へ移行することが知られている。このような鶏の産卵生理を利用し，通常卵の栄養素に加え，さらにビタミン，ミネラル，必須脂肪酸などの栄養素を強化した高付加価値鶏卵の生産が行われている。

栄養素のなかでも鶏卵へ移行しやすいものと，しにくいものがある。ヨウ素，フッ素，マンガンなどのミネラル類，水溶性および脂溶性ビタミン類，リノール酸，α-リノレン酸，エイコサペンタエン酸（EPA），ドコサヘキサエン酸（DHA）などの不飽和脂肪酸は移行しやすいが，カルシウム，マグネシウム，鉄，ビタミンC，アミノ酸などは移行しにくい[4]。

一般的に飼料中に添加した脂溶性栄養素は主として卵黄部に，水溶性栄養素は卵黄のみならず卵白にも移行する。

なお，高度不飽和脂肪酸は卵黄中のリン脂質の構成脂肪酸として取り込まれる。

栄養強化卵とは，平成21年3月27日から施行されている「鶏卵の表示に関する公正競争規約」[5]のなかで，鶏卵の栄養成分の量を増量させる目的をもって鶏の飼料に栄養成分を加えることなどにより，可食部分（卵黄及び卵白）について，別に定めた栄養素の増加量（表1-3-1）を満たす鶏卵であり，定期的な成分分析により，栄養成分の量が検証されているものに限ると定義されている。

表1-3-1 栄養強化卵の栄養素の種類とその増量基準値

可食部100g当たりの量が，通常の鶏卵の栄養成分に比べて記載量以上増加していること

タンパク質	8.1 g	銅	0.09 mg	ビタミンB_1	0.12 mg	ビタミンE	0.63 mg
食物繊維	3 g	マグネシウム	32 mg	ビタミンB_2	0.14 mg	ビタミンK	24 μg
亜鉛	0.88 mg	ナイアシン	1.3 mg	ビタミンB_6	0.13 mg	葉酸	24 μg
カリウム	280 mg	パントテン酸	0.48 mg	ビタミンB_{12}	0.24 μg	ヨウ素	240 μg
カルシウム	68 mg	ビオチン	5 μg	ビタミンC	10 mg	DHA	60 mg
鉄	0.68 mg	ビタミンA	77 μg	ビタミンD	0.55 μg	α-リノレン酸	22 mg

そして，栄養強化卵であることを表示する場合は，栄養強化卵の基準を満たす栄養成分が明瞭となるように，増減または付加された栄養成分名および可食部分100g当たりの成分量を明記するとともに，一般消費者が比較しやすいように通常の鶏卵の栄養成分量と対比して表示しなければならない。なお，通常の鶏卵に含まれない栄養成分にあっては，その栄養成分名の可食部分100g当たりの含有量の単位を記載するとともに，通常の鶏卵に含まれない栄養成分であることを併記しなければならない。

現在，商業ベースでは，ヨウ素，葉酸，ビタミンA，ビタミンD，ビタミンE，α-リノレン酸，ドコサヘキサエン酸（DHA）などの栄養強化卵が市販されている。栄養強化卵価格は通常の鶏卵より高く設定されているが，種々の生理機能を有する栄養成分が，身近な鶏卵から摂取できる利点は，食と健康の観点からも有意義である。

〈参考文献〉　＊　＊　＊　＊　＊
1) 平成29年度　第2回レイヤー種鶏導入および素ひな計画生産の概要
   http://www.syukeifuran.or.jp/official/data_files/view/432/mode:inline2）
2) JA全農ひろしまのたまご広場ホームページ
3) 厚生省通知（平成10年11月25日　第1674号）卵選別包装施設の衛生管理要領
   http://www.jz-tamago.co.jp/pdf/E05_3_3.pdf
4) 奥村純一：「家禽学」p.88, 89, 朝倉書店（2000）
5) 鶏卵の表示に関する公正競争規約及び施行規則，https://www.jpa.or.jp/keiran_root/pdf/rules150710_01.pdf

2章　卵の科学

Section 1　■産卵の機構　〈太田能之〉

1　産卵の調節[1]

　鶏卵は外側から卵殻，卵殻膜，卵白および卵黄によって構成されている。これら各構成物はそれぞれ異なった部位で特異的に作られる。産卵は，さまざまな器官の共同作業であり，鶏卵の各構成物の合成と分泌および蓄積が連携して順次行われることから，産卵までの卵形成過程が巧妙に調節されていることを意味している。

　産卵の調節はホルモンを介して行われる（図2-1-1）。脳下垂体の前葉が卵胞刺激ホルモン（FSH）と黄体形成ホルモン（LH）を分泌し，両者が産卵に関わるすべての開始の合図となる（図2-1-1(a)）。産卵開始後も，これらのホルモン分泌により産卵全体の調節を行う。卵巣が脳下垂体から分泌されたFSHおよびLHを受け取ると実際の産卵の準備をはじめる。具体的には卵巣自体が発達するとともに，女性ホルモンであるエストロゲンを分泌する（図2-1-1(b)）。

　エストロゲンは鶏卵を作り出すのに関連する肝臓および卵管に直接にはたらきかけ，産卵のための準備を行わせる（図2-1-1(c)）とともに，エストロゲンの分泌量により脳下垂体へも自身の発達具合ならびに産卵の進行を知らせ，これにより脳下垂体のFSHとLHの分泌量が調節される。このように脳下垂体と卵巣の間でお互いに分泌するホルモンの量により産卵周期の調節（図2-1-1(d)）が行われている。

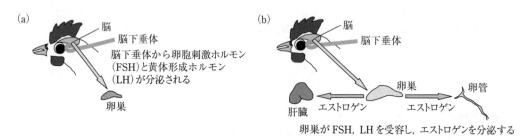

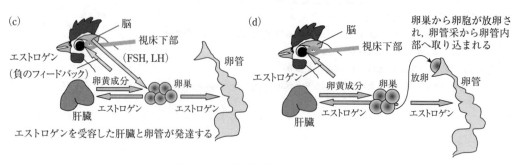

図2-1-1　鶏の卵ができるまで(1)

2　鶏卵の形成[1]

　主に鶏卵の成分を合成する器官は2つある。卵黄成分を合成して分泌する肝臓と，卵白，卵殻膜および卵殻の合成に係る輸卵管である。ここでは鶏卵の形成における肝臓と卵巣および輸卵管の役割について述べる。

（1）肝　臓

　ほとんどの栄養素の代謝に関連する臓器で，特に鳥類では，脂肪の代謝は脂肪細胞ではなく肝臓のみで行われている。このため，脂肪を多く含む卵黄成分は肝臓で合成される。卵巣から分泌されたエストロゲンを受け取った肝臓は，まず卵黄成分を合成するため，肝臓の細胞数が増加する。次に酵素などのタンパク質が合成されて，細胞の肥大化が起こり肝臓全体の大きさが増す。肝臓で合成された栄養素は，いつでも卵形成のために供給できるよう，あらかじめ肝臓に貯蔵され，産卵鶏の肝臓は脂肪肝となる。

（2）卵　巣

　肝臓で合成された成分は血流を介して卵巣に送られ，卵胞（卵黄になる）に蓄えられる。このとき中心から外側に毎日新しく成分が蓄積され卵胞の形成が行われるため，1日ごとに異なる脂溶性色素を含む飼料を与えると，卵黄に年輪のような模様を作り出すことが可能である。卵胞へは肝臓から送られる栄養素や飼料から移行する色素ばかりでなく，親鶏が獲得した免疫抗体（IgY）が卵黄膜に存在するレセプター経由で移行・蓄積される。卵黄中のIgYは受精卵の孵化時，雛の血液中に移行し，その生育初期の感染症予防に役立っている。これは親鶏からヒナへの母子免疫として知られている。

（3）輸卵管

　①卵管采（漏斗部），②卵管膨大部，③卵管狭部，④卵殻腺部，および⑤卵管膣部の5つの部位に分けられる（図2-1-2）。それぞれの部位はまったく異なる組織からなり，輸卵管は消化管と同様，ひとつながりの器官であるが，上記5つの器官の集合体と認識するのが正しい。

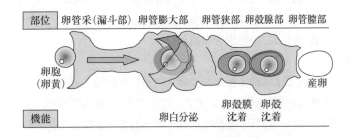

	卵管漏斗部	卵管膨大部	卵管狭部	卵殻腺部	卵管膣部
T（hr）	0.25	2.5	1.25	20.0	－
L（%）	9.9	45.0	13.4	16.0	16.1

T：各部位の通過時間(hr)　L：全長に対する各部位の長さの割合(%)

図2-1-2　鶏の卵ができるまで(2)

① 卵管采（漏斗部）

卵管采の役割は，卵巣から排卵された卵胞を輸卵管内に導き，取り込むことにある。生殖器官としては，卵管采の基部に雄より受け取った精子を貯留しておくスパームネスト（貯精嚢）という組織があり，実際の受精はこの卵管采で行われる。鶏が驚いたり，ストレスを感じたりすると卵胞が卵管采にうまく入らず，腹腔内に落ちて腹膜炎を引き起こす。これを卵墜（らんつい）症とよんでいる。

② 卵管膨大部

卵管膨大部は，輸卵管のなかでも最も重要な器官で，ここで卵白の合成と分泌が行われる。卵白の成分は水分を除くと，ほとんどがタンパク質であり，卵管膨大部のタンパク質合成能力は非常に高い。このことから，外来遺伝子を雌鶏に導入した遺伝子組み換え鶏が外来遺伝子のタンパク質を大量に卵白中に生産する研究が注目されている。

放卵直後には卵巣で次の卵胞が輸卵管内に入る。すなわち，この時点では卵管膨大部のタンパク質合成が非常に高まり，血液中に含まれるタンパク質の材料となるアミノ酸の濃度が低くなることが知られている。卵管膨大部は螺旋状をしている。卵白タンパク質の組成は後に述べるが，卵白そのものは数本のひものような形で分泌されたものが卵管膨大部の螺旋構造に沿ってより合わされる。これがカラザに見られるばねのような構造をもたらし，卵黄を常に中央に保持し，卵外からの衝撃や細菌感染から卵黄を守っていると考えられている[2]。

③ 卵管狭部

卵管狭部で内外卵殻膜が形成される。主にタンパク質からなる繊維が格子状に組まれたメッシュ構造からなる。外卵殻膜は厚さ $50\,\mu m$，その内側の内卵殻膜は厚さ $20\,\mu m$ で，卵殻外から気孔を通じて侵入した細菌が卵黄に近づくのを阻止している。

④ 卵殻腺部

卵殻腺部は炭酸カルシウムを卵殻膜上に沈着させる場である。特に卵殻の形成は放卵前の午前0時付近よりはじまり放卵までに終了する。卵殻の材料となる大量のカルシウムとリンは直接飼料から供給される量は少ない。産卵鶏は，特に高い産卵率を維持するため，大腿骨の骨髄部分にも骨が形成され，飼料から摂取されたカルシウムとリンは，いったんここに貯蔵される。深夜，暗いなかで飼料を摂取できない状況でも，大腿骨からカルシウムとリンが供給される。ちなみに産卵していないときや雄の鶏では骨髄骨は見られない。また，卵殻腺部では卵殻色素（プロトポルフィリン）の合成と卵殻表層への沈着も行われるが，白色レグホンに代表される白色の卵を産む鶏では，この色素合成能がない。

⑤ 卵管膣部

卵管膣部は，卵形成では総排泄腔から放卵されるときの通り道であり，この部位でタンパク質を主成分とする粘液物質（乾燥してクチクラ層となる）が分泌される。また，卵管膣部の生殖器としての役割としては，卵管采基部と同様スパームネストにより交尾時に受け入れた精子を貯蔵する。

〈参考文献〉　＊　＊　＊　＊　＊

1) Burley, R.W., and D. V. Vadehra. : The Avian Egg, chemistry and biology, p.17-23. A Wiley-Interscience Publication (1989) Canada.
2) 今井清，佐藤泰編：「食卵の科学と利用」p.1-13, 地球社 (1980)

Section 2　■鶏卵の構造　　〈太田能之〉

　1　鶏卵の構造[1)]

　鶏卵は外側から卵殻，卵殻膜，卵白，卵黄によって構成され，一般的な鶏卵の重量に占める割合は，おおよそ卵殻が10％，卵白が60％，卵黄が30％である（図2-2-1）。各部位はそれぞれまったく異なった構造と組成を有し，生物の卵として，その中に生命を育むために巧妙に仕組まれた役割を分担している。そして，この生物としての卵を守ろうとする構造が，卵を腐敗しにくい食品としている要因でもある。

　以下，各部位について詳しく解説する。

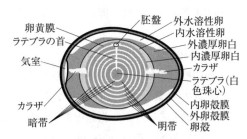

図2-2-1　鶏卵の構造の概略図[1)]

（1）卵　殻

　卵殻の成分は98％が無機質で，主に炭酸カルシウムと少量の炭酸マグネシウムやリン酸カルシウムからなる。有機質は2％で糖タンパク質（プロテオグリカン）からなる。

　卵殻は，卵の最も外側に位置する厚さ270〜370μmの多孔質のカプセルである。外部環境と卵の内部を遮断するのが主な役割である。また，卵は食品である前にまず次世代に命をつなぐ生き物であり，また生き物である以上，呼吸が必要である。そのため，卵殻の存在意義を際だたせているのは，その形状と構造である。

　まず鳥類の卵の形状はいわゆるたまご型で，一定方向からの力に対して強度が非常に強い。また，転がっても容易には巣から落ちない。そして，その構造は有機物の外卵殻膜に無機物の炭酸カルシウムが沈着した海綿状層，乳頭節と乳頭核をもつ乳頭層から構成されている（図2-2-2）。そして，気孔とよばれる直径10〜30μmの微細な穴が卵1個当たり一万数千個も空いている。

　卵殻の最外面はクチクラとよばれるタンパク質と少量の糖から形成された薄膜層に覆われ，空気を通すが微生物を通しにくい構造となっている。そのため，卵は腐敗しにくく，食品としての可食期間は非常に長い。しかし，鶏糞で極度に汚れたり，卵殻にヒビがあったり，表面が濡れた状態で温度差により内部が陰圧となると，卵殻表面の付着細菌が吸い込まれて腐りや

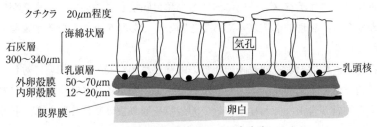

図2-2-2　鶏卵卵殻の断面[1),5),6)]

くなる。また，クチクラは水洗によってはがれるため，強い水流やブラッシングでの洗浄は食卵の可食期間を短くする。洗卵時はぬるま湯を使い，内部を膨張させることにより内部圧を高め，雑菌の侵入を防ぐようにしている。

　当初，卵殻は食品としての価値が認められていなかったが，その豊富で良質なカルシウムとリン含量から，現在はカルシウム製剤や肥料などの原料として利用されている。実際，卵の中でヒナが育つ際には，卵殻がカルシウム源として重要な役割を果たす。

（2）卵殻膜

　卵殻膜は外膜と内膜の2層からなり，それぞれ繊維状のタンパク質が，布が織りあがるように，重なり合って，いわゆるメッシュ構造を形成している。それぞれの厚さは，外膜が約50～70μmでメッシュが粗く，内膜が12～250μmで細かい。卵殻膜は卵殻同様，空気を通し，胚の呼吸を助けるほか，胚が卵殻からカルシウムを吸収するときに，外部からの微生物の侵入を阻止するはたらきがある。なお，このはたらきは卵殻のはたらき以上と

図2-2-3　卵殻膜の走査型電子顕微鏡写真[2]　（卵殻側から撮影）

いわれている。また，卵が放卵されてすぐに形成される気室は，気孔の密度が高い鈍端部に優先的に空気が入り込み，内外卵殻膜が剥がれる形になって，その間に気室が形成される（図2-2-3）。

（3）卵　白

　卵白の組成は水分89％，タンパク質10％，糖質0.9％で，ビタミンやミネラルも微量に含まれるが脂質は含まれない[4]。卵白には螺旋状のカラザが卵黄の両端にあり，卵黄を卵の中心に保持する役割を担っている。卵白は2種類あり，卵黄を直接取り囲んでいる濃厚卵白とさらにその内側と外側にある水様性卵白に分けられる。一般成分上での両者の違いは，濃厚卵白のほうがオボムシンによる構造維持がしっかりしていて，割卵時に盛り上がるのに対し，水様性卵白はその名の通り卵白の性状が水に近い。水様性卵白は卵白が合成分泌される卵管膨大部では見られず，濃厚卵白の周りに卵殻膜が形成された後，卵殻腺部で水分や無機イオンが卵殻膜内部に入り込むことにより形成される。

　濃厚卵白を構成するオボムシンは不溶型が多く，時間が経過するとその構造が壊れ可溶型となり，濃厚卵白特有のゲル性状が失われる。この変化を利用し，濃厚卵白の盛り上がり具合は卵の新鮮さを示す指標（ハウユニット）として古くから用いられてきた。

　なお，近年のバイオテクノロジーにおける鳥類の胚培養において，水様性卵白が必須成分であることが知られ，物理的構造以外にも生き物としての卵を支えている重要なものであることが示唆されている。

　また卵白には，卵殻および卵殻膜の両方の障壁を越えて侵入した細菌に対して，リゾチームといった溶菌酵素やコンアルブミンやオボムコイド，オボインヒビターなどの細菌の発育や増殖を阻害する物質が含まれており，卵殻や卵殻膜を通り抜けた微生物から，胚や卵黄を守る役割がある。

(4) 卵　黄

　卵黄も卵白同様，食品としての卵の価値を形成する重要な部位である。卵形成の項でも述べたが，卵黄はもともと卵巣で，肝臓において合成された成分やその他さまざまな成分を血液中から卵胞に蓄積して形成されたもので，黄色が濃い部分（暗帯）と薄い部分（明帯）の幾重もの層状構造を示し，その中心はラテブラとよばれる。通常の健康なニワトリから産まれた卵では6層（暗帯と明帯）構造を示す。また，ラテブラから胚までは「ラテブラの首」とよばれる細い管状の組織がのびている（図2-2-1参照）。

　卵黄は半透明の内外2層からなる卵黄膜によって覆われている。内膜と外膜はともにタンパク質の繊維が複雑に絡み合い網目構造を形成し，卵のなかで浸透圧の異なる卵黄と卵白を隔て，それぞれの性状を維持しているが，受精時においては多受精防止などの生物学的にも重要な役割を果たす。しかし，卵黄膜は長期間の保存で弱化し，卵白からの水分の流入による卵黄の膨大化をまねく。また，卵黄成分の卵白側への漏出も起こる。卵黄膜の最外層にはカラザ層とよばれる層が卵白からのカラザの延長として存在し，卵黄をハンモックのように覆い，卵の中心に保持している（図2-2-4）。

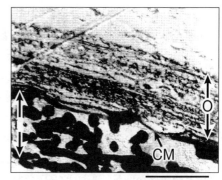

（バーの長さ：5マイクロメーター）

O：outer membrane（外層）
CM：continuous membrane（連続層）
I：inner membrane（内層）

図2-2-4　卵黄膜の透過型電子顕微鏡写真[3]

〈参考文献〉　＊　＊　＊　＊　＊

1) Burley, R. W. and D. V. Vadehra. : The Avian Egg, chemistry and biology, p.25-35, p.65. A Wiley-Interscience Publication (1989) Canada.
2) Yamamoto, T., *et al.* (eds) : Hen Eggs, Their Basic and Applied Science, p5. (1996) CMC Press.
3) 木戸詔子：「京都女子大学食物学会誌」第52巻．p.1-9 (1997)
4) Cooke, A. S., and P. A. Balch. : Bri. Poult. Sci. 11：p.345 (1970)
5) Simkiss, K., and T. G. Taylor. : Physiology and biochemistry of domestic fowl, Vol w ed. p.1332, Academic Press (1971) London, New Yolk.
6) 佐藤泰編：「食卵の科学と利用」p.42-48, 地球社 (1980)

Section 3 ■鶏卵の成分
〈太田能之〉

  卵白タンパク質

　卵白のタンパク質については古くから研究が行われ，主要な13種類の卵白タンパク質がその組成や生理機能のみならず，卵白の機能性（ゲル化性や起泡性）との関係についても明らかにされている（表2-3-1）[1]。また，近年，鶏の全ゲノム解読も終了し，そのプロテオーム解析から，鶏卵のタンパク質をコードする遺伝子数894から作られるタンパク質数は変異体やアイソフォームを加えると1,174種類も存在することが見いだされている。そのいくつかは重複するが，卵殻に558個，卵白に240個，卵黄膜に200個，そして卵黄に290個のタンパク質が同定されている[2〜5]。

　卵白タンパク質の特徴は，胚の栄養素としての貯蔵形態である以前にさまざまな形で胚を外敵から保護する機能を有する点である。それは主に①栄養素の運搬など，胚による利用の補助，②物理的な衝撃からの保護，③外部から侵入した細菌を直接攻撃する機能，および④細菌による腐敗を防止する機能である。このうち，①および②については食品としての利用にそれほど問題はないが，③および④については注意すべき点がある。

　食品である以前に1個の生物である卵にとって，それを摂取するわれわれも外敵の一つであり，すなわち，これらの機能は，われわれの消化酵素の機能を阻害して消化不良を引き起こしたり，ビタミンの欠乏をもたらしたりする。健康で，栄養摂取量も十分な場合を除き，タンパク質の機能が生きたまま，生での食用はできるだけさけ，加熱などによって，タンパク質の機能をなくしてから食用に供するのが望ましい[1]。

　卵白タンパク質のほとんどは，球状の糖タンパク質で，これとオボムシン繊維からなっている。濃厚卵白ではこのオボムシンのうち不溶性のものが多く，これがゲル構造に関与していると考えられ，時間が経過するとオボムシンが壊れ水溶性となり，濃厚卵白が水様性卵白に変化する[6]。

表2-3-1　卵白タンパク質の組成とその性質[7]

タンパク質	組成(%)	分子量	生物学的性質
オボアルブミン	54.0	45,000	
コンアルブミン	12.0	76,600	Fe, Cu, Mn, Znと結合し細菌の発育を阻害する
オボムコイド	11.0	28,000	トリプシン阻害活性
オボインヒビター	1.5	49,000	トリプシン，キモトリプシン阻害活性
フイシンインヒビター	0.05	12,700	パパイン，フイシン阻害活性
オボムシン	3.5		インフルエンザウィルスによる赤血球の凝集を阻止
リゾチウム	3.4	14,307	ある種のグラム陽性菌の細胞壁を分解
オボグリコプロテイン	1.0	24,400	
フラボプロテイン	0.8	32,000	リボフラビンを結合
オボマクログロブリン	0.5	900,000〜760,000	
アビジン	0.5	68,300	ビオチンを結合
オボグロブリンG2	4.0	36,000〜45,000	
オボグロブリンG3	4.0	36,000〜45,000	

① オボアルブミン(Ovoalbumin)

　オボアルブミン(OVA)は，リン酸化糖タンパク質で卵白タンパク質の主成分である。その組成は18種類のアミノ酸とマンノース，グルコサミンからなる。その生理的機能は単にヒヨコへのアミノ酸供給源ではないかと考えられている。OVA(変性温度78℃)の立体構造は，卵の貯蔵中に起こる炭酸ガスの逸散と卵白pHの上昇に伴い，S-OVA(変性温度86℃)とよばれる熱安定な状態に不可逆的に変化することが知られている。このOVAの熱安定型への変化は，卵白加熱ゲルの凝固温度にも影響を与え，卵の加熱ゲル化性を用いた食品の加工には注意が必要である。

② コンアルブミン(Conalbumin)

　コンアルブミンは，オボトランスフェリン(Ovotransferrin)ともよばれる。その生理機能は鉄イオンの捕捉と運搬であり，鉄要求性細菌の増殖阻害作用を有する。この作用は血清中のトランスフェリンにもみられ，タンパク質の一次構造の類似性からトランスフェリン・スーパーファミリーとして分類されている。その他，マレックウイルスに対する抗ウイルス作用，カンジダ菌に対する抗カビ作用，鶏のマクロファージや多核白血球の活性化，抹消単球や多核白血球の貪食性亢進作用などがある。コンアルブミンの組成はオボアルブミン同様18種類のアミノ酸とマンノース，グルコサミンからなる。

③ オボムコイド(Ovomucoid)

　卵白タンパク質中の11％を占め，シアル酸含有のタンパク質である。セリンプロテアーゼに対する阻害活性を有する。豚や牛すい臓由来のトリプシンを強く阻害するが，ヒトのトリプシンに対しては阻害活性を示さない。オボムコイドは熱安定性の高いタンパク質で，ゆで卵の卵白中でも未変性状態を保っている。1分子に9個存在するSS結合と22％もの糖含量が，その熱安定性に関与している。この構造的特徴により，オボムコイドは加熱変性や消化されにくく，卵の代表的なアレルゲンとなっている。

④ オボインヒビター(Ovoinhibitor)

　多くの点でオボムコイドと似ているが，トリプシンに加えて細菌性プロテアーゼ，カビのプロテアーゼ，およびウシと鶏のキモトリプシンに対しても阻害活性をもつ。とくに1分子でトリプシン，キモトリプシン，エステラーゼなどを同時に阻害する70のカザールインヒビターサイトをもつ多頭型インヒビターである。

⑤ フイシンインヒビター(Ficin inhibitor)

　オボムコイドおよびオボインヒビターとは全く異なるタンパク質分解阻害酵素で，フィシンとパパインを阻害する。

⑥ オボムシン(Ovomucin)

　卵白タンパク質中では極端に大きな糖タンパク質であるが，不均一局在性があるため正確な分子量が求められていない。2～3μmの不溶性繊維状構造体がゲル状組織を形成し，卵白に高い粘性を与え，卵の起泡性や泡沫安定性に関与している。濃厚卵白には水様性卵白の約4倍量もの不溶性オボムチンが含まれている。生理機能として，ウイルスによる赤血球凝集反応を阻害するはたらきがある。また，ニューカッスルウイルス，ヒトロタウイルス，インフルエンザウイルスに対する抗ウイルス活性が報告されている。

⑦ リゾチーム(オボグロブリンG1；Lysozyme)

　リゾチームは塩基性の単純タンパク質で，グラム陽性菌に対して溶菌活性を示す。これは菌

の細胞壁を構成するペプチドグリカンのN-アセチルグルコサミンとN-アセチルムラミン酸間のβ-1,4結合を切断するグリコシダーゼ作用による。リゾチームは，免疫機能の増強作用，細菌やウイルス感染症による炎症を抑制する作用などを示し，卵白リゾチームの塩化物（塩化リゾチーム）は医薬品として，総合感冒薬や目薬に配合されていたが，現在は薬効の見直しにより利用されていない。また，食品分野では，リゾチームの細菌増殖抑制作用が食品の日持ち向上剤として，惣菜や弁当に多く利用されている。

⑧ フラボプロテイン（Flavoprotein）

リボフラビンとアポプロテインが結合したものであり，血液からリボフラビンを運搬する形態と考えられている。

⑨ オボマクログロブリン（Ovomacroglobulin）

オボムシンに次ぐ大きさの球形糖タンパク質で，オボスタチンともよばれ，高分子の糖タンパク質で4つのサブユニットからなる。セリンプロテアーゼ，システインプロテアーゼ，チオールプロテアーゼ，メタロプロテアーゼに対して阻害活性を示す。その阻害機構はオボムコイドのような低分子インヒビターとはまったく異なり，血清中のα_2-マクログロブリンと同様，プロテアーゼを包み込むように結合して活性を阻害する。

⑩ アビジン（Avidin）

塩基性の糖タンパク質で，4つのサブユニットからなり，各サブユニットは1分子のビオチンと結合する。その結合力は非常に強く，ビオチンのビタミン活性を阻害する。この作用によりビオチン要求性の細菌や酵母の増殖を阻害する。ヒトの消化管では微量であるため問題にはならないが，大量に生で卵白を摂取するとアビジン-ビオチン複合体による腸管吸収の阻害により，ビオチン欠乏症を引き起こす。また，卵白中のビオチンは，すべてアビジンに捕捉されており，卵白中へ侵入してきた有害微生物の増殖が抑制される。アビジンは，その強いビオチンとの特異的結合力を利用して，微生物由来のストレプトアビジンとともに免疫検査法や免疫組織検査法の分野で広く利用されている。

2　卵黄タンパク質

卵黄タンパク質の大部分は脂質と結合したリポタンパク質で，特に低密度リポタンパク質（LDL）が65％と多い。このほかリベチン，ホスビチン，および高密度リポタンパク質に分けられる（表2-3-2）[8]。卵白タンパク質が栄養素であると同時に胚の防衛を担当する成分であるのに対し，卵黄タンパク質の多くは胚の発生時の主なエネルギー源である。また脂肪に親水性を持たせて利用しやすくするリポタンパク質の形成に関与する。

また，親鶏の免疫グロブリン（IgY）が卵黄へ移行し，孵卵中期以降もしくは孵化後の胚または雛の母子免疫に関与する。

表2-3-2　卵黄のタンパク質組成

タンパク質	含量(%)
低密度リポタンパク質	65.0
リベチン	10.0
ホスビチン	4.0
高密度リポタンパク質	16.0
その他	5.0

① 低密度リポタンパク質（Low Density Lipoprotein；LDL）

一般的に密度1.006～1.063 g/mLの画分に属する。卵黄の乳化性や凍結時のゲル化はこのLDLが関与する。そのほとんどは多量の脂質（80％以上）を含み，超低密度リポタンパク質（VLDL）である。このうちエーテルによる処理でエーテル層にも水溶性層にも属さないものをリポビテレニンと区別して呼称することもある。LDLの組成はタンパク質21％，リン脂質22％，遊離およびエステル型コレステロールがそれぞれ8％および38％，中性脂肪10％，脂肪酸1％である。リポビテレニンは非常に少量であるが，80～90％の脂肪（ほとんどがトリアシルグリセロール）を含み，非常に密度が小さく，結合しているタンパク質はビテレニンである。

② 高密度リポタンパク質（High Density Lipoprotein；HDL）

一般的にはリポビテリン（Lipovitellin）とよばれる。密度1.063をHDL1，密度1.063～1.125をHDL2，密度1.125～1.210をHDL3とよぶ。組成はタンパク質33.6％，総脂質67.4％で，総脂質中の組成は中性脂肪16.1％，リン脂質43.5％，コレステロールが遊離型で10.6％，エステル型で31.3％である。リポビテリンは顆粒中に存在し，ホスビチンと複合体を形成している。

③ ホスビチン（Phosvitin）

名称の基となったリン（P）を約10％含む。このリンは鶏卵全体でも約70％を占める。熱に安定的である。アミノ酸残基の約半数がリンと結合して，ホスホセリンとなったセリンである。産卵（準備）中の雌鶏の血中に見られるビテロゲニンはホスビチンの前駆物質である。ビテロゲニンはエストロゲンによって肝細胞において遺伝子の転写が促進される。肝で合成されたビテロゲニンは血中に分泌され，卵巣で取り込まれる。取り込まれたのち合成されるホスビチンとリポビテリン（HDL）に分解される。

④ リベチン（Livetin）

卵黄中の水溶性タンパク質として見いだされたリベチンは，電気泳動で α, β および γ-リベチン分類されていたが，現在ではそれぞれ親鶏血清中の血清アルブミン，ビテロゲニンのC末端側のフラグメント，および γ-グロブリン（IgY）と同定されている。

 卵黄脂質

卵黄脂質は多量のトリグリセリドとリン脂質に少量のコレステロールやカロテノイドが含まれている（表2-3-3）。多くの脂質はタンパク質と結合した状態で存在するため，抽出の際は有機溶媒の種類や方法に気をつける必要がある。卵黄中のトリグリセリドは鶏の体脂肪とよく似た組成を示すが，リンタンパク質は体組成と著しく異なる[9]。

この卵黄中の多量の脂肪は，胚の発生と孵化直後のヒナのエネルギー源として主に存在する。卵黄中の脂質は比較的飼料によるコントロールが可能なのは，血流中から卵胞に吸収しやすい分子形態に関係があると考えられているが，特に個々の分子としての機能に特化したタンパク質と異なり，多量に特有の機能をもった分子が少ないことが影響していると考えられる。

表2-3-3 卵黄の脂質組成

脂　質	含量(%)
トリグリセリド	65.0
リン脂質	30.0
コレステロール	4.0
カロテノイド ビタミン	痕　跡

① トリグリセリド

卵黄トリグリセリドを構成する脂肪酸はオレイン酸が最も多く，パルミチン酸，リノール酸，ステアリン酸，パルミトオレイン酸がそれに続いて比較的豊富であるが，リノレン酸およびミリスチン酸は極めて少量である（表2-3-4）。トリグリセリドの性質はグリセリンに結合している脂肪酸の種類のみでなく，その結合位置にも左右される。すなわち，3つの結合部位のどの位置にどんな脂肪酸が結合するかが性質に影響する。

卵黄トリグリセリドの脂肪酸組成は飼料によっても影響を受けやすく，また，ニワトリの品種によっても異なってくる[10]。

表2-3-4 卵黄トリグリセリドの脂肪酸組成（％）[11), 12), 13)]

成分	グリセリンへの結合位置			
脂肪酸	1位, 2位, 3位	1位	2位	3位
ミリスチン酸(14:0)*	0.4	0.5	0.3	0.4
パルミチン酸(16:0)	29.0	71.4	4.0	11.6
パルミトオレイン酸(16:1)	4.7	5.1	2.0	6.0
ステアリン酸(18:0)	6.7	3.5	2.8	13.8
オレイン酸(18:1)	48.8	16.5	63.4	66.5
リノール酸(18:2)	9.8	2.4	25.6	1.4
リノレイン酸(18:3)	0.6	0.6	0.9	0.3

＊括弧内の数値は（脂肪酸の炭素数：二重結合数）を示す。

② リン脂質

卵黄リン脂質は食品分野では卵黄レシチンともよばれる。それ自体高い乳化力を示すが，リポタンパク質の構成成分としても重要であり，卵黄の乳化に大きな役割をもっている。一方でその構成脂肪酸組成として多価不飽和脂肪酸を多く含み非常に酸化されやすく，鶏卵の保存には注意しなければならない成分である。卵黄リン脂質の基本構造とその種類を図2-3-1に示す。

卵黄リン脂質の約81％はホスファチジルコリン（PC）で，約12％がホスファチジルエタノールアミン（PE），約2％がPCから第2位の脂肪酸がとれたリゾホスファチジルコリン（LPC）と続く。これらの卵黄リン脂質はコレステロールとともに動物細胞の細胞膜構成成分でもあることから栄養学的にも重要な役割をもつ。

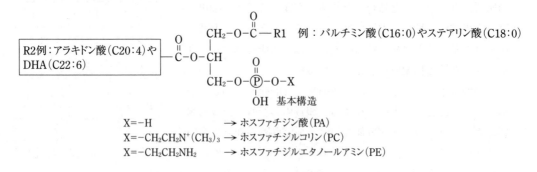

図2-3-1 卵黄リン脂質の構造と種類[14)]

③ ステロール

卵黄中のステロールは，ほとんどがコレステロールであるが，飼料からの移行で植物性のβ-シトステロールやエルゴステロールも含まれることがある（図2-3-2）。卵黄のコレステロール含有量は食品のなかで魚卵とともに非常に高く，生卵黄の1.0〜1.1%，鶏卵1個（卵黄20g）当たりに換算すると200〜220 mgも含まれる。卵にコレステロールが多く含まれるのは，次世代の生命，すなわちヒナに必要な成分だからである。コレステロールはヒナの身体となる細胞の細胞膜構成成分である。また，コレステロールはステロイドホルモン（副腎皮質ホルモン，性腺ホルモン，黄体ホルモン）の材料でもある。

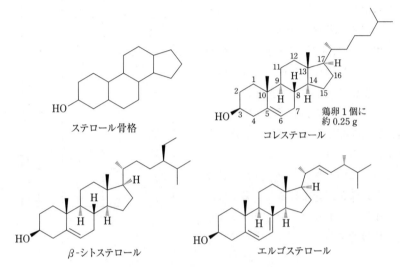

図2-3-2　各種ステロール類の構造

④ カロテノイド

卵黄の色素を形成する物質で，見た目の商品価値をはじめ，最近では抗酸化性が認められたことから栄養学的にも卵の商品価値を左右する因子として注目されている。カロテノイドは，ニワトリにおいて生合成されないため，飼料由来であり，飼料による影響を受けやすい。また，分子の極性基に水酸基をもつものほど卵黄に取り込まれやすい傾向があり，ルテインやゼアキサンチンなどはよく取り込まれるが，β-カロチンは直接的な飼料の影響はあまり受けない。

4　炭水化物

鶏卵中には脂質とタンパク質は豊富であるが，炭水化物は非常に少ない。鶏卵成分は胚発生のための貯蔵栄養の役割も負っており，貯蔵エネルギー源としては脂肪のほうが糖質よりはエネルギー変換効率が高くかつ細胞膜成分としても必要であるためと考えられる。

鶏卵の炭水化物のほとんどは卵白中にある。卵白の0.9%である炭水化物は98%が単糖類のグルコースで，微量ではあるがフラクトース，マンノース，アラビノース，キシロースおよびリボースの存在も確認されている。これらは遊離もしくはタンパク質との結合型で存在し，卵白中の割合はそれぞれ0.4%および0.5%とされている。

5 ビタミンとミネラル

卵黄には脂溶性ビタミンのすべてとビタミンCを除く水溶性ビタミン（ビタミン群）の大部分が含まれる（表2-3-5）。一方，ビタミンB₁，B₂，ナイアシンは卵白にも一部含まれる。ビタミンCは卵中には含まれない。水溶性ビタミンに関しては七面鳥の食餌中に不足すると卵中への移行量も低下し，産卵率も低下するが産卵は継続される。この場合，種卵では発生もしくは孵化できないが，後から飼料へのビタミン給与量を増加させても回復しないことが報告されている。同様の確認はニワトリでは行われておらず，一定の飼育基準を満たした鶏卵以外ではビタミン量の保障はされない[15)~17)]。

一方でミネラルのうち，リン，鉄および亜鉛はほとんどが卵黄に含まれるが，多くはどちらにも含まれ，ナトリウムやカリウムはむしろ卵白に比較的多い。

表2-3-5 卵黄および卵白中ビタミンおよびミネラル含量

成　分	単　位	全　卵 (100 g)	卵　黄 (100 g)	卵　白 (100 g)
ビタミンA効力	IU	640	1800	0
ビタミンB₁	mg	0.08	0.23	0.01
ビタミンB₂	mg	0.48	0.47	0.48
ビタミンD	IU	10	30	0
ビタミンE	mg	1.1	3.2	0
ビタミンK	μg	12	32	1
ビタミンA効力	IU	640	1800	0
ナイアシン	mg	0.1	－	0.1
リ　ン	mg	200	520	11
鉄　分	mg	1.8	4.6	0.1
ナトリウム	mg	130	40	180
カリウム	mg	120	95	140
マグネシウム	mg	10	－10	－10
亜　鉛	mg	1.4	3.9	0.02

〈参考文献〉　＊　＊　＊　＊　＊

1) Burley, R.W. and D. V. Vadehra. : The Avian Egg, chemistry and biology, p.17-23. A Wiley-Interscience Publication, Canada (1989)
2) Guérin-Dubiard C., Pasco M., Mollé D, Désert C., Croguennec T., Nau F. : J Agric Food Chem, 54(11), p.3901-3910 (2006)
3) Raikos V., Hansen R., Campbell L., Euston SR. : Food Chem, 99(4), p.702-710(2006)
4) Mann K. : Proteomics, 7(19), p.3558-3568(2007)
5) Mann K. : Mann M., Proteomics, 8(1), p.178-191(2008)
6) Osuga, D.T.and R.E. Feeney. : Food proteins (Ed. J.R. Whitaker and S.R. Tannenbaum) 209, A VI (1977)
7) 佐藤泰，渡辺乾二：「たんぱく質・核酸・酵素」23, p.54(1973)
8) Christmann, J.L., M.J. Grayson., R.C.C. Huang. : Biochemistry, 10, p.4168(1971)
9) 佐藤泰：「食卵の科学と利用」（佐藤泰 編）p.49-84, 地球社(1980)
10) Edwords, H.M. : Jr. Poultry Sci, 43, p.751(1964)
11) Fisher, H.and G.A. Leueille, J. : Nutr., 63, p.119(1957)
12) Skellpn, J.H.and D.A. Windsor, J. : Sci. Fd. Agric., 13, p.300(1962)
13) Williams, J. : Biochemical J, 83, p.346(1962)
14) Yamamoto T. et al. (eds) : Hen Eggs, Their Basic and Applied Science, p.76-77, CMC Press (1996)
15) Robel, E.J., and V.L. Christensen. : Increasing hatchability of turkey egg with biotin egg injection. Poultry Science, 66, p.1429-1430(1987)
16) Robel, E.J. : effect of dietary supplemental pyridoxine levels on the hatchability of turkey eggs, Poultry Science, 71, p.1733-1738(1992)
17) Robel, E.J. : Evaluation of egg injection of folic acid and effect of supplemental folic acid on hatchability and poult weight, Poultry Science, 72, p.546-553 (1993)

3章　卵の栄養機能と調理機能

Section 1　■卵のおいしさの科学　〈阪中専二〉

　卵殻色および卵黄色

　鶏卵の重量は品種，飼料，季節などで異なるが，一般に流通しているMサイズの卵1個の重さは58〜64gで卵殻，卵白，卵黄の割合は11％：57％：32％である。鶏卵の卵殻の色彩は，卵を選択する際に視覚的に影響を及ぼし，卵黄の色彩は，割卵時あるいは調理の際に視覚的におししさにも影響を与える。

(1)　卵殻色

　卵殻は主として炭酸カルシウムよりなり，卵の内部を保護している。卵殻の最表層は，主としてタンパク質からなるクチクラが覆っている。クチクラは手の接触や水洗いで簡単に剥がれ落ちる。卵の色は卵殻の表面に沈着する色素による。

　卵殻色が褐色や赤褐色で濃い褐色卵を一般に「赤玉」とよび，卵殻の白い卵を「白玉」とよび，区別している。赤玉と白玉の違いは，ニワトリの品種による違いであり，卵黄や卵白の成分との関係はない。また，鶏卵の栄養面など品質的にも両者に差はなく，単に外観的な違いだけであるが，消費者の購買意欲には影響する。白色卵を生むのは，白色レグホン種などである。特に白色レグホン種は品種改良により，体格が小さく，飼料要求率が低くて産卵性がよく，抗病性が高い特性をもつことから，わが国では採卵用に多くの地域で飼育されている。そのため食用卵として販売されている約70％は白色卵（白玉）である。

　一方，褐色卵は，ニューハンプシャー種，ロードアイランドレッド種などにより生産される[1]。赤玉の殻にはオーロダイン，プロトポルフィリンなどの色素が含まれている。卵殻色は，卵殻の表面付近に沈着するこれら色素量の差により決定される遺伝形質である。

　この色素量が多い卵殻は暗褐色で，少なくなるに従い明褐色となり，さらに少ない卵殻は明白色となる[2]。この卵殻色の評価は，卵黄色の判定と同様，シェルカラーファン（色分けしたカード）で比較できる。

(2)　卵黄色

　鶏卵は鮮やかな黄色い卵黄が特色の食品素材であり，卵黄は黄色が当然と考えられている。卵黄は，すべて同じ黄色ではなく，淡いクリーム色から濃いオレンジ色まで存在する。卵黄色の違いも，卵の商品価値を高める重要な嗜好要素である。卵黄色による栄養的な違いはないが，調理前後の卵黄の視覚的な印象から濃い色調が好まれる傾向にある。

　卵黄の色素の成分は，すべてが脂溶性で鶏の体内では合成されず，飼料から移行したものである。摂取する飼料のカロテノイド系色素によるものであり，最も多いのがルテインで，この

他にオキソルテイン，ルテインエステル，クリプトキサンチン，およびカロテン(ゼアカロテンおよびβ-カロテン)がある[3]。

　日本では濃い卵黄色が好まれるため，カロテノイド系色素を多く含む飼料を与えて卵黄色を濃くしている。黄色トウモロコシ，アルファルファ，乾燥褐藻類などを主体とした飼料では卵黄色が濃くなり，これを小麦や玄米に置き換えると，卵黄は淡いクリーム色となる。飼料に油脂を添加すると，β-カロテンの卵黄への移行が促進されることが確認されている[4]。先進国では配合飼料が普及し，卵黄色の違いが少ないが，飼料事情が異なる地域では，非常に黄色の濃いものから淡いものまで存在する。この卵黄色の色調変化は，色素を飼料に添加して給餌したとき，3～4日で卵黄の表面に着色効果が認められる。殻付き卵をゆで卵にして，卵黄の切断面で比較すると，3～4日で卵黄外周部に着色が見られ，卵黄中心部の着色には約10日以上経過して着色が安定する[5]。

　卵黄色を比較する場合，光学的には色差計を用いて色相，明度，彩度を数値化できるが，通常はオランダDSM社のヨークカラーファンという15枚の色見本カードを用いる。それぞれ淡黄色から橙黄色まで色分けされ，検査する卵黄がこのカラーファンの何番の色に相当するかを目視検査で判定する。

2　味とにおい

　卵は，ゆで卵など一部の調理を除き，単独で食されることはほとんどない。他の食材や調味料との相性がよいため，多種多様な調理様式で地域，民族を超えて食されている。卵白は水分88％以外にタンパク質11％と微量の糖質とミネラルを含むが，構成タンパク質自体は淡泊な味(リゾチームの結晶粉末は甘い)であるため卵白も淡泊な(あっさりした)味である。卵黄は，約30％の脂質を含み，卵黄脂質の構成成分として中性脂質(65％)，リン脂質(30％)およびコレステロール(4％)が含まれる。卵黄は，カスタードクリームやアイスクリームに添加するとコクがでることが知られている。マヨネーズの調製でも全卵よりも卵黄使用のほうが濃厚な風味が感じられる。風味の点からいえば，卵黄が卵白よりもおいしさに影響している。

　生卵は特有の風味を有する場合がある。卵の嫌われるにおいは生臭み(魚臭)であり，その直接の物質として知られているのはトリメチルアミン($(CH_3)_3N$)である。トリメチルアミンは，水溶性化合物であり，魚のにおいでもある。卵の魚臭は，健康志向の強化卵としてα-リノレン酸，ドコサヘキサエン酸(DHA)やイコサペンタエン酸(EPA)を強化した卵の生産のため，魚粉や魚油を飼料に配合することにより問題となることが多い。また，菜種かすに含まれるシナピンや飼料中のコリンが腸内細菌により転換されトリメチルアミンが生成することに起因する場合もある[6]。

　卵の魚臭は，褐色卵のほうが白色卵よりもにおいが強いことが知られている。この原因として，褐色卵を産卵する鶏種(ロードアイランドレッド種)では，摂取したあるいは腸内で生成したトリメチルアミンがそのまま吸収される。一方，白色卵を産卵する鶏種(白色レグホン種)では肝臓や組織内の酸化酵素によりトリメチルアミンが酸化され，無臭の酸化トリメチルアミン($(CH_3)_3NO$)に変化するため白色卵には魚臭がつきにくい[7]。現在の大規模養鶏場では，常に新鮮な飼料を必要時に必要量購入して飼育しているため，市販鶏卵で飼料が原因で異臭が問題

になることはほとんどない。なお，殻付き卵は，冷蔵庫などで保存中に外部からのにおいを速やかに吸収して着臭することがある。特に生魚やたまねぎなど，においの強い野菜類の近くで保存する際は注意が必要である。

また，卵白の加熱により生じる硫化水素は，ゆで卵に硫黄臭を与えることがある[7]。これは加熱により卵白タンパク質中のジスルフィド結合(S-S結合)が還元され，硫化水素(H_2S)が発生することによる。新鮮卵よりも貯蔵卵のほうが硫化水素を発生しやすく，においが強くなる。卵白で発生した硫化水素は，加熱中には圧力の低い内部に移動し，卵黄表面で卵黄中の鉄と結合して黒緑色の硫化第一鉄(FeS)を生成する。これがゆで卵の卵黄の表面が黒緑化する(硫化黒変)原因である。ゆで卵の加工では，極端に古い卵は使わず，加熱後に急冷して硫化水素を圧力の低くなった卵殻表面に移動させると卵黄の硫化黒変を抑制することができる(図3-1-1)。

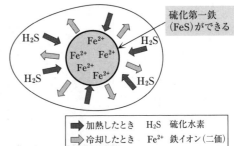

図3-1-1 ゆで卵の卵黄硫化黒変とその防止法

3　テクスチャー

食べ物のおいしさに影響する要因として化学的要因(味，におい)と物理的要因(外観，テクスチャー，温度，音)がある。卵の利用では，機能特性(凝固性，泡立ち性，乳化性)を活かした加工や調理が行われることから，特にテクスチャーがおいしさに関与する割合が高い。卵料理の一つである卵豆腐をみても，おいしさには味やにおいよりも，テクスチャーの関与が高いとの調査結果がある[8]。

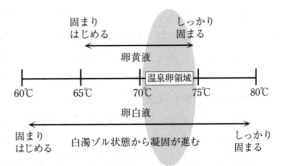

図3-1-2 加熱温度と卵黄と卵白の物性変化

加熱調理食品であるゆで卵は，加熱温度と時間を調節することにより，テクスチャーの異なるゆで卵を調製できる。通常，卵白は60℃から凝固が始まり，白濁しゾル状となり，80℃以上で凝固が完成し，かたくゲル化する。一方，卵黄は65℃から固まりはじめ，75℃以上でかたくゲル化する(図3-1-2)。家庭でのゆで卵の調理例として，卵4個，水2Lを用いた各種ゆで卵の調製条件とそれらのテクスチャーの比較として，圧縮試験機で測定した卵白ゲルおよび卵黄ゲルの破断強度を図3-1-3に示す。このなかで逆温泉卵は卵を沸騰水に直接入れ，ゆっくり回転させながら正確に5分30秒ゆでた後，すぐに氷水で冷やすことが重要で，卵白だけをかたくゲル化させ，卵黄を全く固めないゆで方である。

卵の食べ頃(鮮度)もテクスチャーに影響する。産卵直後の卵白のpHは約7.5であるが，産卵直後から卵白中の二酸化炭素が卵殻の気孔を通して散逸し，約1週間でpHは9.5〜9.7まで上昇する。卵白pHの上昇により濃厚卵白構造の骨格である不溶性オボムチン複合体からその

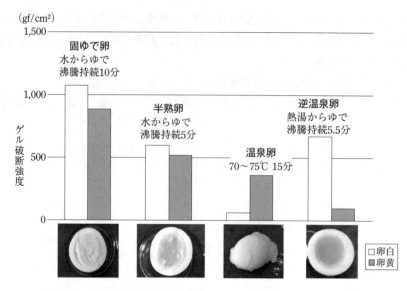

図3-1-3　各種ゆで卵の調製条件とテクスチャー(卵4個で水2Lの場合)

構成成分であるβ-オボムチンが溶離し，濃厚卵白は水様性卵白へと変化する。新鮮卵であるほど卵白pHが中性に近く，卵白タンパク質は加熱時に変性し，疎水結合による凝集性が強く現れる。その結果，加熱卵白ゲルは，新鮮卵のほうが貯蔵卵よりかたくなり，貯蔵卵では弾力性のあるゲルが得られる[9]。泡立ち性では，起泡性は貯蔵卵が大きく，泡安定性は新鮮卵が大きくなる。固ゆで卵の官能試験において，産みたての新鮮卵の卵白の風味は，23℃で4,5日置いたものよりも劣るとの報告がある[10]。一方，卵黄については両者には差はみられていない。新鮮卵の風味が劣る原因として，貯蔵卵のほうが弾力性のゲルであること，および新鮮卵には輸卵管内で二酸化炭酸とともに，わずかであるがアルデヒド類やケトン類の揮発性成分が混入し，それがゆで卵の異臭になると考えられている。卵の保存により二酸化炭素の散逸と同様，それらの異臭はなくなる。

　新鮮卵のゆで卵ほど殻が剥きにくいのは，卵をボイル時に卵白に溶けている二酸化炭酸が膨張し，卵内の圧力が高まり，卵白が卵殻膜のメッシュ構造に絡まってゲル化するからである。

〈参考文献〉　＊　＊　＊　＊　＊
1) 細野明義他編：「畜産食品の事典」p.279, 朝倉書店(2002)
2) 今井忠平他：「タマゴの知識」p.45, 幸書房(2007)
3) Schaeffer, J. I. et al.: Poultry Science, p.608-614 (1988)
4) 古閑護博他：「日本家禽学会誌」p.160-166 (2001)
5) 山中良忠：「卵のハテナQ&A」p.72, 東京農大出版会(2004)
6) 細野明義他編：「畜産食品の事典」p.311, 朝倉書店(2002)
7) 渋川祥子編：「調理学」p.138, 同文書院(2009)
8) 松本仲子他：「調理科学」p.97-101 (1977)
9) 小川宣子他：「日本食品工業学会誌」p.1117-1123 (1991)
10) 吉田実：「日本家禽学会誌」p.360-364 (1981)

Section 2　■卵の栄養機能　　〈阪中専二〉

 卵のおいしさと栄養学的特徴

　卵は栄養価が高く，良好な風味をもち比較的安定した供給が得られることから，世界的にも貴重な食品である。卵中の卵白，卵黄は，物性的に熱凝固性，泡立ち性，乳化性など調理や食品加工における好ましい性質を有している。わが国では，卵類は肉類，乳類とともに昭和25年頃から摂取量が急激に増加した。平成27年度の国民健康・栄養調査結果では，国民1人1日当たり平均35.5gの卵類の摂取量がある[1]。卵の主な栄養成分は，タンパク質，脂質，ミネラ

表3-2-1　卵（生）1個（Mサイズ，可食部50g）の栄養成分[2]

	全卵	卵黄	卵白
重量	50.0	15.0	35.0
エネルギー(kcal)	76	58	16
水分(g)	38.1	7.2	30.9
タンパク質(g)	6.2	2.5	3.7
脂質(g)	5.2	5.0	0.0
炭水化物(g)	0.2	0.0	0.1
ナトリウム(mg)	70	7	63
カリウム(mg)	65	13	49
カルシウム(mg)	26	23	2
マグネシウム(mg)	6	2	4
リン(mg)	90	86	4
鉄(mg)	0.9	0.9	0.0
亜鉛(mg)	0.7	0.6	0.0
銅(mg)	0.04	0.03	0.01
ビタミンA(μgRAE)	75	72	0
ビタミンD(μg)	0.9	0.9	0
ビタミンE(mg)	0.5	0.5	0
ビタミンK(μg)	7	6	0
ビタミンB_1(mg)	0.03	0.03	0
ビタミンB_2(mg)	0.22	0.08	0.14
ナイアシン(mgNE)	1.5	0.54	0.98
ビタミンB_6(mg)	0.04	0.04	0
ビタミンB_{12}(μg)	0.5	0.5	0
葉酸(μg)	22	21	0
パントテン酸(mg)	0.73	0.65	0.06
ビオチン(μg)	12.7	9.75	2.73
ビタミンC(mg)	0	0	0
飽和脂肪酸(g)	1.42	1.38	Tr
n-3系多価不飽和脂肪酸(g)	0.09	0.08	Tr
n-6系多価不飽和脂肪酸(g)	0.75	0.73	Tr
コレステロール(mg)	210	210	0
食物繊維(g)	0	0	0
食塩相当量(g)	0.2	0	0.2

表 3-2-2 卵(生) 1 個(M サイズ，可食部 50 g)摂取による栄養成分充足率(身体活動レベル，ふつう)[2],[3]

重量	全卵1個(可食部50g)の栄養素	栄養素充足率(％)上段：18〜29歳下段：70歳以上 男性	女性	日本人の食事摂取基準の基準値(1日当たり)上段：18〜29歳の基準値下段：70歳以上の基準値 男性	女性	
エネルギー(kcal)	76	2.9 / 3.5	3.9 / 4.3	2650 / 2200	1950 / 1750	kcal：推定エネルギー必要量
タンパク質(g)	6.2	10.3 / 10.3	12.4 / 12.4	60 / 60	50 / 50	g：推奨量
脂質(g)	5.2	7.1 / 8.5	9.6 / 10.7	20-30 / 20-30	20-30 / 20-30	％エネルギー：目標量
炭水化物(g)	0.2	0.0 / 0.0	0.1 / 0.0	50-65 / 50-65	50-65 / 50-65	％エネルギー：目標量
ナトリウム(mg)	70	11.7 / 11.7	11.7 / 11.7	600 / 600	600 / 600	mg：推定平均必要量
カリウム(mg)	65	3.3 / 3.3	4.0 / 4.0	2500 / 2500	2000 / 2000	mg：目安量
カルシウム(mg)	26	3.3 / 3.3	4.0 / 4.0	800 / 700	650 / 650	mg：推奨量
マグネシウム(mg)	6	1.8 / 1.9	2.2 / 2.2	340 / 320	270 / 270	mg：推奨量
リン(mg)	90	9.0 / 9.0	11.3 / 11.3	1000 / 1000	800 / 800	mg：目安量
鉄(mg)	0.9	12.9 / 12.9	8.6 / 15.0	7.0 / 7.0	10.5 / 6.0	mg：推奨量
亜鉛(mg)	0.7	7.0 / 7.8	8.8 / 10.0	10 / 9	8 / 7	mg：推奨量
銅(mg)	0.04	4.4 / 4.4	5.0 / 5.7	0.9 / 0.9	0.8 / 0.7	mg：推奨量
ビタミン A(μgRAE)	75	8.8 / 9.4	11.5 / 11.5	850 / 800	650 / 650	μgRAE：推奨量
ビタミン D(μg)	0.9	16.4 / 16.4	16.4 / 16.4	5.5 / 5.5	5.5 / 5.5	μg：目安量
ビタミン E(mg)	0.5	7.7 / 7.7	8.3 / 8.3	6.5 / 6.5	6.0 / 6.0	mg：目安量
ビタミン K(μg)	7	4.7 / 4.7	4.7 / 4.7	150 / 150	150 / 150	μg：目安量
ビタミン B_1(mg)	0.03	2.1 / 2.5	2.7 / 3.3	1.4 / 1.2	1.1 / 0.9	mg：推奨量
ビタミン B_2(mg)	0.22	13.8 / 16.9	18.3 / 20.0	1.6 / 1.3	1.2 / 1.1	mg：推奨量
ナイアシン(mgNE)	1.5	10.0 / 11.5	13.6 / 15.0	15 / 13	11 / 10	mgNE：推奨量
ビタミン B_6(mg)	0.04	2.9 / 2.9	3.3 / 3.3	1.4 / 1.4	1.2 / 1.2	推奨量
ビタミン B_{12}(μg)	0.5	20.8 / 20.8	20.8 / 20.8	2.4 / 2.4	2.4 / 2.4	推奨量
葉酸(μg)	22	9.2 / 9.2	9.2 / 9.2	240 / 240	240 / 240	推奨量
パントテン酸(mg)	0.73	14.6 / 14.6	18.3 / 14.6	5 / 5	4 / 5	mg：目安量
ビオチン(μg)	12.5	25.0 / 25.0	25.0 / 25.0	50 / 50	50 / 50	μg：目安量
ビタミン C(mg)	0	0.0 / 0.0	0.0 / 0.0	100 / 100	100 / 100	mg：推奨量
n-3系多価不飽和脂肪酸(g)	0.09	4.5 / 4.1	5.6 / 4.7	2.0 / 2.2	1.6 / 1.9	g：目安量
n-6系多価不飽和脂肪酸(g)	0.75	6.8 / 9.4	9.4 / 10.7	11 / 8	8 / 7	g：目安量
食物繊維(g)	0	0.0 / 0.0	0.0 / 0.0	20以上 / 19以上	18以上 / 17以上	g：目安量

推定平均必要量：その集団に属する50％の人が必要量を満たす(同時に，50％の人が必要量を満たさない)と推定される摂取量

推奨量：その集団に属するほとんどの人(97〜98％)が充足している量

目標量：現在の日本人が当面の目標とすべき摂取量

目安量：特定の集団における，ある一定の栄養状態を維持するのに十分な量

ル，ビタミン類であり，ひよこが孵化するのに必要な栄養成分がすべて備わっている．卵はまた，ヒトのからだにとっても必要な栄養素が豊富に含まれる食材料である．表3-2-1は，全卵（生，Mサイズ）の可食部50gの全卵，卵黄，卵白の各栄養成分を示している．

卵に足りない栄養成分はビタミンCと食物繊維だけであり，われわれは多くの栄養成分を卵からバランスよく，濃縮した形で得ることができる．卵1個の摂取は，「日本人の食事摂取基準(2015年版)」における18～29歳の男性・女性（身体活動レベルⅡ ふつう）の1日の推奨量のタンパク質では10.3%・12.4%，ビタミンB_{12}の20.8%・20.8%，ビタミンDの16.4%・16.4%，カルシウムの3.25%・4.0%などが摂取できる．高齢者（75歳以上，身体活動レベルⅡ ふつう）にとっても卵1個の摂取は，男性・女性ともに18～29歳と同様の栄養成分を摂取でき，タンパク質，ビタミン，ミネラルなどの重要な供給源である（表3-2-2）．

2　卵タンパク質の栄養機能

卵のタンパク質は主に卵白と卵黄に含まれる．生の全卵には12.3g（100g当たり）のタンパ

表3-2-3　卵のアミノ酸組成と栄養価の比較[4],[5]

アミノ酸	タンパク質1g当たりのアミノ酸組成(mg)					FAO/WHO/UNU (1985)基準値			
	全卵	卵黄	卵白	牛乳	大豆	乳児	2～5歳	10～12歳	成人
スレオニン	55	59	52	49	47	43	34	28	9
チロシン	52	54	50	53	40	72	63	22	19
フェニルアラニン	60	50	66	54	61				
シスチン	28	22	32	9	18	42	25	22	17
メチオニン	37	29	42	28	16				
バリン	72	67	76	71	55	55	35	25	13
イソロイシン	57	58	57	58	52	46	28	28	13
ロイシン	97	100	95	110	89	93	66	44	19
リジン	84	91	79	92	73	66	58	44	16
トリプトファン	17	16	17	16	15	17	11	9	5
ヒスチジン	29	31	28	32	31	26	19	19	16
アスパラギン酸	120	110	120	87	140	FAO/WHO/UNUとは食糧・農業機構／世界保健機構／国連大学 アミノ酸組成値は「日本食品標準成分表2015年版（七訂）」アミノ酸成分表より抜粋			
セリン	85	97	78	60	61				
グルタミン酸	150	140	150	220	220				
プロリン	46	49	44	110	61				
グリシン	39	35	41	21	50				
アラニン	65	60	68	36	50				
アルギニン	73	86	85	38	87				
アミノ酸スコア	100	100	100	100	100	2～5歳の基準値より計算			
タンパク質効率(PER)	3.9	3.6	3.0	3.1	2.3	動物（ラット）実験値			
生物価%(BV)	94	95	82	84	73	動物（ラット）実験値			
正味タンパク質利用率%(NPU)	94	91	-	82	61	動物（ラット）実験値			

ク質が含まれており，卵黄と卵白に含まれるタンパク質の割合は，約4：6である。それぞれのアミノ酸組成を表3-2-3に示した。卵のタンパク質は，その必須アミノ酸組成が栄養学的にみると理想的なパターンを有するため，食品タンパク質の栄養価の基準となっている。

　ヒトにとって理想的な必須アミノ酸組成として，1985年にFAO/WHO/UNUから発表されたアミノ酸評点パターンが用いられている。卵黄，卵白どちらもアミノ酸評点パターンと比較しても不足するアミノ酸はなく，アミノ酸スコアは100である。これは制限アミノ酸がないことを示し，卵のタンパク質は理想的なアミノ酸構成である。食事としての主食である米，小麦などの穀類タンパク質は必須アミノ酸であるリジンやスレオニンが不足しているが，これらアミノ酸を動物性食品の卵から補うことができる。すなわち，主食とともに卵を食べることにより，栄養バランスのとれた食生活を送ることができる。また，大豆や大豆製品は含硫アミノ酸が比較的少ないので，含硫アミノ酸が多い卵を同時に食べることにより補うことができる。

　タンパク質の栄養価の表し方は化学的評価のアミノ酸組成だけでなく，生物学的評価として生物価と正味タンパク質利用率がよく利用される。生物価は，ヒトあるいは動物実験による栄養価の表し方で，体内に吸収したタンパク質窒素の何パーセントが体内に保留されたかを示す。正味タンパク質利用率は，生物価に消化率を乗じたもので，摂取タンパク質のうち体内に保留された割合を示している。卵のタンパク質は，主要な食品のタンパク質中で最も高い値を示し，生物価は全卵で94，卵白で82と報告されている。植物性タンパク質では，小麦が52，大豆が73であることから，卵のタンパク質は生物価が高く良質である[6]。

3　卵脂質の栄養機能

　卵の成分のなかで2番目に多い脂質は，卵白中には非常に微量であり，卵の脂質はすべて卵黄に存在する。卵（Mサイズ）1個の卵黄18gには，脂質が約6g含まれている。卵黄の約30％が脂質であり，卵黄の脂質は乳化された状態で存在するため消化がよいことが知られている。脂質は糖質やタンパク質に比べて少量で高いエネルギーを供給し，かつ必須脂肪酸や脂溶性ビタミンの供給という役割ももっている。

　卵黄の脂質中，トリアシルグリセロール（中性脂質）が約65％，リン脂質が約31％含まれ主成分となっている。他にコレステロールが約4％，ビタミン，カロテノイドなどが微量含まれている。リン脂質やコレステロールは，細胞膜を形成する必須成分である。特に，神経細胞が密集している脳にはリン脂質とコレステロールが大量に存在する。リン脂質は，その分子内に親水性のリン酸エステル部分と疎水性の脂肪酸部分を有する両親媒性構造を有し，細胞膜のリン脂質二重層の形成に寄与している。コレステロールは，リン脂質二重層の安定性に貢献している。卵黄の摂取は，細胞の増殖や再生に必要な細胞膜の構成成分を効率よく供給する[7]。

　卵黄リン脂質にはホスファチジルコリン（PC）が84％含まれ，その含量は大豆リン脂質中のPC（33％）と比較してきわめて高い。生体内でPCの構成成分であるコリンは神経伝達物質であるアセチルコリンの前駆体として利用される。高齢者に増加している神経系疾患（認知症）の場合，脳内のアセチルコリン濃度が低下することが知られている。PCの経口摂取で脳内のアセチルコリン濃度の改善や向上がはかれる可能性があり注目されている。前頭皮質のコリン，アセチルコリン濃度の低いラットを用いた試験では，PCとビタミンB_{12}の投与でラットの記

憶障害が改善されることが報告されている[8]。

卵の脂肪酸組成を表3-2-4に示す。卵黄の脂肪酸総量のうち，飽和脂肪酸は34.7％，一価不飽和脂肪酸は45.1％，多価不飽和脂肪酸20.3％である。卵黄脂質の構成脂肪酸では，オレイン酸が最も多く，パルミチン酸，リノール酸，ステアリン酸，パルミトレイン酸，ドコサヘキサエン酸，アラキドン酸の順に続く。卵黄はヒトの必須脂肪酸であるn-6系脂肪酸のリノール酸やn-3系脂肪酸のα-リノレン酸を可食部100g当たりそれぞれ4,200mgと140mg含んでいる。卵黄中の脂肪酸組成は，飼料中の脂肪酸の影響を受けることが知られている。例えば，イコサペンタエン酸（EPA），ドコサヘキサエン酸（DHA）を多く含む卵を生産するためには，それらを多く含む魚粉や魚油を飼料に添加する[9]。EPA含量の多い魚油としてはマグロ油，イワシ油，サバ油があり，DHA含量の多い魚油としてはマグロ油，ハマチ油，サバ油，サンマ油，イワシ油が飼料原料として利用される。

表3-2-4　卵の脂肪酸組成[2]

	全卵	卵黄
可食部 100g 当たり (g)		
水　分	76.1	48.2
脂　質	10.3	33.5
トリアシルグリセロール当量	8.6	27.8
脂肪酸総量	8.18	26.59
飽和脂肪酸	2.84	9.22
一価不飽和脂肪酸	3.69	11.99
多価不飽和脂肪酸	1.66	5.39
n-3系多価不飽和脂肪酸	0.17	0.54
n-6系多価不飽和脂肪酸	1.49	4.84
可食部 100g 当たりの脂肪酸 (mg)		
ミリスチン酸（14：0）	31	100
ペンタデカン酸（15：0）	7	23
パルミチン酸（16：0）	2100	6700
パルミトレイン酸（16：1）	180	580
ヘプタデカン酸（17：0）	21	68
ヘプタデセン酸（17：1）	0	0
ステアリン酸（18：0）	710	2300
オレイン酸（18：1）	3500	11000
リノール酸（18：2）	1300	4200
α-リノレン酸（18：3）	43	140
アラキジン酸（20：0）	0	0
イコセン酸（20：1）	19	63
イコサジエン酸（20：2）	16	54
イコサトリエン酸（20：3）	15	50
アラキドン酸（20：4）	150	480
イコサペンタエン酸（20：5）	0	0
ドコサペンタエン酸（22：5）	8	26
ドコサヘキサエン酸（22：6）	120	380

4　卵コレステロール問題の現状

卵は動物性食品中でコレステロール含量が高い食品である。表3-2-5に主な食品のコレステロール含量を示す。卵のコレステロールは卵黄に存在する。全卵可食部100g当たりのコレステロールは420mgであり，卵黄中には100g当たり1,400mg含まれている。日本人が1人1日当たりに摂取しているコレステロールの量は，「平成25年国民健康・栄養調査報告」によると，20歳以上の平均値で男性は338mg，女性は282mgとなっている[1]。実際に摂取している食品は，約50％が卵類，約25％が魚介類，約12％が獣鳥鯨肉類からであり，卵からのコレステロール摂取がほぼ半分を占めている[2]。

コレステロールの摂取量については「日本人の食事摂取基準（2010年版）」では，コレステロール摂取の目標量は，男性が750mg未満/日，女性は600mg未満/日と設定されていた。この基準で考えれば，全卵1個の可食部のコレステロールは約210mgであるから，日本人の場合，1日に2個程度の卵（コレステロールの量は約420mg）を摂取してもコレステロールの目標量を上回る心配はない。しかし，同摂取基準の2015年版では，この目標量が削除された。コレステロールの摂取目標量を算出するための十分な科学的根拠が得られなかったためだとされている[3]。

一方，脂質異常症の患者に対しては，動脈硬化性疾患を予防するための食事として，コレス

テロールの摂取量を200 mg 未満/日に抑えることを推奨している(動脈硬化性疾患予防ガイドライン2012年版)[10]。これは全卵1個の可食部のコレステロールにほぼ相当するが，他の食品からの摂取も考慮する必要がある。ただし，同ガイドラインも健常者に対しては「日本人の食事摂取基準(2015年版)」と同様，コレステロールの摂取目標量は算定していない。

本来，コレステロールは体内で合成できる脂質であり，12〜13 mg/kg 体重/日(体重50 kgの人で600〜650 mg/日)合成されている。食事で摂取されたコレステロールの40〜60%が吸収されるが，個人間の差が大きく遺伝的背景や代謝状態に影響される。このように経口摂取されるコレステロール(食事性コレステロール)は体内で作られるコレステロールの1/3〜1/7を占めるのに過ぎない。また，コレステロールを多く摂取すると肝臓でのコレステロール合成は減少し，逆に少なく摂取するとコレステロール合成は増加し，末梢への補給が一定に保たれるようにフィードバック機構がはたらいている。このためコレステロール摂取量が直接血中総コレステロール値に反映されるわけではないことが知られている[11]。

表3-2-5 主な食品のコレステロール含量[2]

食品名	mg/100 g
全卵，生	420
卵黄，生	1,400
卵白，生	1
生乳，ホルスタイン種	12
バター，有塩	210
プロセスチーズ	78
若鶏　むね肉，皮つき，生	73
ささみ，生	67
かずのこ，生	370
たらこ，生	350
うなぎ，養殖，生	230
するめいか，生	250
まだこ，生	150

食事で摂る脂肪のうち，脂肪酸の組成による違いもコレステロール上昇に影響する。高度不飽和脂肪酸は血清コレステロールレベルを低下させるが，飽和脂肪酸は血清コレステロールレベルを上昇させる。卵の摂取と血清コレステロールレベルとの関係に関する知見も増加し，前述のように健常者では1日1〜2個程度の卵の摂取はコレステロール代謝にはほとんど問題がないことが提示されている。現在では，健常者は卵を食べることを避ける必要はなく，卵は栄養成分バランスがとれた食材料と考えるべきである。

〈参考文献〉　＊　＊　＊　＊　＊

1) 厚生労働省：「平成27年国民健康・栄養調査」結果の概要
2) 文部科学省：日本食品標準成分表2015年版(七訂)・追補2016年
3) 厚生労働省：日本人の食事摂取基準(2015年版)
4) Gutierrez, M. A., et al. : Brit, J. Nut., p.80, 477-484 (1998)
5) 菊地栄一編：「動物タンパク質食品」p.75, 朝倉書店 (1994)
6) 中村良編：「卵の科学」p.42, 朝倉書店 (1998)
7) 細野明義他編：「畜産食品の事典」p.325, 朝倉書店 (2002)
8) Masuda, Y., et al. : Life Sciences, 62, p.813-822 (1998)
9) 中村良編：「卵の科学」p.24, 朝倉書店 (1998)
10) 日本動脈硬化学会：動脈硬化性疾患予防ガイドライン2012年版
11) McNamara, D. J., et al. : J Clin Invest, 79, p.1729-39 (1987)

Section 3　■卵の調理機能　　　　　　　　　　　　　　　〈阪中専二〉

　動物性食品のなかでも卵の利用が最も多く，卵そのままで，あるいは他の食品素材と合わせて利用されている。卵の食品への利用は，その豊かな調理性に起因している。卵にはゲル化性（凝固性），泡立ち性（起泡性と泡沫安定性），乳化性の三大機能特性があり，これら特性が発現しないと目的とする製品も望ましいものにならない。卵の機能特性は主に卵白あるいは卵黄を構成しているタンパク質によって示され，これらのタンパク質が加熱や撹拌を受けて変性を起こすことにより発現される。

加熱ゲル化性

（1）　卵白のゲル化

　透明な生の卵白は，加熱によりゆで卵にみられるように白濁ゲルとなる。卵白を構成するタンパク質の熱変性温度はオボアルブミンが78℃，オボトランスフェリンが61℃，オボムコイドが77℃，リゾチームが75℃であり，構成タンパク質により差がみられる。なかでも卵白の成分中，含有量の最も多いオボアルブミン（54％）は卵白のゲル化温度に大きな影響を与えている。また，オボムコイドやオボムシンは通常の加熱条件下では，凝固しないことが知られている。

　以前は，球状タンパク質の分子構造が加熱によりひも状に変化し，それが網目状にからまり合って，ゲルを形成するものと考えられていたが，加熱しても卵白タンパク質（オボアルブミン）は球状のタンパク質分子構造を保っており，部分的な変性により分子間で互いに連結もしくは凝集することにより網目状のゲル構造を形成することが明らかになった（図3-3-1）。

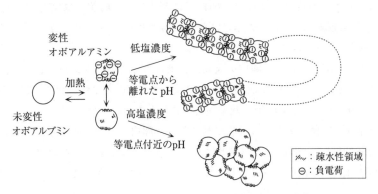

図3-3-1　オボアルブミンの加熱変性と凝集体形成[1]

　卵白タンパク質の相互結合は，共存する塩濃度やpHなどの影響を受け，それによりゲルの状態も変化する。図3-3-2に示すように透明から半透明のときゲル強度が最も強く，また保水性も優れている。卵白のゲル化性を食品に利用する場合，ゲル強度は高い方が望ましく，白濁は食品本来の色を損ねるため透明に近いほうが好まれる。ゲル化の条件設定を行えば透明感と弾力性のあるゲルを卵白から作ることもでき，調理や食品加工上の利用範囲も広くすることができる[2]。

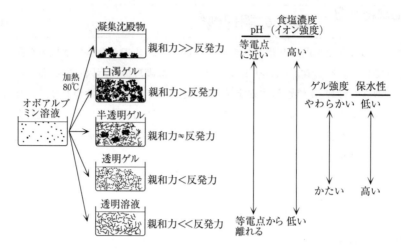

図3-3-2 オボアルブミンの凝集体形成に対するpHと塩濃度の影響[2]

（2） 卵黄のゲル化

　卵黄のゲル化は低密度リポタンパク質（LDL）が主に関与している。殻付きのまま加熱したときの卵黄ゲル（ゆで卵の卵黄）は砕けやすく，ぽろぽろ状態に砕けるが，卵を割卵して卵白を除去した卵黄液は加熱すると卵黄ゲル（卵焼きの卵黄のゲル）はかたくなる。これは卵黄が液状になったときに卵黄の顆粒が撹拌によって，破壊したことによると考えられている。

（3） ゲル化に影響を与える要因

　一般にタンパク質濃度が低くなるとゲル化しにくくなる。卵白や卵黄を水で3倍に希釈すると熱変性しはじめる温度は高くなり，卵白では75.5℃に，卵黄では87℃に上昇する。卵白はpH 12以上，および2.2以下で，加熱されなくともゲル化する。アルカリゲルが半透明であるのに対し，酸ゲルは乳白色である。

　食塩などの中性塩の存在で，卵白の凝固が促進される。卵白タンパク質は，無機の陽イオンのカルシウムイオン，ナトリウムイオン，カリウムイオンの順に強いゲルが得られ，カルシウムイオンはナトリウムイオンの4倍の効果があることが知られている。

　ゆで卵を作る際に食塩を入れると殻が割れたとき卵白が迅速に固まり，それ以上の卵白の流出を防ぐ効果がある[3]。卵白タンパク質は，ショ糖やソルビトールなどの糖類を添加すると熱変性が抑制され，ゲル化しにくくなり，できたゲルはやわらかくて弱いゲルになる。

（4） 卵のゲル化性の利用

　卵のゲル化性は食品分野で広く利用されている。卵白の凝固は58℃から，卵黄の凝固は68℃からはじまるが，加熱の方法で若干異なることが知られている。卵白と卵黄を混合して加熱すると凝固温度は約66℃となる。卵以外の食材料（牛乳，砂糖，調味料など）を加えると全体の凝固温度は変わる。このような性質を利用した卵料理にゆで卵，卵焼き，茶碗蒸しなどがある。卵のアルカリ加工品にピータンがあり，これは卵をアルカリ液に浸漬することによりゲル化させたものである。

2 泡立ち性

　泡立ち性は，泡の形成しやすさである起泡性と，その形成された泡を維持する泡沫安定性に分けて考えられている。卵の泡立ち性は，卵を製菓，製パン材料として使用する場合の重要な性質である。特に卵白の泡立ち性は卵白の構成タンパク質によって示され，食品材料のなかでも卵白ほど泡立ち性の高いものはない。卵白のようなタンパク質溶液から得られる泡の特徴は，一般に低分子の界面活性剤より泡の安定性が高いことである。特に安定な泡をつくるタンパク質の場合，タンパク質分子が気液界面に吸着したのち，分子同士の会合により安定な表面膜をつくる。このような安定な膜をもつ泡では，泡の膜の中に取り込まれた溶液が，時間の経過とともに分離することはあっても，低分子の石鹸の泡のように消えてしまうことはない。したがって，タンパク質の泡立ち性は，タンパク質が界面で不溶化して膜を形成する起泡性と形成された膜が液状部分を保持する性質である泡沫安定性からなると考えられる。

（1） 卵の泡立ち性

　一般にタンパク質溶液の起泡性を評価する方法は，タンパク質溶液を振とうや撹拌，あるいは多孔板を通じて送気するなどの方法で起泡し，生じた泡沫の容積を測定する。一方，泡沫安定性は起泡し調製した泡沫を一定時間放置し，泡沫容積の変化あるいは，その間に泡沫から生ずる流出液量を測定する。これらの溶液の泡立ち性は，測定方法によりかなり違った結果が得られるため，タンパク質の性質，濃度，温度などの条件だけでなく，同じ測定法で比較する必要がある。

　卵白の泡立ち性の評価は，実際にエンゼルケーキとよばれる卵白を主原料としたケーキを焼成し，その容積，組織，かたさなどを比較する方法や卵白液をケーキ用の縦型ミキサーで撹拌し，泡の高さやかたさを測定する方法も用いられる。

　卵白の構成タンパク質を分離し，同一の濃度の水溶液をつくり送気法により起泡力を比較すると，グロブリン＞オボトランスフェリン＞オボムコイド＞オボアルブミン＞リゾチームの順に起泡力が大きい。

　タンパク質の構造と起泡力との関連は明らかではないが，変性の受けやすさと起泡力には相関性があると考えられている。タンパク質は変性により分子の構造が変化し，タンパク質分子間の相互作用を起こしやすくなる。すなわち，起泡させたときに，あるいは泡沫の表面で変性を起こし，タンパク質分子間の相互作用により分子同士が結合し，網目構造をつくりやすいタンパク質ほど，起泡力が高くなる。オボアルブミンは起泡力が低いが，適度の加熱変性や酸変性を受けると起泡力が数倍から10倍に上昇することが知られている。これは変性によりタンパク質内部の疎水性領域が分子表面に露出することによる分子間相互作用の増大によるものである[4]。

　卵白液を低温殺菌処理すると，起泡力が低下する。これは卵白構成タンパク質のうち最も低い温度で加熱変性を受けるオボトランスフェリンが変性凝集して不溶化するためである。卵白の低温殺菌により起こる起泡力の低下を防ぎ，オボトランスフェリンを安定化するために加熱前に金属塩，リン酸塩やクエン酸塩を添加する方法が知られている。なお，低温殺菌液卵の品質を未殺菌液卵の品質に近づけるためには，卵タンパク質の加熱による変性をできるだけ少な

くすることが必要である。加熱による卵タンパク質の変性を防ぐ方法として，砂糖や食塩が添加される。砂糖を10%加えると，卵タンパク質の耐熱性は平均して1.6℃上がり，食塩を10%添加すると，耐熱性は7.9℃上がるとの報告がある[5]。

卵白液を凍結保存すると，起泡力は低下する。構成タンパク質であるオボアルブミンの溶液を凍結，解凍を繰り返した実験によると，オボアルブミンは凍結変性し不溶化する。卵白液の凍結による起泡力の低下も，その構成タンパク質の凍結変性による不溶化が原因である[6]。

（2） 卵白の泡立ち性に影響を与える要因

起泡性に影響を与える他の要因として鮮度，泡立て温度，粘度，pHなどがある。新鮮な卵の卵白のほうが泡の安定性はよい。これは新鮮な濃厚卵白のほうが泡の安定性に優れるためである。泡立て温度が高いほうが卵白の起泡性はよいが，泡の安定性はわるくなる。起泡性を示す溶液では，溶液の粘度が高いほど泡の安定性も高い（図3-3-3）。卵白の場合もこの傾向がみられ，砂糖やデンプンなどが加わると泡の安定性が増す。ただし，泡立てる前に添加すると卵白の粘度が高くなり，泡立てにくくなる。卵白の起泡性はpHの影響を受ける。卵白タンパク質は等電点付近で最も起泡性が大きくなることから，主要タンパク質であるオボアルブミンの等電点に近いpH4.6〜4.9の範囲で起泡性が大きくなる[7]。卵白を泡立てるときにレモン汁，食酢，酒石酸水素カリウムなどの酸性物質を加え酸性側にすると泡立ちやすくなるのはこのためである。

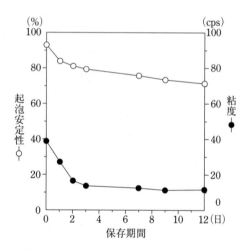

殻付き卵を25℃で0〜12日間保存し，保存日数の異なる卵白液を調製した。卵白液（300mL）を泡立てて比重を0.15に調整した泡沫を25℃で30分放置して，排液と泡沫に分けて重量を測定した。泡安定性は残存泡沫重量%として計算した。

図3-3-3 卵白の起泡安定性，粘度に及ぼす保存期間の影響[7]

（3） 卵黄の泡立ち性

卵黄の泡立ち性は，割卵などの際に卵白中に卵黄が混入すると，卵白の起泡性はわるくなるが，卵黄単独で存在すると優れた起泡剤として，はたらく。一般に，泡立ち性を示す溶液に対して，不溶性で液面に拡がりやすい物質は消泡剤としてはたらくことはよく知られている。卵白に混入した卵黄や中性脂質は，この消泡剤としての性質を備えている。しかし卵黄自身が泡立てられる場合は，卵黄のプラズマ部の低密度リポタンパク質は泡立ち性に，顆粒部は泡の安定性に関与している。卵黄の泡はリポタンパク質が脂質を含んだままの構造で表面変性を受け，泡沫を形成したものである。

卵黄の顆粒部の固形物濃度が溶液の粘度を高めて，不安定な泡を安定化する役割を果たしている。

（4） 卵の泡立ち性の利用

卵白の泡立ち性を利用した調理にメレンゲがある。メレンゲは卵白を泡立て，砂糖を加えてさらに泡立てたもので，メレンゲにゼラチンを添加し，固めたものがマシュマロである。メレンゲに寒天溶液を加えたものが淡雪かんであり，両者の分離を防ぐため，混合後，溶液の粘度が上がってくるまで撹拌してから流し箱に入れて固めたものである。また，卵白と卵黄の起泡性を利用したものにスポンジケーキがある。卵白と卵黄を別々に泡立てた後，小麦粉を加える別立て法と，全卵を泡立てる共立て法がある。この際，バターは泡の消失を起こすので最後に加えるのがよい。

3 乳化性

乳化とは，互いに溶け合わない2つの液体の一方を他方に細粒状に分散させることであり，できたものをエマルションと総称する。通常のエマルションには，水中に油が分散した水中油滴（O/W）型と油中に水が分散した油中水滴（W/O）型の2つの型がある。適当な界面活性剤（食品分野では通常，乳化剤とよぶ）を選ぶことにより，どちらの型のエマルションも作ることができ，親水性の高い乳化剤を用いるとO/W型，親油性の高い乳化剤を用いるとW/O型のエマルションを生じる場合が多い。

食品でみられるエマルションには，牛乳，アイスクリーム，マーガリン，マヨネーズ，ドレッシングなどがある。

（1） 卵の乳化性と寄与する成分

卵などのタンパク質の乳化性は，一般に乳化容量と乳化安定性の2つに分けて考えられる。乳化容量は一定条件下で所定量のタンパク質によって乳化される最大の油の量として，乳化安定性は一定条件下で調製したエマルションを貯蔵した場合起こる水層と油層の分離速度としてそれぞれ定義されている。卵の乳化性については，卵黄と卵白のいずれも乳化性を示すが，卵白に比べて卵黄の乳化安定性が大きいのが特徴である。卵黄の乳化力を1とすると卵白は1/4，全卵は1/2である。卵黄の成分中，乳化容量や乳化安定性に主として寄与しているのは，卵黄の主成分である低密度リポタンパク質（LDL）であり，LDLの乳化容量は，通常の球状タンパク質の乳化容量に比べて大きい。LDL分子が中性脂質あるいはリン脂質と結合して複合体を形成しているため，油に対する親和性が高くなっているためである[8]。

（2） 卵の乳化性と加工条件

卵の乳化性は加工法により影響を受ける。液卵はサルモネラ属菌を対象に低温殺菌が行われる。卵黄の殺菌は連続式殺菌では通常61℃，3.5分の処理がなされるが，加熱殺菌による卵黄の乳化力低下はそれほど大きくない。殺菌温度を変えた卵黄を用いてエマルションをつくり，その安定性を水相分離の量で調べた結果，未殺菌と比べて65℃までは殺菌温度が高い方がエマルションの安定性がよいという結果が得られている。しかし，これ以上の殺菌温度の上昇は卵黄が熱凝固し，乳化は難しくなる[9]。

卵黄を凍結すると，リポタンパク質の凍結変性により，解凍しても流動性がなく不可逆的に

ゲル化する。このゲル化した卵黄は乳化容量が低下し、乳化安定性もわるくなり油が分離しやすくなる。この場合、卵黄に糖類、または食塩を加えると凍結による乳化力低下を防ぐことが知られている。そのため、冷凍卵黄には一般に10％程度の食塩や20～50％の糖類が添加されて流通している。ただし、凍結によるリポタンパク質変性防止を目的とした食塩や糖類の添加は、食塩や糖類の脱水作用により粘度の上昇が起こるが、－18℃ぐらいまでなら凍らずに氷温冷蔵の形で保存されるため乳化力は特に低下しない。

表3-3-1 マヨネーズの安定性に及ぼす卵黄加工方法の影響[10]

卵　黄	油の分離量（％）
新鮮卵黄	1.2
凍結卵黄	3.0
凍結乾燥卵黄	4.6
噴霧乾燥卵黄	8.8

卵黄は水分を除去し乾燥することによっても乳化力は低下する。乾燥方法として噴霧乾燥や凍結乾燥などが用いられるが、一般には噴霧乾燥卵が流通している。加工方法の違いによる卵黄の乳化安定性が調べられている。

表3-3-1はマヨネーズで評価した結果であるが、対象の新鮮卵黄を使用した場合が一番安定であり、凍結卵黄、凍結乾燥卵黄、噴霧乾燥卵黄の順で油の分離量が多くなっている。これは乾燥により卵黄の水分が低下し、リポタンパク質から脂質が分離するためと考えられている。分離した脂質は乾燥卵黄粒子の表面に付着し、そのために乾燥卵黄の溶解性がわるくなる。また、この分離した脂質が卵黄の乳化力を低下させる原因となる[11]。これを防ぐために、卵黄を乾燥する前に糖類を添加する方法が利用されている。

卵黄に酸を加えてpHを下げると粘度が高くなりゲル化する。pHを4以下に下げると、急激に乳化容量と乳化安定性がわるくなる。食塩が共存すると、酸と食塩それぞれが単独のときよりも相乗的に乳化力が低下することが報告されている[12]。

（3）　卵の乳化性の利用

卵の乳化性を利用した食品にはマヨネーズ、ドレッシング、アイスクリームなどがある。マヨネーズは、例えば卵黄17g（または全卵）に、調味料・香辛料などを溶かした食酢13gを加え、ミキサーに入れて撹拌し充分に溶かし、次に植物油65gを少しずつ流し込みながら撹拌して酢と油を乳化させてつくる。植物油は含有量の全体の65％以上を占めるために風味に影響する。油臭がなく、色も薄く充分に精製されたものを使う必要がある。卵黄あるいは全卵は新鮮なものを使用するのがよく、古くなると乳化力が低下し、油の分離、風味の劣化、微生物の繁殖などが問題となる。

アイスクリームの乳化剤として卵黄が使われる。その効果として、ミックスの起泡性の向上、オーバーランの安定化、ボディーとテクスチャーの改善、風味の向上などがある。卵黄を使用する場合の欠点として、コストが上がるため比較的高価なアイスクリームにしか用いられない。また、卵の臭いが問題になることがあり、卵黄臭の少ない卵黄を選択する必要がある。ただし、家庭でアイスクリームを手作りする場合は、卵黄が最適の乳化剤として使用できる。

〈参考文献〉　＊　＊　＊　＊　＊

1) 中村良編：「卵の科学」p.79, 朝倉書店（1998）
2) Yamamoto, T., *et al.* (eds)：Hen eggs Their Basic and Applied Science, p.124-125, CRC Press（1997）
3) 渋川祥子編：「食べ物と健康―調理学―」p.141, 同文書院（2009）
4) 太陽化学(株)編：「卵―その化学と加工技術―」p.134, 光琳（1987）
5) Woodward, S. A. & Cotterill, O. J.：Journal of Food Science, p.501（1983）
6) 細野明義他編：「畜産食品の事典」p.346, 朝倉書店（2002）
7) Yamamoto, T., *et al.* (eds)：Hen eggs Their Basic and Applied Science, p.126-127, CRC Press（1997）
8) Lowe, B. (ed)：Experimental Cookery, Jhon Wiley and Sons, Inc.（1964）
9) Varadarajulu, P. & Cuningham, F. E.：Poultry Science, p.542（1972）
10) 太陽化学(株)編：「卵―その化学と加工技術―」p.156, 光琳（1987）
11) Rolfes, T., *et al.*：Food Technolgy, p.569（1955）
12) 押田一夫：「日本食品工業学会誌」p.164（1975）

4章　卵の品質と加工

Section 1　■卵の鮮度と品質　　〈設樂弘之〉

　品質のよい卵の定義はしっかりと決まっているわけではないが，平成12年12月1日付で農林水産省より示された「鶏卵規格取引要綱」では箱詰め卵の品質として特級(生食用)から格外(食用不適)までに分けられている(表5-1-2, p.320参照)。その特性として，「外観検査した場合」，「透光検査した場合」，「割卵検査した場合」において，それぞれの等級における状態が記載されている。このなかで，外観はともかく，卵白や卵黄など内容物の状態は鮮度と関連づけられている項目が多く，鮮度の高いものが特級の規格に合う形になっている。したがって，卵の品質を考えるうえで，鮮度は重要な指標となっている。

　卵の鮮度が低下すると品質にどのような不利な点が生ずるかは，次のようである。健康な鶏が産んだ卵には微生物は存在せず，存在したとしても卵白中と考えられている[1]。卵白には，リゾチームなどの抗菌性タンパク質が存在し，細菌がきわめて増殖しにくい環境となっている。しかし鮮度が低下すると卵黄膜が弱化し，鉄イオンなどの卵黄成分が漏出するため，卵内は細菌が増殖しやすい環境に変わる。特に In egg 汚染卵の場合，賞味期限を超えると，卵黄膜上の SE 菌が増菌する危険性が高まる。(Salmonella Enteritidis；SE)菌は食中毒を起こす細菌であるため注意が必要である。SE 菌の卵内増殖は鶏卵の保存温度と関係があり，ハンフリー博士の式として示され，鶏卵の賞味期限設定の根拠となっている[2]。

　なお，物理的な変化としては，鮮度が低下すると濃厚卵白が水様化し，卵黄が卵の中心から卵殻側へ浮上する。また，卵黄膜の強度も低下するので，ゆで卵の卵黄が偏心しやすくなる，割卵時に卵黄と卵白の分離がむずかしくなるなど，加工面での問題が生じる[3]。

鮮度の指標と測定方法

　卵の鮮度検査の方法としては，非破壊検査と割卵して検査する方法がある。

　非破壊検査法としては，肉眼による検査，透光検査，比重検査などがある。例えば，透光検査は卵の片側から光を当てて内部を観察する方法であるが，気室の大きさや卵黄の位置などで卵の鮮度を判定することができる。卵は通常薄い食塩液中では沈下するが，保管が長くなると卵殻の気孔から水分が蒸散し，気室が大きくなるので比重が軽くなり，食塩液に入れると水面に浮上する。この比重の変化を利用して卵の鮮度を判定することができるが，保管時の温度や湿度によって，水分の蒸発量に違いが出るため実際的ではない。

　割卵して検査する方法はより正確に卵の鮮度を判定できる。卵は保管中に卵白の pH が上昇し，濃厚卵白や卵黄の盛り上がりが小さくなるなどの明確な変化があり，より正確な鮮度判定が行われる。その鮮度指標としては，卵黄係数，卵黄偏芯度などの方法が提唱されているが，そのなかでも最も一般的に使われているのは米国のハウ博士によって提唱されたハウユニット(HU)であり，卵をガラス平板上に割卵して濃厚卵白の高さの変化と卵重から次式で算出する。

$$HU = 100 \log_{10}(h - 1.7w^{0.37} + 7.6)$$

h：濃厚卵白の高さ(mm)　w：卵重(g)

　日本ではHUによる鶏卵の品質判定は規格化されていないが、アメリカ農務省(USDA)が設定した食用鶏卵の判定にHUが使われていることから、日本でも鶏卵の鮮度指標として広く使われている。HUの測定は専用の装置を使ってマニュアル測定されていたが、近年はHUをデジタル測定する装置が市販され広く用いられている。

　現在、HUは広く卵の鮮度指標として使われているが、濃厚卵白の高さは鶏種や日齢によっても変化することが知られている。このことから、鮮度を測るには卵白pHや卵黄の幅を高さで割って算出する卵黄係数(YI：Yolk Index)を指標にすべきではないかとの意見もある[4]。

HU＝100・log(H－1.7W0.37＋7.6)
H：濃厚卵白の高さ(mm)　W：卵重(g)

72以上　　AA(食用)
71〜55　　A(食用)
55〜31　　B(加工用)
30　　　　C(一部加工品)

YI＝卵黄高(mm)／卵黄直径(mm)
0.36以上　新鮮卵
0.36未満　古い卵

図4-1　ハウユニット(HU)左と卵黄係数(YI)右の測定

2　鮮度低下による変化

　卵を保存すると卵殻の気孔を通じて、水分や卵白に含まれている二酸化炭素が蒸散され、卵白の水分量が低下し、卵白のpHが上昇する。また、濃厚卵白の高さが低下するなどの変化が起きる。このような変化は卵が置かれた環境に影響を受ける。特に保管温度に著しく影響を受けることが知られている[5]。一方、低温かつ密閉された容器で卵を保管することができれば、HUが示す新鮮卵の状態を長く保つことができる。密閉することで二酸化炭素の放出が抑制され、卵白のpHが上がらないことで、濃厚卵白の構造を担っている不溶性オボムシンのネットワーク構造が保持されるためである。

　鮮度低下の影響は卵の調理適性にも起こる。濃厚卵白の水様化により卵白の泡だちが変化しエンゼルケーキの食感がわるくなったり、卵黄との混ざりがよくなりすぎて卵焼きのおいしさが低下したりすることが知られている[6]。一方、ゆで卵はpHの上昇により卵白の加熱凝固性が高まり殻が剥けやすくなったり、食感が改善されたりする[7]。畜肉や野菜などでは鮮度低下とともに光や酸素による脂質の酸化や、内在する酵素によるタンパク質の分解により著しく風味が低下する。しかし、卵は殻や卵白に守られているため卵黄の脂質変化は少ない。

　さらにプロテアーゼなどのタンパク質を分解する酵素がはたらかないことから、保存してもタンパク質は分解しない。卵は鮮度低下による風味の変化は少ないといえる。

3　卵の賞味期限

　平成11年，食品衛生法施行規則の改定によって，食品には安全においしく食べられる期間として，加工食品においては袋や容器に「消費期限」か「賞味期限」のどちらを表示することが義務づけられた。生鮮食品のように腐敗しやすく，短い時間で安全が損なわれるような食品については，消費期限を表示することが義務づけられているが，卵の場合は保存性がよいことから「賞味期限」が表示されている。しかも，卵の賞味期限は生食可能期限であって一般の食品とは意味合いが異なるので，消費者はその違いを理解する必要がある。

　一般食品で「賞味期限」は包装に書かれた条件で保管した場合に，その風味に異常が出ない期間を保証している。卵の場合はこれと異なり，生で食することができる期間を「賞味期限」としている。このため，「賞味期限」を過ぎた卵でも十分に加熱すれば問題なく食することができる[8]。卵の賞味期限設定の根拠やその表示制度は5章を参照されたい。

〈参考文献〉　＊　＊　＊　＊　＊

1) 今井忠平ら：「改訂増補タマゴの知識」p.64，幸書房(1999)
2) 鶏卵日付表示等改定委員会：「鶏卵の日付等表示マニュアル－改訂版－」p.6-8(2010)
3) 設樂弘之他：「日本調理科学会大会研究発表要旨集　第28号」p.32(2016)
4) Hatta., et al.: The 25th World's Poultry Congress (2016)
5) 佐藤泰他編著：「卵の調理と健康の化学」p.10，弘学出版(1989)
6) 小川宣子：「卵と卵を利用した調理加工食品のおいしさに及ぼす要因」p.196-202，家禽会誌(2003)
7) 吉田実ら：「ゆで卵・卵白の風味におよぼす貯蔵条件の影響について」Poult. Sci, 17, p.358-363(1980)
8) 鶏卵日付表示等改訂委員会：「鶏卵の日付等表示マニュアル」p.2-3(2010)

Section 2 ■加工卵の種類とその製造方法 〈設樂弘之〉

　鶏卵の加工とは，広義では鶏卵を割卵して中身を取り出し，そのまま，または，それに新たな加工を加えること，また，殻付きのまま加熱などの加工を行うことをいう。一方，鶏卵取引規格で使用される用語としての加工卵は割卵から一定の工程を経て製造された，液卵，凍結卵，乾燥卵をいう。これらは通常，一次加工品とよばれるが，別の成分を添加したり，特別な加工処理をしたりするもの，および割卵をせずに加熱したような，ゆで卵などは二次加工品，または卵製品とよばれている。

1 一次加工品

(1) 液卵

① 液全卵

　液卵とは鶏卵を割卵して内容物である卵黄と卵白を取り出したもので，すべてを集めた全卵と，卵黄と卵白のそれぞれを分離したものがある。図4-2-1に液(凍結)卵の製造工程略図を示す。

　鶏卵は内容物を取り出す前は高い保存性を示すが，割卵した後の内容物，特に卵黄は腐敗しやすい。また，割卵時に卵殻の破片が液卵に入り，卵殻付着細菌による腐敗が進む危険性があるため，大量の卵を衛生的に割卵することはむずかしい。このため，割卵を専門にして食品メーカーに提供する専門業者が存在する。液卵には未殺菌のものと殺菌されたものがあり，それぞれ殺菌品については殺菌条件が法律で定められている[1]（表4-2-1，表4-2-2）。

　鶏卵の場合，殺菌は食中毒の対象菌としてサルモネラが陰性になることを目的としている。多くの食品や総菜メーカーでは，製造工程に食中毒菌の混入を防ぐために殺菌液卵を使うことが主流となり，近年は殺菌液卵の需要が伸びている。

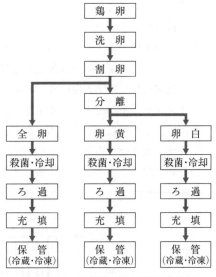

図4-2-1　液(凍結)卵の製造工程略図

表4-2-1　液卵の殺菌条件

液　卵	連続式	バッチ式
全　卵	60℃で3.5分以上	58℃で10分以上
卵　黄	61℃で3.5分以上	59℃で10分以上
卵　白	56℃で3.5分以上	54℃で10分以上

表4-2-2　加塩・加糖液卵の殺菌条件

液　卵	連続式
卵黄に10%加塩したもの	63.5℃で3.5分以上
卵黄に10%加糖したもの	63℃で3.5分以上
卵黄に20%加糖したもの	65℃で3.5分以上
卵黄に30%加糖したもの	68℃で3.5分以上
全卵に10%加糖したもの	64℃で3.5分以上

液全卵は，割卵した内容物を集めたものと定義できるが，卵黄と卵白をそのままに不均一な状態にしたままのものと卵白と卵黄を混合して均一にしたものに大別される。不均一なものは一般に「ホール」とよばれている。卵黄と卵白が別れているために，殺菌しにくく，未殺菌で流通しているものがほとんどであるが，通常の液全卵に比べると割卵するだけで工程が簡素であるため，比較的細菌数を抑えることができる。

　流通している多くの液全卵は割卵したのち撹拌し，卵黄と卵白を均一化している。さらに，20～40メッシュのストレーナー（筒状の金網）でろ過することにより，カラザや卵黄膜や，混入した卵殻片などを除去する。混合した液卵はいくつかの工程を経て製造されるため，細菌数が高くなるケースが心配されることから殺菌されることが多い。

　液全卵の殺菌のみならず，液卵黄や液卵白の殺菌には，バッチ式とプレート式連続殺菌の2つの方法が広く使われている。ジャケット式タンクに液卵を入れ，ジャケットに温水を入れて加温することで，液卵の温度を上げて殺菌する方法である。卵は加熱温度が高くなると，タンパク質が変性して機能が低下するのみならず，変性物がタンク壁面に付着するなどの問題が生じるため，ジャケットに入れる温水の温度をあまり高くすることができない。このため，液卵を殺菌条件の温度までに昇温するのに時間がかかり，製造時間が長くなる，その間に液卵の機能が損なわれるという問題がある。一方でバッチ式は簡単な設備で液卵製造が可能であることから，小規模での生産には適している。

　プレート式連続殺菌とは何枚も重ねたステンレス製プレートの間を温水と液卵を交互に通過させ熱交換し，既定の温度まで昇温する方法で，熱交換効率がよい。昇温した液卵は，ホールディングチューブとよばれる温水で保温した管の中を温度が下がらないよう通過させることで殺菌時間を担保している。ホールディングチューブで殺菌した液卵は，冷水が通過するプレートで熱交換させて冷却する（図4-2-2）。プレート式連続殺菌は設備の規模次第で短時間に多量の液卵を殺菌することができる。一方で長い配管などが必要なことから少量生産には向いていない。

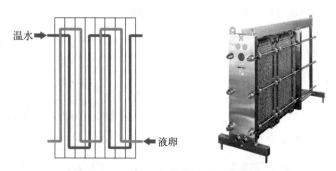

図4-2-2　プレート式熱交換器の模式図
注〕細いプレートの隙間を液卵とお湯が通過する間に熱交換が起き液卵を加熱することができる。

　液卵は殺菌することで，タンパク質がダメージを受け，未殺菌のものよりも泡立ち性など機能の点で劣るため，共立て法のスポンジケーキなど，一部の食品の原料としては使えないという問題があった。しかし，技術が進歩し，殺菌工程を工夫するなどの改善を行った結果，未殺菌のものに匹敵する機能をもつ商品が誕生している。また，ジュール加熱式殺菌など新しい殺菌方法も開発され，今後の技術確立が期待されている。

ヨーロッパやアメリカなどでは約1か月程度の長期保存が可能な液卵（ロングライフ液卵）の需要が高い。長期保存するために，通常よりも殺菌温度を高めている。殺菌温度を高くすると主に卵白のタンパク質が熱凝固する。これを防ぐために，ホモジナイザーを使用するなどして均一化をさらに高め，68～70℃ぐらいで殺菌して無菌充填し，かつ4℃で保管することにより長期保存を保証している[2]。

② 液卵黄，液卵白

　卵を割卵して卵黄と卵白を分離し，それぞれを集めたものを液卵黄，液卵白という。液卵黄は卵黄の形状を崩さないものもあるが，ほとんどは均一化したのち，ろ過により卵殻片やカラザ，卵黄膜などを取り除いたものである。卵黄は非常に腐敗しやすいため，製造工程中に混入する細菌によって簡単に腐敗する。このため殺菌されたものが主に流通している。一方，液卵白は比較的腐敗しにくいことや，濃厚卵白に由来する独特の粘性が殺菌すると失われることから未殺菌で流通している場合もある。

③ 加糖・加塩液卵

　食品衛生法の定めるところにより，液卵に砂糖や食塩を加えたものが一次加工品に分類されている。加糖，加塩の目的としては殺菌によるタンパク質の劣化を軽減させ品質の低下を防止することである。一方，加糖や加塩することで微生物の耐熱性も上がることから，殺菌温度も無添加のものに比べ高くする必要がある。

（2） 凍結卵

　凍結卵とは，液卵を容器に充填し急速に冷凍したものである。食品衛生法では－15℃以下で保管することとなっているが，冷凍食品と同じ－18℃以下で保管流通されるのがふつうである。凍結卵は凍結中に腐敗することはないが，使用するには解凍作業が必要で，その間に腐敗する恐れがあるので注意が必要である。未殺菌，殺菌に限らず解凍するときは室温で放置するのではなく，冷蔵庫で長時間かけて解凍するか，流水下で迅速に解凍することにより，微生物の増殖を抑えることが重要である。特に未殺菌品には低温でも増殖する細菌が生存している可能性が高いのでより一層の注意が必要である。

　かつては，凍結卵は夏場の安価な時期の卵を，卵の価格が高くなる冬場に供給するため製造されていた。大型ユーザーへ供給されていたことから5ガロン缶詰など大型容器が使われていた。近年，卵の夏場と冬場の価格差が小さくなり，かつ，相場変動での差損の恐れを嫌うメーカーが多くなり大型容器での供給ニーズが減っている。一方で小口ユーザーに対応した小容量の凍結卵の需要が拡大している（図4-2-3）。これらのユーザーは，かつては自分のキッチンで

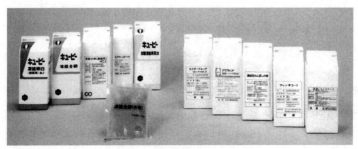

図4-2-3　小型容器の凍結卵の例

殻付き卵を使用していたが，衛生面と昨今の人手不足から手間を省くために凍結卵を使用している。小型容器には牛乳パックのような容器のものや袋に入れたものがあるが，解凍のしやすさなどから袋状のものの需要が多い。

① 凍結全卵

鶏卵を割卵して卵黄と卵白を均一に混合撹拌したものをろ過して卵殻片，カラザ，卵黄膜などの夾雑物を除去して凍結し，-15℃以下で保管したものである。凍結により卵黄のリポタンパク質が変性し，重合するために液全卵に比較すると粘度が高い。使用する場合は粘度が高いことを考慮し，その影響の少ない製品に使用することが大切である。

② 加糖・加塩凍結卵（卵黄・全卵）

卵黄は凍結保存することにより卵黄リポタンパク質が変性凝集し，最後にはゲル化してしまう。全卵の場合もゲル化までには至らないものの粘度が上昇する。この結果として溶解性がわるくなり商品価値が低下することがある。これを防止するために砂糖や食塩が用いられる。砂糖や食塩を加えることにより，-15℃の通常では凍結するような温度でも未凍結の水が発生し，凍結による変性を防ぐことができる[3]。全卵の場合は10％，卵黄の場合は20％加糖されたものが最も一般的で，これらは砂糖を原料として使う製菓の分野で使用されることが多い。一方，食塩を添加するものは10％程度添加するのが通常である。食塩を添加した全卵や卵黄も機能性の変化が少ないので，食塩を原料とするマヨネーズやドレッシングの原料として使用することができる。

③ 凍結卵白

液卵白や凍結卵白を工業的に作るには，割卵機という機械が必要である。高速で割卵および分離が可能であるが，卵白と卵黄を完全に分離することは難しい。通常，1％に満たない量ではあるが，卵白の中に卵黄が混入する。これを凍結すると卵黄のタンパク質が変性し，卵黄の油脂分が露出し，卵白の泡立ちを妨げてしまう。このため，通常の凍結卵白を泡立ちが必要とされる製菓用に用いるときは注意が必要になる。凍結卵白の泡立ち性低下を防ぐためには極力，卵黄を混入させずに製造する必要があるが，いつも低い卵黄混入率を維持することは容易ではない。そこで，卵黄の混入量が多少多いときでも泡立性に問題がないように，タンパク質加水分解物やサイクロデキストリンなどを添加するとよいことが知られている[4]。

④ 加工凍結卵

狭義の加工卵からは外れるが，小型容器の凍結卵加工品として，他の原料と混合したものが開発されている。例えば，解凍したあと，牛乳を加えて加熱するだけで完成するプリンの素や水を加えて加熱するだけで完成する茶碗蒸しの素などである。なかには，何も加えなくても加熱だけでプリンやスクランブルエッグなどの卵製品を作ることができるような製品もある。これらを使うと誰でも簡単においしい卵料理を作ることができるため，料飲店，コンビニエンスストアの惣菜，事業所給食などで広く使われている。

（3）乾燥卵

乾燥卵は液卵の水分を蒸発することによって得られる粉状，または顆粒状のものをいうが，卵焼きなどの乾燥品も一部で存在している。一次加工で定義されている乾燥卵は水を加えることにより溶解し，液卵と同じように使用することができる。この乾燥卵は常温保存が可能で，

輸送コストも低いなどの利点があり，古くから多くの食品に使われている。しかし，主に風味の点で液卵には及ばないことから使用が限定されている面もある。近年は研究が進み，問題点の解決や新たな機能の付与などで使用場面が広がっている。

① 乾燥方法

　卵の乾燥に使われる方法は，パン乾燥，噴霧乾燥，凍結乾燥，マイクロ波乾燥などがある。そのうち，パン乾燥は卵白のみ，マイクロ波乾燥は調理品の乾燥に使われている。

　パン乾燥とは卵白をトレイに流し込み，そのトレイを50～60℃で加熱することにより水分を蒸発させて乾燥する方法である。乾燥するまでに長い時間を要することと，水分が15％ぐらいまでしか乾燥できないため，腐敗しやすい全卵や卵黄の乾燥には適さない。この方法によって作られた乾燥卵白はフレーク状で再溶解しやすいなどの利点があるため，ヨーロッパなどで製菓向けの用途で使われている。

　噴霧乾燥は卵の乾燥には最も利用されている方法である。150℃前後の熱風の中に液卵を噴霧すると，瞬時に微粒子の液卵から水分が蒸発して粉末になる。この方法は，装置の大きさに応じて効率よく乾燥できるうえ，卵タンパク質や脂質の変性を最小限に抑えることができる点が優れている。また，液卵の供給量を調整することで水分も4～5％まで乾燥させることができる。

　凍結乾燥は液卵を凍結した後，真空下で水分を昇華させて乾燥する方法である。低温で行うので，特に脂質の劣化を抑え，乾燥卵のなかでは風味のよいものを製造することができる。一方で連続生産には適さず乾燥コストが高くなることから，一次加工品よりもコストをかけられる卵スープなどの二次加工品の乾燥に使われることが多い。

② 乾燥全卵，乾燥卵黄

　乾燥全卵，乾燥卵黄はそれぞれ殺菌液全卵，殺菌液卵黄を噴霧乾燥によって乾燥したものである。常温で保存が可能であるが，長期になるとリポタンパク質の脂質やタンパク質が変性し，風味劣化，溶解時の粘度上昇，不溶化などが起こるので，6か月以内に使い切ることが望ましい。この変性は保管温度に依存するので，25℃以下，特に10℃以下で保管すると品質の劣化を防止することができる。しかし，冷えた粉体を室温で使用すると結露することがあるので注意が必要である。液卵と比べると乾燥品特有のフレーバーがあり，泡立ち性もよくないため，スポンジケーキなどには使えないが，ビスケットなどの焼き菓子やパスタの原料として使用されている[5]。

③ 乾燥卵白

　乾燥卵白製造の歴史は古く，現在でも乾燥卵のなかで占める割合が最も高い。全卵や卵黄とは異なり，乾燥卵白はいくつかの工程を経て製造される。卵白にはグルコース（還元糖）が約0.5％含まれているため，そのまま乾燥するとすぐにメーラード反応により褐変して不溶化してしまう。これを防ぐため，卵白を乾燥するには乾燥前に糖を除去しないといけない。これを脱糖工程という。糖を除去するには細菌，パン酵母，酵素（グルコースオキシダーゼ）を利用する3つの脱糖法がある。しかし，それぞれに問題がある。細菌を使う方法で乾燥卵白を製造すると細菌由来の独特の風味が付与される。また，脱糖が終了するまでに長い時間が必要になる。アメリカでは，この風味はあまり嫌がられないため，乾燥卵白は微生物で脱糖されたものが主流である[6]。パン酵母を使う方法でも特有の酵母臭がついてしまうが，短時間で脱糖でき

るため，日本ではこの方法が好まれている。酵素法は風味に影響しないことから優れた方法であるが，加工助剤として過酸化水素を使用することが一部の消費者に受け入れられないことや小麦粉の水溶き品に混ぜるとゲル化を起こすなどの問題点があるため，食品に使われることは少ない。

　乾燥卵白は製造時に細菌や酵母を使用することもあり，乾燥後に殺菌を行う。この工程を熱蔵とよんでいる。乾燥卵白もサルモネラを死滅できる条件ということで，水分が6％以上，加熱温度が55℃以上で，熱蔵期間も1週間以上と決められている[7]。この熱蔵の条件をいろいろと変更することで，水戻しして加熱したときのゲルの物性の異なるものや泡立ち性を向上させることができるので，種々の条件で熱蔵された商品がある。乾燥卵白の主要な用途としてハムの離水防止があるが，これに使う乾燥卵白は加熱時に固く，かつ離水が少なく固まるものが使われる。また，ラーメンの伸び防止などには進展性と保水性が高いゲルを作るタイプのものが使われる[8]。

2　二次加工品

（1）ゆで卵

　ゆで卵は鶏卵を加熱凝固させただけの商品であるが，実際に自動化して大量に生産するのはむずかしい。コンビニエンスストアなどでは，殻付きゆで卵が商品化されているが，食品産業では殻をむいたものが，たまごサンドの具やおでん，弁当などで大量に使われる。加熱の程度により卵黄の状態を変えることができるので，固ゆで，半熟，卵黄の固まっていないゆで卵や温泉卵など好みのタイプを製造することができる。

　通常，ゆで卵の原料は比較的小さい卵のMやMSサイズを使うことが多い。また，産卵直後にゆでると，卵白中に溶けている炭酸がガス化するので内圧が高まり，卵白液が卵殻膜のメッシュ構造に絡んで凝固するので殻が剥けにくいため，大量生産の場合，新鮮卵を冷蔵で1～2週間保存し，内部の炭酸ガスを蒸散させて，卵白pHをアルカリ性にしてからゆでる[9]。アルカリ性の卵白の加熱ゲルは透明感と弾力性があり，卵殻もむきやすくなる。

　殻付きゆで卵には，温泉卵や塩味付きの商品もある。温泉卵は，卵黄と卵白の凝固温度に差があることを利用した商品である。卵白は57℃ぐらいから変性が始まり白濁するが，80℃近くになるまで固くかたまらない。一方，卵黄は67℃ぐらいで粘度が上昇し固まってくる。すなわち，70℃弱で30分ぐらい加熱することで温泉卵を作ることができる[10]。

　一方，塩味の殻付きゆで卵の製造法は，ゆでた直後の卵を冷たい飽和食塩水に漬ける方法が一般によく知られている[11]。温度差による卵殻と卵白ゲルの収縮率の差を利用し，内部を陰圧にして，気孔を通じで飽和食塩水を程よく内部に吸い込ませ塩味をつけている。

（2）卵焼き，オムレツ

　卵焼きの代表といえる厚焼き玉子は，主に関東で食されているが，卵にだし汁や砂糖を加えて焼成して作る。薄く焼いた卵を重ねて厚く成形するのが一般的な作り方である。一方，関西では砂糖は使わずに出汁を入れ，薄く焼いた卵を巻いて作るだし巻き卵が一般的である。上から巻くのが大阪巻き，下から巻き上げるのが京都巻きである。家庭などでは他の原料はあまり

使わないが，冷凍食品として流通されているものには冷凍変性による食感の劣化や離水を防ぐために，デンプンや油脂，ゼラチンなどを添加している。また，卵液のpHが高いと硫化黒変を起こして色が黒ずむことがある。その防止のために，卵液にお酢やレモン汁などを添加しpHを下げることがある。

卵に塩や胡椒，生クリームなどを添加してフライパンで木の葉型に成型しながら焼成するのがオムレツである。大量生産する場合は木の葉状の型に卵液を入れて焼成したものを重ねあわせて作る。オムレツにはジャガイモなどの具を入れて丸く焼き上げたスパニッシュオムレツや卵を撹拌しメレンゲ状にしたのちに焼成するスフレオムレツなどがある。

（3） 卵豆腐，茶碗蒸し，カスタードプリン

卵豆腐，茶碗蒸し，カスタードプリンはいずれも卵の熱凝固性を利用した二次加工品である。卵豆腐は全卵に出汁や調味料を加えて味や食感を整えたものであり，独特な食感をもつ。茶碗蒸しも同様に出汁と調味料を加えたものであるが，卵豆腐に比べるとだし汁の量が多く，より柔らかい食感である。また，鶏肉などの具を加えることもある。カスタードプディングは卵に牛乳や砂糖，香料などを加えて作るもので，食感の好みにより硬さを調整している。全卵と牛乳を主な原料とするものが主流であるが，最近では卵黄に生クリームを使ったものが商品化されており，強いコクとなめらかな食感が好まれている。

このような食品ができるのは，卵を加熱した時の水分保持力が強いためであり，出汁や牛乳などを加えて柔らかい食感のゲルにしている。これらの調製時，加熱前に空気を多く含んでいたり，加熱温度が高すぎたりすると，熱凝固中に気泡が発生して鬆が入り（す立ち），均質で滑らかな食感にならない。ゲル化しない温度で予備加熱を行い，卵液中の溶存空気をなくしたり，低温で加熱してす立ちを防止することができる。

（4） マイクロ波乾燥品

デンプンや調味料を加えた卵液ペーストにマイクロ波をあてて加熱成形し，乾燥させたものをマイクロ波乾燥品という。調理と乾燥が同時にできることから，作業が簡単で短時間に製品を作ることができる。同じような乾燥品には熱風乾燥品や凍結乾燥品があるが，熱風乾燥品よりも熱を加えていないために品質が良く，凍結乾燥品のように製品ができるまでに時間がかからないという利点がある。また，マイクロ波照射は内外均質加熱なので，湯戻りが良好で主にカップ麺の具などに使われるほか，水戻しして錦糸卵にして使うとか，顆粒状にしてふりかけの具に使用するなどの利用法がある[12]。

（5） 卵スープ

卵スープは，加熱したスープをかき混ぜながら液卵を流しこみ作る。いわゆる，かき卵である。かき卵の凝固物は薄い膜で適度な大きさのひだになっている。液卵に適度な粘度がないときれいなひだにはならない。液卵をあまり撹拌しないと膜が厚く，軽い食感のものができない。一方，撹拌しすぎて，水のような状態にしてしまうと，スープに入れた瞬間に中で散ってしまい，ひだ状のかき卵ができない。

卵の粘度が混ぜることで変化するのは，濃厚卵白のオボムシンのゲルが物理的に壊れるから

である。オボムシンは高分子の糖タンパク質で少なくとも2個のサブユニットからなる。濃厚卵白のゲルの主体であると考えられていて，卵黄と混ぜて全卵にした後でも液卵の物性に影響を及ぼしている[13]。工業的には，お湯を注ぐだけで簡単に作れるたまごスープの素が製造されている。これらは調味液に，別途スープ中で作った，ひだのあるかき卵を混ぜて，凍結乾燥して作られる[14]。

（6）マヨネーズ，マヨネーズ類

卵黄の乳化力を利用した代表的な食品として，マヨネーズ，マヨネーズ類があげられる。マヨネーズは卵や食塩，お酢，植物油を主原料とした半固形状サラダドレッシングの一つで，日本農林規格（JAS）で必須原料や油の含有量65％以上が定められている。この規格からはずれるものは，マヨネーズとよぶことができない。このため，卵は必須原料である。マヨネーズで卵，特に卵黄は油を乳化させるはたらきをしている。さらに特有のおいしさを出すという効果も有している。

JAS規格では，ドレッシングはマヨネーズの他に，半固形状ドレッシング，乳化液状ドレッシング，分離液状ドレッシング，サラダクリーミードレッシングの5つに分類されている[15]。マヨネーズ以外にもサラダクリーミードレッシングには，鶏卵の使用が義務づけられている。

最近は消費者の要望によりマヨネーズの風味をもちながら，油の含有量を減らし，カロリーを低減させたもの（ハーフ，ライト，コクウマなど）や，コレステロールを除去した卵黄を使用したもの（ゼロ，ノンコレステロールなど）がある。いずれもマヨネーズではないが，卵黄の乳化力が利用されている商品である。

（7）微生物を使った新しい卵製品

近年，微生物を使った新しい卵加工品が商品化されている。一つは卵白発酵調味液（卵醤油）である。卵白と小麦粉でスポンジケーキを焼成し，これを培地として醤油麹を培養する。麹カビはスポンジの内部まで菌糸を伸ばし，タンパク質分解酵素活性が強いスポンジ麹が得られる[16]。これと食塩を溶解した卵白液と混合した卵白もろみを約6か月発酵熟成して卵醤油が得られる。大豆の代わりに卵白を利用した新しい発酵調味液で，通常の醤油より色が薄く，ほんのり卵の風味がして卵料理と相性がよい。

もう一つは，卵白に乳酸菌を使って発酵させる技術である。卵白にはリゾチームがあり，そのままでは乳酸菌が増殖しないが，加熱処理をしてリゾチームを不活化することで乳酸菌が生育できる環境を作り発酵させている。この工程でできた卵白乳酸発酵物は卵白特有のにおいがなくなり，一方で発酵による風味をつけることができた。あわせて，保水性を高める効果やトマトなどの青臭い風味をマスキングする効果が付与された[17]。これをベースに常温保存できる乳酸発酵卵白の飲料も開発され，スポーツ後の体調管理によいということで消費されている[18]。

〈参考文献〉　＊　＊　＊　＊　＊

1) 厚生省通知：食品衛生法施行規則及び食品，添加物などの規格基準の一部改正について（平成10年11月25日生衛発第1674号）
2) 新添正之他：特許第2135246号
3) 若松利男他：「日本農芸化学会誌」Vol. 54 No. 11, p.951-957(1980)
4) 黒田南海雄他：特許第3072640号
5) アメリカ家禽鶏卵輸出協会 ホームページより
6) W. J. Stadelman, O. J. Cotterill. : Egg science and Technology forth edition, p.325-330 Food Products Press (1995)
7) G. W. Froning., *et al*. : International Egg Pasteurization manual, FDA (1971)
8) 田中敏治：「食品と化学47(7) 73」(2005)
9) H. McGee：「マギーキッチンサイエンス」p.86-66，香西みどり監訳，共立出版(2008)
10) 日本卵業協会：「タマゴのソムリエハンドブック33」
11) 大橋正朋：特開 平7-274904
12) 浅野悠輔，石原良三：「卵―その科学と加工技術―」p.253，光琳253(1985)
13) 佐藤泰ら：「卵の調理と健康の化学」p.15，弘学出版(1989)
14) 廣重美希：「たまごスープ」，月刊消費者429 23 (1995)
15) 農林水産省告示1401号(平成15年9月10日)，ドレッシングの日本農林規格
16) 莊咲子ら：「日本食品科学工学会誌61(2)」p.77-84, (2014)
17) 吉見一真：「Food style 21 15(11)」p.44-46, 食品化学新聞社(2011)
18) キユーピーアヲハタニュース，2016/6/27 No.32 (2016)

Section 3　■卵の高付加価値利用　　〈設樂弘之〉

1　卵白リゾチーム

　リゾチームは卵白タンパク質の約3.5％で，グラム陽性菌に対する溶菌酵素活性や抗炎症効果を有する。従来，リゾチーム塩酸塩が風邪薬や蓄膿症の炎症緩和などに効能が認められていたが，薬効を再検討した結果，現在は医薬品として抜歯後の出血抑制などの薬効のみが記載されている。食品への利用としては，細菌の増殖抑制（日持ち向上剤）の目的で食品添加物として利用されている[1]。また，最近の研究でリゾチームを加熱変性させると，酵素活性はなくなるが，グラム陰性菌に対して抗菌作用を示すことがわかってきた。さらに，この変性リゾチームをマウスノロウイルスに作用させたところ不活化させることがわかり，さらに，ヒトノロウイルスにも効果があることがわかった[2]。この特性を用いて食中毒の予防を目的とした環境衛生剤としての利用が始まっている。

2　鶏卵卵黄抗体（IgY）

　抗体は免疫グロブリンとして知られるタンパク質で，動物の体内に病原体や毒素などの異物（抗原）が入るとそれらに特異的に結合し，病原性や毒性を中和する役割を担う免疫抗体である。鳥類の血液中や体液中には，哺乳類のIgG抗体に相当するIgY抗体が存在する。鶏の場合，親鳥の血液中のIgYが卵巣で卵胞に濃縮移行し，そのまま排卵され卵になり，その卵黄1g当たり約10mgものIgYが含まれる。この抗体量は特筆すべきも

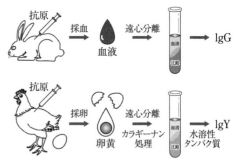

図4-3-1　特異的抗体の調製法の比較

ので，産卵鶏1羽が1年間に産卵する約300個の卵から得られるIgY抗体量はウサギ約30匹分に相当する血液IgG抗体量に匹敵する（図4-3-1）。

　近年，毒素タンパク質，感染症ウイルスや細菌などを抗原として，産卵鶏を免疫し，その鶏卵卵黄から対応する抗原の毒性や感染力を中和するIgY抗体が作られ利用されている。小児下痢症のロタウイルス，虫歯菌，胃潰瘍や胃がんの原因といわれているヘリコバクター・ピロリ菌などに対する卵黄IgY抗体がガムやチョコレートやヨーグルトに配合され市販されている。さらに嚢胞性線維症患者の気管支疾患の原因菌である *Pseudomonas aeruginosa* や，セリアック病で腸の潰瘍の原因になるグリアジンに対する特異的IgY抗体の作成などいろいろな方面での検討が行われている[3]。

3　卵白ペプチドと卵黄ペプチド

　ペプチドとはアミノ酸がペプチド結合で2個以上数個結合したものをいう。卵白や卵黄はタ

ンパク質が豊富であるが，これらにプロテアーゼを作用させることにより，卵由来のペプチドを作ることができる。

　卵白タンパク質からペプチドを調製する場合，複数のプロテアーゼを併用するのが普通である。卵白にはプロテアーゼインヒビターが多いため，単にプロテアーゼを添加してもはたらかない場合があり，前処理として加熱して卵白タンパク質を変性させておく必要がある。このようにして得られたペプチドは単一のアミノ酸やタンパク質よりも消化吸収性に優れていることから，高齢者の栄養補給流動食やアスリートの筋肉増強サプリなどに利用されている[4]。また，起泡性や抗酸化能を有するなどの効果がエスプレッソタイプの缶コーヒーに利用されたり，ドレッシングの油の酸化防止や野菜の退色防止に使われたりする例がある。

　なお，卵白ペプチドの生理機能としては，オボアルブミン由来のペプチドにＡＣＥ活性阻害（血圧降下活性）を示すものやオボムチン由来のペプチドに抗腫瘍効果がある。また，卵白ペプチドは卵白タンパク質やカゼインペプチドと比較して血清総コレステロールレベルを下げ，ＨＤＬコレステロールの低下を抑制できるとの報告もある[5]。

　卵黄ペプチドは卵黄タンパク質にプロテアーゼを作用させて作られるが，卵黄タンパク質の多くは脂質と結合したリポタンパク質として存在していることから，直接卵黄をプロテアーゼ処理するのではなく，脂質を抽出した残りの残渣部分が使われる。卵黄ペプチドも卵白ペプチドと同様に体内吸収性や，利用効率がよいことが報告されている。さらに，卵黄ペプチドがもつ特有の生理活性機能として，骨の形成に効果がある成分が骨を丈夫にするサプリメントや食品として商品化されている[6]。また，除毛したマウスに対して，飼料に卵黄ペプチドを混ぜて与えたところ，発毛が促進されたことや，女性を対象にボランティア試験をした結果，頭髪の増毛効果があったことが報告されている[7]。

4　卵黄脂質と卵黄リン脂質（レシチン）

　卵黄のうち約30％が脂質であり，そのうち65％が中性脂質，30％がリン脂質，4％がコレステロールである。卵黄の脂質成分はタンパク質と結合した状態で存在しているため，遠心分離のような物理的な方法だけでは脂質を分離することはできない。そこでアルコールなどを使って抽出する方法や，加熱によりタンパク質を変性させることで，油を取り出す方法などで卵黄から抽出分離する。卵黄脂肪を構成する脂肪酸にはオレイン酸が最も多く，次いでパルミチン酸，リノール酸などが含まれている。この脂肪酸は飼料により影響を受けるため，飼料に含まれる脂質の脂肪酸組成を変えることで，卵の脂肪酸組成を変化させることができる[8]。

　リン脂質（レシチン）とは構造にリン酸エステルを含む脂質の総称で，親油性の高い部分と親水性の高い部分を兼ね備えていることから乳化力をもつことでよく知られている。この作用があることから食品だけでなく栄養補給剤である脂肪乳剤の乳化剤として医療分野でも使われている。リン脂質は動脈硬化の原因とされる酸化低密度リポタンパク質を血液中で溶解し，肝臓へ運ぶ効果を有している。また，細胞膜の主成分であることから細胞膜をしなやかにする効果もあるといわれている。さらに，ビタミンB_{12}との併用で脳神経機能の改善が報告されていることから，脳細胞を活性化させ認知症の予防に効果があるのではないかと期待されている[9]。

　リン脂質（レシチン）にホスホリパーゼA2を作用させて得られるリゾリン脂質（リゾレシチ

ン）は乳化性がさらに高まり，またデンプンの老化を防止する効果を有しているため，フラワーペーストなどに使われる[10]。

5　卵殻膜，卵殻

　卵殻膜や卵殻は一般家庭では廃棄されているが，液卵製造工場では割卵時の残渣としての有効利用研究が進み，いろいろな生理効果などが見いだされ注目されている。

　卵殻膜は卵殻と卵白の間に位置する膜状のもので，繊維状タンパク質が網の目状になっている。このタンパク質は水に溶解しないため利用しにくい。このため，物理的に粉砕して微粉末化したものや，アルカリや酵素などで加水分解して水溶性にしたものが製造されている。加水分解された卵殻膜はヒト真皮繊維芽細胞の接着および増殖効果，Ⅲ型コラーゲンの産出促進効果があり，化粧品に利用されている[11]。また，最近の研究から腸管上皮の損傷修復効果や炎症腸疾患の改善効果などが発表され[12]，さらなる機能の発見が期待されている。

　卵殻の主成分は炭酸カルシウムでカルシウム含量が38％と高い。また，日常生活において過剰に摂取され，カルシウムを体外に放出させるといわれているリンをほとんど含まず，リンとのバランスにおいて優秀なカルシウム源である。また，卵殻はほかのカルシウム，特に炭酸カルシウムと比較して吸収性が高いことが知られている。実際，60代のベトナムの女性で臨床試験した結果，無添加はもちろん，炭酸カルシウムと比較しても卵殻カルシウムの添加は，有意に骨密度の改善効果があったと報告されている[13]。

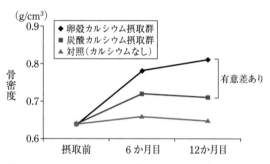

図4-3-2　カルシウムを摂取したときの骨密度の変化[13]

〈参考文献〉　＊　＊　＊　＊　＊

1) 第十七改正日本薬局方
2) Takahashi, H., *et al*.: Sci. Rep. 5, Article number: 11819 (2015)
3) 八田一：「鶏の研究」91, 3, p.16-20 (2016)
4) 山本茂：「日栄食誌39」p.81 (1985)
5) S. YAMAMOTO：Nutr. Res 13 1453 (1993)
6) 大井康之ら：特許第5213332号
7) 原田清佑ら：日本農芸化学会，2016年度大会
8) 平田ら：「日本食品工業学会誌」32 12, p.892-898 (1985)
9) Y. Masuda., *et al*.,: Life Scinece 62, p.813 (1988)
10) 妻谷勝弘ら：特許　第3096224号
11) Eri, Ohto-Fujita., *et al*.: Cell and Tissue, Volume 345, Issue 1, p.177-190 (2011)
12) Huijuan, Jia., *et al*.: Scientific Reports 7, Article number, 43993 (2017)
13) Sakai, S., *et al*.: J Nutr Sci Vitaminol, 63, p.120-124 (2017)

5章　卵・卵製品に係る法規と微生物問題

Section 1　■鶏卵の取引規格　〈押田敏雄〉

1　化学物質の残留に対する安全性規格

　食品衛生法を根拠規定とした告示「食品，添加物等の規格基準」[1]のなかで，「食品は抗生物質を含有してはならない。」，「食肉，食鳥卵及び魚介類は科学的合成品たる抗菌性物質を含有してはならない。」と規定されている。抗生物質などの食品中への含有を認めないのは，抗生物質などの一般的な安全性の問題や薬剤耐性菌の出現によるヒトの健康に対する影響が懸念されているためである。

　厚生労働省では，1995年から個々の動物用医薬品などが残留した食品のヒトへの健康被害について，科学的な評価が国内外で確立したものから，食品中の残留基準値を設定するようになった。厚生労働省による動物用医薬品残留基準の詳細は「厚生労働省動物用医薬品残留基準のホームページ[2]を参照されたい。

　なお，動物用医薬品のうち，特に畜水産食品中の残留に注意が必要なものには，使用方法や，投与してから出荷までの期間について，医薬品，医療機器などの品質，有効性及び安全性の確保などに関する法律：医薬品医療機器等法(旧・薬事法)に基づいて基準が定められている。その他，飼料安全法(飼料の安全性の確保及び品質の改善に関する法律)，動物用医薬品の使用の規制に関する省令などにより，生産・流通・消費の段階で規制が行われている。

2　鶏卵の品質規格

　鶏卵の取引に用いられる規格として，箱詰め鶏卵(10kg)の品質向上と流通の円滑化，適正な価格形成を目的とした要綱[3]が1965年に制定された。当時はバラ売りが主流を占めていた時代であり，世相を反映している。その後，6個あるいは10個のパック詰めが流通するようになり，鶏卵のサイズの規格(表5-1-1)が追加された。鶏卵個体(個々の卵)の品質区分は，「外観検査」，「透光検査」，「割卵検査」した場合の鶏卵の各部分の状態によって，4つに区分している。これは，鶏卵の規格として，1965年2月に農林水産省が制定した「鶏卵の取引規格」で，農林事務次官通達として出されており，鶏卵業界の取引に関する指導基準となっている。鶏卵の品質に関する規格(表5-1-2)は，この通達の別紙「鶏卵の取引規格」の一部を抜粋したものである。

表5-1-1　鶏卵のサイズの規格(パック詰め)

区　分	ラベルの色	基　準(g)
LL	赤	70～76
L	橙	64～70
M	緑	58～64
MS	青	52～58
S	紫	46～52
SS	茶	40～46

表5-1-2　鶏卵の品質基準[2)]

等級		特　級	1　級	2　級	級　外
		（生食用）	（生食用）	（加熱加工用）	（食用不適）
事　項					
外観検査及び透光検査した場合	卵　殻	•卵円形，ち密できめ細かく，色調が正常なもの •清浄，無傷，正常なもの	•いびつ，粗雑，退色などわずかに異常のあるもの •軽度汚卵，無傷なもの	•奇形卵　著しく粗雑のもの •軟　卵 •重度汚卵，液漏れのない破卵	•カビ卵 •液漏れのある破卵 •悪臭のあるもの
透光検査した場合	卵　黄	中心に位置し，輪郭はわずかに見られ，扁平になっていないもの	•中心をわずかにはずれるもの •輪郭は明瞭であるもの •やや扁平になっているもの	•相当中心をはずれるもの •扁平かつ拡大したもの •物理的理由によりみだれたもの	•腐敗卵 •孵化中止卵 •血玉卵 •みだれ卵 •異物混入卵
	卵　白	透明で軟弱でないもの	透明であるが，やや軟弱なもの	軟弱で液状を呈するもの	
	気　室	深さ4ミリメートル以下でほとんど一定しているもの	深さ8ミリメートル以内で若干移動するもの	深さ8ミリメートルを超えるもので大きく移動するもの	
割卵検査した場合	拡散面積	小さなもの	普通のもの	かなり広いもの	
	卵　黄	円く盛り上がっているもの	やや扁平なもの	扁平で卵黄膜の軟弱なもの	
	濃厚卵白	大量を占め，盛り上がり，卵黄をよく囲んでいるもの	少量で，扁平になり，卵黄を充分に囲んでいないもの	ほとんどないもの	
	水様卵白	少量のもの	普通量のもの	大量を占めるもの	

通常は，「外観検査及び透光検査」によるものとし，中段の「透光検査」，「割卵検査」は，先の方法で判断しにくい場合に行うものである。

また，図5-1-1に示すラベルも2010年からパック入りの卵に添付・表示されるようになった。

農林水産省規格
（卵重）
M
58g～64g未満
卵重計量責任者
○○○○

原産地　○○県
賞味期限　年月日
（パック日は任意表示）
採卵または選別包装を行った施設の
所在地　○○件○○市○○町○○番地
採卵または選別包装を行った者：○○養鶏場又は○○GPセンター
保存方法：お買い上げ後は冷蔵庫（10℃以下）で保存して下さい。
使用方法：生で食べる場合は賞味期限内に使用し、賞味期限経過後及び殻にヒビの入った卵を食べる際は、充分に加熱調理してお召し上がり下さい。

図5-1-1　パック入り卵のラベルの表示例

3 加工卵の品質規格

2000年12月1日付で農林水産省より示された「鶏卵規格取引要綱　別紙」の「鶏卵の取引規格（加工卵規格）」の主要項目を示す。

① 加工卵の原料鶏卵は，箱詰鶏卵規格に定める鶏卵の個体の品質区分により級外（食用不適）とされるもの及び一度，ふ卵器に入れたものは使用してはならない。

② 凍結卵の規格を表5-1-3に示す。なお，凍結卵の品質のサルモネラ属細菌の検査方法はサルモネラ属菌試験による（試料は，容器1個から25グラムを採取する）。

表5-1-3　凍結卵の品質規格[3]

事項	区分	凍結全卵	凍結卵黄	凍結卵白
品質	卵固形分(%)	24以上	43以上	11以上
	粗脂肪(%)	10以上	28以上	0.1以上
	粗タンパク質(%)	11以上	14以上	10以上
	pH	7.2〜7.8	6.1〜6.4	8.5〜9.2
	風味	正常	正常	正常
	細菌数(1g中)	5,000以下	5,000以下	5,000以下
	大腸菌群	陰性	陰性	陰性
	サルモネラ属菌およびその他の病原菌	陰性	陰性	陰性
	添加物	なし	なし	なし

③ 名称，原産地などについては，食品衛生法施行規則（昭和23年7月13日　厚生省令第23号）に基づき次のように表示するものとする。

ア．名称：殺菌し，凍結している旨及び，全卵，卵黄，卵白の別が分かるように記載すること。

イ．原産地：原料卵の産地とする。

ウ．消費期限又は賞味期限である旨の文字を冠した年月日

エ．製造所の所在地及び製造者の氏名

オ．保存方法（食品衛生法で定められている基準に合う方法）

カ．殺菌方法など：殺菌温度及び殺菌時間を記載すること

表5-1-4　凍結卵の表示様式例[1]
（添加物未使用，連続式殺菌の場合）

農林水産省規格	種類
名称	凍結全卵（殺菌）
原産地	○○
賞味期限	年　月　日
製造所所在地	○○県○○市○○町○○番地
製造者氏名	○○○○（又は（株）○○）
保存方法	−15℃以下で保存して下さい。
殺菌方法	60℃，3分30秒間以上で殺菌した。
成分名及び重量パーセント	△△△○○%

キ．成分及び重量パーセント：加糖又は加塩したものにあっては，その糖分又は塩分の重量パーセントを記載すること。

なお，参考として，凍結卵の表示様式を表5-1-4に示す。

〈参考文献〉　＊　＊　＊　＊　＊

1) 厚生労働省 HP http：/www.mhlw.go.jp/stf/seisakunitsiute/bunya/kenkou_iryou/
2) 厚生労働省 HP http：//www.ffcr.or.jp/Zaidan/FFCRHOME.nsf/pages/MRLs-n
3) 鶏卵規格取引要綱別紙（農林事務次官通達）箱詰鶏卵取引規格

Section 2　■卵と卵製品由来の微生物問題　　〈押田敏雄〉

　鶏卵から分離される食中毒の原因菌はサルモネラ菌，黄色ブドウ球菌，腸炎ビブリオ，病原性大腸菌，ウエルシュ菌などがあるが，圧倒的に問題となるのはサルモネラ菌である。鶏卵の鮮度低下に伴い，卵と卵製品を腐敗させ，ヒトの健康にも深刻なダメージを与える鶏卵の細菌汚染は養鶏業界のみならず食品業界にも大きな影響を及ぼす。

1　サルモネラ菌

(1)　卵とサルモネラの関係

　サルモネラ菌(図5-2-1)は，卵や卵製品による食中毒で，最も重要な細菌である。その卵への汚染経路は2つあり，鶏の卵巣にサルモネラ菌が感染し，形成途中の卵黄膜上に付着するインエッグ(In egg)汚染と，鶏卵が盲腸便で汚れた総排泄腔を通過するときの卵殻表面に付着するオンエッグ(On egg)汚染である。その汚染対策としては，鶏卵表面の速やかな洗浄と生産農場での飼育環境の清浄化が重要である。

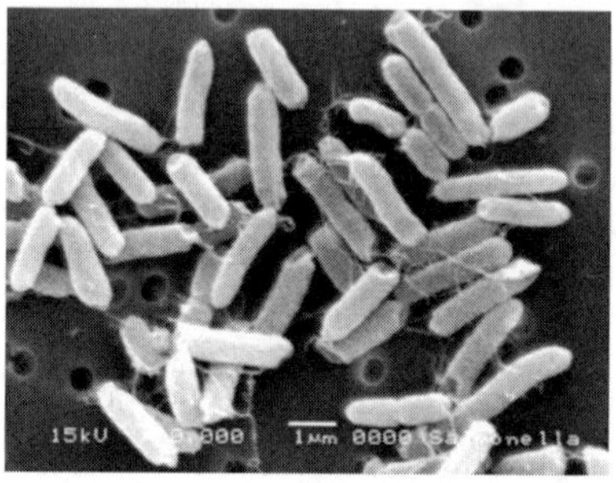

図5-2-1　サルモネラ属菌
(*Salmonella spp.*)

　特に1990年代に細菌性食中毒の原因菌として検出頻度が高くなったのは，In egg 汚染型の *Salmonella Enteritidis* (SE)菌である。日本は生卵を食べる習慣があり，この SE 菌による In egg 汚染卵対策として，1998年から鶏卵の賞味期限表示制度がはじまった。当初，In egg 汚染卵の検出頻度は3,000個に1個であったが，その後の生産者や流通関係者や消費者の衛生意識の向上により，現在は30,000個に1個程度まで減少し，サルモネラ食中毒の発生頻度も激減している(図5-2-2)。

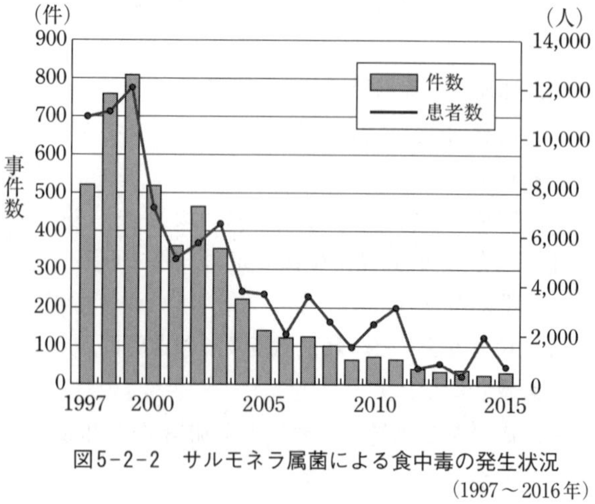

(2)　サルモネラの特徴

　熱に弱く70℃×1分の加熱で死滅するが，低温や乾燥には比較的強く，長期間生存する。動物の腸管や自然界(川，下水，湖など)に広く分布し生肉，特に鶏肉と卵を汚染することが多い。

図5-2-2　サルモネラ属菌による食中毒の発生状況
(1997～2016年)

　サルモネラ食中毒の潜伏期間は8～48時間，平均24時間である。主症状は腹痛，下痢，発熱で，吐き気や嘔吐など伴うこともある。

　サルモネラ属菌による食中毒の原因食品として，卵，またはその加工品，食肉(牛レバー刺

し，鶏肉)，うなぎ，すっぽん，乾燥イカ菓子などが知られ，二次汚染を受けた加工食品による場合も多い。食中毒対策としては，肉・卵は十分に加熱(75℃以上，1分以上)し，特に卵の生食は賞味期限内に限り，低温保存は有効であるが，過信は禁物であり二次汚染にも注意を要する。

(3) サルモネラ不活化ワクチン

サルモネラ不活化ワクチン[1]は1998年から使用されており，サルモネラ属菌の排菌抑制効果がある。現在の接種率は30％強といわれている。介卵感染抑制効果については，サルモネラ属菌の静脈内接種，腹腔内接種，ひな白痢菌(*S. pullorum*，介卵感染あり)を用いた経口摂取では，不活化ワクチン接種により汚染卵産出を有意に低下させることが報告されている。また，換羽誘導時には，サルモネラ属菌に対する感受性が高まるが，このような場合でもサルモネラ不活化ワクチン接種は有効とされている。

2 洗卵と微生物

サルモネラ菌による食中毒のうち，On Egg 感染対策としては洗卵[2]がある。卵の表面に付着した鶏糞由来のサルモネラ菌などは40～50℃の温水シャワーを浴びせながらブラッシングすることにより卵殻上の細菌数は減少するが，その効果は1/10～1/100程度の菌数減少にすぎない。しかもこのとき，若干の細菌の侵入があるので，洗卵した卵は長期間の保存に適さない。洗卵したものこそ低温での取り扱いを怠ると，サルモネラ菌の温床となりうる。表5-2-1に洗卵と内容物細菌数の関係を示す。アメリカでは洗卵が義務化され，EUでは禁止されているが，卵殻上の細菌を重視するか，卵殻内への菌の侵入を重視するかの考え方の相違によるものである。日本や中国では洗卵が行われている。

表5-2-1 洗卵と内容物細菌数の関係

産卵後日数	洗卵区 細菌検出率	洗卵区 腐敗卵検出率	洗卵区 細菌数*	無洗卵区 細菌検出率	無洗卵区 腐敗卵検出率	無洗卵区 細菌数*
3日	0/150	0/150		0/150	0/150	
9日	3/150	0/150	760～4,200	0/150	0/150	
16日	5/150	0/150	180～630,000	1/150	0/150	17,000
30日	20/150	14/150	700～73,000,000	0/150	0/150	
42日	23/150	14/150	24,000～140,000,000	4/150	0/150	700～13,000,000

*それぞれ鶏卵150個を割卵(細菌数は卵内容物1g当たり) (今井：1969)

3 殻付卵を使用する場合の注意点

食品の製造や調理に使用する卵は，食用不適卵(腐敗卵，カビ卵，血液が混入した卵，液漏れした卵，卵黄が潰れた卵，孵化中止卵など)でないこと。殻付き卵は10℃以下に保管し，卵製品を加工する場合は，中心温度で70℃×1分以上の加熱を行う。調理の場合，卵は使う分だけ，冷蔵庫から出してすぐに調理する。なお，賞味期限内は生食可能で，それを超えたら加熱調理が必要である。

4　家庭でできる鶏卵による食中毒の予防法ポイント

　鶏卵などのいわゆる畜産物や畜産製品に端を発する食中毒の予防には，from farm to table の考え方が大切である。
　一般の消費者や料飲店ではやれることに限度があるが，そのなかで，ちょっと気をつければやれそうなこと，やらなければならないことを以下に列記してみることにした。

① 　鶏卵は新鮮なものを購入し，購入後は冷蔵庫に保管し，短期間に消費する。
② 　卵の割り置きは絶対にやめる。
③ 　加熱調理する場合は中心部まで火が通るように十分に加熱する。
④ 　二次汚染防止のため，鶏卵などを取り扱った器具，容器，手指はそのつど，必ず洗浄消毒する。
⑤ 　卵を生や半熟で食べる場合は，必ず生食用の卵を賞味期限内に食べる。
⑥ 　乳幼児や高齢者（ハイリスクグループ）には，加熱の不十分な卵料理は提供しない。

〈参考文献〉　＊　＊　＊　＊　＊
1) 中村政幸：「サルモネラ不活化ワクチンの有効性評価」p.147-151, 鶏病研究会報, 39(3), 2003-11-25
2) 栗原健志，今井忠平，後藤公吉，小沼博隆，品川邦汎：「殻付卵表面の細菌汚染状況とその汚染源に関する研究」p.111-116, 日本食品微生物学会雑誌, 13(3) (1996)

Section 3 ■鶏卵の賞味期限表示制度 〈押田敏雄〉

鶏卵は長い間，安価かつ栄養豊富な食品として国民に親しまれてきた。特に，わが国の伝統的食文化としての「卵かけごはん」に代表されるように，鶏卵の生食は広く国民に普及・浸透している。その一方で，食中毒問題でも特に鶏卵については，ごく稀ではあるが鶏卵内にサルモネラ菌が存在する事例（In egg 汚染卵）がある。

1990年代，サルモネラ菌食中毒が急増し，原因食材が判明しているもののうち，卵類およびその加工品の割合が高いことなどから，1998年6月に食品衛生調査会食中毒部会から鶏卵のサルモネラ対策を検討するよう勧告がなされた。そして同年7月，同調査会から厚生大臣に対して，鶏卵の期限表示等を行うようにとの意見が具申された。これを受け1998年に食品衛生法が改正され，農水省から「鶏卵の賞味期限表示などについて」の通知が示され，1999年から世界で初めての生食可能期限を示す鶏卵の賞味期限表示制度が始まった。鶏卵業界は「鶏卵の日付等表示マニュアル」を作成し，その制度の法制化に対応した。

それ以来，約20年が経過し，国の指導と業界の取り組みなどにより，サルモネラ食中毒事例が大きく減少した。また，この間に消費者の"食の安全・安心"への関心が急速に高まり，さらに2009年9月，新たな行政組織として消費者庁が発足したことから，鶏卵の表示も，これまで以上に消費者目線に合せた，より厳格な取り組みが必要となってきた。鶏卵業界としても，鶏卵の賞味期限について，これまでのサルモネラ食中毒対策に重点をおいた「鶏卵の日付等表示マニュアル」に加え，2010年により消費者目線に立脚した「鶏卵の日付等表示マニュアル（改訂版）[1]」を作成した。

1　賞味期限の改訂

賞味期限については産卵日起点であることをより明確化するとともに，家庭で生食用として消費される鶏卵については"産卵日を起点として21日以内を限度"として表示することを新たに制定・公表することとした。なお，鶏卵の保管温度については25℃以下に努めるものとする

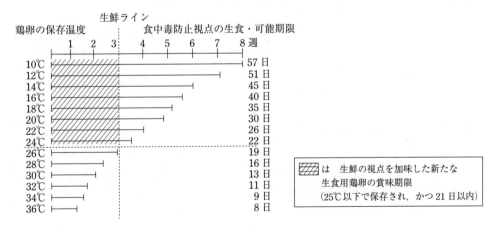

図5-3-1　従前の賞味期限と新たな賞味期限の比較

が，止むを得ずこの温度を超える場合にあっては従前の表示マニュアルに従って賞味期限を表示するものとする（図5-3-1）。

鶏卵を生食できる期限の算出根拠[1]

卵黄膜は保存温度および保存期間と一定の関係で弱化し，一定レベルまで弱化が進むと卵黄成分（鉄イオンや脂質など）が卵白へ漏出する。したがって，In egg 汚染卵の場合，卵黄膜上に数個程度存在するサルモネラ菌が急激な増殖を起こすこととなる（図5-3-2）。このように卵黄膜が弱化しサルモネラ菌が急激に増殖しはじめる期間は，保存温度と一定の関係があり，その期間は次の式（ハンフリー博士の式）で求めることができる。

$$D = 86.939 - 4.109T + 0.048T^2$$

D：菌の急激な増加が起こるまでの日数
T：保存温度

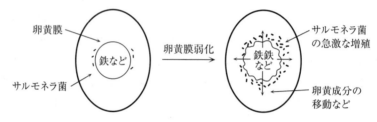

図5-3-2 卵黄膜の弱化とサルモネラ菌の増殖との関係

産卵時のサルモネラ菌は仮に生存していても数個程度で，その後の1日で十数個程度に増殖するが，そこで増殖は止まる。しかし，一定期間を経ると卵黄膜の弱化により急激にサルモネラ菌は増殖することとなる（図5-3-3）。

以上のことを踏まえて平均気温により菌の急激な増加が起こるまでの期間（産卵から販売に至るまでの保存可能な最長の期間）を求め，販売後に家庭などの冷蔵庫（10℃以下）に保管される期間（7日間と見込む）を加えたものが鶏卵を生食できる期限（表5-3-1）となる。

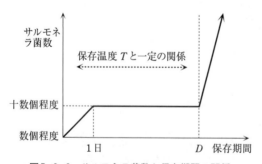

図5-3-3 サルモネラ菌数と保存期間の関係

表5-3-1 鶏卵の生食可能期限
（冷蔵庫での保存期間を加味）

保存温度（℃）	D（日）	保存温度（℃）	D（日）
10	57	24	22
12	51	26	19
14	45	28	16
16	40	30	13
18	35	32	11
20	30	34	9
22	26	36	8

〈注意事項〉

　鶏卵が原因食となる食中毒の大きな部分はサルモネラ菌であることは広く知られた，いわゆる周知の事実である。どのような条件で菌が増殖するのかを理解することができれば，その反対のことを行えば，菌の増殖が抑制されることになる。

　以下に，菌の増殖の抑制に繋がりそうなことを整理してみることにした。

① 　鶏卵の生食可能期限の算出根拠は，サルモネラ菌による食中毒防止の観点からサルモネラ菌の変化を基準としているが，消費者などによりよい状態で鶏卵を使用させるため，賞味期限は，その範囲内で卵質の変化などを考慮して設定する。

② 　期間には，販売後に家庭などで冷蔵庫(10℃以下)に保管される期間を含んでいるので，生食できる期限から7日を差し引いた日数以内に販売することが必要である。また，期限表示に当たっては，購入後は冷蔵庫に保管することを明示しておくことが必要である。

③ 　期間の算出は，倉庫などでの常温(外気温)での保管を前提としている。常温より鶏卵の温度が上昇するような倉庫内での保管では期間は短くなり，低温倉庫など常温より低い温度では保管では期間は長くなる。特別の条件での流通を行っているものについては，別途検討が必要となる。

④ 　期間の算出については，季節などの平均的な気温変化を前提としている。夏期などにおいて高温が続くような場合には，保管や流通において結露を生じないよう留意しながら低温化を図ることが必要である。

⑤ 　鶏卵には，包装段階においては発見困難な微細なひび割れや流通段階に生じる破損に起因する変質などがある。内部が確認できない箱玉については，販売先に対してこれら避けがたい変質などがあることを説明し，正常卵であることを確認して使用するよう注意喚起することが必要である。

〈参考文献〉　＊　＊　＊　＊　＊

1) 日本養鶏協会 HP：http://www.jz-tamago.co.jp/pdf/E05_3_m_l.pdf

索　引

あ

合鴨･･････････････････････129
IgA･･････････････････････50
IgG･･････････････････････50
IgY････････････････275, 283, 316
アイスクリーム類･･････････72
アイスミルク･･････････････72
アイソフォーム･･････････280
I 帯････････････････････150
亜鉛････････････････････189
青襟野鶏････････････････262
褐毛和種････････････････125
赤玉････････････････････287
アクチン････････････････151
アクトミオシン･･････････152
アクトミオシンタフネス･･171
味細胞･･････････････････173
亜硝酸塩････････････････228
亜硝酸ナトリウム････････228
アセチルコリン･･････････294
アセトアルデヒド････････79
圧力噴霧方式････････････100
アニマルウェルフェア
　（動物福祉）･･････････266
アバディーン・アンガス種･･125
アビジン････････････････282
あひる卵････････････････270
アミノ・カルボニル
　反応･･････････････166, 208
アミノ酸スコア･･････････294
アメリカ農務省･･････････305
アルコールテスト････････54
アルデヒド類････････････47
α-アクチニン････････152, 163
α$_{s2}$-カゼイン･･････････････33
α$_{s1}$-カゼイン･･････････････32
α$_2$-マクログロブリン･････282
α-ラクトアルブミン･･･28, 37
α-リノレン酸････････････273
アレルゲン･･････････････281
泡安定性････････････････290
アンジオテンシン変換
　酵素･･････････････107, 192
アンセリン･･････････････190
安定剤･･････････････････73
アンドロステノン････････182

い

E 型肝炎ウィルス････････253
育成牛･･････････････････15
イコサペンタエン酸(EPA)･･295
異常乳･･････････････････52
一次加工品･･････････････307
一価不飽和脂肪酸････････154
一酸化炭素･･････････････180
一酸化窒素･･････････････228
遺伝子組み換えレンネット･･86
遺伝率･･････････････････181
イノシン酸･･････････167, 173
イミダゾールジペプチド･･190
インエッグ汚染･･････322, 326
インジェクター･･････････218
インスタント化･･････････101

う

ウインドレス（無窓）鶏舎･･265
ウェットエイジング･･････197
ウェルシュ菌･･････206, 253, 322
ウォータリーポーク･･････186
ウォームド・オーバー
　フレーバー
　（Warmed-Over-Flavor）･･208
うずら卵････････････････270
うま味･･････････････････173
運動終板････････････････157

え

エアーナイフ････････････133
エアシャー種････････････14
ACE 活性阻害････････････317
A 帯････････････････････150
H 帯････････････････････150
ATP････････････････158, 160
栄養機能食品････････････105
栄養強化卵･･････････････273
栄養補給流動食･･････････317
液全卵･･････････････････308
液卵････････････････････307
液卵黄･･････････････････309
液卵白･･････････････････309
エストロゲン････････274, 283
エゾシカ････････････････129
枝肉････････････････････133
枝肉検査････････････････134
エッグノッグ････････････264
N-ニトロソ化合物･････195, 256
f-アクチン･･････････････151

エマルジョンキュア
　リング法･･････････････218
エマルジョンタイプ
　ソーセージ････････････237
エミュー････････････129, 271
M 線････････････････････151
M タンパク質････････････151
MyoD ファミリー･････････203
L-カルニチン････････････191
炎症腸疾患･･････････････318
遠心除菌････････････････62
遠心噴霧方式････････････101
塩漬液･･････････････････218
塩漬剤･･････････････････217
塩漬肉色････････････････229
塩漬フレーバー･･････228, 230
塩蔵････････････････････211
エンリッチケージ飼育････266

お

横行小管････････････149, 150
黄色ブドウ球菌･･･206, 253, 322
黄体形成ホルモン(LH)････274
オーバーラン････････74, 302
オーロダイン････････････287
オキシミオグロビン･･････179
汚染卵･･････････････････304
オデッセイア････････････216
オピオイドペプチド･･････109
オファル････････････････145
オボアルブミン(OVA)･･281, 297
オボインヒビター････････281
オボスタチン････････････282
オボトランスフェリン･･281, 297
オボマクログロブリン････282
オボムコイド････････281, 297
オボムシン･･････278, 281, 297, 313
オボムシン繊維･･････････280
オリゴ糖････････････････106
オンエッグ汚染･･････････322
温と体･･････････････････133

か

加圧加熱殺菌････････････210
加圧加熱ソーセージ･･････237
カード･･････････････････86
ガーンジー種･･････････14, 50
外観検査････････････････304
解硬････････････････157, 162

外国肉専用種(外国種)………125	乾式加熱………170	均質化………59
介在盤………155	間接接触方式………60	筋収縮………157
外食………120	乾燥………210, 224	筋周膜………152
解体………132	肝臓………275	筋鞘………149
解体後検査………131, 134	乾燥食肉製品………224, 232	筋漿………149
解体前検査………131, 134	乾燥全卵………311	筋小胞体………149, 150
解凍硬直………185	乾燥卵………310	筋上膜………152
外胚葉………201	乾燥卵黄………311	筋節………149, 152, 202
界面活性剤………299	乾燥卵白………311	筋線維………148
介卵感染抑制効果………323	乾乳期………15	筋線維型………183
家計消費………120	カンピロバクター………206, 253	筋線維束………148
加工原料乳生産者補給金等	γ-アミノ酪酸(GABA)………107	筋内膜………152
暫定措置法………111	緩慢塩漬法………218	筋肥大………204
加工仕向………120	緩慢凍結………209	筋分化決定因子………203
加工卵規格………321	寒冷………185	
瑕疵………138		**く**
カスタード………264	**き**	
ガス置換包装………211	気液界面………299	クチクラ………277, 287
カゼイン………32	気孔………272, 277, 278	クッキングロス………172, 176
カゼインドデカペプチド………106	キサントフィル………45	グラム陰性菌………316
カゼインホスホペプチド………107	気室………278	グラム陽性菌………316
カゼインホスホペプチド-非	寄生虫………253	クラリファイヤー………58, 98
結晶リン酸カルシウム複	既存添加物………256	クリーム………4, 68
合体………108	基底膜………149	クリームセパレーター………68
カゼインマクロペプチド……33, 85	凝乳酵素………36	グリコーゲン量………161
カゼインミセル………33, 44	機能性表示食品………105	グリコシダーゼ作用………282
家畜化………2	黄豚(きぶた)………139, 187	クリッパー………222
家畜伝染病予防法………110	起泡性………280, 290, 299	クリプトキサンチン………288
カッティング………219	黄身返し卵………264	グルコースオキシダーゼ………311
κ-カゼイン………33	きめ………137, 139	グルコノ-δ-ラクトン………36
割卵検査………304	キモシン………36, 85	グルタミン酸………173
カテプシン………165	牛枝肉取引規格………136	黒毛和種………124
加糖脱脂練乳………92	牛海綿状脳症………122, 247	グロビン………178
加糖練乳………92	牛脂肪交雑基準………137	黒豚………126
加熱………210	牛脂肪色基準………137	クロマニヨン人………263
加熱塩漬肉色………223, 229	急速凍結………210	くん液………223
加熱食肉製品………223, 232	牛肉色基準………137	燻煙………211, 222
加熱損失………176	牛肉熟成香………166	
加熱ハム………233	牛肉大和煮………240	**け**
ガラクトシルトランスフェ	牛乳アレルギー………33	
ラーゼⅠ………28, 37	Q熱病原体………57	経口伝染病………253
カラザ層………279	供給熱量………118	経産牛………125
カリウム………44	共立て法………301	形質膜………149
カルシウム………44, 107	共役リノール酸………22, 109, 192	鶏卵規格取引要綱………304
カルシウム説………165	魚介類………119	鶏卵の取引規格………319
カルシウムポンプ………159	去勢………181	鶏卵の表示に関する公正競争
カルノシン………190	魚肉ソーセージ………237	規約………273
カルパイン………165	筋衛星細胞………204	鶏卵包装選別施設………271
カロテノイド………283, 285	筋芽細胞………202	鶏卵卵黄抗体………316
カロテン………50	筋管………202	係留………131
皮剥機………133	筋腱接合部………153	ケージ飼い(バタリー方式)……266
換羽誘導………323	筋原線維………150	ゲージ飼育………265
乾塩漬………218	筋原線維の小片化………163	ケーシング………220
緩解………162	筋弛緩………157, 159	ゲームミート………124
肝細胞増殖因子………204		結核菌………57

■索　引　329

結合水	176
結合組織	148, 152
結紮	220
血清アルブミン	37, 283
結着剤	227
結着性	226
結着補強剤	227
血乳	53
ケトン類	47
ゲル化性	280
ケルダール法	42
ゲルベル(Gerber)法	24
限外ろ過(UF)	99
嫌気的解糖系	160
原産地名称保護制度	241
懸吊	133
原腸胚	201

こ

降圧ペプチド	106
抗ウイルス活性	281
高温短時間殺菌	58
交雑種	125
仔牛肉	125
恒常性(ホメオスタシス)	160
公正競争規約	115
抗生物質	319
口中香	174
硬直結合	157
口蹄疫	122
公定法	24, 30
高密度リポタンパク質	282
好冷細菌	209
コエンザイム Q	193
コク	173
国際がん研究機関(IARC)	195
国際鶏卵協議会(IEC)	269
国民健康・栄養調査結果	291
5原味	173
個体識別番号	258
骨格筋	148
骨密度	318
コネクチン	152, 164
コマーシャル規格	142
コラーゲン	153
コリン	288
コレステロール	283, 285, 314
コレステロール含量	295
コロイド状リン酸カルシウム	33
小割整形部分肉規格	142
コンビーフ	239

さ

サーモフィラス菌	76
細菌性食中毒	252
サイクロデキストリン	310
再構成肉	199
最大硬直期	161
最大氷結晶生成帯	209
細胞外マトリックス	153
細胞接着斑	155
サイレントカッター	219
砂状化	96
殺菌液卵	307
雑食動物	118, 214
サフォーク種	128
サブミセルモデル	34
サルコペニア	195
サルコメア	157
サルモネラ	307
サルモネラ菌	253, 312, 322, 323, 326, 327
サルモネラ食中毒	322
サルモネラ不活化ワクチン	323
酸化臭	54, 208, 230
Ⅲ型コラーゲン	318
酸化低密度リポタンパク質	317
三元交配	126
酸素分圧	179
産卵周期	274

し

次亜塩素酸ナトリウム溶液	272
G-アクチン	151
C タンパク質	151
Ca^{2+}誘発性 Ca^{2+}放出機構	158
CMT-テスト	53
シーディング	94
GP センター	271
CPP	108
シェルカラーファン	287
色沢	139
自給率	120, 122
死後硬直	157, 160
死後硬直の解除	162
自己消化	207
死後変化	159
脂質異常症	296
システインプロテアーゼ	282
ジスルフィド結合	289
湿塩漬	218
湿式加熱	170
湿潤性	102
指定添加物	256
自動採血機	132

自動酸化	208
シトクロム c	178
地鶏	127
シナピン	288
シネレシス	86
死の三徴候	159
ジビエ	124
ジヒドロピリジン受容体	157
脂肪肝	275
脂肪球	19
脂肪球膜	19
脂肪交雑	137
脂肪細胞	153
脂肪酸	154
脂肪組織	153
脂肪滴	153
脂肪乳剤	317
脂肪の色沢と質	137
脂肪分解臭(ランシッド)	19
締まり	176
霜降り	125, 153
ジャーキー	246
ジャージー種	13, 47, 50
JAS 規格	231
香腸(シャンチャン)	245
重合リン酸塩	227
就巣性	262, 265
充填	220
終末槽	150
ジュール加熱式殺菌	308
熟成	162
熟成牛肉発酵臭	166
熟成ハム類	233
春機発動	15
蒸気インジェクション式	60
蒸気インフュージョン式	60
硝酸塩	83, 228
硝酸カリウム	228
硝酸ナトリウム	228
蒸煮	223
脂溶性ビタミン	286
硝石	228
正肉	136
常乳	50
消費期限	65, 306
消泡剤	300
賞味期限	65, 272, 306, 325
食鶏小売規格	140
食事摂取基準	293, 295
食中毒と品質劣化	252
食鳥検査	133, 135
食鳥処理	133
食肉缶・びん詰製品	239
食肉小売品質基準	140, 142
食肉需給量	122

食肉流通量･････････････････118
食品安全委員会･･････････････247
食品安全基本法･･････････247, 248
食品衛生法･･････････223, 248, 319, 321
食品衛生法施行規則･････････306, 321
食品群別摂取量･･････････････119
食品添加物･････････････････256
食品表示法･････････････231, 249
食物繊維･･･････････････････283
食用不適卵･････････････････323
食料需給表･････････････････120
初乳････････････････15, 27, 50
白玉･･･････････････････････287
飼料安全法･････････････････319
飼料添加物･････････････････255
心外膜･････････････････････155
心筋･･････････････････148, 154
心筋細胞･･･････････････････154
神経筋接合部･･･････････････157
迅速塩漬法･････････････････218
迅速法･････････････････24, 30
シンバイオティクス･･･････････106

す

随意筋･････････････････････148
水蒸気蒸留法･･･････････････48
水中油滴（O/W）型･･･････････301
水分活性･･･････････････････210
水溶性ビタミン･･････････････286
水様性卵白･････････････････278
スカイブカルトン･････････････64
スカトール･････････････････182
スターター･･････････････84, 200
スタッファー･･･････････････221
スタニング･････････････････132
スチームバキューム･･･････････207
スチームパスチュライゼー
　ション･･･････････････････207
ステロイドホルモン･･･････････285
ステロール･････････････････285
ストークスの法則･････････････23
ストレーナー･･･････････････308
ストレス･･･････････････････184
ストレス感受性･･････････････184
ストレスホルモン･････････････184
ストレッサー･･･････････････184
ストレプトアビジン･･･････････282
スパームネスト（貯精囊）･･････276
スパイス･･･････････････････216
スフィンゴミエリン･･･････････109
スモークゼネレーター･････････223
スモークハウス･･････････････223
スラッジ･･･････････････････98

せ

ゼアカロテン･･･････････････288
ゼアキサンチン･･････････････285
西岸海洋性気候･･････････････240
成型肉･････････････････････199
正常乳･････････････････････52
生食可能期限･･････････306, 325, 327
生鮮香気･･･････････････････166
生体検査･･････････････････131, 134
生体調節機能･･･････････････188
精肉･･････････････････131, 136
生乳･･･････････････････････57
性フェロモン･･･････････････182
生物価と正味タンパク質
　利用率･･････････････････294
セイロン野鶏･･･････････････262
世界食糧機構（FAO）･････････269
世界の鶏卵生産量････････････269
赤外線分光法･･･････････････42
赤色野鶏･･･････････････････262
セスキテルペン･･････････････49
赤色筋･････････････････････183
Zn-ポルフィリン･････････････229
Z線･･･････････････････････150
セミドライソーセージ･････････237
ゼラチン化･････････････････172
セリアック病･･･････････････316
セリンプロテアーゼ･･･････281, 282
背割り･････････････････････133
全国和牛登録協会････････････125
剪断力価･･･････････････････172
全粉乳･････････････････････97
洗卵･･･････････････････････323

そ

増毛効果･･･････････････････317
ソーセージ類････････････236, 243
速筋･･･････････････････････152
速筋型筋線維･･･････････････150

た

体細胞･････････････････････53
退色･･･････････････････････229
体節･･･････････････････････202
大腸菌･････････････････････206
大腸菌群･･･････････････････66
耐熱性芽胞菌･･･････････････224
大ヨークシャー種････････････126
第6配位座･････････････････178
打額方式･･･････････････････132
多価不飽和脂肪酸････････････154
多環芳香族炭化水素･･････195, 257

多重効用缶･････････････････93
多汁性･････････････････････176
ダチョウ･････････････････129, 270
脱羽後検査･････････････････135
脱塩ホエイパウダー･･･････････97
脱脂濃縮乳･････････････････92
脱脂粉乳･･･････････････････97
脱糖工程･･･････････････････311
多頭型インヒビター･･･････････281
玉子酒･････････････････････264
単一肉塊製品･･･････････････232
団結化･････････････････････102
炭酸ガス麻酔方式････････････132
炭酸カルシウム･･････････277, 287, 318
短縮･･･････････････････････185
タンパク質加水分解物････････310
タンブラー･････････････････218
単味製品･･･････････････････232

ち

チーズ･････････････････････81
チオールプロテアーゼ･････････282
チオバルビツール酸反応
　生成物･･････････････････208
遅筋･･･････････････････････152
遅筋型筋線維･･･････････････150
畜産副生物･････････････････146
地中海性気候･･･････････････240
チャーニング･････････････4, 70
チャームテスト･･････････････54
中間径フィラメント･･･････････156
中間水分食品･･･････････････211
中胚葉･････････････････････201
チューブ式･････････････････60
腸炎ビブリオ･･･････････････322
腸管出血性大腸菌（O157）･･････253
超高圧処理･････････････････211
超高温瞬間殺菌･･････････････58
超低密度リポタンパク質
　（VLDL）････････････････283
直接個体鏡検法･････････････55
直接接触方式･･････････････60
チョッピング･･･････････････219
チルド貯蔵･････････････････209

つ

つなぎ肉･･･････････････････238
壺抜き･････････････････････133

て

T管･･･････････････････････149
低温細菌･･･････････････････209

低温殺菌…………………268, 299	トランス-バクセン酸…………22	乳化安定性……………301, 302
低温保持殺菌…………………58	トリグリセリド…………154, 284	乳化液状ドレッシング………314
低酸度二等乳…………………54	ドリップ損失…………………176	乳化剤…………………………73
低密度リポタンパク質	トリメチルアミン……………288	乳化容量………………301, 302
（LDL）……………282, 283, 298	トレーサビリティ……………258	乳化力………………………284
低ラクターゼ症………………29	トロポニン……………………151	ニューコンビーフ……………239
DFD 肉………………………186	トロポニン I…………………158	乳酸…………………………161
TCA 回路&電子伝達系……161	トロポニン C…………………158	乳酸菌……………………76, 105
デオキシミオグロビン………179	トロポニン T…………………164	乳酸発酵卵白………………314
テクスチャー……………171, 289	トロポニン複合体……………158	乳腺……………………………15
デコリン………………………153	トロポミオシン………………151	乳腺上皮細胞…………………16
デスミン………………………165		乳腺小葉………………………16
鉄……………………………189	**な**	乳腺胞…………………………16
de novo 合成………………22		乳腺葉…………………………16
デュアルバインディング	ナイアシン……………………189	乳糖……………………………26
モデル………………………35	内臓検査…………………133, 134	乳等省令…………………50, 57
デュロック種………………126	内臓摘出後検査……………135	乳糖不耐症……………………76
テルペノイド類………………49	内臓肉………………………145	乳廃牛………………………125
電位依存性カルシウム	内胚葉………………………201	ニューハンプシャー種………287
チャネル……………………157	ナイフチューブ……………132	乳房炎…………………………17
電気刺激……………………168	中食…………………………120	乳房炎乳………………………53
電撃方式……………………132	中抜き………………………133	乳用種………………………125
転写調節因子………………203	ナチュラルチーズ……………81	
デンスボディー………………156	ナトリウム……………………44	**ね**
テンダーストレッチ法………169	ナノクラスターモデル………34	
	生牛肉熟成香………………166	熱蔵…………………………312
と	生食…………………………254	熱変性温度…………………297
	軟脂豚………………………187	ネブリン……………151, 152, 164
凍結乾燥………………302, 311		ネブレット……………………155
凍結貯蔵……………………209	**に**	燃焼法（デュマ法）……………42
凍結変性………………300, 301		
凍結卵………………………309	煮牛肉熟成香………………166	**の**
透光検査…………………272, 304	肉質等級…………………137, 141	
糖蔵…………………………211	肉食…………………………118	脳下垂体……………………274
等電点……………………176, 300	肉食禁止の詔………………118	濃厚化…………………………95
頭部検査…………………133, 134	肉の締まり………………137, 139	濃厚卵白………………278, 304
動物種特異臭………………174	肉挽機………………………219	濃縮乳…………………………92
動物用医薬品……………255, 319	肉用種………………………124	農薬…………………………255
動物用医薬品残留基準……319	肉用若鶏……………………126	農林物資の規格化及び品質表
動脈硬化……………………317	肉類…………………………119	示の適正化に関する法律……231
特定加熱食肉製品……223, 232, 238	二酸化炭素…………………305	ノックアウトマウス…………203
特定 JAS…………127, 231, 233	二酸化窒素…………………229	ノンホモ牛乳…………………59
特定保健用食品（トクホ）……104	二次加工品…………………307	
特別家畜……………………124	西ローマ帝国…………………263	**は**
ドコサヘキサエン酸	ニトロシルヘモクロム………229	
（DHA）……………273, 295	ニトロシルミオグロビン……229	バークシャー種………………126
と畜…………………………131	日本食肉格付協会…………136	パーシャル・フリージング
と畜検査……………………134	日本短角種…………………125	貯蔵………………………208
と畜検査員…………………135	日本鶏………………………127	ハードル理論………………212
と畜銃………………………132	日本農林規格（JAS）……127, 314	ハーブ………………………216
と鳥…………………………133	日本の鶏卵生産量……………268	配位子………………………178
止雄…………………………126	乳塩基性タンパク質	灰色野鶏……………………262
ドライエイジングビーフ	（MBP）…………………38, 108	胚性幹細胞…………………201
（乾燥熟成肉）……………197	乳及び乳製品の成分規格等に	ハイブリッド（雑種強勢）
ドライソーセージ……………237	関する省令………………111	育種………………………265

ハウユニット……………278, 304	ピックルインジェクション法……………218	ブロイラー………………126
白色筋………………183	日付等表示マニュアル………325	プロセスチーズ…………81, 88
白色レグホン種………265, 270, 287	必須アミノ酸……………188	プロテアーゼインヒビター………317
バクテリオシン……………80	必須アミノ酸組成……………294	プロテアーゼ(タンパク質分解酵素)………39, 198
剥皮………………133	必須脂肪酸……………272, 294	プロテアーゼ説………………165
薄膜下降式多重効用型濃縮機………99	泌乳………………15	プロテオースペプトン………38
薄膜下降式濃縮機………93	泌乳曲線………………17	プロテオグリカン……153, 166, 277
箱詰め卵………………268	ビテレニン………………283	プロトヘム………………178
HACCP…………65, 115	ビテロゲニン………………283	プロトポルフィリン………276, 287
パストラルフレーバー……………182	ヒトノロウイルス……………316	プロバイオティクス………76, 105
バター………………69	ヒナ白痢菌………………323	プロピオン酸菌………………106
バックグラウンドタフネス………171	ヒビ割れ検査……………272	粉乳………………96
パック卵………………268, 272	ビフィズス菌………77, 105	噴霧乾燥………………302, 311
発酵食肉製品……………199	非ヘム鉄………………189	噴霧乾燥法………………100
発酵乳………………4, 76	日持ち向上剤………282, 316	分離液状ドレッシング………314
発酵バター………………69	氷温貯蔵………208, 302	
発色剤………………217, 228	氷結点………………209	**へ**
発色助剤………………229	病原性大腸菌……………322	
鼻先香………………174	標準法………………24, 30	平滑筋………………148, 155
馬肉………………128	表面変性………………300	平滑筋細胞………………156
ハム・ソーセージ類の表示に関する公正競争規約………231	平飼い………………127	平板培養法………………55
ハムプレス機……………222	微量栄養素………………189	ベーコン類………………235
ハム類………………232, 241	品質表示基準……………231	β-オボムチン………………290
バラエティーミート……………145		β-カゼイン………………33
パラ-κ-カゼイン……………85	**ふ**	β-ガラクトシダーゼ………78
パラトロポミオシン…………164		β-カロチン………………285
バランス理論……………212	ファンシーミート…………145	β-カロテン………………45, 47
バレニン………………190	フィードバック機構………296	β-ラクトグロブリン………37
パン乾燥………………311	フイシンインヒビター………281	β-カゾモルフィン-7………109
半固形状ドレッシング………314	フィラメント……………150	ヘキサナール………49, 54, 230
ハンフリー博士……………304	フェザリング………………96	ヘキサノール………………49
半丸枝肉………………133	火腿(フォオトエイ)……245	別立て法………………301
	腹膜炎………………276	ヘッドスペース法………48
ひ	ふけ肉………………186	ヘテロサイクリックアミン………195, 257
	不随意筋………………148	ヘテロ発酵………………77
PSE肉………………186	豚枝肉取引規格……………138	ペプチド………………317
ヴィール………………125	仏教伝来………………264	ヘム………………178
皮蛋(ピータン)……………270	歩留基準値………………136	ヘム鉄………………189
ビーフジャーキー……………239	歩留等級………………136, 141	ヘモグロビン………………178
ビオチン………………282	腐敗………………206	ヘリコバクター・ピロリ菌……316
皮下脂肪………………153	腐敗臭………………207	変質………………206
非加熱食肉製品………224, 232	部分肉………………136	変性グロビンニトロシルヘモクロム………229
非加熱(生)ハム……………233	部分肉取引規格………139, 142	変性グロビンヘミクロム………179, 229
ひき肉製品………………232	ブライン………………218	変性リゾチーム………………316
微生物由来レンネット………86	ブラウン・スイス種…………14	ベンゾ[a]アントラセン………257
ビタミンA………………190	フラボプロテイン…………282	ベンゾ[a]ピレン………223, 257
ビタミンA, D, E, K………45	フラワーペースト…………318	ベンゾ[e]ピレン………223
ビタミンB………………45	フリージング………………74	ベンゾピレン………………223
ビタミンB_1, B_2, B_6, B_{12}………45	フリーレンジエッグ………266	
ビタミンB_9………………80	ブルーミング………………179	
ビタミンC………………45, 293	ブルガリクス菌………………76	
非単一肉塊製品………………232	プレート式………………60	
ピックル………………218	プレート式連続殺菌………308	
	プレバイオティクス………28, 106	

ほ

ボイル肉香気………………174
放血…………………132, 132
放射性セシウム……………256
放射線照射…………………211
泡沫安定性…………………299
ボウルカッター……………219
飽和脂肪酸…………………154
ホエイ…………………32, 86
ホエイタンパク質……………32
ホエイパウダー………………97
ホール………………………308
ホールディングチューブ……308
ボーンテイント……………207
ホゲット……………………128
補欠分子族…………………178
保健機能食品………………104
ポジティブリスト制度……256
母子免疫……………………275
牡臭(ぼしゅう)………139, 174
保水性…………………176, 226
ホスビチン…………………282
ホスファターゼ………………39
ホスファチジルエタノール
　アミン(PE)……………285
ホスファチジルコリン
　(PC)………………285, 294
ホスホセリン………………283
ホスホリパーゼA2…………317
ボツリヌス菌……206, 228, 229, 253
ホモ発酵………………………77
補卵性………………………265
ポリエチレンテレフタ
　レート………………………63
ホルスタイン……………13, 50
ホルスタイン種…………47, 125
ボルトピストル……………132
ポルフィリン………………178
ホロホロ鳥…………………270

ま

マイクロ固相抽出法…………48
マイクロ波…………………313
マイクロ波加熱……………170
マイクロ波乾燥……………311
マオン………………………264
膜除菌…………………………62
マグネシウム…………………44
股鉤…………………………133
マトリックスメタロプロテ
　アーゼ……………………166
マトン………………………128
万宝料理秘密箱……………264

み

ミートグラインダー………219
ミートチョッパー…………219
ミオグロビン…………177, 207
ミオシン……………………151
ミキサー……………………219
ミキシング…………………219
ミルクオリゴ糖………………26
ミルコスキャン………………25

む

無塩漬ソーセージ…………236
無塩バター……………………69
無角和種……………………125
無脂乳固形分…………………73
無糖脱脂練乳…………………92
無糖練乳………………………92
むれ肉………………………186

め

銘柄鶏………………………127
メイラード反応………96, 208, 311
メソポタミア………………263
メタロプロテアーゼ………282
メト化…………………179, 207
メト化率……………………179
メトミオグロビン…………179
メノルカ島…………………264
免疫グロブリン…………38, 50

も

毛細血管……………………153
モノテルペン…………………49
モヘンジョダロ……………263

や

焼牛肉熟成香………………166

ゆ

UHT殺菌………………………57
UHT処理………………………46
有害化学物質………………252
融点…………………………175
遊離アミノ酸………………167
油中水滴(W/O)型…………301
湯煮…………………………223
輸入自由化…………………122
ユビキノン…………………193

よ

溶菌活性……………………282
溶菌酵素……………………278
葉酸…………………………273
ヨウ素………………………273
羊肉…………………………128
溶融塩…………………………89
ヨークカラーファン………288
ヨークシャー種……………126
ヨーグルト……………………76
ヨーグルト製造………………35

ら

腊腸(ラァチャン)…………245
臘肉(ラァロウ)……………245
ラクターゼ……………………29
ラクトアイス…………………72
ラクトース…………………109
ラクトトリペプチド………106
ラクトパーオキシダーゼ……38
ラクトフェリン……………109
ラテブラ……………………279
ラム…………………………128
卵黄係数……………………305
卵黄リポタンパク質………310
卵黄レシチン………………284
卵殻腺部……………………276
卵殻膜………………………278
卵管狭部……………………276
卵管采(漏斗部)……………276
卵管膣部……………………276
卵管膨大部…………………276
ランシッド……………………54
ランドレース種……………126
卵白発酵調味液……………314
卵胞…………………………275
卵胞刺激ホルモン(FSH)…274

り

リアノジン受容体………158, 186
リガンド……………………178
リステリア菌…………206, 254
リゾチーム………282, 297, 316
リゾホスファチジルコリン
　(LPC)……………………285
リゾリン脂質
　(リゾレシチン)…………317
リテイナー…………………222
リパーゼ…………………39, 54
リベチン……………………282
リポビテリン(HDL)………283
リボフラビン………………282

硫化黒変……………………289
硫化第一鉄(FeS)……………289
両親媒性構造………………294
料理物語……………………264
リン……………………………44
リン酸エステル………………317
リン酸化糖タンパク質………281
リン脂質(レシチン)………164, 317
リン脂質二重層の形成………294
リンド…………………………88

る

ルテイン………………285, 287

れ

冷却…………………………224

冷蔵…………………………208
冷凍…………………………208
冷凍焼け……………………210
冷と体………………………133
レイン・エイノン
　(Lane-Eynon)法……………30
レーゼ・ゴットリーブ
　(Röse-Gottlieb)法……………24
レシチン……………………317
レチノール……………………45
レトルト殺菌…………………210
レバーソーセージ……………236
レバーペースト………………236
レンネット…………………5, 85

ろ

ロースト肉香気………………174

ローストビーフ………………238
ロードアイランド
　レッド種………265, 270, 287
ローマ帝国……………………263
ローマン反応…………………160
ロコモティブ・シンド
　ローム……………………194
ロタウイルス…………………316
ロングライフ液卵……………309
ロングライフ牛乳………………63

わ

ワーキング……………………71
和牛…………………………124

執筆者紹介

―「乳」分野

編著者

玖村　朗人（くむら　はると）
　　　　　北海道大学農学研究院教授　博士（農学）
　　　　　北海道大学農学部畜産学科卒業，同大学大学院農学研究科修了

主要執筆図書
　　　　　・乳肉卵の機能と利用（共著）アイ・ケイコーポレーション
　　　　　・畜産物利用学（共著）文永堂出版
　　　　　・最新畜産物利用学（共著）朝倉書店

著　者

朝隈　貞樹（あさくま　さだき）　国立研究開発法人　農業・食品産業技術総合研究機構
　　　　　北海道農業研究センター酪農研究領域主任研究員　博士（農学）

荒川　健佑（あらかわ　けんすけ）　岡山大学大学院環境生命科学研究科准教授　博士（農学）

上田　靖子（うえだ　やすこ）　国立研究開発法人　農業・食品産業技術総合研究機構
　　　　　北海道農業研究センター酪農研究領域上級研究員　博士（農学）

大坂　郁夫（おおさか　いくお）　地方独立行政法人　北海道立総合研究機構農業研究本部
　　　　　酪農試験場天北支場長　博士（農学）

川井　泰（かわい　やすし）　日本大学生物資源科学部ミルク科学研究室准教授　博士（農学）

佐藤　薫（さとう　かおる）　日本獣医生命科学大学応用生命科学部食品科学科乳肉利用学教室教授
　　　　　博士（農学）

豊田　活（とよだ　いくる）　㈱明治　生産本部技術部参与　博士（工学）

中村　正（なかむら　ただし）　帯広畜産大学畜産学部生命・食料科学研究部門准教授　博士（農学）

平田　昌弘（ひらた　まさひろ）　帯広畜産大学人間科学研究部門教授　博士（農学）

三浦　孝之（みうら　たかゆき）　日本獣医生命科学大学応用生命科学部食品科学科乳肉利用学教室准教授
　　　　　博士（農学）

三谷　朋弘（みたに　ともひろ）　北海道大学北方生物圏フィールド科学センター准教授　博士（農学）

吉岡　孝一郎（よしおか　こういちろう）　雪印メグミルク株式会社ミルクサイエンス研究所　札幌研究所

（五十音順）

―「肉」分野

編著者

若松　純一（わかまつ　じゅんいち）
　　　　北海道大学北方生物圏フィールド科学センター准教授（農学研究院・農学院・農学部兼任）　博士（農学）
　　　　北海道大学農学部畜産学科卒業，同大学院農学研究院修士課程修了，伊藤ハム株式会社中央研究所を経て現職
　　　主要執筆図書
　　　・肉の機能と科学（共著）朝倉書店
　　　・最新畜産ハンドブック（共著）講談社
　　　・畜産物利用学（共著）文永堂出版

著　者

河原　聡（かわはら　さとし）　宮崎大学農学部応用生物科学科畜産食品科学研究室教授　博士（農学）
島田　謙一郎（しまだ　けんいちろう）　帯広畜産大学畜産学部生命・食料科学研究部門教授　博士（農学）
林　利哉（はやし　としや）　名城大学農学部応用生物化学科食品機能学研究室教授　博士（農学）

（五十音順）

―「卵」分野

編著者

八田　一（はった　はじめ）
　　　　京都女子大学家政学部食物栄養学科教授　（理学博士）
　　　　大阪市立大学理学部生物学科卒業，太陽化学株式会社研究所，京都大学食糧科学研究所研究員，ブリティッシュコロンビア大学食品科学部門研究員を経て現職
　　　主要執筆図書
　　　・新しい食品加工学（共著）南江堂
　　　・卵の科学（共著）朝倉書店
　　　・新食品・栄養化学シリーズ：食品学各論（共著）化学同人

著　者

太田　能之（おおた　よしゆき）　日本獣医生命科学大学応用生命科学部動物科学科教授　博士（農学）
押田　敏雄（おしだ　としお）　麻布大学名誉教授　（獣医学博士），博士（農学），博士（工学）
阪中　專二（さかなか　せんじ）　元愛知学泉大学家政学部家政学科管理栄養士専攻教授　博士（理学）
設樂　弘之（しだら　ひろゆき）　キユーピー株式会社研究開発本部

（五十音順）

乳肉卵の機能と利用 新版

初版発行	2018年10月30日
二版発行	2020年1月30日
三版発行	2021年9月30日

監修者Ⓒ　玖村朗人

　　　　　若松純一

　　　　　八田　一

発行者　　森田　富子

発行所　　株式会社 アイ・ケイ コーポレーション

〒124-0025　東京都葛飾区西新小岩4-37-16
I&K ビル202
TEL 03-5654-3723（編集）／3722（営業）
FAX 03-5654-3720

表紙デザイン　㈱エナグ　渡部晶子
組版　㈲ぷりんてぃあ第二／印刷所　㈱エーヴィスシステムズ

ISBN978-4-87492-354-2 C3061